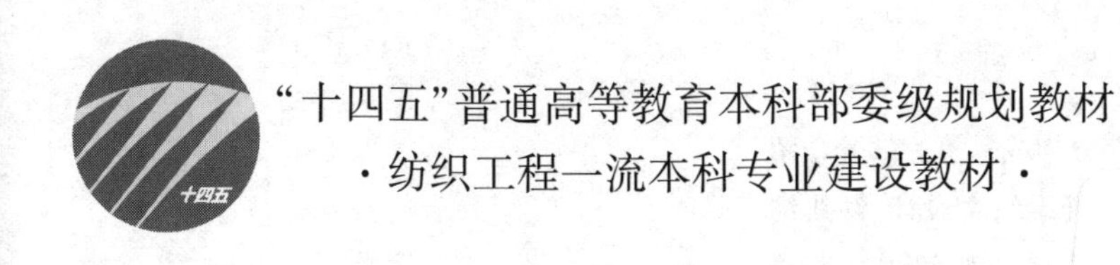

机织产品设计原理与实例

陈益人　主　编

蔡光明　陈志华　副主编

中国纺织出版社有限公司

内 容 提 要

本书由设计原理与设计实例两部分构成。第一部分介绍了机织产品开发过程中纤维的选择及纤维组合设计、纱线结构设计、织物结构设计、印染工艺设计的相关理论和原理；第二部分通过结合案例的方式对棉、毛、丝、麻几大类机织产品及起毛起绒、纱罗、毛巾等特殊外观机织产品的设计方法进行了详细介绍。

本书既可作为纺织工程、服装工程等相关专业的教学用书，也可供纺织行业从事纺织品设计的技术人员、生产人员以及管理人员参考。

图书在版编目（CIP）数据

机织产品设计原理与实例 / 陈益人主编；蔡光明，陈志华副主编. -- 北京 ：中国纺织出版社有限公司，2023. 12

"十四五"普通高等教育本科部委级规划教材

ISBN 978-7-5229-1428-2

Ⅰ. ①机… Ⅱ. ①陈… ②蔡… ③陈… Ⅲ. ①机织物－设计－高等学校－教材 Ⅳ. ①TS105. 1

中国国家版本馆 CIP 数据核字（2024）第 040995 号

责任编辑：范雨昕　　责任校对：寇晨晨　　责任印制：王艳丽

中国纺织出版社有限公司出版发行

地址：北京市朝阳区百子湾东里 A407 号楼　邮政编码：100124

销售电话：010—67004422　传真：010—87155801

http://www. c-textilep. com

中国纺织出版社天猫旗舰店

官方微博 http://weibo. com/2119887771

三河市宏盛印务有限公司印刷　各地新华书店经销

2023 年 12 月第 1 版第 1 次印刷

开本：787×1092　1/16　印张：21. 75

字数：485 千字　定价：68. 00 元

前言

“国立根本，在乎教育，教育根本，实在教科书”。建设高水平教学体系，是通往内涵式发展目标的快速路，而优质教材的建设，则是铺就这条道路的基石。

《机织产品设计原理与实例》是“十四五”普通高等教育本科部委级规划教材，本教材由具有丰富教学和实践经验的高等院校教师与具有多年机织产品开发经验的业内专家共同编写，在充分了解国内外纺织科技信息、熟知机织产品设计理论和工艺原理、掌握机织产品最新技术的前提下完成编写工作。本教材由设计原理与设计实例两部分构成。第一部分介绍了机织产品开发过程中纤维选择及纤维组合设计、纱线结构设计、织物结构设计、印染工艺设计的相关理论和原理；第二部分通过结合案例的方式对棉、毛、丝、麻几大类机织产品以及机织产品中的起毛起绒、纱罗、毛巾等特殊外观机织产品的设计方法进行了详细介绍。设计原理与实例分成两部分进行阐述，让教材更具逻辑性和学习的便利性。设计原理部分深入浅出，设计实例部分紧跟新产品趋势，注重理论与实践相结合，为本书使用者对知识体系的理解、吸收和对机织产品设计方法的掌握提供便利。

本书由武汉纺织大学陈益人担任主编，武汉纺织大学蔡光明、江苏工程职业技术学院陈志华担任副主编。编写分工为：第一章由中国纺织信息中心祝丽娟、武汉纺织大学陈益人编写；第二章由武汉纺织大学蔡光明、唐晓宁编写；第三章由武汉纺织大学饶崛、叶汶祥编写；第四章由武汉纺织大学陈益人编写；第五章由武汉纺织大学权衡编写；第六章由江苏联发纺织股份有限公司、江苏联发高端纺织技术研究院陈娟、王银生，武汉纺织大学陈益人、陶丹编写；第七章由江苏阳光集团有限公司刘丽艳、陶海燕，武汉纺织大学刘泠杉、陈益人编写；第八章由达利丝绸（浙江）有限公司林平，武汉纺织大学闫书芹、陈益人编写；第九章由湖南华升纺织科技有限公司易春芳，武汉纺织大学陈益人、李圣雨编写；第十章由江苏工程职业技术学院马顺彬、陈志华编写；第十一章由江苏工程职业技术学院陈志华、瞿建新编写；第十二章由全国毛巾标准化技术委员会刘雁雁编写。全书插图由武汉纺织大学曹阳、罗明绘制完成。全书由陈益人负责审阅、修订与统稿。

本书由武汉纺织大学资助出版，编写过程中得到教育部纺织工程专业教学指导委员会以及中国纺织信息中心、江苏联发纺织股份有限公司、江苏联发高端纺织技术研究院、江苏阳光集团有限公司、达利丝绸（浙江）有限公司、湖南华升纺织科技有限公司、常州克劳得布业有限公司等单位的支持和帮助，在此一并表示感谢。

由于作者水平有限，书中难免存在疏漏和不妥之处，敬请广大读者批评、指正。

编　者

2023 年 6 月

目录

第一章　绪论 …… 001
第一节　机织产品概况 …… 001
一、我国机织产品的发展 …… 001
二、机织产品的发展趋势 …… 002
第二节　机织产品设计内容 …… 004
一、设计构思 …… 004
二、色彩与图案设计 …… 005
三、纤维材料的选择与组合设计 …… 005
四、纱线结构与纺纱工艺设计 …… 005
五、织物结构与上机工艺参数设计 …… 006
六、染整工艺设计 …… 006
七、小样试织与先锋试样 …… 007
第三节　机织产品设计类型 …… 007
一、仿样设计 …… 007
二、改进设计 …… 015
三、创新设计 …… 016
思考题与习题 …… 016
实践练习 …… 017

第二章　纤维原料选择与组合设计 …… 019
第一节　纤维原料性能概述 …… 019
一、植物纤维 …… 019
二、动物纤维 …… 022
三、化学纤维 …… 024
四、新型纤维 …… 027
第二节　纤维原料与机织产品性能的关系 …… 029
一、纤维性能对机织产品机械性能的影响 …… 030
二、纤维性能对机织产品光泽的影响 …… 032
三、纤维性能对机织产品形态的影响 …… 032

四、纤维性能对机织产品舒适性的影响 …… 033
五、纤维性能对机织产品功能性的影响 …… 034
六、纤维性能对机织产品染整工艺的影响 …… 034
第三节 纤维组合设计 …… 034
一、纤维组合的目的 …… 034
二、纤维组合的方式 …… 035
思考题与习题 …… 036

第三章 纱线结构设计 …… 037
第一节 纱线的分类 …… 037
一、按原料差异分类 …… 037
二、按纺纱工艺分类 …… 039
三、按特殊工艺处理分类 …… 039
四、按纱线结构外形分类 …… 040
第二节 纱线的结构特征 …… 042
一、纱线结构对织物性能和品质风格的影响 …… 042
二、纱线的主要结构特征及其对织物风格的影响 …… 042
思考题与习题 …… 053

第四章 机织物结构与工艺参数设计 …… 054
第一节 机织物结构概述 …… 054
一、织物几何结构模型 …… 054
二、织物中纱线的截面形态 …… 055
三、织物中纱线的直径系数 …… 055
四、织物中纱线纵向屈曲形态 …… 056
五、织物几何结构相 …… 058
六、织物的厚度 …… 061
七、织物的密度与紧度 …… 063
八、紧密结构织物 …… 065
第二节 机织物结构参数的设计方法 …… 066
一、织物密度与紧度设计 …… 066
二、织物厚度设计 …… 081
三、织物质量设计 …… 082
第三节 机织物边组织设计 …… 084
一、布边的作用与要求 …… 084
二、布边的常见问题 …… 084

三、布边设计 …… 085
四、无梭织物的布边 …… 087
第四节 机织物工艺参数设计 …… 088
一、织物织造缩率 …… 088
二、织物染整缩率 …… 089
三、其他缩率 …… 090
四、织物匹长 …… 090
五、织物幅宽 …… 091
六、织物密度 …… 091
七、总经根数 …… 092
八、筘号 …… 092
九、上机筘幅 …… 093
十、浆纱墨印长度 …… 093
十一、织物断裂强度 …… 093
思考题与习题 …… 094

第五章 机织产品染整工艺设计 …… 097
第一节 染整工艺设计概述 …… 097
一、纤维素纤维纺织品的染整工艺路线 …… 097
二、合成纤维（涤纶）纺织品的染整工艺路线 …… 100
三、多组分纤维（涤/棉织物）纺织品的染整工艺路线 …… 102
四、影响染整加工的主要因素 …… 104
五、纺织印染产品的质量评价 …… 109
第二节 绿色染整技术 …… 111
一、前处理 …… 111
二、染色及印花 …… 113
第三节 特殊外观与特殊功能染整技术 …… 117
一、特殊外观染整技术 …… 117
二、特殊功能染整技术 …… 118
思考题与习题 …… 120

第六章 棉型机织产品设计 …… 122
第一节 棉型机织产品概述 …… 122
一、棉型机织产品的分类 …… 122
二、棉型机织产品的结构特点与风格特征 …… 123
三、经典棉型机织产品 …… 125

第二节 棉型机织产品工艺参数 …… 142
一、本色棉织物的规格设计与上机计算 …… 142
二、色织物的规格设计与上机计算 …… 146
三、色织棉型机织物的劈花与排花 …… 155
第三节 棉型机织产品设计实例 …… 159
一、本色纯棉直贡缎设计实例 …… 159
二、本色纯棉府绸设计实例 …… 161
三、纯棉色织缎条府绸设计实例 …… 162
四、纯棉色织净色牛津纺设计实例 …… 167
思考题与习题 …… 169

第七章 毛型机织产品设计 …… 172
第一节 毛型机织产品概述 …… 172
一、毛型机织产品的分类 …… 172
二、经典精纺毛型机织产品 …… 177
三、经典粗纺毛型机织产品 …… 187
第二节 毛型机织产品的工艺参数 …… 194
一、精纺毛型机织产品的构成因素设计 …… 194
二、精纺毛型机织产品的规格设计与上机计算 …… 199
三、粗纺毛型机织产品的构成因素设计 …… 201
四、粗纺毛型机织产品的规格设计与上机计算 …… 207
第三节 毛型机织产品设计实例 …… 209
一、毛型机织产品仿样设计实例 …… 209
二、色织精纺花呢设计实例 …… 214
三、全毛高档西服设计实例 …… 218
四、粗纺毛型机织产品设计实例 …… 221
思考题与习题 …… 225

第八章 绸类机织产品设计 …… 227
第一节 绸类机织产品概述 …… 227
一、绸类机织产品的分类 …… 227
二、经典绸类机织产品 …… 229
第二节 绸类机织产品的工艺设计 …… 246
一、线型设计 …… 246
二、经纬密度设计 …… 248
三、绸类机织产品的上机计算 …… 248

四、绸类机织物工艺流程 …… 251
第三节 绸类机织产品设计实例 …… 252
一、素织绸类仿样设计实例 …… 252
二、色织塔夫格子织物设计实例 …… 255
三、真丝缎条绡设计实例 …… 258
思考题与习题 …… 262

第九章 麻型机织产品设计 …… 263
第一节 麻型机织产品概述 …… 263
一、麻型机织产品的分类编号 …… 263
二、经典麻型机织产品 …… 264
第二节 麻型机织产品工艺设计 …… 270
一、纤维材料 …… 270
二、纤维材料组合 …… 270
三、织物结构设计 …… 272
第三节 麻型机织产品设计实例 …… 273
一、本色麻织物设计实例 …… 273
二、麻色织物设计实例 …… 276
三、苎麻/黏胶织物设计实例 …… 279
四、苎麻/棉交织物设计实例 …… 281
五、高支纯苎麻绉布设计实例 …… 283
六、纯苎麻牛仔布设计实例 …… 285
思考题与习题 …… 287

第十章 起毛起绒机织产品设计 …… 288
第一节 起毛起绒机织产品概述 …… 288
一、起毛起绒机织产品的常用纤维 …… 288
二、起毛起绒机织产品的风格特征 …… 288
三、灯芯绒机织产品的工艺设计 …… 290
四、平绒机织产品的工艺设计 …… 292
第二节 灯芯绒机织产品设计实例 …… 293
一、设计思路 …… 293
二、工艺流程与上机计算 …… 294
思考题与习题 …… 297

第十一章　纱罗机织产品设计 ………… 299
第一节　纱罗机织产品概述 ………… 299
一、纱罗机织产品的纱线要求 ………… 299
二、纱罗机织产品的风格特征 ………… 299
三、经典纱罗机织产品 ………… 302
四、纱罗机织产品工艺设计 ………… 303
第二节　纱罗机织产品设计实例 ………… 305
一、单一纱罗组织全棉色织布设计实例 ………… 305
二、联合纱罗组织产品设计实例 ………… 310
思考题与习题 ………… 313

第十二章　毛巾机织产品设计 ………… 315
第一节　毛巾机织产品概述 ………… 315
一、毛巾机织产品的常用纤维 ………… 315
二、毛巾机织产品的风格特征 ………… 316
三、经典毛巾机织产品 ………… 317
四、毛巾机织产品的上机计算 ………… 325
第二节　毛巾机织产品设计实例 ………… 327
一、来样分析 ………… 327
二、上机工艺设计 ………… 328
思考题与习题 ………… 335

参考文献 ………… 336

第一章　绪论

本章目标

1. 了解机织产品现状与发展趋势。
2. 掌握机织产品设计流程和设计方法。
3. 具备信息收集与分析以及制订机织产品设计方案的能力。

机织产品是通过机织设备织造而成的织物，它是由垂直排列的经纱和纬纱通过上下交错相互交织而形成。机织产品由于结构紧实、布身平挺、良好的保型性、品种繁多而广泛应用于服装、家纺和工业中。机织产品历史悠久，江苏吴县草鞋山遗址发现了距今约 6000 年的纬起花罗纹组织机织物；被称为“衣被天下”的著名织女“黄道婆”用脚踏织布机织出了众多图案精美、色彩艳丽的机织产品。随着纺织技术和纺织工艺的飞速发展，如今的机织产品更是丰富多彩、品质优良。

第一节　机织产品概况

一、我国机织产品的发展

机织产品生产技术的发展至今已有 6000 年的历史，经历了原始织布、普通织机、自动织机、无梭织机等阶段。距今约 6000 年的江苏吴县草鞋山遗址出土的以野生葛为原料，双股经线的纬起花罗纹组织织物是目前所知的最早的机织物。距今约 5500 年的河南郑州青台遗址出土了丝帛残片，这是至今发现最早的丝绸机织实物。距今 3200 年的新疆哈密五堡遗址出土了精美的毛机织品，组织有平纹和斜纹两种，用色纱织成彩色条纹。湖南长沙马王堆汉墓和湖北江陵秦汉墓出土的凸花锦和绒圈锦等丝织提花机织产品代表机织工艺有了较大的发展。宋朝的缂丝技艺创造了很多闻名中外的机织传世珍品。织锦是丝绸机织产品中的一颗明珠，其中蜀锦、宋锦、壮锦和云锦被称为“四大名锦”，精湛华贵的丝织产品通过陆上和海上丝绸之路远销亚欧各地。

近代中国纺织业随着技术创新和自动化及智能化的高速发展，新原料、新工艺、新技术不断涌现，机织新产品层出不穷。国内出现了一批具有较强产品开发实力的企业，这些企业具备从原料、纱线、色彩、图案、组织、风格和产品功能等全方位的产品开发能力，为我国机织产品的飞速发展提供了强有力的保障。

二、机织产品的发展趋势

随着科技的飞速发展，消费者对机织产品有了更高的要求。在多元文化背景的影响下，人们的生活方式、流行文化元素、非物质文化元素都对产品的开发思路产生了较大影响。机织产品的开发将从色彩与纹样、纤维材料与组合、纺纱技术、织造技术、染整技术以及绿色环保可持续等多角度进行综合设计。人工智能时代的到来，将带动纺织材料、纺织工艺、纺织产品向智能化转变。机织产品的发展方向为“时尚与品质、科技与创新、环保与持续、功能与智能”。

（一）时尚和品质

时尚感主要体现在产品的个性、材质、色彩、花型、纹理等外观效应和质感。产品开发人员通过对流行趋势信息进行积累和分析，把握市场需求，结合不同的设计方法和加工工艺使产品具备新颖性和时尚感。设计中注重文化对时尚的影响，深入挖掘中国传统纹样、世界各民族传统纹样的精髓，并将其融入产品设计中。通常采用在织物表面产生凹凸起伏纹理的工艺，使产品获得立体感；采用在同一块面料上将提花、印花、刺绣、涂层等工艺相结合，形成意想不到的表面效果；采用差异化纤维、多元混纺纱线和多样化结构纱线（双包芯纱、强弱捻纱、花式纱线），并结合提花、印花、激光、刺绣、绗缝、涂层、复合、磨毛、轧光、机械柔软等工艺技术，创造色彩、图案、花型、肌理等外观视觉变化丰富的时尚风格和特殊手感（干爽、超柔、细腻、丝滑、蓬松、硬挺）；采用粗纱与细纱、亚光与闪光、毛绒纱与光滑纱、密结构与疏结构等的交错配置使产品呈现不同的质感。

产品的高品质主要体现在优质的原料和精细的加工工艺上。原材料高品质化，以长绒棉、有机棉、羊绒、高支美丽诺羊毛、蚕丝、亚麻、高支苎麻等优质天然纤维，以及性能优良的高仿真化纤为主要原料。加工工艺高品质化，紧密纺、赛络纺、赛络紧密纺等新型纺纱技术提升面料品质；高支高密织造技术提升面料的细洁感和手感；无氟防水整理、机可洗整理、柔软整理等功能性整理工艺提升面料的实用性能。

（二）科技与创新

科技与创新是推动产品发展的重要因素，原料、工艺、技术的不断创新，是开发出市场前景好、科技含量高、产品附加值高的产品的保障。新一代信息技术、生物技术、新材料、人工智能等技术的广泛应用，正推动机织产品的设计思路、生产工艺、生产模式等方面的变革。

材料的创新是产品发展的重要因素，新原料的运用，带给织物新外观、新性能、新亮点。色纺纱的纺制，减少染色加工和后整理，制成的织物环保时尚。将不同原料的长丝或短纤混合纺纱，能实现纱线和织物的多功能性。将激光技术应用到纺织产品的制作中，在织物上形成镂空、烧蚀、雕花、去色等特殊效果。数码印花技术、新型纺纱技术等新技术也为纺织产品的发展增添了更多的可能性。近年来，人工智能技术越来越广泛和深入地应用于纺织行业。在产品设计环节，基于海量数据建模分析将原本高不确定性的设计推向数字化、精准化、智能化、自动化。例如，采用人工智能软件进行纹样设计，可以实现从海量的素材库中进行对比分析，并按照要求提取有关纹样的色系、图形图案、主题风格、纹理等；人工智能技术具有更出色的颜色辨别能力，能够很好地处理产品设计中的渐变色、撞色、装饰色等复杂情况。在生产制造环节，人工智能技术能提高生产效率、缩短交付时间、扩大年产量、精简生产人员和构建以需求为导向的生产模式。人工智能技术也应用于消费需求预测、时尚趋势预测等方面。

（三）环保与可持续发展

随着环境和安全问题不断出现以及消费者环保意识不断增强，纺织产品的绿色环保和纺织产业的可持续发展成为不容忽视的设计方向，环保（生态）纺织品成为市场关注热点。绿色环保纺织产品是指从选择制造原料开始，到生产、销售、使用产品以及产品废弃处理的整个过程中，对环境和人类没有危害，也不会破坏生态平衡的纺织品。在产品开发时，选择的纺织原料必须具有可再生性或可重复利用性，产品加工过程中低能耗且确保生产过程中无有害物质的引入，纺织品在穿着和使用过程中对环境和人体无害，纺织品废弃后能在环境中自然降解或可回收再利用。

在产品设计时，材料选择上采用生物基纤维、原液着色纤维、循环再利用纤维以及可降解合成纤维等环保可持续的纤维材料。生物质原生纤维：有机棉、彩棉、回收再利用棉、有机羊毛、有机麻、桑蚕丝、柞蚕丝等；生物基再生纤维：再生纤维素纤维、再生蛋白质纤维、壳聚糖纤维等；生物基合成纤维：生物基聚酯纤维、生物基聚酰胺纤维；原液着色纤维：原液着色涤纶、原液着色锦纶、原液着色腈纶、原液着色丙纶、原液着色再生纤维素纤维等；循环再利用纤维：各类循环再利用纤维；可降解纤维：可降解涤纶、可降解锦纶等。工艺采用环保可持续的加工技术，在前处理上采用环保浆料、超声波和生物酶前处理、环保练漂等绿色加工工艺；在印染和后整理上采用天然染料、生态型染料和助剂、无水染色、涂料染色、激光处理、臭氧整理、冷转移印花、数码喷射印花、低甲醛生态免烫等绿色加工工艺。

（四）功能与智能

随着社会的发展，人们对于织物的功能性提出了全新的要求，而在科学技术的推动下，功能织物也得到了全面开发与应用。功能织物不同于常规的普通纺织品，在生产加工中赋予织物原本所不具备的一些性能，使其获得某些特殊的功能以满足人们对自然、舒适、美观、健康、时尚等特征的需求。功能织物的应用，在提升了产品附加值的同时，还体现出人们对舒适便捷生活方式的追求和对自身健康与安全的保护。通过功能性纤维与助剂等新材料，结合纺纱、织造及后整理工艺，开发具备环境舒适（吸湿速干、导湿透气、中空保暖、温度调节、柔软适体、亲肤透气）、卫生健康（抗菌、消臭、抗紫外、负离子、远红外、防螨）、安全防护（导电、抗阻燃、防辐射、防弹、抗紫外线、抗菌、抗静电、防臭、防虫等）、运动休闲（防水透湿、高强、高弹性、超柔软、防晒）、易护理（易去污、自清洁、机可洗、免熨烫、易洗、快干、不掉色、免烫、防缩水等）等功能的织物。功能织物既可以是仅具有单一功能的织物，也可以是具有几种功能叠加的多功能或复合功能织物。

智能织物通常是指可以感知并响应各种环境变化和刺激（如机械、热、化学、电气、磁性或其他来源的变化刺激）并保留其固有风格和技术特征的织物。智能织物是通过将材料科学、生命科学、电子技术和纳米技术等多种高科技结合的新型织物。智能织物根据对环境变化感知和响应的能动性划分为两大类，一类为被动智能织物，具有被环境刺激后改变其性能的能力，如智能型温控织物、形状记忆织物、智能变色织物和防水透湿织物等；另一类为主动智能织物，装有传感器和驱动器，能够将内部参数转换为传递信息，能够感知来自环境的不同信号，从而决定如何对外部信号做出反应，如电子信息智能织物。智能温控织物响应于外界温度对纺织品、保温材料、纺织品和纺织品隔热的冷却温度控制的刺激。形状记忆织物指受到外部刺激（如温度、湿度、光、磁场、pH）后，织物的外形、尺寸或内部结构可发生改变，但在特定条件刺激下又能回复初始状态的织物。智能变色织物是指可以随着外部环境变化而显示不同颜色的织物，外部环境如光、温度和压力等，这些变色织物包括对温度敏感的织物、对湿气高度敏感的织物、具有结构变色的织物和对亮光敏感的织物。防水透湿纺织品又称“可呼吸的织物”，是指织物在一定的水压下不被水润湿，使之具有拒水性，同时，人体散发的汗液又能以水蒸气的形式传导到织物外侧，不在人体表面和织物间积聚冷凝使人感到不舒适。电子信息智能织物是将柔性微电子元件与织物结合为一体，使传感器能感知外界环境的变化，信息处理器处理信息，并做出判断、发出指令，再通过驱动器改变材料的初始状态，以适应外界环境的变化，从而实现自我诊断、自我调节、自我修复等功能。在微电子和纺织部件的组合中，通常使用三种方法。模块化技术，将电子元器件作为功能模块直接集成在纺织品上，如在织物上直接加入各类传感器，以实现对人体温度、心律等数据的监测；嵌入式技术，将电子元件直接结合到部分织物中，如通过导电纱线连接电路板，基于织物的柔性传感器，整合电路；基于纤维的技术，通过纤维或织物直接构成电子元件和传感器，如纺织品柔性显示器、柔性压敏材料等。

第二节　机织产品设计内容

机织产品设计是指从制订出产品设计任务书开始，到设计出产品样品结束的一系列工作。广义的机织产品设计包括市场调研、设计构思、色彩与图案设计、原料选择与组合、纱线结构与纺纱工艺设计、织物结构与上机工艺设计、染整工艺设计、试织生产、产品检测以及售后信息收集与反馈等；狭义的机织产品设计包括设计构思、纤维材料选择与组合设计、纱线结构与纺纱工艺设计、织物结构与工艺参数设计、染整工艺设计、试织生产。

一、设计构思

产品开发常须围绕目标客户进行，怎样选择目标客户，做到有针对性地进行开发是决定产品开发是否成功的关键。在确定了目标客户的基础上，设计人员通过时装发布会、面料展以及国内外机织产品流行信息的收集与分析，根据产品终端用途、目标客户的需求、企业生产条件、企业自身的产品特性、经营发展方向等对产品进行准确定位。设计人员在面料质地、手感风格、产品功能、特色卖点、终端用途、流行趋势、成本价格等方面围绕产品定位制订设计思路，最终设计出满足客户要求、适销对路、性价比高的机织产品。

二、色彩与图案设计

织物的色彩是通过经、纬纱颜色的配置和织纹组织的变化展现出来的。色经、色纬纱的交织形成了许多或分散或聚集的色点，这些色点产生的彩度、明度和多层次变化及点、线、面的综合构成了丰富多彩的织纹效果，其中起决定作用的是色彩的空间混合效应。色彩的空间混合是织物在可见光的照射下，反射、吸收所呈现的经纬沉浮色彩点在人们视觉中的混合感受，其原理基本属于现代色彩学中的中性混合范畴，但又因为织物的花型、色线的配置、组织结构等相关因素的不同而不尽相同。

三、纤维材料的选择与组合设计

在机织产品设计中，纤维材料是构成机织产品风格和性能的重要因素，是形成织物风格和性能的内因。纤维材料也决定生产工艺，不同的纤维材料需采用不同的生产加工工艺。纤维材料还决定了织物成本的高低。

纤维材料是形成织物风格和性能的主要因素。例如：织物的拉伸强力、顶破强力、撕裂强力和耐磨性等性能主要取决于纤维的强力和断裂伸长率；织物的保暖性主要取决于纤维的导热性和纤维的结构与形态；织物的刚柔、滑爽、身骨、丰满、蓬松等手感风格在很大程度上取决于所用纤维原料的初始模量、弹性、截面状态、卷曲和直径等。

纤维材料是制订织物生产加工工艺的主要因素。纤维的长度、线密度、卷曲度等表面形态特性和强伸性、模量、静电性能、摩擦性能等力学性能会影响纤维的可纺性，影响纺纱工艺与织造工艺的制订。此外，由于在染整加工中纤维材料要经受热湿环境和化学加工，因此纤维材料的耐热湿稳定性、耐化学稳定性和染色性能会影响染整工艺的制订。

纤维材料是影响织物成本的主要因素。纤维材料成本和加工成本构成了产品的主要成本，而两者相比，纤维材料在产品成本中所占的比例更大，占整个产品成本的50%以上。

纤维组合包括不同纤维类型的组合以及不同混纺比组合。不同纤维材料都有其不同的优缺点，利用各种纺织纤维的不同特性，通过混纺、交织的方式，让纤维性能之间取长补短，提升织物的质量和性能。

纤维材料选择与组合设计涉及整个产品设计的成败。因此，首先要根据产品的终端用途和成本，选择合适的纤维材料与纤维材料组合。

四、纱线结构与纺纱工艺设计

纱线结构是决定机织产品质量与性能的基础外因，纱线结构与纺纱工艺对织物的结构、外观、手感、风格及舒适性和耐用性等有着重要影响。纱线结构包括纱线的类型、外观形态、捻度、捻向、纤维在纱线中转移及分布、纱线表面的毛羽和纱线紧密程度等。精梳纱织物比普梳纱织物的表面更细洁和平整；短纤纱赋予织物以细微的粗糙度、柔软度及较弱的光泽，长丝纱使织物在光泽、透明度和光滑度等方面具有明显优势，变形长丝赋予织物良好的蓬松性、覆盖性以及弹性；纱线的线密度直接影响织物的厚薄和细洁程度；纱线的捻度和捻向对织物的光泽、强度、弹性、悬垂性、绉效应、凹凸感、手感都有很大的影响，强捻纱织成的织物表面有轻微的凹凸感，对光线形成漫反射；结构蓬松的纱线所包含的静止空气较多，则织物的保暖性较好。

随着新纤维材料的开发和应用以及新型纺纱技术的不断涌现，极大地丰富了纱线种类。多种原料混合、多股纱、长短丝交并、双组分纱线、空气变形纱及各种纤维材料的包芯、包覆、包缠纱等新型复合纱线，这些新型结构的纱线可赋予机织产品全新的性能及特殊的风格。

五、织物结构与上机工艺参数设计

织物结构决定了织物的外观风格、手感和力学性能。工艺参数的制订为获得所要求的织物结构以及能够顺利生产提供保证。

机织物的结构是指经纬纱线在织物中的形态，包括经纬纱的交织情况、经纬纱线的截面形状和大小、经纬纱线的波形（或屈曲形态）等。影响织物结构的主要参数有织物组织、纤维种类、纱线线密度、纱线结构（经纬纱的捻度、捻向、纺纱方法等）、经密和纬密、织物厚度、织造工艺和染整工艺等。采用不同织物组织可得到细腻、粗糙、凹凸、明暗、闪色、立体、起绉、波纹、透明、透孔等不同的外观效果，如平纹组织外观体现的颗粒、斜纹组织外观体现的斜向纹路和缎纹组织外观由长浮线所体现的细洁和明亮光泽；重组织或多层组织，通过不同组织结构与不同原料、不同工艺的组合，可设计出正反两面在色彩、纹样、花型等变化丰富的效果。织物结构除了影响织物的外观纹理效果，还影响织物的风格以及织物的内在质量，如平纹织物质地坚牢，缎纹织物布面平滑匀整、富有光泽、质地柔软。采用不同的织物密度，织物的强力、弹性、手感、身骨、透气透湿性都有很大不同，经纬密度大，织物就显得紧密、厚实、硬挺、耐磨、坚牢，密度小则织物稀薄、松软、通透性好。织物结构参数的不同，决定了织物某一项或某几项性能与其他织物相应性能的差异性，也就决定了此类织物的应用领域和范围。

合理制订织物的上机工艺参数为展现织物风格、实现织物性能和顺利织造提供保证。织物的主要工艺参数包括：织物的幅宽、匹长，织物的密度，织物组织，织物布边、织造缩率、染整缩率，上机筘幅，总经根数，筘号，用纱量，织物质量等。色织物设计时还要考虑色纱排列、劈花和排花等。

六、染整工艺设计

染整工艺是决定机织产品质量与性能的关键，染整工艺通过借助于染整设备，通过物理方法或化学方法对织物进行后加工处理，通过染整加工可改善织物的外观和性能，或者赋予织物特殊功能，提高产品的附加值。染整工艺设计是按照产品设计意图及产品风格要求，制订染整工艺路线及工艺参数，选择的纤维材料不同、纱线结构与织物结构不同、产品终端用途不同，其染整工艺路线、染整工艺设备以及工艺参数大不相同。

通过染整工艺设计将织物特性、助剂特性、染整工艺等有机地结合并运用到产品开发上，以获得终端产品所需要的外观和性能。例如通过染整加工，织物可获得抗折皱、拒水拒油、防水透湿、抗紫外线、抗静电、吸湿排汗等特殊功能；获得烂花、麂皮、毛面、起绒、起皱、金属膜感等特殊外观；获得松糯柔韧、粗糙滑爽、细洁滑腻、紧密硬挺、柔软飘逸等特殊手感。

染整加工属于高能耗、高污染、高排放的生产加工，在现今绿色环保可持续发展的大趋势下，进行染整工艺设计时还需要考虑尽量采用绿色助剂和无水或少水的染整工艺。

七、小样试织与先锋试样

为保证设计质量，从设计到正式投产需经过小样试织和先锋试样。首先是小样试织，分析设计效果，调整设计参数，弥补设计不足；然后是进行先锋试样，分析生产的可行性，确定大样生产工艺参数，制订生产工艺单，积累生产经验，为正式投产奠定基础。

第三节　机织产品设计类型

机织产品的构成要素既包含材质、织物风格、功能等技术要素；也包含色彩图案、时尚潮流、文化传统、绿色环保等人文要素；还包含成本价格等经济要素，涉及从纤维材料到纺、织、染各工艺过程，上下游工序之间相互牵制，互相影响，产品设计时需要统筹规划全盘考虑，这样产品开发才具有连贯性、整体性、系统性，经济效益、开发的投入产出比才能得到更好的价值体现。通常来说，机织产品设计的方法有三大类，分别是仿样设计、改进设计和创新设计。

一、仿样设计

仿样设计就是根据订货方的来样（实物样或者纸质样）或者订货合同要求进行设计，可以是按照来样复制出完全相同的织物；也可以是仿照来样的某些特征进行设计，如对来样的纤维材料、颜色花型、风格手感等某些方面进行仿制。仿样设计前必须认真分析来样的纤维材料、颜色花型、织物规格、织物组织和织物风格特征，在全面分析来样的基础上制定设计方案，根据企业自身技术与设备状况判断是否能生产出符合订货合同所要求的仿样产品。

（一）仿样设计流程

仿样设计的设计流程为：来样分析→确定产品主要结构参数→制订工艺流程与工艺参数→小样试织→先锋试样。

1. 来样分析　如果客户能提供明确的各项成品规格指标要求，可直接进行工艺设计；如果客户不能提供成品规格指标，则要对来样进行详细全面分析，以获得必要的设计资料。来样分析要尽可能减少分析的误差，正确的分析结果对制订产品的规格和生产工艺均有重要的指导作用。

2. 确定产品的主要结构参数　根据来样分析结果，确定纤维材料（若是混纺织物还要确定混纺比）、纱线类型、经纬纱线密度、经纬纱捻向及捻度、织物经纬向密度、织物组织、织物经纬向缩率、织物面密度、织物染整工艺等。如果是色织物，还要根据色纱排列、色纱循环与配色模纹等，来确定排花、劈花等色织物工艺参数。

3. 制订工艺流程及工艺参数　根据纱线结构和规格制订纺纱工艺、根据织物组织和织物结构制订织造工艺、根据织物色泽图案与风格性能制订染整工艺，填写产品工艺单。产品工艺单见表1-1。

表 1-1　产品工艺单

编号：　　　　　　　　　　　　　　　　　　　　　　　　　　年　　月　　日

品号	品名	单位	数量	成品规格				开始日期	完成日期
				幅宽（cm）	匹长（m）	平方米重（kg）	色别		

原料	经纱	原料名称	混纺比	用量	纬纱	原料名称	混纺比	用量
			%	kg			%	kg
			%	kg			%	kg
			%	kg			%	kg
			%	kg			%	kg
			%	kg			%	kg

线线结构		支数	捻度	捻向	强力	成纱率		支数	捻度	捻度	强力	成纱率
	经纱 1						经纱 2					
	纬纱 1						纬纱 2					

机织					
组织结构参数					
密度（10cm）	经	机上		下机	
	纬				
幅宽（cm）	机上	全幅宽			
		边宽			
	下机				
总经根数					
边经根数					
筘号					
穿经	地				
	边				
长度（m）	整经（匹）				
	每抽长				
	下机（切）				
质量（kg）	每米经纱				
	每米纬纱				
	每米总重				
	每匹总重				
织缩率（%）	经向				
	纬向				
用纱量（kg）		每米	每匹	消耗率(%)	
	经纱				
	纬纱				
	合计				

整理				
染整缩率（%）	经向		整理程序	
	纬向		1	
	重耗		2	
整理后规格	经密（根/10cm）		3	
	纬密（根/10cm）		4	
	幅宽（cm）		5	
	匹长（m）		6	
	平方米重（kg）		7	
	强力（N） 经		8	
	强力（N） 纬		9	
	伸长率（%） 经		10	
	伸长率（%） 纬		11	

上机图	备注
变更设计说明	

4. 小样试织 进行小样试织，并将试织小样与来样进行对比分析，分析小样的风格、色泽、图案、规格是否与来样相符，如发现问题，要分析原因，对工艺进行相应调整以达到来样要求。

5. 先锋试样 小样与来样风格性能相符后，用设计好的工艺流程和工艺参数进行先锋试样，为批量生产提供依据。

（二）来样分析步骤和方法

来样分析是仿样设计的关键部分，来样分析是否准确与完善关系到工艺设计是否合理，因此来样分析也是设计人员必须掌握的基本功。

1. 确定织物的正反面 织物正反面分析方法见表1-2。

表1-2 织物正反面分析方法

类型	分析方法
平纹织物	正面一般更为平整和细洁，正面的花纹色泽比反面清晰美观。印花织物正反面差异明显；提花织物的正面花纹鲜艳、轮廓清晰、质地紧密，反面浮线较多
斜纹织物	斜线纹路清晰、匀整、深而直的一面为正面。通常纱斜纹织物正面为左斜，线斜纹织物正面为右斜
缎纹织物	表面平整、光滑、光泽好的为正面。经密大时，一般为经面缎纹，正面呈经面效应；纬密大时，一般为纬面缎纹，正面呈纬面效应
多重和多层织物	表、里层织物的纤维材料、密度、结构不同时，纤维材料好、经纬密度大的为正面。经起花、纬起花织物，具有清晰美观花纹图案的为织物正面，反面无明显花纹，而有较多的浮长线
起毛起绒织物	单面起毛起绒织物，如灯芯绒、单面绒等，则起毛绒的一面为正面；双面起毛起绒织物，则毛绒密集、整齐的一面为正面
特殊外观织物	按照特殊外观的要求来确定正反面。例如凸条组织织物，织物正面具有明显的纵横条纹，反面有横向或纵向的浮长线。平纹地上小提花织物，花纹完整清晰的为织物正面

有些织物正反面的外观截然不同，如果客户有要求哪一面作为正面的，应遵照客户要求。有些平纹织物，如漂白或染色的平布、细布、府绸等，色织布中的青年布、牛津纺等，其正反面并无明显差别，对这类织物则不必强求区别其正反面。

2. 确定织物的经纬向 织物经纬向分析方法见表1-3。

表1-3 织物经纬向分析方法

类型	分析方法
有无布边	来样有布边时，与布边平行的纱线为经纱，与布边垂直的纱线为纬纱；来样无布边时，一般密度大的为经纱（纬面缎纹和纬重组织等部分组织除外），密度小的为纬纱
纱线结构	来样的经纱和纬纱结构不同时，一般线密度小的为经纱，线密度大的为纬纱；股线为经纱，单纱为纬纱；Z捻为经纱，S捻为纬纱；捻度大的为经纱，捻度小的为纬纱

续表

类型	分析方法
筘痕	来样如有明显筘痕时，与筘痕方向平行的为经纱，与筘痕垂直方向的为纬纱。将织物对着亮光可以观察到经向的筘痕
条格织物	通常条子方向为经向；长方形格子面料，一般沿长边方向为经向
坯布	来样为坯布时，有浆的纱线为经纱，无浆的纱线为纬纱
特殊外观织物	灯芯绒织物的绒条方向为经向；毛巾织物的起毛圈方向为经向；纱罗组织的有扭绞的方向为经向
织缩率	一般缩率大的为经纱，缩率小的为纬纱

3. 确定经纬纱的纤维材料成分 纤维材料成分分析是利用不同纤维的外观形态或内在性能的差别，通过一定的物理方法或化学方法进行区分。分析的方法很多，常用的方法有手感目测法、显微镜鉴别法、燃烧法、化学溶解法、红外光谱法等。

有的织物其经纬纱是纯纺纱，纤维材料成分的分析相对简单，只需要定性分析；有的织物其经纬纱是混纺纱，甚至是多纤维混纺，混纺纱的纤维材料成分的定性和定量分析相对复杂。还要注意的是织物在生产加工时可能经过改性或后整理，所以在检测分析前需要处理并消除加工中所用助剂的影响，有些助剂比较方便去除，但有些助剂很难完全去除，这会影响对纤维材料的分析判断。因此，为了确保结果的准确性，通常需要多种方法结合使用。

常用的纤维材料成分分析方法见表1-4。

表1-4 常用的纤维材料成分分析方法

方法	分析方法
手感目测法	从织物中抽取纱线→将纱线退捻并抽出纤维→判断纤维材料是长丝还是短纤→根据纤维材料的感官特征（纤维的外观形态、光泽、长短、粗细、曲直、软硬、强力等特征）进一步判断其类型→根据织物的感官特征（纱线结构、织物组织结构、织物的风格、后整理赋予织物的特殊性能）做出最终判断
显微镜法	从织物中抽取纱线→将纱线退捻并抽出纤维→在显微镜下观察纤维材料的纵向和横向形态特征→可判断出纤维所属大类（天然纤维与化学纤维）或具体品种（如天然纤维）
燃烧鉴别法	从织物中抽取纱线→靠近火焰（看是否卷缩、熔融、燃烧）→接触火焰（看燃烧情况和燃烧速度）→离开火焰（看是否继续燃烧）→闻气味→看灰烬（软、硬、松脆、能否压碎），从而分析判断纤维材料种类。燃烧法仅能粗略的区分纤维的大类，同类纤维（化学成分相同，如棉、黏胶纤维、莫代尔、天丝）的燃烧特性相似，不容易区别。经过特殊整理的织物（化学组分相似，如防火、抗菌、阻燃等织物）不宜采用燃烧鉴别法
化学溶解法	从织物中抽取纱线→加入化学溶剂→观察其溶解情况（纤维的化学组成不同，在各种化学溶剂中的溶解性能各异）→根据溶解状况判断纤维种类
红外光谱法	从织物中抽取纱线→进行红外光谱测试→与已知纤维的标准红外光谱对照→判断纤维种类

续表

方法	分析方法
混纺比定量分析	利用化学溶解法，对各种混纺纱线进行混纺比的定量分析，选择合适的化学试剂及溶解条件，把混纺纱中某一个或几个组分的纤维溶解，将剩余纤维洗净后烘干并称重 从织物中抽取纱线并进行预处理→干燥称重→选择适当的溶剂→溶解混纺纱中一种纤维而其他纤维不溶解→收集并清洗剩余纤维→干燥称重→结果计算；若为两种组分以上的混纺纱，继续下列步骤：剩余纤维干燥称重→选择适当的溶剂→溶解剩余纤维中的一种纤维而其他纤维不溶解→收集并清洗剩余纤维→干燥称重→结果计算

4. 确定经纬纱线结构　需要确定的纱线结构包括纱线类型、纱线线密度、纱线捻度、纱线捻向等，对纱线结构分析方法见表1-5。

表1-5　纱线结构分析方法

项目	分析方法
纱线类型	按纺纱工艺：精梳纱、粗梳纱 按组成纱线的纤维长度：短纤维纱（棉型纱、毛型纱、中长纤维纱）、长丝纱（单丝、复丝、复合捻丝）、长丝短纤维组合纱（包芯纱、包缠纱）、特殊工艺处理（粗细节、弹力丝、膨体纱） 按照单纱的根数：单股线、双股线、三股线、多股线 按照纺纱方法：环锭纱（紧密纺、嵌入纺、缆形纺）、转杯（纺）纱、静电（纺）纱、涡流（纺）纱、摩擦（纺）纱 花式纱线：结子线、花圈线、螺旋线、断丝线、雪尼尔线 用挑针在来样上拆下来几根经纬纱，通过目测以及显微镜观察，判断经纬纱属于哪一类型纱线
纱线线密度	按照GB/T 29256.5—2012《纺织品　机织物结构分析方法　第5部分：织物中拆下纱线线密度的测定》确定经、纬纱的线密度 第一步：将来样剪取一定大小的试样两块，沿经、纬向抽去边纱数根，然后沿经、纬向分别精确量取一定长度，并做出记号 第二步：用挑针从织物中轻轻地拨出10根经纱和纬纱 第三步：以适当张力使纱线伸直而不产生伸长，测定两个记号之间的伸直但不产生伸长的纱线长度，精确到0.5mm，共测试10根纱线并计算10根纱线的平均伸直长度 第四步：从来样中拆下50根经纱形成一组，在电子天平上称取质量；拆下50根纬纱形成一组，在电子天平上称取质量 第五步：线密度按式（1-1）进行计算： $$\text{纱线线密度（tex）}=\frac{\text{经调湿平衡后的纱线质量（g）}}{\text{纱线平均伸直长度（mm）}\times\text{测试根数}}\times10^{6} \qquad (1-1)$$
纱线捻度	按照GB/T 29256.4—2012《纺织品　机织物结构分析方法　第4部分：织物中拆下纱线捻度的测定》确定纱线的捻度 第一步：样品调湿至少16h 第二步：从织物上拆下一段纱线，在一定伸直张力条件下夹紧于两个已知距离的夹钳中，夹持试样过程中不退捻 第三步：使一个夹钳转动，直到把该段纱线内的捻回退尽为止 第四步：根据退去纱线捻度所需转数求得纱线的捻度
纱线捻向	从织物中取一根纱线，握持纱线两端，用手将纱线轻轻退捻，根据退捻的方向判断纱线捻向（Z捻或者S捻）

5. 确定织物结构 所需要确定的织物结构包括经向和纬向密度、经向和纬向纬向织缩率、织物组织、色织物的色纱排列和配色模纹、织物面密度等，织物结构的分析方法见表 1-6。

表 1-6 织物结构分析方法

项目	分析方法
织物密度	按照标准 GB/T 4668—1995《机织物密度的测试》确定织物的经、纬密度。机织物密度测定的三种方法，分别是织物分解法（方法 A）、织物分析镜法（方法 B）和移动式织物密度镜法（方法 C） 织物分解法（方法 A）：适用所有机织物，特别是复杂组织织物，但试验时间较长，并且属于破坏性试验 第一步：裁取一定尺寸的试样，拆去不完整的纱线 第二步：用钢尺测量好测定距离 第三步：用挑针将纱线逐根挑出，即可得到织物一定长度内的经（纬）向的纱线根数 织物分析镜法（方法 B）：适用于每 cm 纱线根数大于 50 的机织物 第一步：将织物分析镜平放在织物上，刻度线沿经纱或纬纱方向 第二步：选择一根纱线并使其平行于分析镜窗口的一边 第三步：计数窗口内完全组织的个数和一个完全组织中的纱线根数，织物密度等于（完全组织的个数）×（一个完全组织中的纱线根数），也可逐一计数窗口内的纱线根数 移动式织物密度镜法（方法 C）：目前广泛地应用于各类纺织品的密度测定，是最常用的密度测定方法之一 第一步：将织物密度镜平放在织物上 第二步：密度镜的刻度尺与被测系统纱线垂直 第三步：转动螺杆，在规定的测量距离内计数纱线根数 （若起始点位于两根纱线中间，终点位于最后一根纱线上，不足 0.25 根的不计，0.25~0.75 根按 0.5 根计，0.75 根以上按 1 根计，如图 1-1 所示。） 图 1-1 计算纱线根数方法图解
织缩率	按照标准 GB/T 29256.3—2012《纺织品 机织物结构分析方法 第 3 部分：织物中纱线织缩的测定》确定织物的经、纬向织缩率 第一步：在来样上沿经、纬向分别量取一定长度，并做出记号 L_0 第二步：从来样中轻轻挑下纱线，在一定张力作用下使之伸直，张力的大小根据纱线种类和线密度选择，并测量伸直长度 L 第三步：分别计算经纱的织缩率平均值和纬纱的织缩率平均值，织缩率 a 按式（1-2）进行计算 $a = \frac{L - L_0}{L} \times 100\%$ （1-2） 式中：a——织缩率； L——从试样中拆下的 10 根纱线的平均伸直长度，mm； L_0——伸直纱线在织物中的长度（试样长度），mm

续表

项目	分析方法
织物组织	按照GB/T 29256.1—2012《纺织品　机织物结构分析方法　第1部分：织物组织图与穿综、穿筘及提综图的表示方法》确定织物组织。织物组织分析的方法有直接观察法、纱线拆分法 直接观察法：采用目测或借助放大镜观察织物的交织规律，并根据观察的经纬纱交织规律做出组织图。这种方法简单易行，适用于三原组织等简单组织织物以及稀疏织物的分析 纱线拆分法：通过拆分织物的经纱和纬纱，判断其交织规律，并记录结果 第一步：确定织物的分析面，将能看清织物组织的一面作为分析面，如果织物表面有毛绒，先剪掉表面的毛绒 第二步：选择密度大的方向作为拆纱方向，通常经密大于纬密，一般将经向作为拆纱方向，利用密度小的纬纱之间的间隙，方便借助放大镜看清楚经纬纱的交织情况 第三步：借助镊子或剪刀等工具，拆除拆纱方向边上的纱线若干根，使另一系统的纱线露出约1cm长的纱缨，如图1-2（a）所示，然后将纱缨进行分组，奇数组和偶数组剪成不同的长度，如图1-2（b）所示，方便观察经纬纱的交织情况 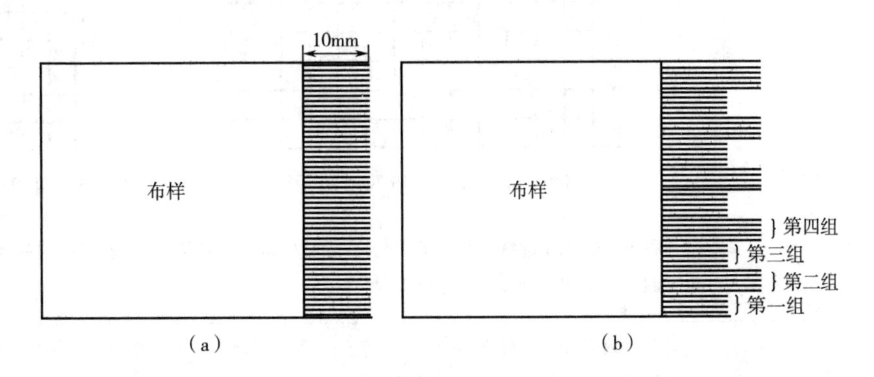 图1-2　拆分织物后的纱缨示意图 第四步：用针轻轻拨出第1根纱线置于纱缨中，观察经纬纱的上下浮沉状况，如图1-3所示，将分析出的组织点记在方格纸（意匠纸）上，移出分析完的第1根纱线，再轻轻拨出第2根纱线进行分析和记录，依此类推，直至交织规律出现循环，获得一个完全组织为止。一个简单的完全组织如图1-4所示 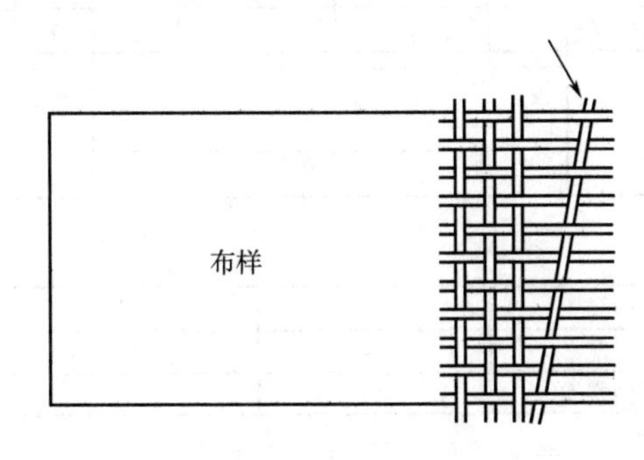 图1-3　拆分织物纱线示意图 注意：(1) 应使组织点分析方向与记录方向一致，拆纱从右往左，记录组织点也要从右往左，观察经纬纱交织沉浮规律从下往上，记录组织点也要从下往上。当织物组织比较复杂时，可以使用不同的符号分别标注或做文字说明

续表

<table>
<tr><th>项目</th><th>分析方法</th></tr>
<tr><td>织物组织</td><td>（2）当一个完全组织中包含有小循环时，组织图可简化表示。例如完全组织在经向或纬向可分成两个或更多部分，且其中某一部分是由一子组织的循环所构成，用括号把子组织标注出来，同时标注出子组织的循环个数。图 1-4 的织物组织可简化为图 1-5。

图 1-4　拆纱分析的组织图　　图 1-5　组织图简化形式

这种方法适用于起绒织物、毛巾织物、纱罗织物、多层织物、提花织物和高支高密织物的分析。为了验证分析的准确性，最好分析两个循环</td></tr>
<tr><td>色纱排列</td><td>对色织物来样，要确立一个完全的色经、色纬循环排列次序以及不同结构纱线的排列次序
花纹配色循环的色纱排列顺序用表格法表示，如图 1-6 所示，表中的横行格子表示颜色相同的纱线在每组中所用的根数，表中的纵行格子从上到下表示不同颜色纱线的排列顺序

经纱排列
<table>
<tr><td>蓝</td><td>2</td><td></td><td></td><td></td><td>2</td><td></td><td></td><td>2</td><td></td><td></td><td></td><td>2</td><td>760</td><td rowspan="3">织轴1</td></tr>
<tr><td>黄</td><td>2</td><td></td><td></td><td>2</td><td></td><td></td><td></td><td>2</td><td></td><td></td><td>2</td><td></td><td>760</td></tr>
<tr><td>橙</td><td></td><td>4</td><td>4</td><td></td><td></td><td></td><td></td><td></td><td>4</td><td>4</td><td></td><td></td><td>760</td></tr>
<tr><td>白嵌线</td><td></td><td>2</td><td></td><td></td><td></td><td>2</td><td>2</td><td></td><td>2</td><td></td><td></td><td></td><td>378</td><td>织轴2</td></tr>
<tr><td></td><td></td><td>×2</td><td colspan="3">×2</td><td></td><td>×2</td><td></td><td></td><td colspan="2">×2</td><td></td><td>2658</td><td>总计</td></tr>
<tr><td></td><td colspan="6">×94</td><td colspan="6"></td><td></td><td></td></tr>
</table>

纬纱排列
<table>
<tr><td>绿</td><td>8</td><td></td><td>8</td><td>16</td><td></td></tr>
<tr><td>橙</td><td>4</td><td>4</td><td></td><td>8</td><td></td></tr>
<tr><td>白嵌线</td><td>2</td><td></td><td>2</td><td>4</td><td></td></tr>
<tr><td></td><td></td><td></td><td></td><td>28</td><td>总计</td></tr>
</table>

图 1-6　色经和色纬排列

如果其中顺序有重复，则不需要全部填写，可以把重复的部分括起来，同时在括号上标注数字，说明循环次数。表中的第一根纱线相当于完全组织中的第一根纱线</td></tr>
</table>

续表

项目	分析方法
单位面积质量	按照GB/T 29256.6—2012《纺织品　机织物结构分析方法　第6部分：织物单位面积经纬纱线质量的测定》确定织物单位面积质量 方法A：在待测的织物样品上画矩形试样标记，去除非纤维物质后，分解拆下经纱和纬纱，分别测定其质量 方法B：将已知面积的试样分解，拆下经纱和纬纱，从经纬纱中去除非纤维物质后，分别测定其质量 单位面积质量按式（1-3）进行计算： $$W = \frac{W_j - W_w}{S} \quad (1-3)$$ 式中：W——织物的单位面积质量，g/m^2； W_j——去除非纤维物质后的经纱质量，g； W_w——去除非纤维物质后的纬纱质量，g； S——试样的面积，m^2

二、改进设计

改进设计就是收集和分析客户及市场的反馈与需求信息，在现有产品的基础上，通过某些元素的改进，使其在组织结构、质感性能、手感风格、功能组合、绿色环保、生产成本等方面能够更好地满足流行趋势、目标客户、目标市场的需求。改进设计首先要分析现有产品，弄清楚需要调整改进的部分；其次要分析改进的具体途径和方法；最后既要保证达到改进的目的，又要兼顾生产是否能顺利进行。改进设计可以在原设计的基础上，通过改变一个或者几个设计元素来达到设计效果。

（一）纤维材料的改变和重新组合

随着新原料的层出不穷，纤维性能变化各异，在原设计的基础上对纤维类别进行调整，增加新原料或改变原料的混纺比来提高纱线性能、丰富纱线外观、降低纱线成本等，从而达到最佳的性价比。

（二）纱线结构和纺纱工艺的改变

纱线结构在很大程度上影响织物的结构、外观、手感、风格及舒适性和耐用性等。改变经纱和纬纱的线密度、纱线并合根数、捻度、捻向、纱线线型等都将改变织物的手感及外观质量。例如，增加纱线捻度会提高织物的挺爽度减少毛羽，降低纱线捻度会提高织物的柔软度和蓬松感。

（三）织物结构和工艺参数的改变

织物结构的变化将影响织物的手感、物理机械性能、外观性能及成本。当纱线线密度相同时，密度越大织物越紧密板结；密度越小，织物越稀松柔软。当纤维材料相同时，减少织物密度将降低产品成本。织物经纬密度的不同配合，对外观风格和内在质量也有很大的影响。色纱与组织配合的改变将形成不同花纹图案，使其更符合市场需求。

（四）染整工艺的改变

染整工艺是改变产品风格、品质、功能非常重要的工艺过程，纤维材料调整或者纱线结构调整或者织物结构调整，染整工艺也要做出相应变化。在现有产品基础上，可以通过改变染整工艺以获得某些特殊的外观或获得某些特别的功能。采用绿色环保可持续发展的染整工艺替代工艺流程长、污染大的传统工艺也是一种常用的改进设计方式。

三、创新设计

创新设计是根据目标客户和目标市场的需求，采用新材料、新工艺、新技术、新设备来设计生产的新产品。产品的创新设计必须有明确的产品定位，开发创新的产品要具有“商品性”，在色彩图案、手感风格、性能功能、价格成本等方面要与目标客户和目标市场的需求相对应。创新设计是一项综合性的系统工程，最终产品是以纤维材料为基础，结合纱线的结构特征、织物结构特征和印染后整理效果的统一体现。

（一）进行市场调研

进行市场调研，认真分析机织面料的流行趋势，对于产品设计师来讲这是最基础、最重要的工作，是设计师产品设计成功的前提。调研的内容包括了解代表流行时尚的各国时装发布会，如巴黎、米兰、东京等地的产品流行信息；了解消费者的具体需求；了解流行专业期刊的信息；了解产品销售市场情况；了解同类产品竞争对手的产品开发方向等。设计时不能盲目跟从，对设计的产品系列要有一个明确的认识。

（二）确定产品方向

在市场调研的基础上对流行趋势进行分析，确定产品开发方向。设计产品要考虑大众与个性的统一。消费者的喜好最难掌握，既要符合大众审美，又要有个性。

（三）产品设计定位

根据产品的用途、使用对象、市场需求、企业生产条件等具体要求进行产品定位设计；还要考虑根据本厂的设备条件、机械性能、工艺条件、操作情况等，也就是要考虑生产的可能性和生产安排的方便性。在成本上，投产前要预算价格，确保经济合理。

（四）明确设计内容

明确设计方向后，要确定织物的性能与风格，对织物设计进行总体构思，制订产品开发计划书，设计产品规格参数。

思考题与习题

1. 简述机织产品发展趋势。
2. 简述机织产品设计包括哪些内容。
3. 机织产品设计的方式有哪几种？
4. 什么是仿样设计？简要介绍仿样设计流程。

5. 什么是改进设计？简要介绍可以从哪些方面进行改进设计。

6. 什么是创新设计？简要介绍创新设计流程。

7. 判断机织物正反面的方法有哪些？

8. 判断机织物经纬向的方法有哪些？

9. 现有一块纯纺机织物来样，试简述对其进行纤维成分分析的步骤。

10. 现有一块混纺机织物来样，混纺织物的经纬纱均为由同样的两种纤维混纺而成，纱线的混纺比也相同，试简述对混纺纱进行纤维成分分析的步骤。

11. 来样分析时，对纱线结构的分析包括哪些内容？

12. 简述在来样分析时，确定纱线类型的方法。

13. 简述在来样分析时，确定纱线线密度的方法。

14. 简述在来样分析时，确定纱线捻度与捻向的方法。

15. 来样分析时，对织物结构的分析包括哪些内容？

16. 简述在来样分析时，确定机织物密度的方法。

17. 简述在来样分析时，确定机织物织缩率的方法。

18. 简述在来样分析时，确定机织物组织的方法。

19. 简述在来样分析时，确定机织物单位面积质量的方法。

实践练习

由老师提供一块色织物来样，其经纬纱为混纺纱，需对色织物来样进行织物分析，并完成以下表格。

<table>
<tr><th colspan="3">织物分析</th></tr>
<tr><td colspan="2">贴样处</td><td>经
纬</td></tr>
<tr><td rowspan="4">纤维成分分析</td><td>手感目测法</td><td></td></tr>
<tr><td>显微镜法</td><td></td></tr>
<tr><td>燃烧鉴别法</td><td></td></tr>
<tr><td>化学溶解法</td><td></td></tr>
</table>

续表

织物分析		
纤维成分分析	红外光谱法	
	混纺比定量分析	
纱线结构分析	纱线类型	
	纱线线密度	
	纱线捻度	
	纱线捻向	
织物结构分析	织物密度	
	织缩率	
	织物组织	
	色纱排列	
	单位面积质量	

第二章　纤维原料选择与组合设计

本章目标

1. 了解常用纤维材料的基本性能。
2. 理解并掌握纤维原料选择与组合设计的原理及方法。
3. 在机织产品设计时根据纤维特性制定原料选择与组合方案。

纺织纤维通常是指长径比在1000倍以上、粗细在微纳米尺度范围的柔软细长体，通常分为连续长丝和短纤维。为满足使用及加工条件，纺织纤维需要具有一定的长度与细度、必要的强度及变形能力、合适的耐久性及弹性，同时，要对光、热、化学和生物等作用的稳定性较好。为获得性能优异的机织产品，需要选择合适的纤维原料进行加工，也需要对不同的纤维原料进行组合设计，优化产品性能。

第一节　纤维原料性能概述

作为纺织材料的基本单元，纤维直接决定着纱线、绳带、织物等各类纺织制品的结构组成及性能。按照习惯和来源，纤维材料可以分为天然纤维和化学纤维两大类，天然纤维又包括植物纤维和动物纤维。近年来，具有各种功能的新型纤维层出不穷，在机织产品设计中的应用越来越广泛。

一、植物纤维

（一）棉纤维

棉纤维是最常用的植物纤维，基本成分为94%~95%的纤维素和5%~6%的其他物质，带有果胶、蜡质及微量色素，各成分的含量随纤维产地及品种的不同而略有变化。棉纤维的主要品种包括陆地棉、海岛棉和亚洲棉（又称为非洲棉）。其中，陆地棉又称美棉或高原棉，是目前最主要的棉花品种，一般长度为23~33mm，线密度为1.43~2.22dtex。海岛棉因长度较长，又名长绒棉，主要产于埃及、西印度洋群岛、美洲南部及我国新疆等地，长度可达33~45mm，细度小于1.43dtex，具有绒长、品质好、产量高的优势。亚洲棉因纤维较粗，又名粗绒棉，一般长度为15~24mm，线密度为2.5~4.0dtex，目前很少种植，一般作为絮状填充材料使用。棉纤维截面为腰圆形，中腔干瘪，上述三种纤维的截面形态见图2-1。

棉纤维生长过程主要包括生长变长的增长期以及沉积变厚至成熟的加厚期。棉纤维具有

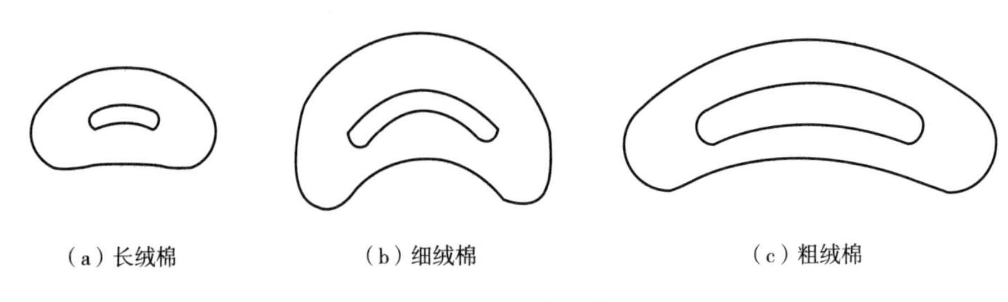

图 2-1 不同棉纤维的截面形态

典型的多层状带中腔结构，稍端尖而封闭，中段较粗，尾端稍细而敞口，呈扁平带状，有天然转曲。棉纤维细长柔软、吸湿保暖性好、耐热隔温、耐强碱，便于染色处理及纺织加工，同时可以进行丝光处理及其他改性处理，以增加纤维弹性、光泽及抗皱性。

（二）麻类纤维

麻类纤维由不同比例的纤维素、半纤维素、木质素及其他成分构成（表 2-1），其纤维素含量低于棉纤维，但仍占大部分，故麻类纤维化学性质与棉纤维类似。除苎麻外，麻类纤维的单细胞粗细与棉纤维类似，但长度普遍偏短一倍到一个数量级。因此，实际使用时多为工艺纤维，即多个单细胞纤维由细胞间质黏合而成的纤维束。麻类纤维的可纺性与细度直接相关。根据纤维所在的植物部位的不同，麻类纤维可以分为韧皮纤维和叶纤维，各种麻纤维的称谓繁杂且多名，实际多使用习惯叫法及俗称。

表 2-1 常见麻类纤维的基本化学组成及长度细度

名称	纤维素（%）	半纤维素（%）	果胶（%）	木质素（%）	其他（%）	单纤维细度（μm）	单纤维长度（mm）
苎麻	65 ~75	14 ~16	4 ~5	0.8 ~1.5	6.5 ~14	30 ~ 40	20 ~250
亚麻	70 ~ 80	12 ~15	1.4 ~5.7	2.5 ~5	5.5 ~9	12 ~ 17	17 ~ 25
黄麻	57 ~ 60	14 ~17	1.0 ~1.2	10 ~13	1.4 ~ 3.5	15 ~18	1.5 ~5
红麻	52~58	15~18	1.1~1.3	11~19	1.5~3	18 ~ 27	2 ~ 6
大麻	67~78	5.5~16.1	0.8~2.5	2.9~3.3	5.4	15 ~ 17	15 ~ 25
罗布麻	40.82	15.46	13.28	12.14	22.1	17 ~ 23	20 ~ 25

1. 苎麻纤维 苎麻纤维原产于我国，有着“中国草”的美誉，又名白苎、绿苎、线麻和紫麻，为多年生宿根植物，主要分布于长江流域的湖南、四川、湖北、江西等地，其栽培面积及产量占全国的 90%以上。苎麻纤维的截面为腰圆形或跑道形，中腔结构的腔壁上具有辐射状裂纹，纵向无明显扭转，表面有不规则条纹和横节。在麻类纤维中，苎麻纤维的纤维素含量较高、木质素含量低，质地柔软且纤维弹性较好。苎麻单纤维长度较长，可以单纤维纺纱，苎麻纤维越细则品质越高，可纺纱线支数也越高，成纱柔软性也更好。

2. 亚麻纤维 亚麻是一年生草本植物，又名鸦麻、胡麻，可以分为纤维用、油料用、纤维—油料兼用三种，原产于地中海沿岸的中东地区，在我国主要分布在东北、内蒙古等地。

亚麻纤维存在于麻茎的韧皮组织中，经过浸渍及沤麻处理可以去除部分胶质，使粘连在一起的纤维束逐渐变得松散。随后，经压轧、打麻等工序得到“打成麻”，即截面含有 10~20 根单纤维的工艺纤维。在麻类纤维中，亚麻纤维的细度相对较细，吸湿导湿性好，是制作夏季衣衫的理想纤维原料。

3. 黄麻纤维　黄麻为一年生草本植物，广泛分布在亚热带及热带地区，其中，印度、孟加拉国和我国是世界上黄麻纤维的主要生产国。单根黄麻纤维的长度很短，纺纱加工时必须采用工艺纤维，其截面内含有的纤维根数为 5~30 根。黄麻纤维的单纤维截面呈带有圆形中腔的多角形，多为五角形或六角形。

黄麻纤维是仅次于棉纤维的大宗天然纤维，资源产量丰富，其纤维制品具有良好的吸湿、抑菌性，回潮率可达 13.6%~17%，且吸湿后表面仍保持干燥。黄麻纤维在应对棉花供需矛盾及功能纺织品开发等方面，极具发展潜力。但由于黄麻纤维精细化加工的技术难题，使黄麻纤维制品仅限于生产麻袋等低档纺织产品，很少用于服装及家用纺织品领域。

4. 红麻纤维　红麻为一年生草本植物，又称槿麻、洋麻、钟麻，生长习性及纤维特征与黄麻纤维非常相近。单根红麻纤维的长度很短，比黄麻纤维略粗，截面为多角形或近椭圆形，具有较大的中腔。红麻纤维的单细胞具有方向性，一端为尖圆角，另一端为钝圆角，会有小分叉或分枝。纺纱加工时必须是工艺纤维，截面中的纤维根数为 5~20 根，工艺纤维的颜色较深，通常呈棕黄色。红麻纤维粗糙、硬挺，可纺性差，一般只能采用粗支纱织造稀疏的织物及非织造布。

5. 大麻纤维　大麻又称汉麻、火麻，为一年生直立草木桑科植物，主要分布在中国、印度、俄罗斯、土耳其等地。大麻纤维中的麻多酚成分使其在生长及放置过程中极少遭受病虫害。大麻种植过程中，不使用任何化学农药及杀虫剂，是标准的绿色产品。作为人类最早用于织物的天然纤维之一，享有“国纺源头，万年衣祖”的美誉。

大麻单纤维表面粗糙，有纵向缝隙和孔洞及横向枝节，无天然转曲。横截面形状不规则，通常是多种形态的混杂，如三角形、长圆形、腰圆形等。大麻单纤维的细度及长度与亚麻纤维相当，需用工艺纤维进行纺纱加工。在麻类纤维中，大麻纤维制品更加柔软适体、刺痒感较小。大麻纤维具有中腔结构，中腔与纤维表面分布着的裂纹及小孔相连，赋予其良好的毛细效应、吸附性能及吸湿排汗性能。中空结构中含有氧气，使厌氧菌无法生存，赋予大麻纤维良好的抗菌性能，对金黄色葡萄球菌、绿脓杆菌、白色球菌、青霉曲霉等具有良好的杀灭作用。

6. 罗布麻纤维　罗布麻又称野麻、茶叶花、红柳子等，是一种野生直立半灌木植物，高度可达 1.5~3m，因在新疆罗布平原生长极盛而得名，享有“野生纤维之王”的美誉。罗布麻主要生长于河岸、山沟、山坡的砂质地，适宜在盐碱、沙漠等恶劣的环境中生长，广泛分布在我国新疆、内蒙古、青海、甘肃等地。罗布麻纤维表面存在较多的竖纹、横节，纵向无明显转曲，截面呈现不规则腰圆形，与其他麻类纤维相比，中腔较小。罗布麻单纤维较短较粗，需用工艺纤维进行纺纱加工。研究表明，罗布麻含量在35%以上的纤维制品，具有降压、平喘、降血脂等作用，可以明显改善临床症状。

（三）竹纤维

竹纤维来源于竹子茎秆，经机械轧压、粉碎分离、蒸煮水解、辅助化学试剂处理等工序，剔除竹中的木质素、竹粉、果胶等物质，制取竹纤维，属于植物性原生纤维。作为单细胞纤维，竹纤维纵向粗细不均匀，分布有横节、沟槽，横向为不规则腰圆形或跑道形，内有中腔。纤维本身含有较多的木质素及裂纹，使纤维硬脆且刺痒，难以纺织加工。此外，作为纤维素物质，由竹纤维制成的竹浆粕，可以用来制造黏胶类纤维，但已不再具有原生竹纤维的结构特征。我国竹材资源极其丰富，采用竹材制备的竹浆纤维是一种充分发挥我国资源优势、可循环再生的新型生物质纤维。

二、动物纤维

（一）绵羊毛纤维

绵羊毛是最常用的毛纤维之一，属于角蛋白类物质。羊毛纤维的截面呈现为圆形或椭圆形，由外向内依次为鳞片层、皮质层和髓质层，其中，在细羊毛及同质毛中无髓质层。由片状细胞堆叠构成的鳞片层，可以对羊毛毛干形成保护，并且决定着羊毛纤维制品的光泽、缩绒性及手感等风格特征。皮质层是羊毛纤维的主体部分，包括正皮质和偏皮质两种皮质细胞，其双边分布使羊毛纤维具有天然卷曲的特征。髓质层即髓腔，结构较为松散且含有一定的色素及气泡，几乎不具有任何强度及弹性。

羊毛纤维的分类方法较多，根据羊种品系可以分为改良毛与土种毛两大类，根据羊毛质地均匀性可以分有同质毛和异质毛两大类，根据颜色可以分为本色毛和彩色羊毛。根据长度及细度的不同，羊毛纤维可以分为细毛（直径范围 18～27μm，长度<12cm）、半细毛（直径范围 25～37μm，长度<15cm）、粗毛（直径范围 20～70μm，为异质毛）和长毛（直径>36μm，长度 15～30cm）。实际使用过程中，美利奴羊毛为细羊毛、考力代毛为半细毛、林肯毛为长羊毛等，其中，美利奴羊毛是细度仅次于羊绒的羊毛，直径可以达到 20μm 左右。在世界各地的美利奴羊毛中，澳大利亚美利奴羊毛以产量高、品质好而著称，净毛率普遍在60%以上，其中，超细美利奴羊毛的净毛率可达 68%～72%。美利奴羊毛制品具有柔软细腻、不易缩水、不扎皮肤、保暖性好、富有弹性的特点，广泛应用于各类纺织产品的开发。

（二）蚕丝纤维

蚕丝纤维属于腺分泌类纤维，根据蚕养殖方式的不同，可以分为家蚕丝和野蚕丝。家蚕丝为桑蚕丝，属于大宗丝纤维，野蚕丝主要指柞蚕丝。

桑蚕主要包括中国种、日本种和欧洲种三个品系。中国种桑蚕茧多为白色或乳白色，日本种基本为白色，欧洲种则是略带微红色的乳白色或淡黄色。桑蚕茧由外向内依次为茧衣、茧层和蛹衬三部分，其中，茧层可用来做丝织原料，茧衣和蛹衬的可纺性较差，细且脆弱，只能作为绢纺原料。蚕丝的主要成分为丝素蛋白，其次为丝胶，以及色素、蜡质、无机物等少量杂质。一根蚕丝由两根平行的单丝（丝素），外包丝胶构成，单丝截面呈三角形，如图 2-2所示。桑蚕茧丝的细度为 2.64～3.74dtex（2.4～3.4 旦），细度随茧丝吐出的先后而有所差异，茧丝的中段细且均匀，品质最高。

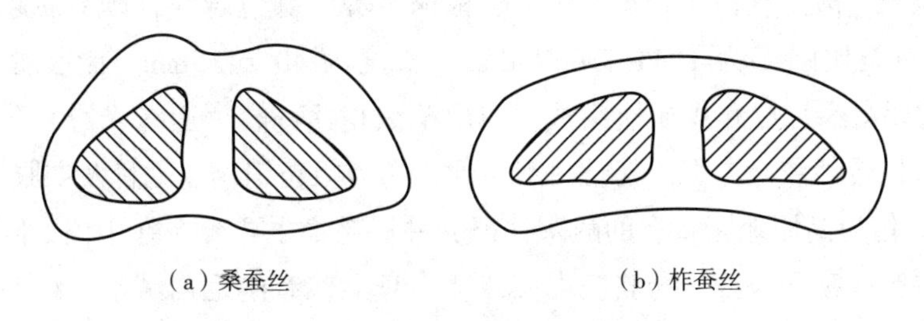

图 2-2　桑蚕丝与柞蚕丝横截面形态

柞蚕主要有中国种、日本种和印度种三个品系。柞蚕主要生长在野外的柞树上，由柞蚕茧所缫制的蚕丝被称为柞蚕丝。柞蚕茧丝的平均细度为 6.0~6.5dtex（5.45~5.91 旦），比桑蚕丝要粗。柞蚕丝的横截面形状为锐三角形，与桑蚕丝相比，更加扁平且呈楔状，如图 2-2（b）所示。柞蚕丝常作为织造绸、装饰绸及中厚型丝织品的纤维原料。

（三）其他动物纤维

1. 兔毛　兔毛主要可以分为普通兔毛和安哥拉长毛种兔毛，用于纺织加工的兔毛主要为安哥拉长毛种兔毛。安哥拉长毛种兔毛，在我国俗称中国白兔，产量约占世界总产量的90%，出口量常年稳居世界前列。

兔毛主要包括直径为 5~30μm 的绒毛（约占 90%）与 30~100μm 的粗毛（约占 10%）两类纤维，其中，绒毛纤维的平均直径主要集中在 13~20μm，刚毛含量越少，则兔毛品质越高。绒毛横截面呈近似圆形或不规则四边形，刚毛横截面为腰圆形、椭圆形或哑铃型。绒毛比强度为 1.6~2.7cN/dtex，断裂伸长率为 30%~45%，纤维长度根据剪毛时间而定，为方便纺纱加工需要，一般每年剪毛 4~5 次，长度为 25~40mm。

兔毛纤维为多腔多节结构，具有发达的髓腔，表面光滑、少卷曲，具有密度小、比强度低、吸湿性好的特点。兔毛纤维制品柔软、蓬松、轻质、光泽感强，但纤维摩擦系数小、抱合力差，使用过程中易落毛，纺纱性能较差，通常与其他纤维混纺加工。纺纱过程中，需添加和毛油，或采用酸溶液、等离子体进行处理，以增加纤维间的抱合力。

2. 山羊绒　山羊绒是山羊的绒毛，俗称开司米，主要分布在中国、蒙古、伊朗及阿富汗等地，其中我国的山羊绒产地主要分布在西北及华北地区等。山羊身上生长有粗长的外层毛被和细软的底层绒毛，通过抓、梳等方法可以获得山羊绒，颜色呈白、淡紫或淡青色。得到的原绒可以分为绒毛、刚毛及两型毛，通过分梳可以进一步得到绒毛和刚毛两大类。

山羊绒由鳞片和皮质层组成，无髓质层，且鳞片边缘较光滑，环状及完整性特征明显，片大且稀疏，紧贴毛干。山羊绒平均细度为 14~16μm，平均长度为 25~45mm，短绒率为 18%~20%。山羊绒手感柔软滑糯，拉伸性能、弹性及保暖性均优于绵羊毛。山羊绒价格昂贵且难以纯纺，易毡缩、起球，通常与超细羊毛混纺使用，作为羊绒衫、大衣呢等高端定制服装的原料。

3. 骆驼绒　我国骆驼绒纤维产量世界最大，产地集中在宁夏、内蒙古、新疆、甘肃、青海等地。骆驼外层毛较粗且坚韧，称为骆驼毛；在外层粗毛之下有细短柔软的绒毛，称为骆驼绒。骆驼绒颜色一般呈乳白、杏黄、黄褐、棕褐色等，颜色越浅，则品质越好。平均直径为20~24μm，断裂比强度为1.3~1.6cN/dtex，长度为40~135mm，断裂伸长率为40%~45%。骆驼绒主要由鳞片层和皮质层组成，与山羊绒相比，鳞片边缘光滑，数量较少且平贴不连续。骆驼绒保暖性较好，但可纺性一般，通常作为粗纺织物、毛毯及衣服衬絮等。

4. 牦牛绒 作为高原地区特有的耐寒牲畜品种，牦牛主要分布在中国、阿富汗、塔吉克斯坦、克什米尔等国家和地区。与骆驼类似，牦牛身上兼有刚毛与绒毛，绒毛具有较好的纺用价值。牦牛绒一般为黑、褐色，平均直径在20μm左右，断裂比强度为0.6~0.9cN/dtex，平均长度为30~40mm，缩绒性及抱合性较小。骆驼绒制品手感滑软、光泽柔和、蓬松丰满，适合制作各类高档面料。

三、化学纤维

以天然或合成的高分子材料为原料，经化学或物理方法加工而得到的纤维，统称为化学纤维。根据习惯和来源，化学纤维通常可以分为再生纤维与合成纤维。

（一）再生纤维

再生纤维是指以天然高分子化合物为原料，经化学或机械加工而制成的纤维，俗称人造纤维。根据天然高分子化合物来源的不同，再生纤维可以分为再生纤维素纤维、再生蛋白质纤维，以及以甲壳质纤维、壳聚糖纤维为代表的新型再生纤维。

1. 黏胶纤维 作为再生纤维最主要的品种之一，黏胶纤维是最早研制并工业化生产的化学纤维。从富含纤维素的原料中提取纯净的纤维素，经烧碱及二硫化碳处理，得到黏稠的纺丝溶液，经过湿法纺丝工艺，即得到黏胶纤维。

黏胶纤维的主要成分是纤维素，化学结构式与棉纤维相同，一般聚合度为250~550，比棉纤维要低。标准温湿度条件下，黏胶纤维平衡回潮率可达12%~15%，在水中润湿后，横截面积膨胀率可达50%以上，故黏胶纤维织物沾水后手感较硬。黏胶纤维染色性能优异，色泽鲜艳，且色牢度较好。与棉纤维相比，黏胶纤维的断裂比强度较低，一般为1.6~2.7cN/dtex，断裂伸长率为16%~22%。润湿后的黏胶纤维强度急剧下降，为干强度的40%~50%。因相对分子质量较棉纤维低，黏胶纤维耐热性较差。

黏胶纤维横截面边缘为不规则的锯齿形，纵向有不连续的条纹。湿法纺丝过程中，喷丝孔喷出的纺丝液表层先接触凝固浴，析出的黏胶溶剂立即凝固生产一层结构致密的纤维外层，逐渐析出的内层溶剂则凝固较慢，形成皮芯结构。拉伸成纤时，处于外层的大分子受到较强的拉伸作用，形成的晶粒尺寸较小、数量较多，取向度较高；处于内层的大分子受到的拉伸作用较弱，结晶时间较长，形成的晶粒较大、数量较少，取向度较低。不同种类的黏胶纤维，具有不同的皮芯层分布。通过改变普通黏胶纤维纺丝工艺条件，可以得到横截面近似圆形具有厚皮层结构的高湿模黏胶纤维，其断裂比强度为3.0~3.5cN/dtex，俗称富强纤维或莫代尔。全皮层结构的黏胶纤维则被称为强力黏胶丝，具有强度高、耐疲劳性好的特征，广泛用于轮胎帘子布、运输带、帆布等。

2. 铜氨纤维 铜氨纤维是指把纤维素浆粕溶解在铜氨溶液中制成纺丝液，经湿法纺丝得到的一种再生纤维素纤维。其中，铜氨溶液是指将氢氧化铜溶解于浓氨水得到的纺丝液。

铜氨纤维的横截面是均匀的全芯型结构，纵向表面光滑，单纤维线密度一般为0.4~1.4dtex，聚合度比黏胶纤维高，可达450~550。铜氨纤维吸湿性与黏胶纤维相近，标准温湿度条件下的回潮率为12%~14%，铜氨纤维对染料的亲和性较好，染色性能优异。断裂比强度为2.6~3.0cN/dtex，湿强度为干强度的65%~70%，此外，铜氨纤维的耐磨性和耐疲劳性也优于黏胶纤维。铜氨纤维织物手感柔软光滑，光泽柔和，具有类似蚕丝的风格特征。铜氨纤维一般为长丝，适宜制作轻薄面料、仿丝绸产品、高档西服里料等。

3. 莱赛尔（Lyocell）纤维　莱赛尔纤维是以*N*-甲基吗啉-*N*氧化物（NMMO）为溶剂，以木浆粕为原料，采用干湿法纺丝方法制备得到的再生纤维素纤维。1980年，德国Akzo-Nobel公司首先申请了该再生纤维素纤维的专利，1989年由国际人造纤维和合成纤维委员会（CIRFS）正式命名为Lyocell纤维，即莱赛尔纤维。目前市场上广受欢迎的天丝纤维，是英国Courtaulds公司（后被奥地利兰精公司收购）采用莱赛尔纤维生产工艺制备的Tencel纤维在国内注册的商品名。最新流行的Newcell纤维，则是德国Akzo-Nobel公司采用Lyocell纤维生产工艺生产的再生纤维素纤维长丝，具有干、湿强度高，导湿性能好的特点。

相比于常规合成纤维和再生纤维，在加工Lyocell纤维的过程中，所用溶剂可以实现99.9%以上的回收再利用，生产过程全封闭，无环境污染，符合低碳环保的发展趋势。同时，与普通再生纤维素纤维相比，Lyocell纤维具有强度高（38~42cN/tex）及湿强损失低（<15%）的特点，其制品的手感柔软、悬垂性好。但是，莱赛尔纤维容易在纤维表面分裂出细小的纤维绒，呈现原纤化的特征，影响使用性能。不过也可以利用纤维表面的原纤化，制备具有细腻皮绒表面的纺织品，获得良好的柔软触感。

4. 醋酯纤维　醋酯纤维是以纤维素浆粕为原料，经乙酰化处理得到纤维素酯化衍生物，采用干法或湿法纺丝工艺制成的再生纤维素纤维，又称醋酸纤维，是再生纤维素纤维中仅次于黏胶纤维的第二大品种。醋酯纤维可以分为二醋酯纤维和三醋酯纤维，理论上是以纤维素大分子上的3个—OH被乙酰化取代的个数命名。实际生产过程中，二醋酯纤维是指74%~92%的羟基被乙酰化，三醋酯纤维是指92%以上的羟基被乙酰化。通常，被取代的羟基越多，醋酸纤维素分子的结构对称性和规整性越好。其中，二醋酯纤维的干强为1.06~1.5cN/dtex，湿强为0.6~0.79cN/dtex，较干强明显降低，回潮率为6.5%，纤维密度为1.32g/cm^3，对烟焦油和尼古丁有很好的吸附性，常被用作香烟滤嘴材料。三醋酯纤维的干强为0.97~1.24cN/dtex，湿强与干强差别不大，因酯化程度增加，回潮率仅为3.5%，纤维密度为1.30g/cm^3，纺织用纤维基本为三醋酯纤维。

醋酯纤维的模量较低、易变形，低伸长下的弹性回复性优异，横截面呈苜蓿叶形，无皮芯结构，纤维的纵向表面光滑，具有明显的沟槽特征。由醋酯纤维制成的织物具有悬垂性好、不易起皱、穿着舒适及吸湿透气等特点，纤维中的非晶态开孔结构可以有效促进汗液排出体外，实现舒适凉爽的效果。同时，织物直接接触皮肤时安全环保，具有蚕丝般的鲜艳光泽和优良手感，常作为丝绸的代替品，主要用于女式内衣和仿绸类面料。

（二）合成纤维

合成纤维是指由低分子化合物经化学反应合成得到高分子聚合物，再经纺丝加工而得到的纤维。根据分子结构的不同，主要可以分为碳链合成纤维（如聚乙烯纤维、聚丙烯腈纤维等）与杂链合成纤维（如聚酰胺纤维、聚酯纤维等）。根据纵向形态结构，可以分为长丝与短纤维两大类；根据横截面形态结构，可以分为普通圆形纤维、异形纤维等。

1. 涤纶 由二元酸与二元醇缩聚而得到的聚合物，被称为聚酯，其品类较多，如聚对苯二甲酸乙二醇酯纤维（PET）、聚对苯二甲酸丁二醇酯纤维（PBT）、聚对苯二甲酸丙二醇酯纤维（PTT）等。其中，以聚对苯二甲酸乙二醇酯纤维产量最大，相对分子质量一般为18000~25000。我国将对苯二甲酸乙二醇酯含量在85%以上的纤维称为聚酯纤维，俗称涤纶。

涤纶采用熔体纺丝制成，横截面呈圆形，纵向均匀无条痕。涤纶大分子链除两端各有一个羟基（—OH）外，分子链上不含有其他亲水基团，且结晶度较高、分子链排列紧密，故吸湿性较差，公定回潮率为0.4%。涤纶导电性较差，易产生静电；染色困难，需采用高温高压染色。涤纶具有良好的热塑性，热稳定性优异，经高温定形处理后，涤纶制品尺寸稳定性显著改善。涤纶大分子链属线性分子链，侧面没有较大的基团或支链，涤纶大分子相互结合紧密，赋予纤维较高的比强度和形状稳定性。根据生产工艺条件的不同，涤纶纤维可以分为高模量型（比强度高、伸长率低）、低模量型（比强度低、伸长率高）及中模量型（介于两者之间）。涤纶纤维弹性优异，与羊毛纤维接近，耐磨性仅次于锦纶，优于其他合成纤维。涤纶制品具有优异的抗皱性及保形性，易洗快干，经久耐用，但纤维表面光滑、抱合力差，容易起毛起球，且毛球难以脱落。

2. 锦纶 聚酰胺纤维是指分子主链由酰胺键（—CO—NH—）连接的合成纤维，在我国的商品名为锦纶或尼龙。锦纶是世界上最早实现工业化生产的合成纤维，主要品种包括锦纶6、锦纶66、锦纶610、锦纶1010等。1935年，杜邦公司首次合成了聚酰胺纤维（锦纶66），并于1938年开始工业化生产。同年，德国化学家斯科拉克（P. Schlack）制成了锦纶6，并于1941年实现工业化生产。

锦纶采用熔体纺丝法制备得到，纤维横截面呈近似圆形，纵向较为光滑。由于纺丝时纤维的内外层温度差异，使皮层取向度较高、结晶度较低，而芯层的结晶度较高、取向度较低。由于是部分结晶高聚物，锦纶的熔融转变温度范围较窄，耐热性较差，高温时会发生氧化和裂解反应。锦纶的初始模量接近羊毛，低于涤纶，断裂伸长率较高，回弹性优异，耐光性较差。锦纶织物手感柔软，耐磨性优良，非常适宜做袜子。锦纶大分子链两端的氨基和羧基为亲水性基团，链中的酰胺基团也具有一定的亲水性，公定回潮率为4.5%，在常用合成纤维中仅次于维纶。此外，氨基和羧基的存在，使得锦纶易于染色，可以采用酸性染料、阳离子染料或分散染料进行染色。

3. 腈纶 腈纶是聚丙烯腈纤维在我国的商品名，通常是指丙烯腈含量在85%以上的丙烯腈共聚物或均聚物纤维，享有“合成羊毛”的美誉，广泛用于制作膨体绒线、地毯、毛毯等。成纤聚丙烯腈多采用三元共聚体或四元共聚体，通过引入其他单体，以改善染色性、弹性等。其中，丙烯腈是腈纶纤维的主体，被称为第一单体，对结构性能起主导作用。结构单体为第二单体，加入量为5%~10%，通常选用丙烯酸甲酯、甲基丙烯酸甲酯等，用以减弱聚丙烯腈大分子间的作用力，从而克服纤维的脆性。染色单体为第三弹体，即在大分子链中引入具有染色性能的基团，通常选用可离子化的乙烯基单体，加入量为0.5%~3%。根据单体种类及含量的不同，腈纶的性能存在一定差异。

腈纶纤维的初始模量介于锦纶与涤纶之间，在伸长率较小时（小于2%），弹性回复率接近羊毛，实际使用过程中，则弱于羊毛。腈纶的热稳定性较好，对常用的氧化性漂白剂稳定性良好，可以使用亚氯酸钠、过氧化氢进行漂白。腈纶吸湿性较差，公定回潮率为1.2%~2.0%，染色性能则与第三单体的种类及数量密切相关。腈纶制品耐日光和耐气候性优异，多用于针织面料和毛衫。

4. 维纶　维纶是聚乙烯醇缩甲醛纤维在我国的商品名，其基本组成部分是聚乙烯醇。维纶纤维横截面近似腰子形，具有明显的皮芯结构，皮层结构紧密，而芯层存在一定的空隙，结晶度为60%~70%。标准温湿度条件下，维纶纤维回潮率为4.5%~5.0%，在合成纤维中的吸湿性优良，被称为“合成棉花”。维纶纤维制品外观与棉织物接近，使用过程中易产生褶皱，比强度和耐磨性优于棉花。维纶纤维化学稳定性好，耐腐蚀和耐光性好，耐碱性能优异，但弹性、染色性及耐热水性能较差，纤维制品易于起毛、起球。

5. 聚酰亚胺纤维　聚酰亚胺纤维是一类以苯环、芳杂环、亚胺环等特征基团相互键接构成主链结构的纤维，依据主链在化学结构的差异，聚酰亚胺纤维可分为脂肪族和芳香族两类，脂肪族聚酰亚胺纤维的聚合度较低，使用性能差，故通常所说的聚酰亚胺纤维均为芳香族。作为分子链化学结构可设计的新型高性能有机纤维，聚酰亚胺纤维具有优异的机械、热学、阻燃、耐老化、耐腐蚀和低介电等性能，是21世纪最具发展前景的高性能纤维之一。

聚酰亚胺纤维具有较好的抗拉强度和伸长率，但拉伸模量低；具有独特的热学性质，在温度升高时产生收缩现象，伴随熔体黏度的增加而使熔体变稀，温度持续上升，纤维开始分解并发生相变，使熔融态向玻璃化转变，因此，纤维具有一定的阻燃性。由聚酰亚胺纤维织成的织物，在制作汽车内饰、运动器材、包装材料、军用服装、医用卫生服、防生化武器特种服装、烟雾防护面罩等方面具有良好的应用前景。

6. 聚乳酸纤维　聚乳酸纤维是指采用生物发酵技术将淀粉转化为乳酸，再将乳酸单体脱水聚合成聚乳酸的生物质纤维。聚乳酸纤维的密度为1.27~1.29g/cm^3，回潮率为0.4%~0.6%，干态断裂强度为3.2~4.6cN/dex，略低于聚酯纤维，玻璃化温度和熔点较低，不耐强碱。作为具有良好生物降解性、相容性及可吸收性的绿色热塑性聚酯材料，聚乳酸纤维具有较好的力学强度、弹性模量和热成型性。聚乳酸纤维具有高结晶性、高取向性、高耐热性和高强度的特征，其纤维制品富有光泽、抗皱性好。聚乳酸纤维是颇具市场潜力的生物可降解纤维。

四、新型纤维

近年来，应用于机织产品设计的各种新型纤维层出不穷，受到了产品设计领域的从业者及消费者的广泛关注。

（一）阻燃纤维

阻燃纤维，是指本身不会产生火焰，在火焰中仅发生阴燃现象，离开火焰后，阴燃现象随即消失的纤维。目前，阻燃黏胶纤维大多采用磷系阻燃剂，通过共混法将阻燃剂与纺丝液共混制得。阻燃腈纶则是在共聚法改性时，添加含量为33%~36%氯乙烯基系单体，当单体添加量达到40%~60%时，被称为腈氯纶纤维，极限氧指数可达到28%以上，阻燃性能优异。阻燃丙纶纤维的制备，常采用共混法改性，即将常规聚丙烯与含阻燃剂的阻燃母粒混合纺丝。阻燃纤维常用于制作家具布、帷幕、地毯、毛毯、汽车装饰布、空气过滤布、儿童睡衣、盾袋、工作服和床上用品等。

（二）抗静电纤维

抗静电纤维，主要是指通过提高纤维表面的吸湿性能来改善导电性的合成纤维。一般采用亲水性有机物作为表面活性剂，对纤维进行功能整理，其抗静电性的发挥取决于亲水基团和环境湿度。其中，阳离子表面活性剂的耐水性较差，仅能实现暂时性的抗静电效果。非离子或共混型表面活性剂的抗静电耐久性较好，与纤维的结合较为牢固，但采用交联、接枝、表面成膜或树脂涂层整理时，使织物手感风格变差，影响服用性能。

导电纤维主要包括金属、金属镀层纤维，炭粉、金属氧化、硫化、碘化物的掺杂纤维，络合物导电纤维，导电性树脂涂层与复合纤维，本征导电高聚物纤维等。与抗静电纤维相比，导电纤维的电阻率较低，一般在$10^7\Omega\cdot cm$以下。实际应用时，常采用添加少量（0.1%~8%）导电短纤维与普通纤维混纺成纱的方式，实现既导电又保持织物固有风格特征的效果。同时，通过对电荷的快速耗散及产生的反向感应电势和磁场，导电纤维也具有防电磁辐射作用，可用于制备电磁屏蔽织物。

（三）抗菌纤维

抗菌纤维，是指具有杀菌抑菌功能的纤维，可以直接杀灭致病微生及繁殖细胞，或者抑制微生物的生长繁殖，达到无菌的效果。目前，抗菌纤维主要可以分为两类：一是本身带有抗菌成分纤维，如壳聚糖纤维、麻类纤维及金属纤维等，但抗菌性通常较弱且易于衰退消失；二是通过将螯合物、纳米颗粒、金属粉末及抗菌剂添加在纺丝中或对纤维表面处理得到的抗菌纤维。常用纤维抗菌剂可以分为无机类、有机类和生物类。常用无机类抗菌剂主要包括金属型银、铜、锌，光催化剂型的金属氧化物，如TiO_2、ZnO、CdS等，无机类抗菌剂的耐热、耐久性较好且安全无毒，但所需要的添加量较高、成本高、使用过程中易变色。有机类抗菌剂多达几百种，常用抗菌剂主要包括有机金属类，醇、酚、醚类，醛、酮类，腈、胍类及吡咯类等。有机类抗菌剂的杀菌抑菌能力较强，但毒性较大、耐热性较差、易发生迁移失效现象。生物类抗菌剂主要来源于植物中的抗菌成分，如穿心莲、大蒜、茶叶、金荞麦、苦木等，其中的黄酮、大蒜素、茶多酚、黄烷醇、生物碱等成分具有杀菌或抑菌的作用。生物类抗菌剂具有天然、安全无毒的优势，且自身带有一定颜色，在功能整理的过程中，可以实现“染色—抗菌”双效合一的效果，但生物类抗菌剂的提取成本较高，使用过程中易发生变化失效的现象。

目前，商品化生产的抗菌纤维，主要包括银、沸石等无机类抗菌纤维及甲壳素、壳聚糖等生物类再生纤维，主要用于婴幼儿服装、内衣、床上用品及各类卫生用纺织品。

（四）变色纤维

变色纤维是指在光、热等条件作用下发生颜色变化的纤维。根据光波、光强作用的不同，发生颜色变化的纤维，称为光敏变色纤维；根据所处温度条件的不同，呈现出不同颜色的纤维，称为温敏变色纤维。变色纤维的制备，可以采用将变色显色剂掺杂混入高聚物纺丝的方法。常用的光敏显色剂包括有机类的螺吡喃、偶氮苯类衍生物及无机类的 SrTiO 氧化物等；温敏变色显色剂主要包括有金属氧化物，以及有机热敏剂如螺吡喃类、取代乙烯类、荧烷类、三芳甲烷类等。此外，还有根据湿度及酸碱性条件不同而发生颜色变化的湿敏变色纤维和酸敏变色纤维。最近，基于光子晶体理论的结构色技术广泛应用于变色纤维的制备，即通过物体的光波尺度（0.1~10μm）周期结构或表面形态产生颜色，无须添加任何显色剂。变色纤维多用于登山、攀岩、游泳、滑雪、赛车等运动服，以及伪装变色服、舞台演出服、变色墙布、救生服、防伪包装等。

（五）空调纤维

空调纤维是指含有相变材料，并在吸热或放热的相变过程中保持温度不变的纤维。常用的相变材料主要为结晶水合盐，如 $NaHPO_4 \cdot 12H_2O$、$NaSO_4 \cdot 10H_2O$、$CaCl_2 \cdot 6H_2O$、$SrCl_2 \cdot 6H_2O$ 等，相变温度在 35℃以下，相变能为 120~300J/g。其他相变材料，包括固—液相变的石蜡烃、有机脂、固—固相变的多元醇等有机类相变材料，无机盐与多孔陶瓷基复合、多种多元醇复合、蒙脱石层间嵌插改性有机/无机复合相变材料等。

相变纤维能够自动感知环境温度的变化，并进行智能温度调节。通过发生固—液或固—固可逆转化，纤维中的相变材料可使纤维具有双向温度调节功能，以适应外界环境变化。当环境温度高时，空调纤维中的相变材料吸热而具有制冷效果，反之，则会放热而具有保温效果，以此来调控纤维制品附近的温度。目前，市场上比较流行的相变纤维产品有 Outlast、Comfortemp、Thermasorb 和 Cool Vest 等。

（六）形状记忆纤维

形状记忆纤维，是指由形状记忆材料构成，并对纤维原来形状具有记忆功能的纤维。发生形变后，在特定条件刺激下能恢复初始形状的一类纤维。根据实际应用的需要，其原始形状可设计成直线、波浪、螺旋或其他形状等。目前，主要有形状记忆合金纤维、形状记忆聚合物纤维及改性处理赋予形状记忆功能纤维三大类。目前，常见的形状记忆合金纤维包括 TiNi 系合金、Cu 基合金和 Fe 基合金。形状记忆合金纤维具有手感硬、回复力大的特点，形状记忆聚合物有聚氨酯、聚内酯、含氟高聚物和聚降冰片烯等多种品种，手感较形状记忆合金纤维柔软，具有形状稳定性好、机械性质可调节的优势，其中形状记忆聚氨酯具有激发灵敏度高、形变量大、质量轻、成本低等特点，被广泛应用于花式纱线及织物的开发。

第二节　纤维原料与机织产品性能的关系

纤维原料的性能与机织产品的性能密切相关，本部分主要介绍纤维原料对机织产品机械性能、光泽、形态、舒适性、功能性及染整工艺的影响。

一、纤维性能对机织产品机械性能的影响

机织产品的机械性能主要包括拉伸、弯曲、剪切、压缩、扭转及低应力反复作用下的耐磨损、耐疲劳性能。机织产品的机械性能取决于织物组织结构、纱线结构及所用纤维材料的性能。作为纤维和纱线的后续制品，机织坯布通常要经过后整理加工处理，如漂练、印染、烧毛、热定形和树脂整理等，使织物结构及机械性能发生一定变化。因此，机织产品的机械性能较纤维与纱线更为复杂。

（一）拉伸断裂性能

机织产品在外力作用下的破坏形式，主要表现为拉伸断裂。描述拉伸中应力与应变变化过程的曲线称为应力—应变曲线。横坐标为伸长率，纵坐标为比应力，如图 2-3 所示。

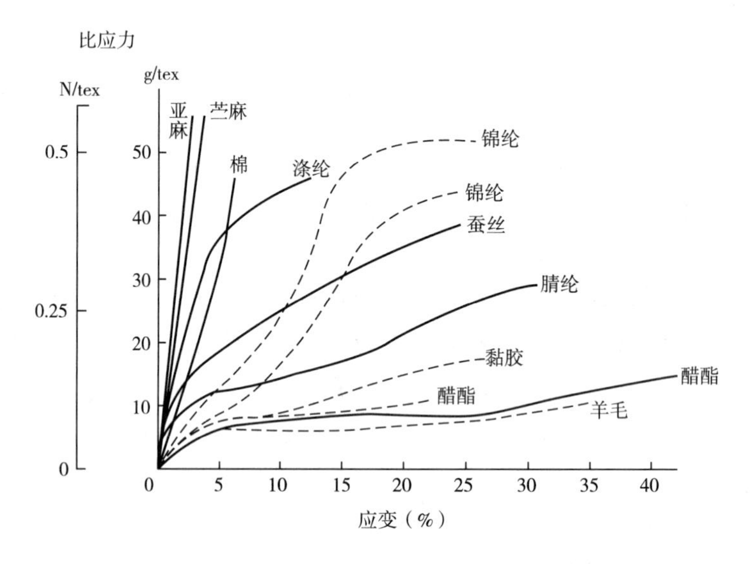

图 2-3　常见纤维的应力—应变曲线图

纤维性能对机织产品拉伸性能具有决定作用。不同机织产品的拉伸曲线形状不同，大致可以分为三类：以棉、麻纤维为代表的脆性特征明显的纤维，表现为高强低伸型；以涤纶、锦纶为代表的具有良好延展性的纤维，表现为高强高伸型；以羊毛纤维为代表的弹性优异的纤维，表现为低强高伸型。化学纤维因加工工艺及条件的不同，同一纤维可以呈现出不同的拉伸曲线特征，如涤纶短纤维可以分为高强低伸型的棉型纤维、低强高伸型的毛型纤维等。

（二）弯曲性能

在机织产品的加工及使用过程中，均会受到弯曲力的作用，产生弯曲变形。织物的弯曲是纤维自身弯曲及纤维间相互作用的叠加，其中，纤维自身弯曲性能是影响织物弯曲的最根本因素。纤维材料实际的截面形状一般都不是正圆形的，为简便计算，引入了弯曲截面形状系数的概念。为比较不同粗细的纤维材料的抗弯性能，一般把弯曲刚度折合成 1tex 时的抗弯刚度，称为相对抗弯刚度 R_{fr}。常用纤维的弯曲截面形状系数和相对抗弯刚度见表 2-2。由

表2-2可知，不同纤维的相对抗弯刚度差异较大，如绵羊毛、普通黏胶纤维、锦纶的R_{fr}较小，苎麻、涤纶、玻璃的R_{fr}较大。机织产品的软糯、挺爽等风格特征，均与纤维材料的弯曲性能密切相关。

表2-2　纤维抗弯性能

纤维种类	截面形状系数 n_f	相对抗弯刚度 R_{fr} （$cN \cdot cm^2$）	纤维种类	截面形状系数 n_f	相对抗弯刚度 R_{fr} （$cN \cdot cm^2$）
长绒棉	0.79	3.66×10^{-4}	普通黏胶纤维	0.75	2.03×10^{-4}
细绒棉	0.70	2.46×10^{-4}	涤纶	0.91	5.82×10^{-4}
细绵羊毛	0.88	1.18×10^{-4}	腈纶	0.80	3.65×10^{-4}
桑蚕丝	0.59	2.65×10^{-4}	锦纶6	0.92	1.32×10^{-4}
苎麻	0.80	9.32×10^{-4}	锦纶66	0.92	1.38×10^{-4}
亚麻	0.87	4.96×10^{-4}			

（三）表面摩擦性能

纤维材料的表面摩擦及抱合是纺织品成形加工的基础，也决定着织物的手感特征。纤维间的摩擦使纺织品的结构及纤维空间位置保持相对稳定，由于纤维卷曲、转曲等形态的存在，使纤维间抽拔时的切向阻力并不为零。常用纤维的静、动摩擦因数见表2-3。

表2-3　常用纤维的静、动摩擦因数

纤维及运动方向		静摩擦因数	动摩擦因数
黏胶纤维与黏胶纤维		0.35	0.26
锦纶与锦纶		0.47	0.40
羊毛与羊毛	顺鳞片	0.13	0.11
	逆鳞片	0.61	0.38
纤维同向摩擦		0.21	0.15
羊毛在锦纶上摩擦	顺鳞片	0.26	0.21
	逆鳞片	0.43	0.35
羊毛在黏胶纤维上摩擦	顺鳞片	0.11	0.09
	逆鳞片	0.39	0.35

静、动摩擦因数间的差异影响织物的手感和风格，例如，摩擦过程中的由于两类摩擦系数的差异导致的“黏—滑”效应，形成了丝绸织物的“丝鸣”现象。机织产品加工过程中，采用柔软光滑处理可以有效降低静、动摩擦间的差异，使织物更加柔软。羊毛纤维间的摩擦效应则取决于摩擦方向，顺鳞片与逆鳞片方向上的摩擦性质存在较大差异。羊毛纤维的方向性摩擦效应会导致毡缩现象的发生。

二、纤维性能对机织产品光泽的影响

纺织品的光泽特征是指在可见光照射下，光线在材料表面反射、折射及入射到材料内部后所形成的视觉风格。机织产品光泽效果的好坏是不可一概而论，需根据使用场合选择光泽强或光泽柔和的织物，光泽强的织物具有强烈的视觉效果，常用于晚礼服或者舞台表演服等，而光泽柔和的织物则主要用于日常穿着。纤维表观形态、纤维截面形状、纤维层状结构对机织产品的光泽都有影响。

（一）纤维表观形态

通常而言，纤维表面越光滑，光线的镜面反射效果就越强，其光泽感也越强，如蚕丝织物具有良好的光泽效果。此外，相较于天然的棉、麻纤维，合成纤维的表面更加光滑，相应机织产品的光泽感也更强。

（二）纤维截面形状

机织产品的光泽感与纤维截面形状密切相关。天然纤维的截面形状各异，具有各种独特的截面特征。在化学纤维生产过程中，通过改变喷丝孔的形状，可以赋予纤维材料特殊的截面，包括 Y 形、三角形、五角星形或其他形状等，对入射光线形成散射，使其具有不同于常规圆形纤维制品的光泽。在各种异形截面中，Y 形和三角形截面纤维制品的光泽感最强，并会产生一定“闪光”效果，耀眼夺目。机织产品设计加工时，常采用在混纺纱中混入异形截面纤维的方法，改善光泽效果。

（三）纤维层状结构

纤维截面的层状构造越多，其制品的光泽感就越好。当光线照射在纤维表面上，经过纤维内部的层状结构，光线会发生多次反射及折射，使纤维制品的表面呈现柔和、均匀、富有层次感的光泽，显著改善机织产品的光泽感。

三、纤维性能对机织产品形态的影响

机织产品的形态是指在重力及各种外力作用下所形成的各种曲面及皱纹状态，是服装面料外观的重要内容，主要包括织物悬垂性、抗皱性、褶裥保持性及起拱变形等。

机织产品因自重下垂的程度及形态称为悬垂性，下垂程度越大，则悬垂性越好。悬垂形态表示织物悬垂形成的平滑波动的曲面造型，曲面造型越多越平滑均匀，则悬垂形态越优美。悬垂形态的主要影响因素为机织产品的弯曲及剪切性质，与纤维形态、截面异形等密切相关。弯曲及剪切刚度越小，则机织产品柔软性越好，形态越易于改变。

机织产品的抗皱性，是指织物在外力作用下不发生塑性弯曲而形成折皱变形的性能，是织物外观形态的重要指标。抗皱性与纤维几何形态密切相关，一般情况下，纤维越粗，则织物抗皱性越好；圆形截面纤维制成的织物，其抗皱性优于异形截面纤维；表面光滑的纤维制成的织物的抗皱性优于表面粗糙的纤维；纤维弹性越好，则变形后的回复能力越强，织物的抗皱性越好。机织产品设计时，常通过混入高弹性回复率的氨纶，达到改善抗皱性能的目的。

机织产品的褶裥保持性，是指面料上的褶裥形态能够长久保持，而不会自动变形的性能。褶裥保持性与抗皱性密切相关，抗皱是弯折释放后恢复到平整状态的性能，褶裥保持性是定形织物扯平后恢复到原有定形状态的性能。抗皱性要求纤维材料的高弹性以适应外界作用时的变形，褶裥保持性要求纤维材料的高模量以抵抗外界作用时的变形。

四、纤维性能对机织产品舒适性的影响

机织产品的舒适性主要包括热湿舒适性、接触舒适性和织物透通性等。

（一）热湿舒适性

热湿舒适性是指在人体与环境间的热湿传递上维持人体体温与肤感稳定，并调节微环境温度与湿度适宜的性能。热与湿紧密相关，高温时，人体会通过出汗蒸发水分调节体表温度；寒冷时，人体则会紧缩汗腺，减少热量耗散。因此，夏季用织物要求尽可能增加热传导及皮肤水分的散发，冬季用织物则要求尽可能减少热传导的损失。

机织产品设计时，夏季用织物要求具有良好的吸水性、导水性、导热性、透气性等，通常选取丝绸、涤/棉、麻纤维、人造丝等纤维原料。冬季用织物主要作为外层服装面料，要求紧密、厚实，具有良好的防风、御寒效果，织物导热系数小且富含静止空气。常用纤维的回潮率及导热系数见表2-4。

表2-4　常用纤维的回潮率及导热系数（20℃）

纤维种类	回潮率（%）	导热系数［W/(m·℃)］	纤维种类	回潮率（%）	导热系数［W/(m·℃)］
棉纤维	8.5	0.071~0.073	涤纶	0.4	0.084
羊毛纤维	15	0.052~0.055	腈纶	2.0	0.051
蚕丝纤维	11	0.05~0.055	锦纶	4.5	0.244~0.337
黏胶纤维	13	0.055~0.071	丙纶	0.0	0.221~0.302
苎麻	12	0.074~0.078	醋酯纤维	7.0	0.05

（二）接触舒适性

机织产品的接触舒适性是指与人体接触时，纤维端对人体的刺痒、刺扎、戳扎等感觉。通常，突出于织物表面的纤维端顶压皮肤时的压力与纤维弯曲刚度及纤维直径正相关，纤维越粗越硬，则刺痒感越强。当纤维比较细软，与人体皮肤接触时易折弯，使接触面积增加、接触压力降低，减轻织物与人体接触时的刺痒感。

（三）织物透通性

透通性是指织物对气体、湿汽、液体等各种“粒子”导通传递的性能。对于规格参数类似的机织物，减小纤维直径时，使纤维及纱线间的抱合更为紧密，不利于气体分子及光线的透过。液态水的传递，主要是通过织物中的孔隙，其中，最主要的途径是纤维表面浸润及毛细传递，其次是纤维内部的导水。当纤维接触角小于90°时，呈现出导水特征，此时，机织物结构越紧密，纤维直径越小，毛细芯吸越强，导水性较好。

五、纤维性能对机织产品功能性的影响

机织产品的功能性是指具有某些特殊的物理及化学性质，如防静电、防紫外、抗菌、电磁屏蔽、生物降解、吸湿速干及阻燃耐火等，广泛应用于运动、防护、工业等领域。设计生产过程中，可以通过采用功能纤维、功能纱线或功能后整理的方法赋予机织产品一定的功能性。

六、纤维性能对机织产品染整工艺的影响

机织产品的染整工艺主要取决于所用纤维材料本身的物理化学性能，根据纤维成分的不同，棉、麻、丝、毛等纤维的染色性能各异。

以棉纤维、麻纤维为代表的天然植物纤维，主要成分是纤维素，一般染色性能较好，可以采用直接染料、还原染料、活性染料及碱性染料等染色。此外，有些麻类纤维的纤维素含量较低，木质素、半纤维素、果胶等天然共生物含量较高，易与纤维素形成染色差异，如红麻纤维、黄麻纤维、罗布麻纤维等。染色差异会降低织物外观整洁度，但也会使织物具有粗犷豪放的风格特征，满足特定领域服装的设计需求。再生纤维素纤维吸湿性较好，因而染色性能优异，染色色谱全，色泽鲜艳，染色牢度较好。

羊毛纤维是角蛋白物质，其具有多样性的分子侧基，赋予羊毛纤维良好的染色性能。但羊毛纤维表面被鳞片层覆盖，呈现疏水性质，阻碍染液的润湿、吸附及扩散过程，造成染色色差及延长上染时间。传统的羊毛染色一般采用较高温度，染色时间较长，能耗较高，对纤维损伤较大，使羊毛纤维制品手感粗糙，色泽泛黄。近年来，常用的羊毛低温染色方法有甲酸法、尿素法、溶剂助剂法、低温染色助剂法、生物酶处理法、前处理法等，染色效果较好，对纤维损伤较小，但染色成本较高。

合成纤维中的亲水性基团较少，染色性能普遍较差，一般需采用高温高压染色。近年来，易染色纤维快速发展，且色谱齐全、色彩鲜艳、色牢度好、染色条件温和等。

第三节　纤维组合设计

随着社会的发展及纺织技术的进步，单一组分的纤维材料往往难以满足机织产品的性能需要，故需要对纤维材料进行组合设计。

一、纤维组合的目的

设计机织产品时，选择不同的纤维原料进行组合，以满足成纱及织造工艺的质量要求，确保生产过程的稳定。同时，不同纤维的选配及组合的目的：

（1）合理使用纤维原料，降低生产成本。

（2）不同纤维间优势互补，改善产品性能。

（3）丰富产品种类，引领市场流行趋势。

（4）赋予产品特殊功能，满足不同领域的应用。

二、纤维组合的方式

（一）纤维选配

纤维原料选配时，可供选择的组合方式较多，根据原料性质及种类的不同，将适合生产某种织物的纤维材料划分为一类。分类时应着重考虑产品指标要求、纤维组分性质差异、纤维市场行情等，以降低生产成本，改善产品质量。纤维组合设计时，纤维材料的固有特性在很大程度上决定混纺纱线及交织织物的性能，例如纤维回潮率影响产品的吸湿透湿性能，纤维力学性能影响产品的断裂及耐磨性能，纤维长度细度则影响纺纱及织造工艺参数的设置。纤维组合时，我们可以采用同类纤维组合、不同类纤维组合、长短纤维组合等方式进行纤维材料的选配。

棉纤维选配时，应注意不同批次棉纤维的线密度、长度、含杂含水率等项指标差异不宜过大。具体而言，一般品级差异在 1～2 级，长度差异在 2～4mm，线密度差异在 0.07～0.09dtex，含杂含水差异一般在 1%～2%。以性质接近的某几批原材料为主体，一般应占 70%左右，批次过多时，允许长度以某几批为主体，而线密度以另外几批为主体。棉纤维选配的组分数量根据情况调整，用棉量大或每批原棉量少时，组分数量可适当增加，原棉性质差异小时，组分数量可适当减少。

化学纤维品种的选择组合应根据产品不同用途、质量要求及化学纤维的加工性能选配纤维品种。化学纤维长度、细度及各种物理化学性质等指标，均会影响混纺产品的性能。如果化学纤维的热收缩性批与批之间差异较大，混合又不均匀，当产品在染整过程中受到热处理时，会因收缩程度不一而在布面上形成皱纹和不平整的疵点。所以，要求化学纤维每批的热收缩率差异要小，且批与批之间差异也要小。

在精梳毛纺系统中，根据生产工艺情况的不同，毛纤维原料的选配可以分为梳条配毛和混条配毛两种。梳条配毛，即散毛选配。为了稳定毛条的质量，在配毛设计中，应选择一批或两批品质相近的原料作为主体毛，再选择能弥补、改善和提高混合品质的其他原料作为配合毛，这种方法称为主体配毛法，其中主体毛应占混合毛的 70%以上。混条配毛，即毛条选配。采用纯毛条混合配毛时，主要考虑纤维的细度指标。在粗梳毛纺原料选配时，需根据织物风格特征选配原料，根据加工工艺选配原料，在选配原料时，必须考虑到能否保证加工工艺过程的顺利进行。

麻纤维原料的选配，应主要根据单纤维或工艺纤维的线密度、强度、脱胶和斑疵等情况进行。加工工艺直接影响着苎麻的选配过程。若采用毛纺工艺，则各种精干麻单独开松成卷，在梳麻机上喂入时采用麻饼并按比例搭配混合。若采用绢纺工艺，则各种精干麻单独梳理后在延展机上按比例搭配混合。

（二）混纺纱设计

根据生产工艺的不同，混纺纱的纤维混合方式可以分为散纤维混合与条子混合。散纤维混合，是指在开清工艺过程中，直接通过抓棉、多仓、混棉等方式，将不同种类的散纤维进行混合。散纤维混合便于调节不同纤维的混纺比，但是要注意保证混合过程的均匀性。条子混合是指把两种或以上的纤维组分分别制成纱条，然后在并条机或针梳机上通过并合进行混合的方法。

不同纤维组分混纺比的确定，需要综合考虑产品用途、质量要求、生产成本等多方面的因素。根据产品用途和质量要求确定混纺比，涤纶与棉纤维混纺时，比例大多采用65%涤纶、35%棉，其织物综合服用性能最好；含涤纶 80%以上时，织物透气性显著变差，纺纱性能也差；含涤纶 40%~50%时，吸湿透气性较好，但免烫性显著比含涤纶 65%时差，适宜做内衣；含涤纶 35%时，容易染色和起绒，适于做起绒织物；含涤纶低于 20%时，涤纶的性质就显现不出来。腈纶和其他纤维混纺，可发挥腈纶蓬松轻柔、保暖和染色鲜艳的特性，一般混用比例为 30%~50%。

根据化学纤维的强伸度确定混纺比，混纺纱的强力除取决于各成分纤维的强力外，还取决于各成分纤维断裂伸长率的差异。各成分纤维断裂的不同时性。混纺纱的强力与各成分间纤维强力的差异、断裂伸长率差异和混纺比三者有关。

（三）交织物设计

交织物是指采用两组不同纤维材料或结构的纱线所织成的织物，具有经纬向各异的特性。采用交织物的形式，可以有效利用不同纤维的性能，以改善使用性能，获得具有特殊风格的外观，满足不同场景的使用要求。

当经纱为棉纱、黏胶纱等纤维素纤维时，表面相对粗糙，摩擦因数大；纬纱为化纤长丝时，表面相对光滑，摩擦因数小，在织造过程中会因为压缩空气对纬纱握持力差，降低引纬效率及生产效率。实践过程中，需通过合理使用单/双贮纬器、调节筒子架纬纱张力、加装吸纱装置及拉伸喷嘴等措施，提高织机效率，同时，通过降低车速、增加经纱张力、增大开口动程、停经架前移等方法确保生产过程的稳定。

织物组织设计方面，应根据经纬纱线种类及织物风格特征，以使用需求为导向，合理设计。例如，经纱为纤维素纤维，纬纱为桑蚕丝时，选用浮线较长的缎纹组织，可以充分展现两种纤维的优势，赋予织物质地柔软、光泽柔和、悬垂性优良的特性，适宜制作高档内衣、家纺用品等。

思考题与习题

1. 天然纤维与化学纤维的优势及不足分别是什么？
2. 低碳环保的背景下，你对天然纤维与化学纤维的回收和再利用有什么建议？
3. 由多种纤维制成的机织产品，如何测定不同纤维组分的含量？
4. 纤维原料选择时，如何兼顾降低生产成本与提高产品档次？
5. 纤维组合设计的目的是什么？为达成目的应从哪些方面着手？
6. 结合当下市场环境，你认为机织产品的哪些功能是市场亟须的？如何满足市场要求？

第三章　纱线结构设计

本章目标

1. 了解纱线的类别及其基本定义。
2. 掌握纱线不同的结构特征及其对织物性能的影响。
3. 能够根据织物特性需求，选择并设计纱线结构。

纱线是由纤维轴向排列组合而成的具有一定强伸性能的柔软线性材料。纱线结构指组成纱线的纤维的空间形态、纤维间的空间排列关系、纱线的整体几何形态。纱线结构在很大程度上决定着纱线的特性和品质，也对织物的结构、外观、手感、风格及舒适性和耐用性等有着重要的影响。

第一节　纱线的分类

由于原料选择的差异、纺纱工艺的不同、染色加工的区别、用途的不同，纱线的命名和分类也存在差异。

一、按原料差异分类

（一）按组成纱线的纤维种类

1. 纯纺纱　用一种纤维纺成的纱线称为纯纺纱。命名为“纯+纤维名称”，如纯涤纶纱、纯棉纱。

2. 混纺纱　用两种或两种以上纤维混合纺成的纱线。混纺纱的命名规则为原料混纺比例不同时，比例大的在前；比例相同时，则按天然纤维、合成纤维、再生纤维顺序排列。将原料比例与纤维种类一起写上，原料之间、比例之间用分号“/”隔开。如涤/棉（65/35）纱、毛/腈（50/50）纱、涤/黏（50/50）纱。

（二）按组成纱线的纤维长度

1. 短纤维纱　短纤维经加捻纺制成具有一定细度的纱。天然纤维中的棉、毛、麻纤维纺制的纱均为短纤纱。化学纤维长丝也可切成几十厘米长度的短纤维。根据切断长度的不同，化纤短纤维可分为棉型纤维、毛型纤维和中长型纤维。

（1）棉型短纤维纱：由原棉或棉型纤维在棉纺设备上纯纺或混纺加工而成的纱线。纤维长度为25~38mm，线密度为1.3~1.7dtex。

（2）毛型短纤维纱：由毛纤维或毛型纤维在毛纺设备上纯纺或混纺加工而成的纱线。纤维长度为70~150mm，线密度3.3~7.7dtex。

（3）中长纤维纱：由中长型纤维在棉纺或粗梳毛纺上加工而成的纱线。纤维长度为51~76mm，线密度为2.2~3.3dtex，纤维的长度和粗细介于棉型和毛型之间。

2. 长丝纱 一根或多根连续长丝经合并、加捻或变形加工形成的纱线。

（1）单丝：指用单孔喷丝头纺制而成的一根连续单纤维，但在实际应用中往往也包括由3~6孔喷丝头纺成的3~6根单纤维组成的低孔丝（又称少孔丝）。较粗的合成纤维单丝（直径为0.08~2mm）称为鬃丝。

（2）复丝：由多根无限长单纤维组成。复丝一般由8~100根单纤维组成。大多数服用织物都是采用复丝织制的，这是因为由多根单纤维组成的复丝比同样直径的单丝柔顺性好。

（3）复合（捻）丝：由两股或两股以上的复丝并合（加捻）而成的三异丝、多重加工变形丝属于复合丝。另外还有复合并和丝、复合交络丝、复合缠络丝等。复合并合丝即两种不同长丝并合。复合交络丝即两种不同长丝网络在一起，抱合性较好。复合缠络丝即通过高速涡流将蚕茧丝呈环圈状缠绕在化纤长丝外面，蓬松性较好。

（4）变形丝：利用合成纤维受热时可塑化变形的特性制成的具有弹性或高蓬性的纱线，如网络丝、弹力丝。

3. 长丝、短纤维组合纱 短纤维和长丝纺制而成的纱，长丝/短纤（纱）中的包芯纱和包缠纱结构如图3-1所示。

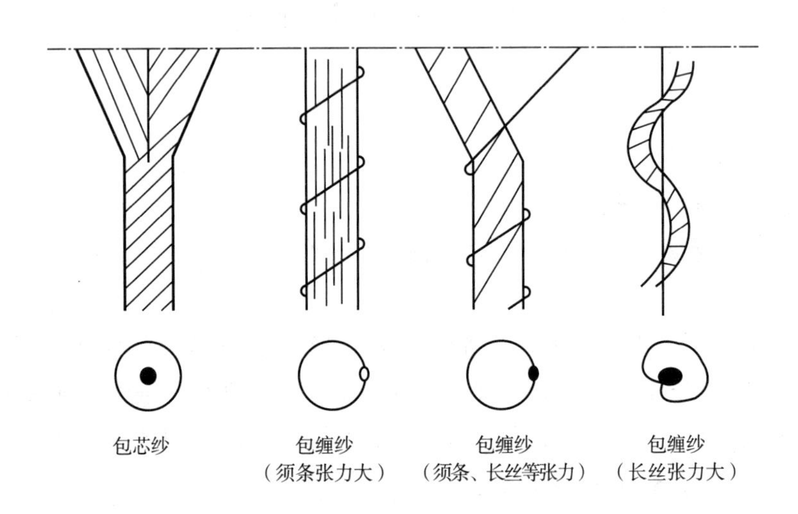

图3-1 长丝/短纤（纱）结构示意图

（1）包芯纱：以长丝或短纤维纱为纱芯，外包其他纤维加捻而纺成的纱。例如，棉氨包芯纱，以氨纶长丝为纱芯，外包棉纤维，近几年弹力面料大多采用此种原料。

（2）包缠纱：长丝或短纤维纱为纱芯，外部用短纤纱或长丝螺旋包覆纱芯。

（3）长丝/短纤（纱）合股纱：由长丝纱和短纤纱平行捻合而成。

二、按纺纱工艺分类

(一) 按梳理工艺

1. 精梳纱 精梳纱是经过精梳工艺纺制的纱线。它与普梳纱相比用料较好，纱线中纤维伸直平行，纱线品质优良，纱线的细度较细。

2. 粗梳纱 粗梳纱是经过一般的纺纱工艺纺制的纱线，又称普梳纱。

(二) 按纱线捻度大小

按照纱线捻度的大小，可分为弱捻纱、中捻纱（常捻纱）、强捻纱、极强捻纱和无捻纱。具体捻度分类见表3-1。捻度影响纱线的强力、刚柔性、弹性和缩率等指标。随着纱线捻度的增加，其强力是增大的，但捻度不能超过一定的值，否则其强力反而下降，这一定值称为纱线的临界捻度。不同原料的纱线，其临界捻度是不一样的。

表3-1 不同捻度范围的纱线

纱线名称	弱捻纱	中捻纱（常捻纱）	强捻纱	极强捻纱	无捻纱
纱线捻度（捻/m）	300以下	300~1000	1000~3000	3000以上	0

1. 强捻纱 强捻纱捻系数超过了纱线临界捻系数，纱线强力比常规机织用纱要低，主要用于机织纬纱上，它能够使布面产生起皱的独特风格。但强捻纱的配棉等级高于同号机织用纱，生产成本高，生产难度较大，产品质量难以控制。

强捻纱与普通纱相比，表面毛羽比较少，相对比较光洁。手感稍硬板，成纱后需要定型，强捻纱织物穿着比较凉爽，相对于低捻纱有更好的透气性。

2. 无捻纱 无捻纱是借助可溶性维纶长丝或水解桑蚕丝包缠无捻纤维束表面而构成包缠纱，并在织制成成品后溶解掉包缠的水溶性纤维，使纤维束在织物中呈无捻蓬松状态。

为了织物更加柔软，对纱线要求之一就是采用尽量小的捻度。因此，无捻纱的问世为巾被、针织等行业提供了实现“柔软”的一种方案，无捻纱产品的突出特点就是超强的“柔软”和吸水性。无捻纱可做睡衣、床毯、巾被、毛巾、浴巾、浴帽、婴儿套装等。

(三) 按纱线线密度

棉型纱线按粗细分为粗特（号）纱、中特（号）纱、细特（号）纱和特细特（号）纱。纱线线密度分类见表3-2。

表3-2 纱线线密度分类

纱线种类	线密度	纱线种类	线密度
粗特纱	32tex以上	细特纱	11~20tex
中特纱	31~21tex	特细特纱	10tex以下

三、按特殊工艺处理分类

(一) 粗细节丝

粗细节丝简称T&T丝，从其外形上能看到交替出现的粗节和细节部分，而丝条染色后又能看到交替出现的深浅色变化。粗细节丝是采用纺丝成型后不均匀牵伸技术制造而成，所产生的两部分丝在性质上的差异可以在生产中控制，其分布无规律，呈自然状态。

粗细节丝粗节部分的强力低、断裂伸长大、热收缩性强、染色性好，而且易于碱减量加工，可以充分利用这些特性开发性能独特的纺织品。粗细节丝的物理性能与粗细节的直径比等因素有关。一般的粗细节丝具有较高的断裂伸长率和沸水收缩率及较低的断裂强度和屈服度。其较强的收缩性能可以使粗细节丝与其他丝混合成为异收缩混纤丝。此外，粗细节丝的粗节部分易变形、强力低等问题应在织造、染整过程中加以注意。最初的粗细节丝为圆形丝，随着粗细节丝生产技术的发展，一些特殊的粗细节丝相继出现，如异形粗细节丝、混纤粗细节、微多孔粗细节丝以及细旦化粗细节丝等，它们或具有特殊的手感和风格，或具有特殊的吸附特性，多用于开发高档织物。

（二）变形纱

变形纱包括所有经过变形加工的丝和纱，如弹力丝和膨体纱都属于变形纱。加工方法有热（机械）变形法、空气变形法和组合纱变形法，变形纱加工示意图如图 3-2 所示。

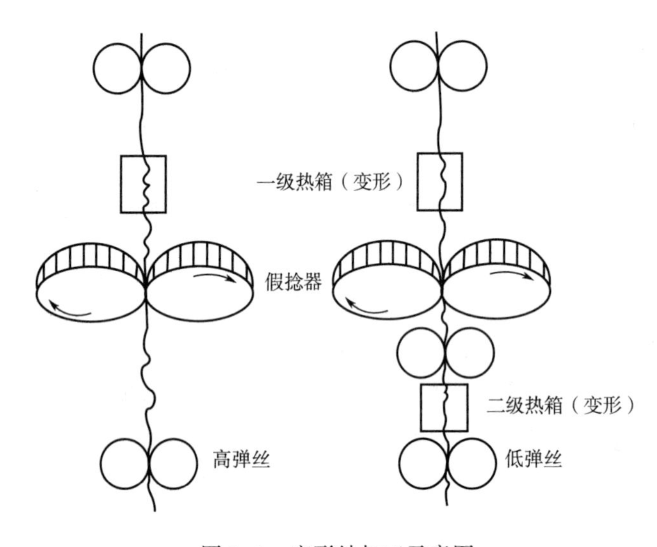

图 3-2　变形纱加工示意图

1. 弹力丝　又称变形长丝，可分为高弹丝和低弹丝两种。弹力丝的伸缩性、蓬松性良好，其织物在厚度、质量、不透明性、覆盖性和外观特征等方面接近毛织品、丝织品或棉织品。涤纶弹力丝多数用于衣着，锦纶弹力丝宜于生产袜子，丙纶弹力丝则多数用于家用织物及地毯。其变形方法主要有假捻法、空气喷射法、热气流喷射法、填塞箱法和赋型法等。

2. 膨体纱　利用高分子化合物的热可塑性，将两种收缩性能不同的合成纤维毛条按比例混合，经热处理后，高收缩性毛条迫使低收缩性毛条卷曲，使混合纱具有伸缩性和蓬松性成为类似毛线的变形纱。目前腈纶膨体纱主要用于制作针织外衣、内衣、毛线、毛毯等。

四、按纱线结构外形分类

（一）纱

短纤维集束成条并加捻而成的单纱，单纱一般为 Z 捻。

（二）丝

丝即长丝，主要包括天然桑蚕丝和化纤长丝。长丝可分单丝和复丝两种。单丝即一根纤维，复丝则为多根单丝并和而成，单丝用于加工细薄机织物或针织物，如透明袜、面纱巾等。

一般用于织造的长丝，大多为复丝。

（三）线

线是由两根或两根以上的单纱捻合而成的产品，也称股线。其强力、耐磨优于单纱，同时，股线与股线还可再次合并加捻，得到复捻股线，如由多根股线并捻的缆绳。股线分为ZS结构（单纱Z捻，股纱S捻；股线捻向与单纱异捻）和ZZ结构（单纱Z捻，股纱Z捻；股线捻向与单纱同捻）。ZS结构纱线结构稳定，手感柔软，光泽较好；ZZ结构纱线结构不太稳，易扭结，手感粗硬，光泽较差。不同纱线的结构外观形态如图3-3所示。

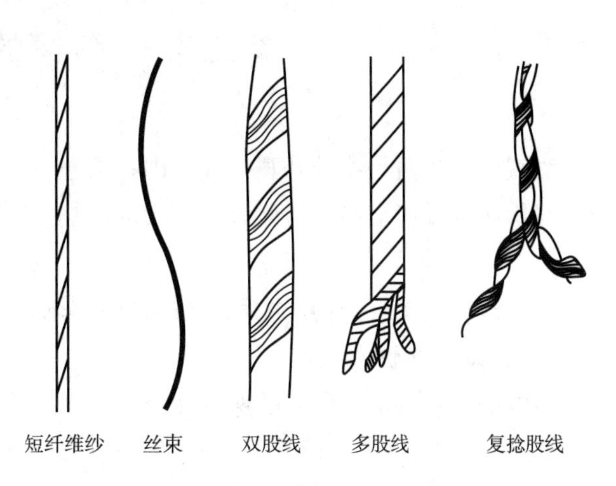

图3-3　不同纱线的结构外观形态

另外，区别于简单的并和加捻的股线，还有采用特种原料、特种设备或特种工艺对纤维或纱线进行加工而得到的具有特种结构和外观效应的纱线，是纱线产品中具有装饰作用的一种纱线，称为花式纱线。以其加工方式的不同大致可以分为以下几类：一是普通纺纱系统加工的花式线，如链条线、金银线、夹丝线等；二是用染色方法加工的花色纱线，如混色线、印花线、彩虹线等；三是用花式捻线机加工的花式线，其中按芯线与饰线喂入速度的不同与变化，又可分为超喂型，如螺旋线、小辫线、圈圈线和控制型，如大肚线、结子线等；四是特殊花式线，如雪尼尔线、包芯线、拉毛线、植绒线等，花式纱线如图3-4所示。

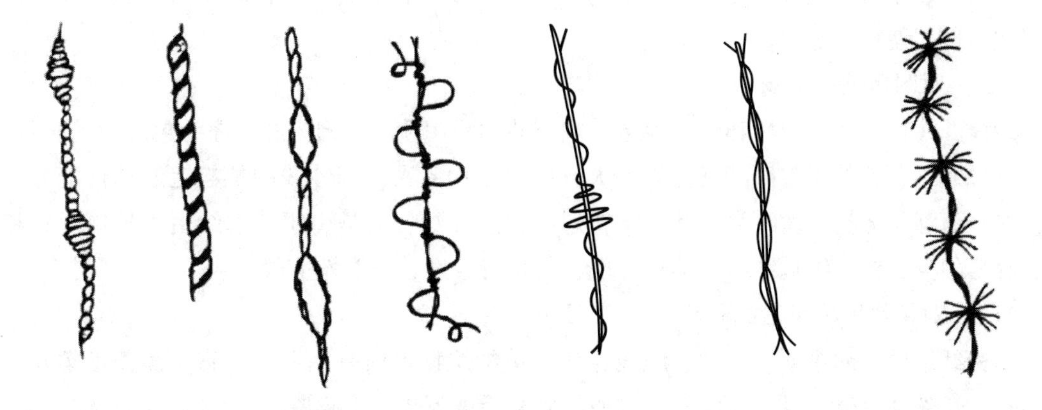

（a）疙瘩线　（b）螺旋线　（c）竹节线　（d）毛圈线　（e）结子花线　（f）菱形金属丝包芯线　（g）雪尼尔花线

图3-4　花式纱线示意图

几种常见花式纱（线）的名称及组成的特点如下：

（1）结子线，饰纱在同一处作多次捻回缠绕。

（2）螺旋线，由细度、捻度以及类型不同的两根纱并合和加捻制成。

（3）粗节线，软厚的纤维丛附着在芯纱上，外以固纱包缠。

（4）圈圈线，饰纱形成封闭的圈形，外以固纱包缠。

（5）结圈线，饰纱以螺旋线方式绕在芯线上，但间隔地抛出圈形。

（6）雪尼尔线，芯线暗夹着横向饰纱。饰纱头端松开有毛绒。

（7）菱形金属线，在金属芯线（由铝箔或喷涂金属的材料外套着透明的保护膜制成）的外周缠绕其他颜色的细饰线和固接线，具有菱形花纹效果。

第二节　纱线的结构特征

纱线的结构对纱线的外观特征和内在质量起决定性作用，同时，纱线的外观特征和内在质量对织物的性能、品质风格有着很大的影响。

一、纱线结构对织物性能和品质风格的影响

（一）对保暖性的影响

纱线的结构特征与服装的保暖性有一定关系，因为纱线的结构决定了纤维间能否形成静止的空气层。纱线结构蓬松，织物中的空隙较多，形成空气层，无风时，静止空气较多，保暖性较好；而有风时，空气能顺利通过纱线之间，凉爽性较好；结构紧密的纱线，由其织成的织物结构也相对较为紧密，织物中滞留的空气减少，即静止空气减少，则保暖性就差。

（二）对吸湿速干性的影响

纱线的吸湿速干性取决于纤维特性和纱线结构。如长丝纱光滑，织成的织物易贴在身上，如果织物比较紧密，湿气就很难透过织物。短纤维纱线表面有毛茸，减少与皮肤的接触，改善了透气性，使穿着舒适。

（三）对耐用性的影响

纱线的拉伸强度、弹性和耐磨性会影响服装的耐用性。以棉为芯，涤为包缠纱的长丝/短纤复合包缠纱，若外层包缠纱线强伸度大，纱线结构紧密，则纱线的抗起毛起球性能好，耐磨性好。而涤纶无捻长丝纱强伸性优于普通的棉短纤纱，但是由于长丝纱由多根单丝并和而成，容易勾丝；棉纤维短纤纱强伸性一般，其抗弯强度、耐磨性一般。

（四）对织物手感风格的影响

同种纤维原料的单纱、长丝和股线相比，单纱织物表面有毛羽，手感丰满蓬松柔软，光泽柔和；长丝纱手感光滑，光泽较强；股线则光泽度下降，手感厚实。

二、纱线的主要结构特征及其对织物风格的影响

由于纱线原料组成的差异、排列的差异，加工工艺不同等导致纱线的内部结构也存在差异。纱线结构特征参数主要包含纱条中纤维的排列、线密度、捻度、捻向、毛羽等。

（一）纱线中纤维排列组合结构

纱线的纤维排列大致可以分为，短纤顺序排列、长丝顺序排列及短纤长丝复合排列。

1. 短纤纱结构

（1）环锭纺。环锭纺纱是传统纺纱方法，一般用来纺制短纤维纱。利用罗拉牵伸，锭子旋转加捻的原理纺制纱线，纺纱原理如图 3-5 所示。其结构为内紧外松，部分纤维头端外露形成毛羽，如图 3-6 所示。

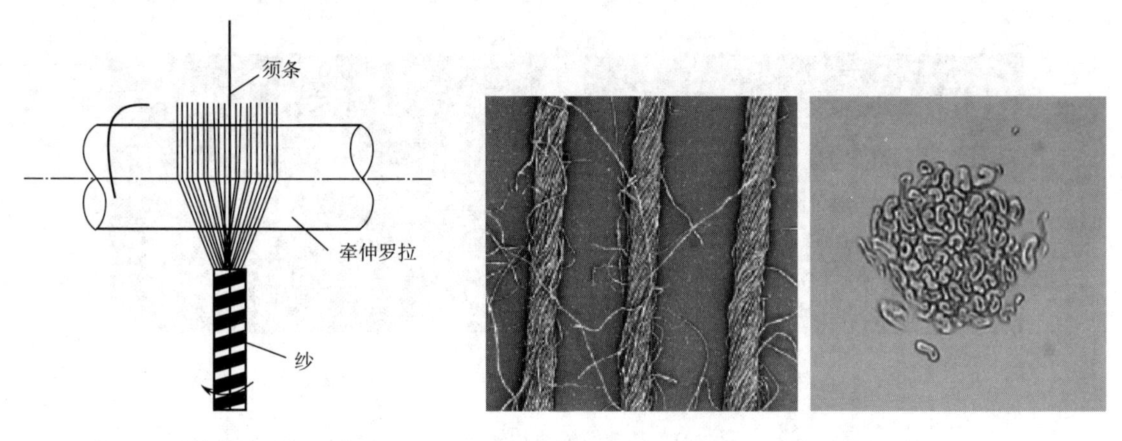

图 3-5　环锭纺纱原理示意图

图 3-6　环锭纱结构图

环锭纱对原料的适应性强、适纺品种广泛、成纱结构紧密、强力较高。其在市场上的占有率均高于其他纺纱方法纺制的纱线。而且紧密纺、扭妥纺等新型纺纱技术，很多都是在环锭纺的设备基础上进行升级改造而成的，如图 3-7 所示。

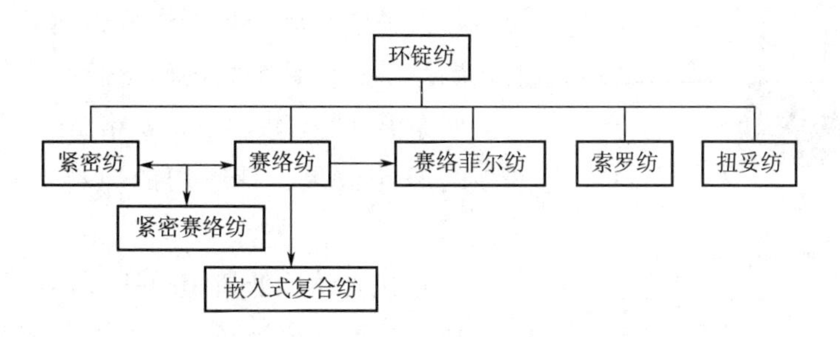

图 3-7　环锭纺基础上诞生的新型纺纱

（2）紧密纺。紧密纺又称集聚纺，它是在环锭纺细纱机上进行改进的一种新型纺纱技术。在传统环锭纺牵伸装置前增加一个纤维控制区，利用气流对通过控制区的纤维束进行横向凝聚，使纤维束的宽度大大缩小，如图 3-8 所示。纤维束经过集聚然后再被加捻卷绕，几乎纤维束的每根纤维都能集聚到纱体中，形成毛羽少，强力高的集聚纺纱线。

相对于环锭纺，紧密纺纱线毛羽少，如图 3-9 所示，传统环锭纺的毛羽主要产生于加捻三角区，而紧密纺几乎消除三角区，从而毛羽大幅度减少。生产实践表明，紧密纺纱线的毛羽较传统环锭纺减少 70%～80%，而且纱线条干、强力、抗起球性优良。

图 3-8　紧密纺牵伸区集聚示意图

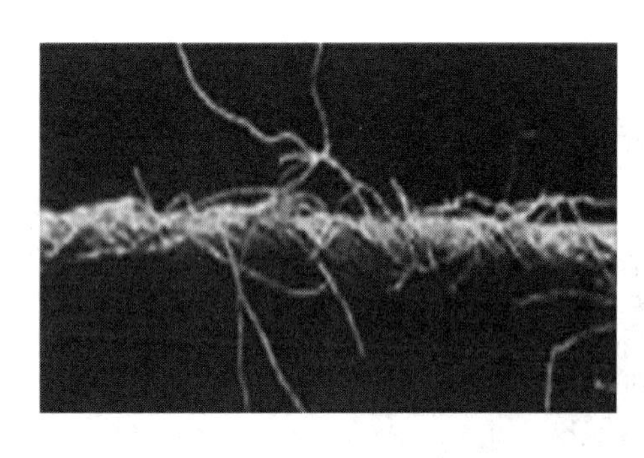

（a）环锭纺

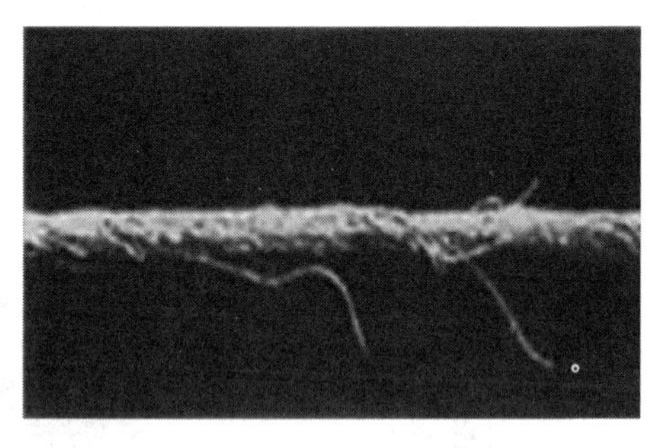

（b）紧密纺

图 3-9　环锭纺纱线和紧密纺纱线

（3）赛络纺。又名并捻纺，国内称为 AB 纱，后正式命名为赛络纺。赛络纺是在细纱机上以一定的间距喂入两根粗纱，经牵伸后，由前罗拉输出被抽长拉细的两根单纱须条，并合后加捻成类似合股的纱线。赛络纺成纱示意图如图 3-10 所示。赛络纺特点是使成纱具有股线结构，毛羽少，强力高，手感柔软，耐磨性好，达到毛纱能单纱织造的效果，以实现毛织物的轻薄化。赛络纺也多用于混纺，如涤棉（T/C）混纺。赛络纺纱线在染色后可产生并纱的麻花效果，且所用的原料等级可比常规环绽纺低。

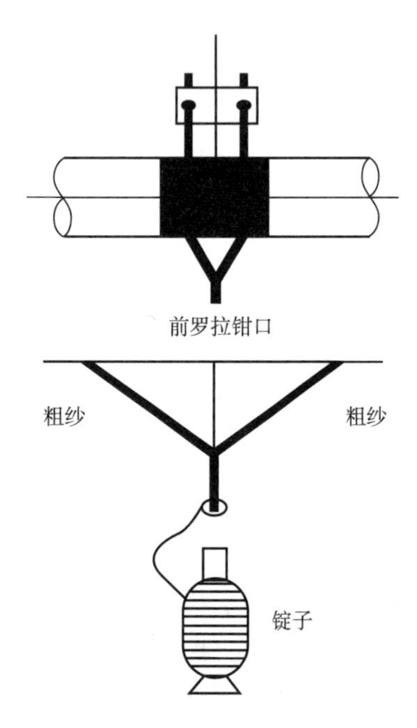

图 3-10　赛络纺（双粗纱喂入）

（4）扭妥纺。低扭矩单股环锭纺纱（又称扭妥纺纱）技术，是在传统环锭纺的纺纱段加装一个假捻装置，通过假捻作用，影响纺纱三角区的纤维张力分布，从而改变纤维在单纱中的形态和排列分布，使纱中纤维产生的残余扭矩相互平衡。图 3-11 为扭妥纺纱成纱示意图。扭妥纱具有纤维取向小、纤维转移幅度大、纤维片段局部反转、纤维聚集在单纱内层等特点。用其织造的织物布面光洁、平整，尤其针织物歪扭少，手感柔软，后加工可免除定型处理，减少了相关的排放污染。

（5）索罗纺。索罗纺又称缆形纺［是在传统环锭纺纱前罗拉前面加装一个带沟槽的小罗拉（分割辊）］，牵伸须条在SolospunTM罗拉细小沟槽作用下，被分劈成两到三根（甚至四根）子须条，每根子须条各自初步加捻并形成较小的加捻三角区，最后每根子须条离开SolospunTM罗拉，一起加捻而形成SolospunTM纱。缆形纺示意图如图3-12（b)所示。同双股纱技术相比，缆形纺极大地降低了加工成本，且SolospunTM纱可以用同样的原料纺制出更细的纱线，且成纱强力、条干、毛羽和耐磨性都能得到改善。目前，这种纺纱技术多用于纺制线密度较高的毛精纺领域。

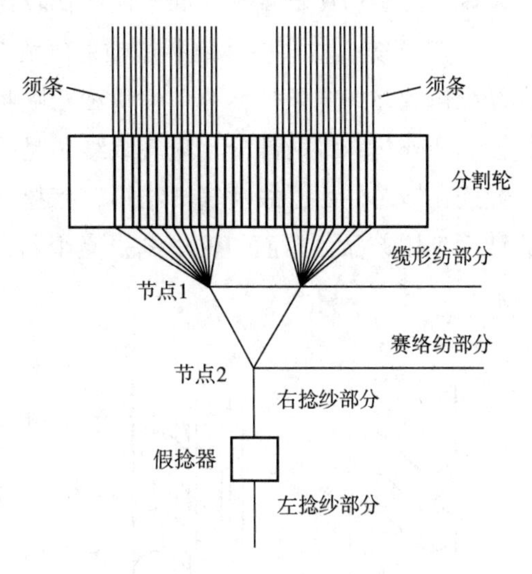

图3-11　扭妥纺纱成纱示意图

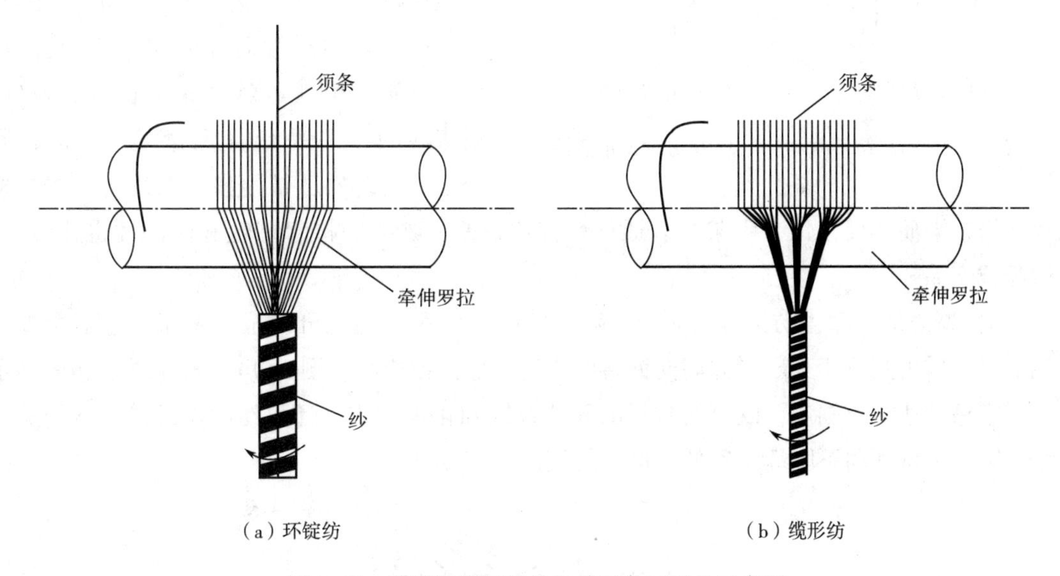

（a）环锭纺　　（b）缆形纺

图3-12　缆形纺与环锭纺加捻三角区对比示意图

（6）重聚纺。多重集聚纺纱即重聚纺纱，是采用半开放式多集聚串联对成纱三角区进行递进式重塑成纱三角区，以实现优化合理的集聚纺纱方法。重聚纺这种半开放式多集聚递进实施的方法，使重集聚纺纱线与传统环锭纺、集聚纺纱线之间产生结构特征差异。重聚纺可降低成纱毛羽，最终纱线结构表现出内部柔软、外层紧密包缠的特征，纱线对应的织物弯曲性能更佳、悬垂性好。

（7）气流纺。气流纺也称转杯纺。气流纺不用锭子，用气流方式牵伸纤维条，气流方式输送纤维，由一端握持加捻。主要靠分梳辊、纺杯、假捻装置等多个部件实现加捻成纱。气流纺工序短，一般用于纺粗支纱，毛羽较环锭纱偏少，但是强度较低，品质一般。从纱体结构上来说，环锭纺比较紧密，而气流纺比较蓬松，风格粗犷，适合做牛仔面料。

（8）喷气纺。喷气纺纱是利用喷射气流对牵伸后纤维条施行假捻时，纤维条上一些头端自由纤维包缠在纤维条外，有单喷嘴和双喷嘴式两种，后者纺纱质量好且稳定。喷气纱结构包括纱芯和外包纤维两部分，喷气纱纱芯是平行且有捻度，结构较紧密，外包纤维松散且无规则缠绕在纱芯外面，故喷气纱结构较蓬松，外观较丰满。喷气纺纱线品种适应广，用其织造的针织 T 恤产品，布面匀整丰满，无歪斜、条影少，条干疵点少，抗起球，凉爽透气，立体感强。

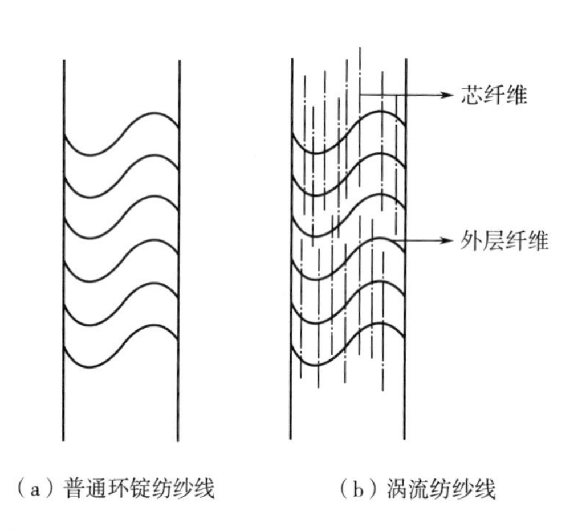

（a）普通环锭纺纱线　（b）涡流纺纱线

图 3-13　涡流纺纱线结构与环锭纺对比示意图

（9）涡流纺。涡流纺纱从喷气纺纱发展而来，但又区别于喷气纺纱。涡流纺纱是一种双重结构的纱，纱线的芯纤维是平行排列的、无捻度，依靠旋转气流的作用使末端纤维包覆缠绕与芯纤维外部加捻成纱。涡流纺成纱的结构与环锭纱不同（图 3-13），只是涡流纱表面纤维排列更近似于环锭纱，涡流纱同喷气纱结构一样，也包括纱芯和外包纤维两部分，但是有别于喷气纱纱芯是平行且有捻度，涡流纱的纱芯平行且无捻度，结构较紧密。涡流纺的适纺性强，涡流纺纱线结构比较蓬松，因而其染色性、吸浆性、透气性都比较好，纱线的抗起球性和耐磨性也比较好，宜做起绒产品。

（10）摩擦纺。摩擦纺又称尘笼纺。喂入的纤维条用刺毛辊分离成单纤维状态，凝聚在尘笼上，然后由两只相互压紧并同向回转的尘笼摩擦搓捻成纱，图 3-14 为摩擦纺纺包芯纱示意图。摩擦纺适纺范围广，既可纺常规的天然纤维和化学纤维，还可纺制碳纤维、芳纶等功能性纤维，更可利用下脚纤维等低档原料纺制高线密度纱。

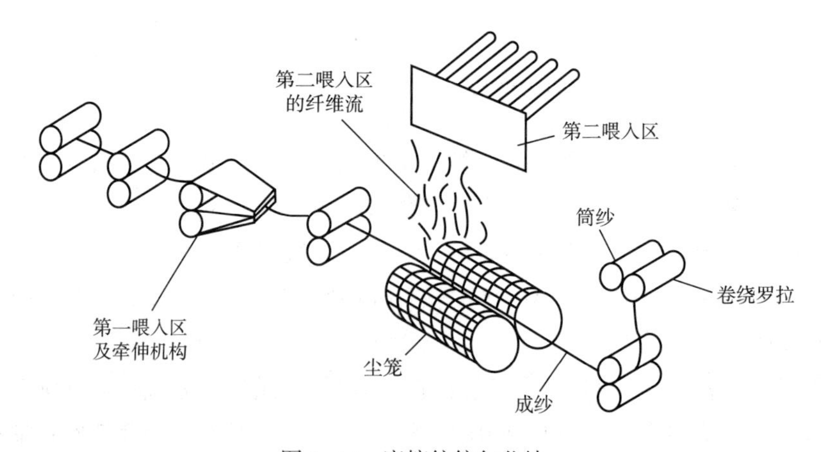

图 3-14　摩擦纺纺包芯纱

喷气纺、转杯纺、摩擦纺等自由端纺纱的加捻方式与环锭纺不同，导致适纺范围、纱线结构等也存在差异，表 3-3 显示了几种纺纱方法纺制不同线密度纱线的范围，图 3-15 显示了不同纺纱方法纺出纱线的外观形态，表 3-4 显示了气流纺、涡流纺与环锭纺纱线及织物风格对比。

表 3-3　纱线线密度分类

纺纱方法	环锭细纱机	转杯纺	喷气纺	摩擦纺
可纺纱线线密度（tex）	5. 5～50tex（优势<12tex）	16. 5～100tex（优势>30tex）	7. 5～60tex（优势 12～30tex）	55～200tex（优势>80tex）
纺纱速度（m/min）	15～30	50～150	130～360	200～400

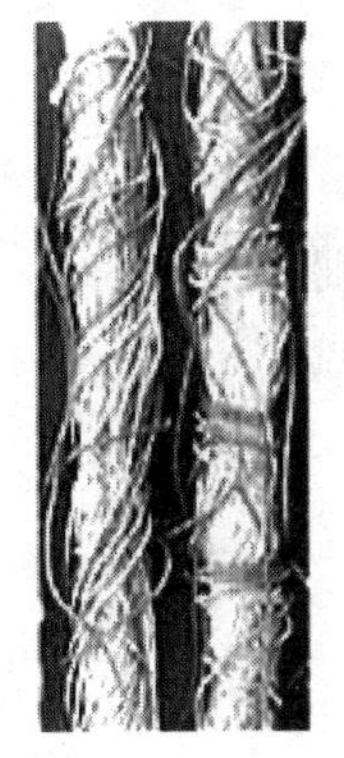
（a）转杯纺

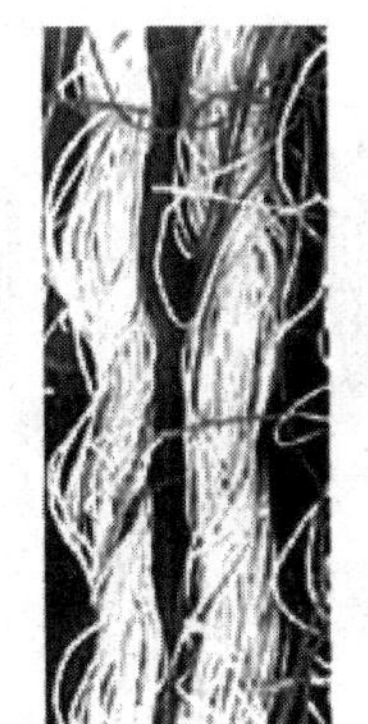
（b）喷气纺

（c）涡流纺

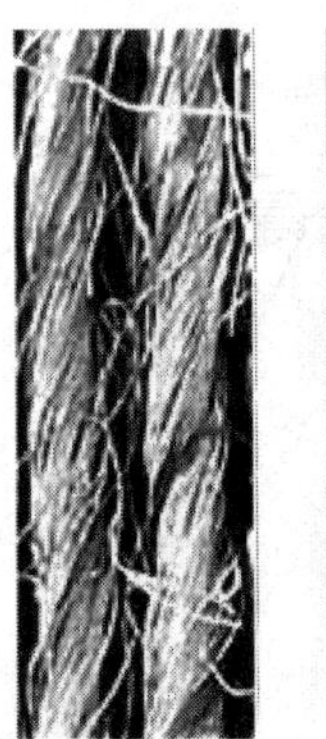
（d）传统环锭纺

（e）紧密纺

图 3-15　不同纺纱方法纺出纱线外观形态

表 3-4　气流纺、涡流纺与环锭纺纱线及织物风格对比

纺纱方法	条干均匀度	单纱断裂强度	棉结	纱线毛羽	面料吸湿透气性	面料柔软
气流纺	差	差	差	次之	次之	次之
涡流纺	次之	次之	好	好	好	差
环锭纺	好	好	次之	差	差	好

2. 短纤与长丝复合

（1）赛络菲尔纺。赛络菲尔纺纱又称赛络复合纺纱。它是在赛络纺基础上发展出来的一种纺纱技术，不同的是将赛络纺中的一根粗纱改为长丝，与另一根粗纱交捻成纱，在环锭细纱机上经过改装后进行加工，赛络菲尔纺纱如图 3-16 所示。

赛络菲尔纱因其特殊的纺纱形式，可以兼顾羊毛和长丝的特点，使纱线具有纱线强力好，毛羽少，表面光洁，条干均匀，纱疵少，纺纱断头率低等特性。与纯毛制品相比，赛络菲尔产品工艺流程短，成本低，织物手感爽洁、轻薄、耐磨。

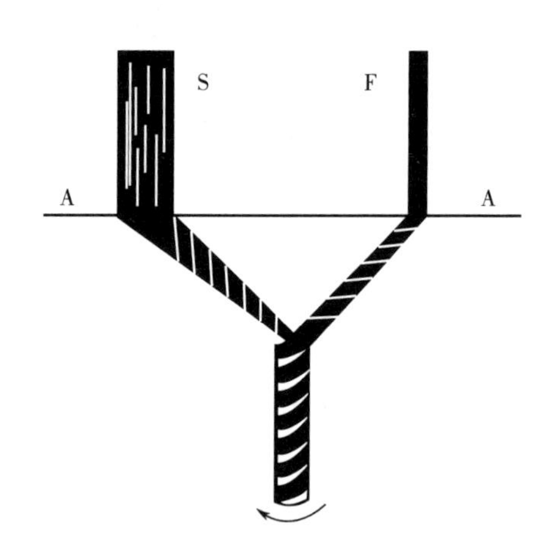

图 3-16　赛络菲尔纺纱示意图

S—须条　F—长丝　A—前钳口线

（2）嵌入纺。嵌入式复合纺其特征可以形象地理解为两个赛络菲尔纺的结合，两根短纤维粗纱由后喇叭口保持一定距离平行喂入，另两根长丝则通过导丝装置分别在粗纱须条的外侧由前罗拉直接喂入，两根粗纱与长丝分别先初步汇集并预加捻，然后汇集在一起加捻成纱。因此在前钳口外侧形成两个小加捻三角区和一个大加捻三角区。这种捻合方式形成了一种独特的股线成纱结构，纱线强度主要由长丝承担，加捻过程实现了短纤维内外转移并由嵌入的长丝固定下来，其结构与传统环锭纺中纤维的内外转移有本质的区别。嵌入纺纺纱流程如图 3-17 所示。

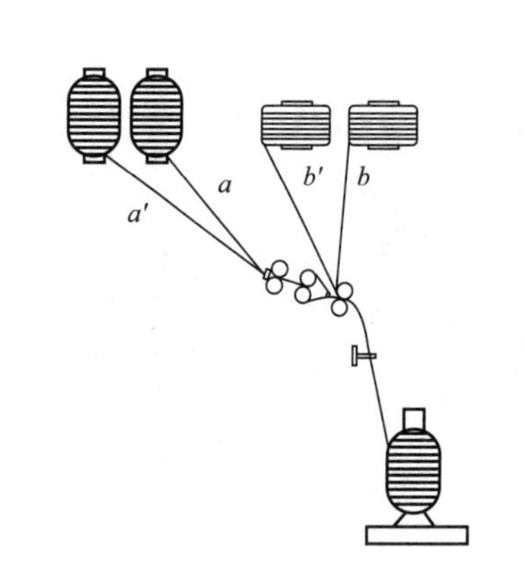

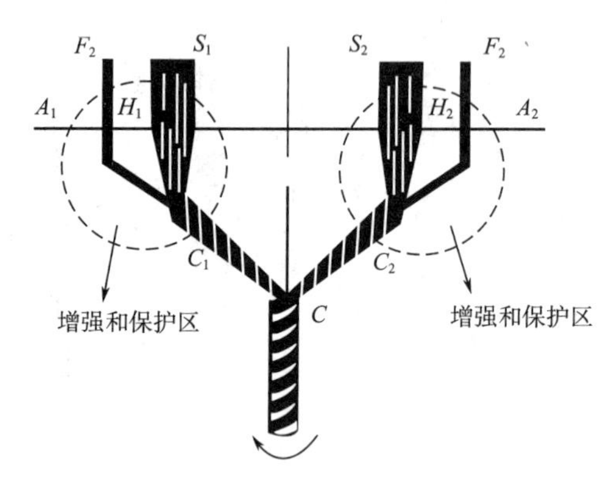

图 3-17　嵌入纺示意图

a，a'—须条 1、须条 2　b，b'—长丝 1、长丝 2　A_1，A_2—前钳口线 1、前钳口线 2

C，C_1，C_2—复合、复合 1、复合 2　H_1，H_2—间距 1、间距 2　S_1，S_2—须条 1、须条 2　F_2—长丝 2

嵌入式复合纺不仅可应用于棉、麻、毛、丝纺纱领域，实现高档轻薄面料的超高支纱线的纺制，而且可使传统纺纱难以利用的原料变得可纺，低品级原料纺高支纱、可生产具有多花色品种的复合纱线等特点具有资源优化利用及充分利用、缩短加工流程、降低能源消耗及原料消耗等方面的优点。

3. 花式纱线　见纱线分类部分。

（二）纱线线密度

纱线线密度是反映纱线粗细的一项重要指标，它影响着纺纱工艺、织造工艺和产品价格。一般在织物组织、紧度等一定的情况下，按其平方米克重大小有薄、中、厚型之分。轻薄型织物，采用的纱线线密度偏小为宜；中厚型织物，采用线密度稍大些的纱线。不同线密度的织物，不仅薄厚不同，它们的风格特征也各不相同。同一类织物可采用不同的纱线线密度，以形成系列产品，丰富织物的品种和档次。

经纬纱线密度的配置一般有三种形式：经纬纱线密度相同；经纱线密度大于纬纱线密度；经纱线密度小于纬纱线密度。在大多数情况下，采用经纬纱线密度相同或者经纱线密度小于纬纱线密度这两种形式。这样配置对生产管理比较有利，效率比较高。为体现织物外观的特殊效应，也有采用经纱线密度大于纬纱线密度的，但其差异不宜过大。

（三）纱线捻度

利用加捻使纱线横截面间产生相对角位移，从而使原来伸直平行的纤维与纱轴发生倾斜来改变纱线结构。加捻对于纱线来说，是密度增加、直径减小并趋于稳定的过程。在纺纱方法、原料一定的情况下，要改变纱线的强力、弹性、伸长、手感等物理机械性能，可以通过对纱线捻度的调节来进行。

1. 捻回数　纱线的两个截面产生一个360°的角位移，成为一个捻回，即通常所说的转一圈。纱线单位长度内的捻回数，即为捻度。我国棉型纱线采用特数制捻度，即用10 cm纱线长度内的捻回数表示（捻/10cm）；精梳毛纱和化纤长丝则采用公制支数制捻度，即以每米内的捻回数表示（捻/m）；此外，还有以每英寸内捻回数表示的英制支数制捻度（捻/英寸）。

2. 捻系数　在实际生产中，常用捻系数来表示纱线的加捻程度。因为，捻度不能用来比较不同粗细纱线的加捻程度，在相同捻度情况下，粗的纱线其纤维的倾斜程度大于细的纱线。捻系数是结合线密度来表示纱线加捻程度，可用于比较不同粗细纱线的加捻程度。

捻系数可根据纱线的捻度和纱线的线密度计算而得到的。具体计算公式如下：

$$\alpha_t = N_t \sqrt{\mathrm{Tt}} \tag{3-1}$$

式中：α_t——捻系数；

N_t——捻度，捻/10cm；

Tt——纱线线密度，tex。

在进行纱线捻系数设计时，要根据产品特征、原料种类、纤维的长短及用途等进行工艺设计。一般，当纤维长度长、纤维细度细，长度整齐度好时，纤维的捻系数则偏小些；反之，则偏大些。

3. 纱线捻系数对织物性能的影响　捻系数大小影响纱线结构的紧密程度，从而影响纱的强力、线密度、刚度、弹性乃至条干均匀度及表面光泽。纱线强力的变化与临界捻系数有关，即在临界捻度以内，纱强的强力随着捻度的增大而增大；但是，当纱线的捻系数超过临界捻度值时，其强力反而下降。不同原料的纱线，其临界捻系数是不同的。

在临界捻系数范围内，适当增加纱线捻度，能提高织物的强力，但是一般在满足强力要求的前提下，纱线捻度不宜太大，因为捻度的增加会使纱线的手感变硬、弹性下降、缩率增大，这也是长丝纱一般尽量不加捻或少加捻的缘故。

纱线捻度小，织物光泽较好、手感柔软、有蓬松感；捻度大，织物手感僵硬、粗糙，光泽差、织物薄爽、手感硬挺、有爽糙感。因此，织物设计时应根据织物手感、光泽等的要求配置纱线捻度。

一般经纱捻度略高于纬纱捻度，薄型织物捻度大于中厚型织物捻度，紧密织物捻度大于松软织物捻度，线密度低的纱线捻度大于线密度高的纱线捻度，机织和针织起绒织物用纱，为利于起绒，捻度应小一些。通过对纱线加强捻来获得起皱织物外观时，纱线捻度应该大一些。棉型纱线常用捻系数见表 3-5。

表 3-5　棉型纱线常用捻系数

类别	号数或用途	捻系数 α_t	
		经纱	纬纱
梳棉织布用纱	8~11 12~30 32~192	330~420 320~410 310~400	300~370 290~360 280~350
精梳棉织布用纱	4~5 6~15 16~36	330~400 320~390 310~380	300~350 290~340 280~330
梳棉织布 针织起绒用纱	10~30 32~88 96~192	≤330 ≤310 ≤310	
精梳起绒用纱	14~36	≤310	
涤棉混纺纱	单纱织物用纱 股线织物用纱 针织内衣用纱 经编织物用纱	362~410 324~362 305~334 382~400	

当织物用股线织制时，线与纱的捻度配合对织物强力、耐磨、光泽、手感均有一定影响。当股线与单纱的捻系数比值为 1/2 时，股线可以达到最大强力；当捻系数比值为 1 时，股线表面纤维平行于股线轴心线，可以获得最好的光泽，织物弹性好，手感滑爽。棉织斜卡类织物，一般线与纱的捻系数比值经线以 1.2 左右为宜，纬线的捻系数以 1.2~1.4 为宜；中型化纤纱与线的捻系数比值应比纯棉纱略大，一般可为 1.5~1.6。在毛类织物物中，股线捻度小于单纱捻度时，织物身骨偏软，股线与单纱捻系数比值达 1.5 时，织物又显得过于硬挺，一般应以股线捻度略大于单纱捻度为宜。表 3-6 为全毛织物股线的捻度与织物的织造特点和织物性能的关系。

表 3-6　全毛织物股线的捻度与织物的织造特点和织物性能的关系

股线捻度为单纱捻度的百分比（%）	织制特点	织物厚度指数	手感
50	经纱断头多，难以织制	1.14	没有身骨
60	不能织制紧密织物	1.06	没有身骨
65	还可以织制紧密织物	1.04	略有身骨
70	一般能织制	1.03	略有身骨
75~80	容易织制	1.03	有身骨，手感厚实

续表

股线捻度为单纱捻度的百分比（%）	织制特点	织物厚度指数	手感
90	最容易织制	1.04	有身骨，手感厚实
100	最容易织制	1.00	手感单薄
115~150	最容易织制	1.01	手感单薄
180	容易织制	1.00	手感硬且单薄
200	断头增多	1.01	手感硬且单薄

（四）纱线捻向

捻向是指当纱条处于垂直位置时，组成纱条的单元绕纱条轴心旋转形成的螺旋线的倾斜方向。

1. 纱线捻向表示方法 纱线的捻向分 Z 捻和 S 捻两种。纱条中纤维的倾斜方向与字母 S 中部相一致，称为 S 捻纱；纱条中纤维的倾斜方向与字母 Z 中部相一致，称为 Z 捻纱，如图 3-18 所示。一般单纱加捻方向为 Z 捻，股线为 S 捻。

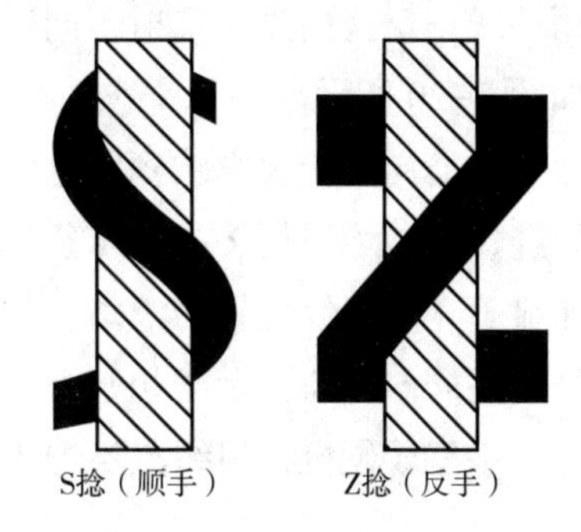

图 3-18 不同捻向示意图

描述股线的捻向，即并线加捻通常用“•”表示并线，“/”表示加捻，“( )”表示一个单元，纱线用名称标出，必要时可在捻向后加注捻度。并线见表 3-7。

表 3-7 并线的表示方法

表示法	含义
Z·Z/S 或 Z/S	两根 Z 捻单纱合并加 S 捻
（Z·Z/S）·（Z·Z/S）/S	两根 Z 捻单纱合并后加 S 捻组成一个单元，并把两个单元合并后，再加 S 捻
（Z·黏胶丝/S325）·Z/S905	Z 捻单纱与黏胶丝合并加 S 捻，且每米 325 捻组成一个单元，再与一根 Z 捻单纱合并再加 S 捻，且每米 905 捻

2. 纱线捻向对织物性能的影响 织物经纬纱捻向配置对织物的手感、厚度、光泽、纹理清晰度乃至性能等都有一定的影响。利用不同捻向的经纬纱和组织相配合，可以生产出具有不同外观效应的织物。

纱线捻向不同，纤维在纱条中的走向不同，对光线的反射方向也不同，于是就影响到织物表面的光泽与纹路的清晰度。当织物受到光线照射时，浮在织物表面的每一纱线段上可以看到纤维的反光，各根纤维的反光部分排列成带状，称作“反光带”，如图 3-19 所示。反光带倾斜方向与纱线捻向相反，即反光带方向与纱线中纤维排列方向相交。

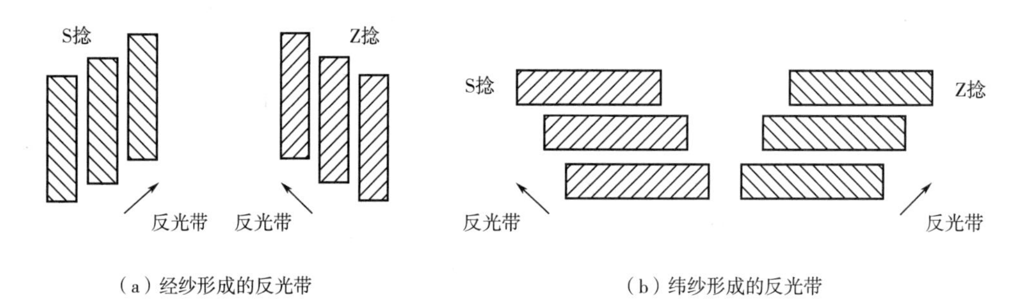

图 3-19 不同捻向纤维排列与反光带相交图

利用纱线正反捻向光线反射不同这一特点，可以构成各种各样的隐条、隐格或其他隐形花型，如图 3-20 所示。

经纬纱的捻向配置也影响到织物的手感和厚度。如图 3-21（a）所示的经纬纱相同捻向配置，如经、纬纱均采用 Z 捻，从织物表面来看经纬纱的纤维呈反向倾斜，经组织点和纬组织点对比显著，组织纹理较为清晰；但经纬纱反光散乱、织物光泽柔和。在交织点的经纬纱接触处纤维呈同向倾斜，利于相互啮合，经、纬纱间不易滑移，断裂强度比较高，织物较紧密、坚牢，手感较硬挺，组织点不饱满，织物厚度相对较薄。

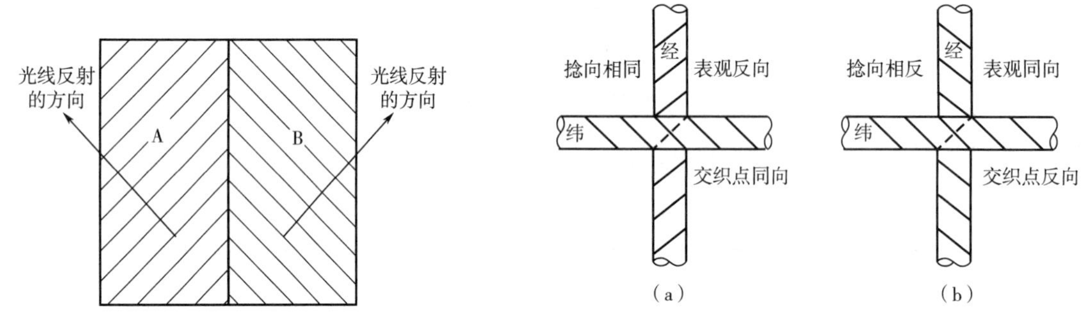

图 3-20 不同捻向光线反射图

图 3-21 纱线捻向对织物性质的影响

如图 3-21（b）所示的经纬纱不同捻向配置，如经纱为 S 捻，纬纱为 Z 捻时，从织物表面来看经纬纱的纤维呈同向倾斜，经组织点和纬组织点难以分辨，组织纹理欠清晰；但织物表面经纬纱捻向排列方向相同，反射光线一致，贡条明晰，织物表面光泽明亮；交织处纤维互相垂直，吸色性好，染色均匀。在交织点的经纬纱接触处纤维呈交叉倾斜，经、纬纱之间不能紧密啮合，纱线容易相互移动，强力稍低，织物手感比较柔软丰满，组织点饱满，织物厚度显得稍厚。

平纹织物。该织物要求织物质地松厚而柔软的，如色织单面绒、凹凸绒布等，宜采用经纬异向捻交织。府绸也应采用经、纬异向，成品光泽较好，颗粒饱满突出，纹路清晰。一些质地薄而紧密的平纹类织物，如细纺等，宜采用经纬同向捻。巴厘纱和麻纱，经纬纱可以采用同一捻向，使布面上经、纬倾斜方向互相垂直，纹路清晰，织物薄爽。

斜纹织物。在纹织物中，当反光带的方向与织物的斜纹线方向一致时，斜纹线就清晰。对于经面斜纹来说，织物表面的斜纹线由经纱构成；同面斜纹由于经密大于纬密，织物表面的斜纹线也由经纱构成。因此，当经纱为 S 捻时，织物应为右斜纹，反之为左斜纹。对于纬面斜纹来说，当纬纱为 S 捻时，织物应为左斜纹，反之为右斜纹。

拉绒织物。拉绒织物纱线的捻向与织物拉绒后的表面毛绒有一定关系。经纬纱采用不同捻向，织物表面的纤维方向一致，拉绒后，绒毛分布均匀，经、纬纱交叉处不易密接，既便于起绒，又使拉绒后，织物手感丰厚、柔软。

思考题与习题

1. 纱线的分类方法包括哪几种？请说明纱、丝、线的区别与联系。

2. 从结构的角度对比说明赛络纺纱线与赛络菲尔纺纱线的异同。

3. 请说明变形丝对织物风格的影响。

4. 从纱线捻度设计的角度，说明纱线结构对织物风格的影响。

5. 纱线捻向的配置会对织物的风格产生影响吗？请举例说明。

6. 纱线的细度指标包含哪些？请用算式表达出它们之间的关系，并说明纱线细度的变化对织物风格产生什么影响？

7. 在新型纺纱中，自由端纺纱和非自由端纺纱分别包括哪些纺纱方法？气流纺纱线主要用于哪些织物？

8. 请简要说明纱线哪些主要的结构特征参数会对织物性能产生影响？如何影响？

第四章　机织物结构与工艺参数设计

本章目标

1. 熟知机织物的结构参数及其对织物性能的影响。
2. 掌握机织物结构参数的设计原理与设计方法。
3. 掌握边组织的设计方法及边组织与布身组织的合理配合。
4. 掌握机织物上机工艺参数设计流程和计算方法。

机织物的结构参数（织物组织、纱线的线密度、织物密度等）与织物的外观以及织物的力学性能，具有非常紧密的关系。机织物结构将影响织物外观特征、手感风格、形态稳定性、耐用性和纤维材料的用量，是机织产品设计的重要组成部分。

第一节　机织物结构概述

机织物结构是指经纬纱相互交织后形成的空间形态。纤维材料、织物组织、纱线线密度、纱线结构、织物经纬纱密度等是影响织物结构的主要因素，这些因素的变化使得经、纬纱之间具有千变万化的空间相互配合关系，从而形成不同的织物外观和织物性能。

一、织物几何结构模型

国内外有许多专家学者对织物结构从不同角度进行了研究，皮尔斯（Pierce）提出利用几何学的方法建立模型来研究织物的结构，他通过对平纹织物、$\frac{2}{2}$方平和$\frac{2}{2}$斜纹织物等短浮长线织物的研究，提出了著名的 Pierce 机织物几何结构模型。Pierce 建立织物几何结构模型的前提条件：假设织物内经纬纱的横截面均为圆形，经纬纱既无法伸长，也无压缩变形；经纱和纬纱紧密接触，同一浮长包覆下的纱线处于同一水平面上；经纬纱相互包覆屈曲的交织处，纱线为圆弧状，其余部分为直线段；织物中所有经纱或者所有纬纱的屈曲波高相同。如图 4-1 所示，经纱 2、3、4 在同一水平面上，经纬纱交织处纬纱为圆弧状，其余部分纬纱为直线段。

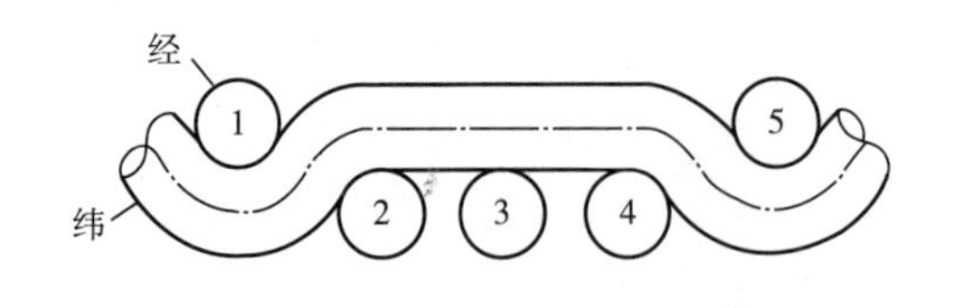

图 4-1　Pierce 几何结构模型示意图

二、织物中纱线的截面形态

经纬纱交织形成的空间形态很复杂，织物中纱线的截面形态受到纤维材料、织物组织、经纬纱密度以及织造条件等因素的影响。

对纱线截面形态的描述集中在圆形、椭圆形、跑道形、凸透镜形等几种形态（图 4-2），为简化起见，目前大都用圆形截面作为几何结构模型建立的依据，但充分考虑到纱线在织物内被挤压的实际状况，从而引入压扁系数 η。压扁系数 η 的计算见式（4-1）所示。η 的大小与纤维材料、织物组织、经纬纱密度、纱线结构等相关，一般为 0.6~0.8。

$$\eta=\frac{\text{织物中纱线横截面短轴的长度}}{\text{按照纱线为圆形截面计算的直径}} \tag{4-1}$$

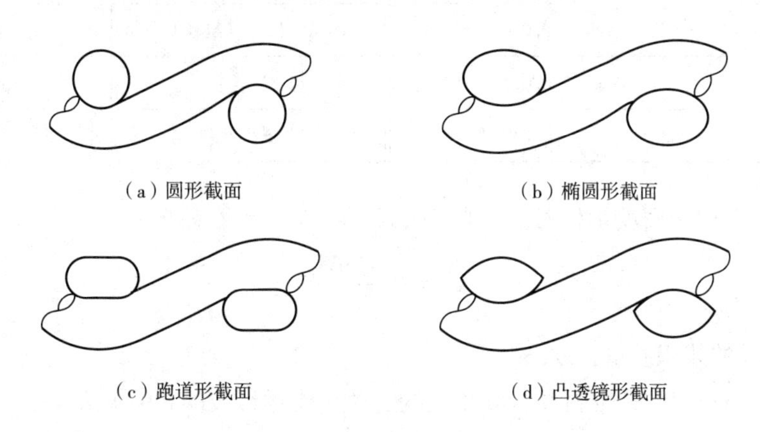

（a）圆形截面　（b）椭圆形截面

（c）跑道形截面　（d）凸透镜形截面

图 4-2　织物中纱线的截面形态

三、织物中纱线的直径系数

表示纱线细度的直接指标是纱线的直径，纱线直径可以通过显微镜测量得到，但比较费时费力，因此，纱线直径通常采用由表示纱线细度的间接指标（线密度）进行换算得出，换算时的系数就称为纱线直径系数。假定纱线为一圆柱体，纱线在织物中的直径可以按照下式计算。

$$d=k_{\mathrm{d}}\sqrt{\mathrm{Tt}} \tag{4-2}$$

式中：d——织物中纱线的直径，mm；

k_{d}——纱线的直径系数；

Tt——纱线的线密度，tex。

直径系数 k_{d}的大小取决于纱线的体积质量，由不同纤维组成的纱线或不同结构的纱线有不同的体积质量，其纱线直径系数就不相同。k_{d}值是重要的织物结构参数，在纤维品种、纱线结构日益丰富的情况下，及时获得纱线直径系数，对合理进行织物结构的设计十分重要。确定新纱线直径系数，可通过显微镜测量纱线直径，然后折算直径系数。

常用纤维的纱线直径系数 k_{d}值见表 4-1。不同纱线品种的直径系数差异很大，在设计时必须注意。在纱线结构和截面中纤维配置紧密程度接近的情况下，可估算纱线直径系数。

表 4-1 常用纤维的纱线直径系数 k_d

纤维种类	直径系数 k_d	纤维种类	直径系数 k_d
棉纱	0.037	涤/棉（65/35）纱	0.039
精梳毛纱	0.040	涤/黏（65/35）纱	0.039
粗梳毛纱	0.043	涤/腈（50/50）纱	0.041
苎麻纱	0.038	毛/黏（65/35）纱	0.041
丝	0.037	锦纶长丝（复丝）	0.037
亚麻纱	0.037	涤纶长丝（复丝）	0.036
亚麻湿纺纱	0.036	黏胶长丝（复丝）	0.037
腈纶丝	0.035	生丝	0.038
黏胶丝	0.039	桑蚕绢丝纱	0.041

当纱线细度采用线密度指标时，k_d值可按式（4-3）计算。

$$k_d = \frac{0.03568}{\sqrt{\delta}} \tag{4-3}$$

式中：δ——纱线的体积质量，g/cm^3。

纱线的体积质量δ与纤维材料、纱线结构有关，常用纱线的δ值见表 4-2。

表 4-2 几种常用纱线的 δ

纱线种类	δ（g/cm^3）	纱线种类	δ（g/cm^3）
棉纱	0.8~0.9	涤/棉纱（65/35）	0.85~0.95
精梳毛纱	0.75~0.81	维/棉纱（50/50）	0.74~0.76
粗梳毛纱	0.65~0.72		

不同线密度纱线之间的直径换算，可按式（4-4）计算。

$$\frac{d_1}{d_2} = \sqrt{\frac{\mathrm{Tt}_1}{\mathrm{Tt}_2}}\sqrt{\frac{\delta_2}{\delta_1}} \tag{4-4}$$

四、织物中纱线纵向屈曲形态

织物中每根纱线的横向截面形态可看作圆形，其纵向形态都可以看作由经纬纱交叉区域（图 4-3 所示的 a_j）和非交叉区域（图 4-3 所示的 b_j）两部分所构成，即纵向形态为曲线段形态与直线段形态的组合或衔接，纱线纵向形态受到织物组织、

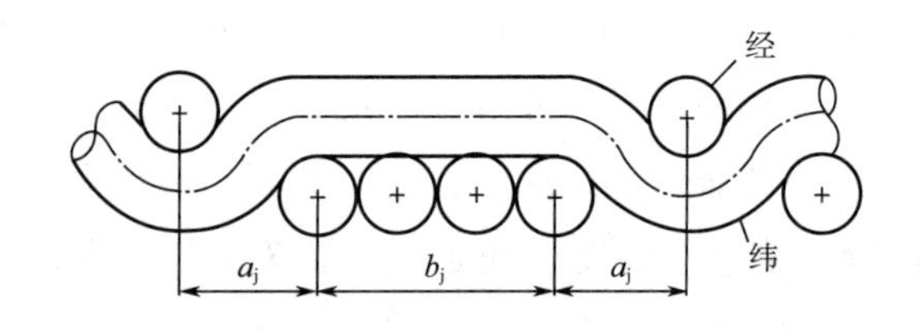

图 4-3 经纬纱交织示意图

织物密度、纱线的线密度等织物结构因素的影响。

织物的屈曲波高 h，经、纬纱在织物中以某种规律交织，造成纱线弯曲，其弯曲的程度可用屈曲波高来描述。织物内纱线弯曲的波峰和波谷之间垂直于织物方向的距离称为屈曲波高，用毫米（mm）表示。

经纱屈曲波高 h_j，织物内经纱弯曲的波峰和波谷之间垂直于织物方向的距离称为经纱屈曲波高，如图 4-4（a）所示。纬纱屈曲波高 h_w，织物内纬纱弯曲的波峰和波谷之间垂直于织物方向的距离称为纬纱屈曲波高，如图 4-4（b）所示。

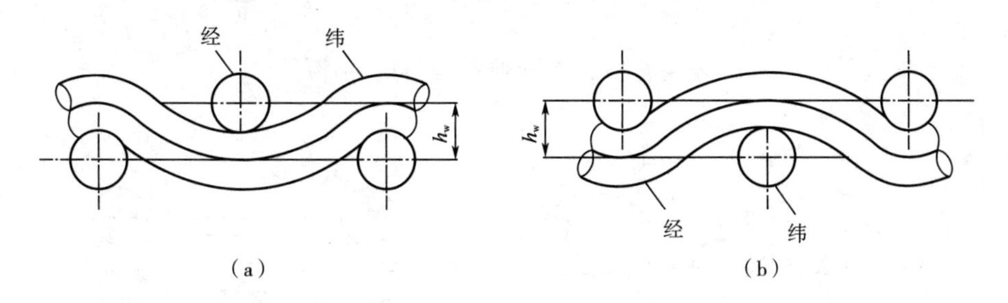

图 4-4　织物的屈曲波高

在织物中，经纬纱是相互作用且紧密接触（可能有压缩），当一个方向的纱线伸直一些，必然会导致另一方向纱线的屈曲更多些。可见，经纬纱的屈曲波高是关联的。例如，经纱由完全伸直，纬纱由完全屈曲，如图 4-5（a）所示；变化到经纱有一些屈曲，纬纱降低一些屈曲，如图 4-5（b）所示；再变化到经纱最大屈曲，纬纱完全伸直，如图 4-5（c）所示。

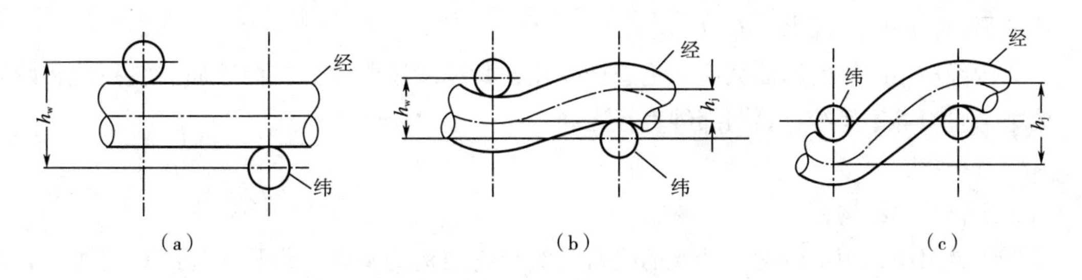

图 4-5　经纬纱屈曲波高对应关系

当一个方向的纱线完全伸直，则另一个方向纱线的屈曲波高达到最大值。图 4-5（a）所示为经纱完全伸直的状态，而纬纱具有最大的屈曲。当经纱完全伸直时，$h_j=0$，纬纱的屈曲波高 $h_w=d_j+d_w$，d 为纱线的直径。图 4-5（c）所示为纬纱呈完全伸直的状态，而经纱具有最大的屈曲。当纬纱完全伸直时，$h_w=0$，则经纱的屈曲波高 $h_j=d_j+d_w$。这两种结构状态为织物中经纬纱相互配合关系中的极端状态，在实际织物中几乎是不存在的，但所有织物的几何结构必处于这两种极端状态之间，如图 4-5（b）所示。

当织物结构状态从图 4-6 变为图 4-7 时，经纱由完全伸直到有一些屈曲，即经纱屈曲波高由图 4-6 的 $h_j=0$，变化到图 4-7 的 $h_j=\Delta$。由于经纬纱之间是相互作用且紧密接触的，一个方向纱线的屈曲波高增大 Δ 值时，必伴随另一方向纱线的屈曲波高减小 Δ 值。因此，当经纱增加一些屈曲时，纬纱将降低一些屈曲，即纬纱屈曲波高由图 4-6 的 $h_w=d_j+d_w$，变化到图 4-7 的 $h_w=d_j+d_w-\Delta$。

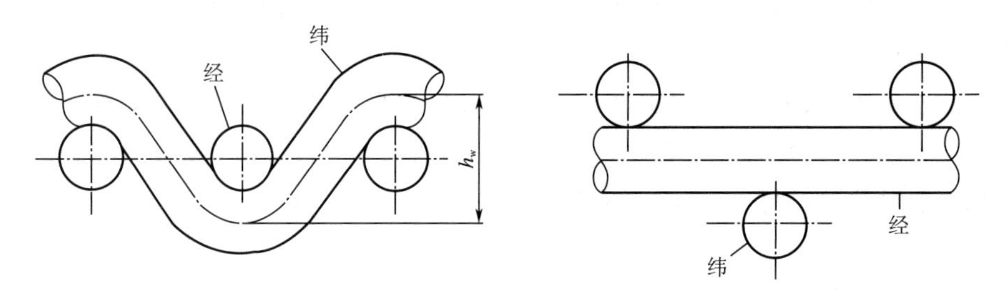

图 4-6　经纱完全伸直（$h_j=0$）结构

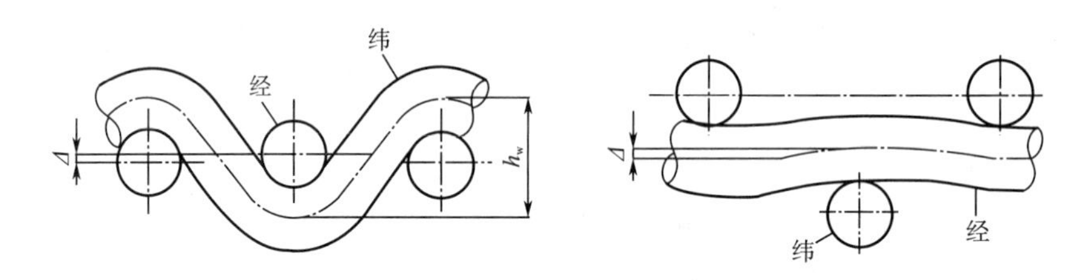

图 4-7　经纱有些屈曲（$h_j=\Delta$）结构

当 h_j 增加 Δ，h_w 就减少 Δ；

当 h_j 增加 2Δ，h_w 就减少 2Δ，依此类推；

由此得出，$h_j+h_w=$常数$=d_j+d_w$。

织物内经纱与纬纱的屈曲波高无论怎样变化，其经纱屈曲波高与纬纱屈曲波高的和始终为一常数，且恒等于经纱直径与纬纱直径之和。

五、织物几何结构相

随着织物组织、织物密度、纱线的线密度等织物结构的不同，织物内经纬纱屈曲波高之间的配合关系是变化无穷的。为了便于研究经纬纱空间结构和织物结构参数设计，Pierce 将经纬纱屈曲波高分成 9 个结构状态。

以经纱完全伸直、纬纱屈曲最大为起点，如图 4-5（a）所示，称为第 1 结构相；以纬纱完全伸直、经纱屈曲最大为终点，如图 4-5（c）所示，称为第 9 结构相。

经纬纱屈曲波高每变动 Δ，$\Delta=\dfrac{1}{8}(d_j+d_w)$，所对应的经纱与纬纱的屈曲状态即为一种结构相。因此，结构相是指以 $\dfrac{1}{8}(d_j+d_w)$ 或者 $\dfrac{1}{8}(h_j+h_w)$ 作为屈曲波高的变化值时得到的织物结构的几何状态，如图 4-8 所示。

表 4-3 列出了织物的 9 个结构状态，每变动 $\dfrac{1}{8}(d_j+d_w)$ 或者变动 $\dfrac{1}{8}(h_j+h_w)$ 就变化一

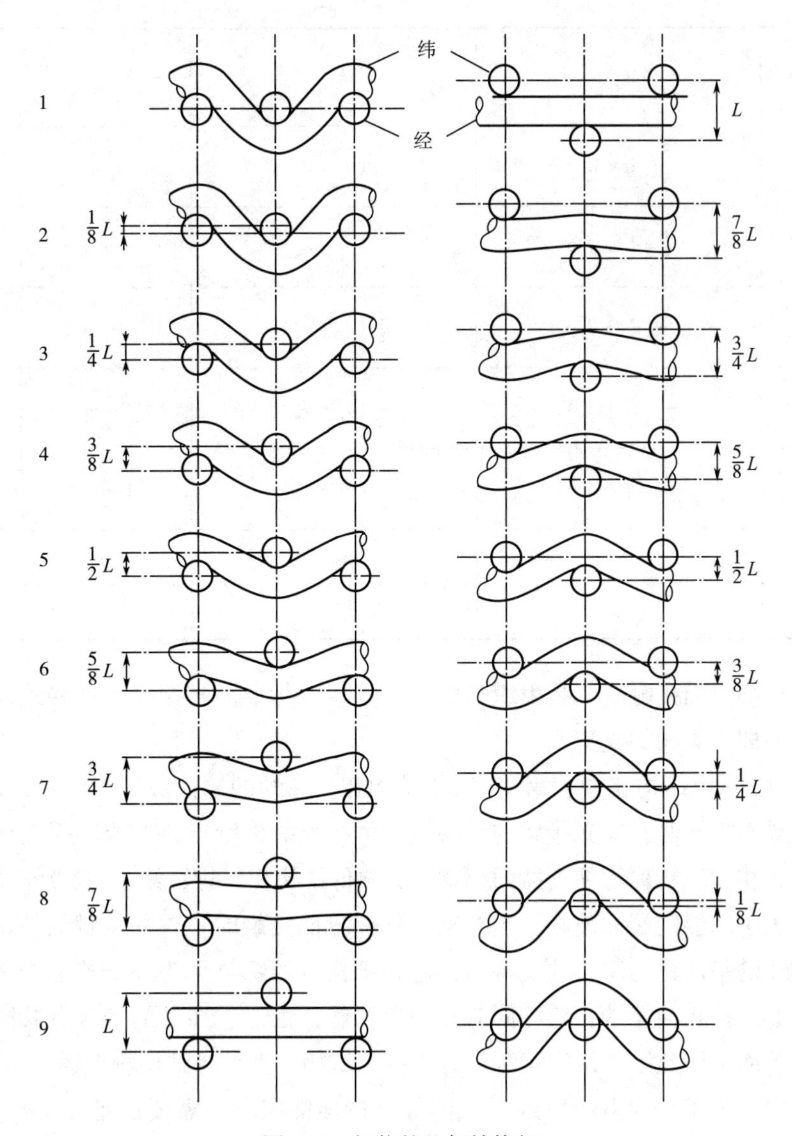

图 4-8　织物的几何结构相

个结构相。

表 4-3　织物的 9 个结构状态

几何结构相	h_j	h_w	$d_j = d_w$	
			h_j	h_w
1	0	$d_j + d_w$	0	$2d$
2	$\frac{1}{8}(d_j + d_w)$	$\frac{7}{8}(d_j + d_w)$	$\frac{1}{4}d$	$1\frac{3}{4}d$
3	$\frac{1}{4}(d_j + d_w)$	$\frac{3}{4}(d_j + d_w)$	$\frac{1}{2}d$	$1\frac{1}{2}d$

续表

几何结构相	h_j	h_w	$d_j = d_w$	
			h_j	h_w
4	$\frac{3}{8}(d_j + d_w)$	$\frac{5}{8}(d_j + d_w)$	$\frac{3}{4}d$	$1\frac{1}{4}d$
5	$\frac{1}{2}(d_j + d_w)$	$\frac{1}{2}(d_j + d_w)$	d	d
6	$\frac{5}{8}(d_j + d_w)$	$\frac{3}{8}(d_j + d_w)$	$1\frac{1}{4}d$	$\frac{3}{4}d$
7	$\frac{3}{4}(d_j + d_w)$	$\frac{1}{4}(d_j + d_w)$	$1\frac{1}{2}d$	$\frac{1}{2}d$
8	$\frac{7}{8}(d_j + d_w)$	$\frac{1}{8}(d_j + d_w)$	$1\frac{3}{4}d$	$\frac{1}{4}d$
9	$d_j + d_w$	0	$2d$	0
0	d_w	d_j		

当织物与外部界面接触时，是由织物中的一些纱线与界面相接触，这些纱线与界面接触点所构成的平面即为织物的支持面。

当 $d_j = d_w$ 时，9 个结构相中，第 1～第 4 结构相，纬纱的屈曲波高大于经纱的屈曲波高，当织物与外部界面接触时，首先接触的是纬纱，由纬纱的接触点所构成的平面作为织物的支持面，这些结构相的织物称为纬支持面织物，又称低结构相织物；第 6～第 9 结构相，则是经纱的屈曲波高大于纬纱的屈曲波高，当织物与外部界面接触时，首先接触的是经纱，由经纱的接触点所构成的平面作为织物的支持面，这些结构相的织物称为经支持面织物，又称高结构相织物。第 5 结构相为经纱、纬纱同时与外界接触，由经、纬纱的接触点共同构成的平面作为织物的支持面，因此第 5 结构相称为等支持面织物，又称等结构相织物。

当 $d_j \neq d_w$ 时，为了得到由经纬纱构成的等支持面的织物，需要满足 $h_j = d_w$，$h_w = d_j$ 的条件，称这种结构相为 0 结构相。0 结构相的织物结构图如图 4-9 所示。

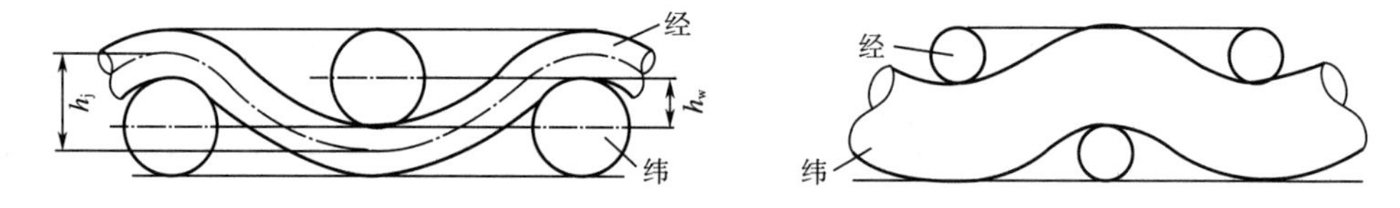

图 4-9　0 结构相的织物结构示意图

织物的几何结构相不同或支持面不同，其性能与风格也就不同。

（1）高结构相织物的经纱缩率大于纬纱，低结构相织物则相反。

（2）在经纬纱线密度相等的情况下，高结构相织物为经支持面，经纱显露于织物表面，织物呈经面效应，经纱成为影响织物外观的主要因素。在使用中，经纱首先受到外力作用而磨损，常看到这类织物的经纱已经磨断而纬纱完好的情况。低结构相、纬支持面织物的情况则相反。

（3）通常情况下，高结构相的织物多于低结构相的织物。

（4）同原料、同线密度、同组织织物，如果结构相不同，织物的外观就有很大差异。

织物结构相的变化与经纬纱的线密度、经纬纱密度的配置密切相关。一般来说，在线密度相同的情况下，经密大、纬密小，为高结构相、经支持面织物；经密小、纬密大，则为低结构相、纬支持面织物；经、纬密度相等，则为第 5 结构相的等支持面织物。经纱与纬纱的性质不同，也会影响织物的几何结构。刚度大、细度粗的纱线不易屈曲；反之，柔软性好、细度细的纱线的屈曲波高较大。

六、织物的厚度

在一定压力作用下，织物正反两面之间的距离称为厚度 τ，单位为毫米（mm），如图 4-10 所示。图 4-10（a）为低结构相，纬支持面织物，织物厚度由纬纱的屈曲构成；图 4-10（b）为高结构相，经支持面织物，织物厚度由经纱的屈曲构成；图 4-10（c）为第 5 结构相的等支持面织物，织物厚度由经纱的屈曲或者纬纱的屈曲构成；图 4-10（d）为 0 结构相的等支持面织物，织物厚度也是由经纱的屈曲或者纬纱的屈曲构成。

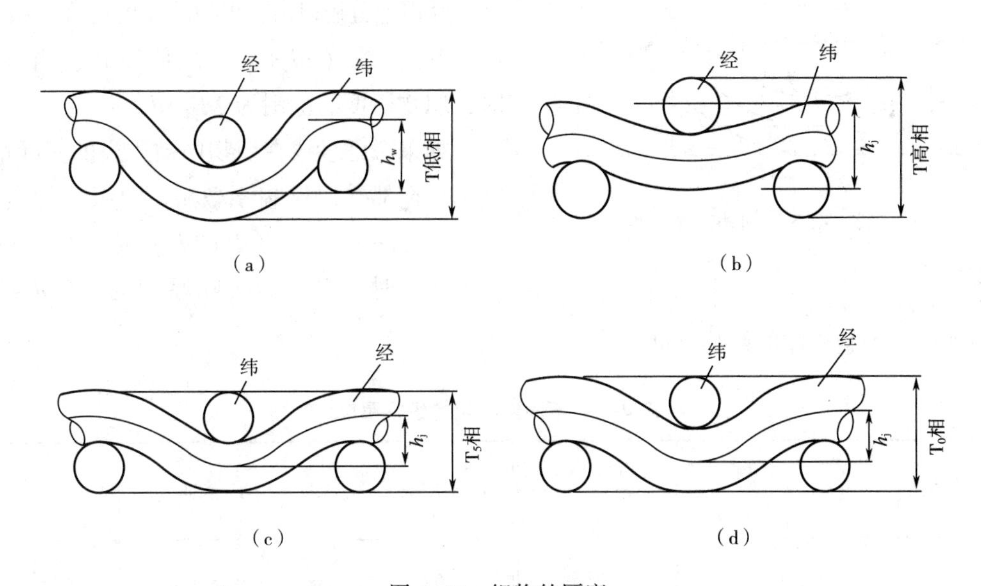

图 4-10　织物的厚度

图 4-11 为第 1 结构相的截面图。从图 4-11 可以看出，织物的厚度 $\tau=\tau_w=h_w+d_w=d_j+d_w+d_w=d_j+2d_w$。

图 4-12 为第 9 结构相的截面图。从图 4-12 可以看出，织物的厚度 $\tau=\tau_j=h_j+d_j=d_j+d_w+d_j=2d_j+d_w$。

图 4-13 为等支持面织物的截面图。从图4-13可以看出，织物的厚度 $\tau=d_j+d_w$。经纬纱共同构成了织物的支持面，$\tau_j=\tau_w=d_j+d_w$。

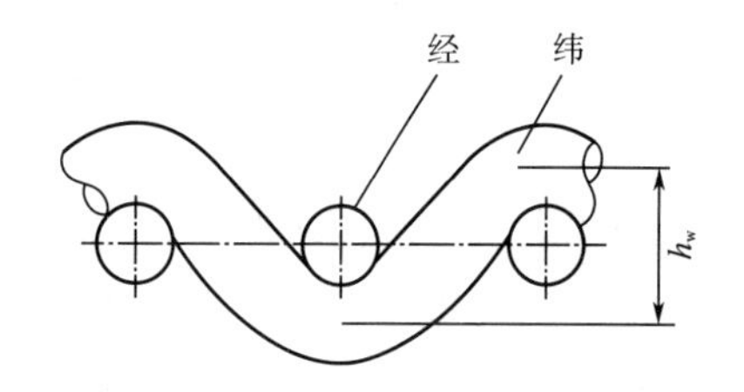

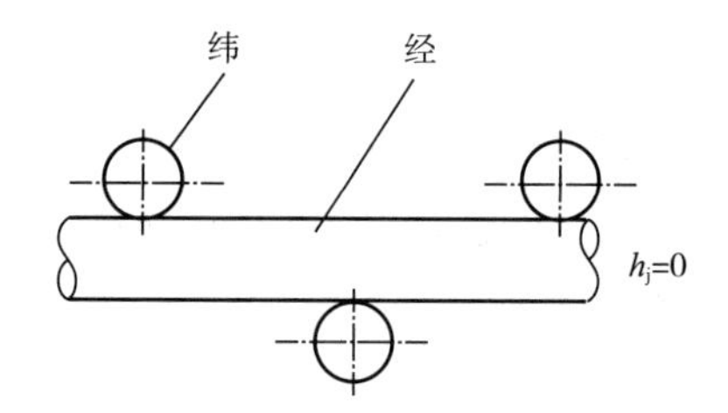

图 4-11　第 1 结构相织物的厚度

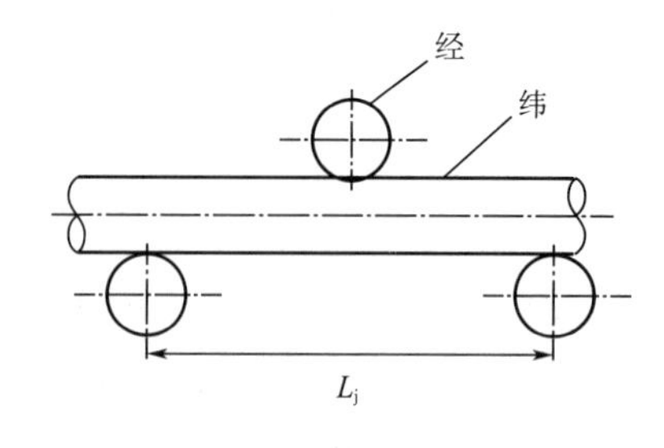

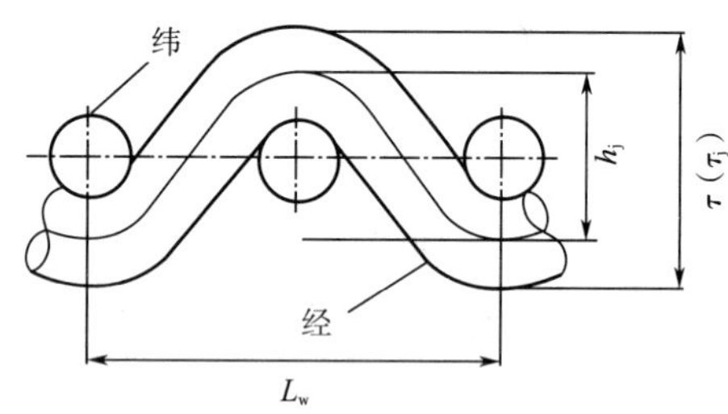

图 4-12　第 9 结构相织物的厚度

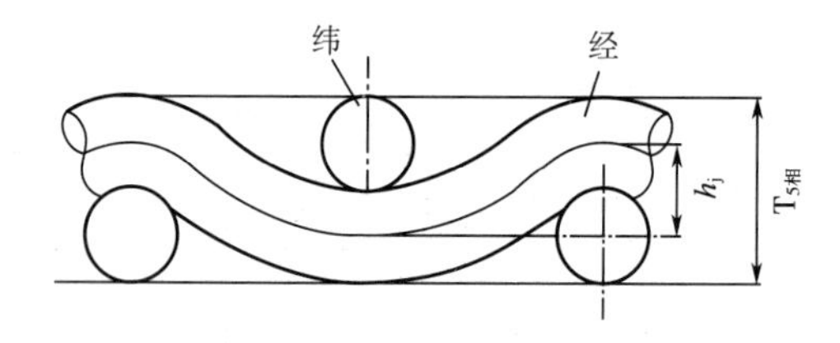

图 4-13　第 5 结构相织物厚度

从以上分析得出，织物的厚度在（d_j+d_w）~（d_j+2d_w）或（$2d_j+d_w$）之间变化，当 $d_j=d_w$ 时，织物厚度的范围为 $2d\sim3d$。

如果考虑纱线在织物内被压扁的实际情况，则 τ_j、τ_w都乘以压扁系数 η，即织物的实际厚度为 $\eta(d_j+d_w)$ ~$\eta(d_j+2d_w)$ 或 $\eta(2d_j+d_w)$。当 $d_j=d_w$时，织物的实际厚度为 $\eta(2d\sim3d)$，表 4-4列出 9 种结构相的织物厚度。

表 4-4　不同结构相的织物厚度

几何结构相	τ	$d_j=d_w$	几何结构相	τ	$d_j=d_w$
		τ			τ
1	$2d_w+d_j$	$2d$	6	$\frac{5}{8}(d_j+d_w)+d_j$	$2\frac{1}{4}d$
2	$\frac{7}{8}(d_j+d_w)+d_w$	$2\frac{3}{4}d$	7	$\frac{3}{4}(d_j+d_w)+d_j$	$2\frac{1}{2}d$
3	$\frac{3}{4}(d_j+d_w)+d_w$	$2\frac{1}{2}d$	8	$\frac{7}{8}(d_j+d_w)+d_j$	$2\frac{3}{4}d$
4	$\frac{5}{8}(d_j+d_w)+d_w$	$2\frac{1}{4}d$	9	$2d_j+d_w$	$3d$
5（0）	d_j+d_w	$2d$			

七、织物的密度与紧度

织物的经纬密度是织物结构参数的一项重要设计内容，直接关系到织物的使用性能、手感风格及成本。经纬密度大，织物就显得紧密、厚实、硬挺、耐磨、坚牢；经纬密度小，则织物稀薄、松软、通透性好。对于经向和纬向这两个纱线系统来说，一般情况下，织物密度大的纱线系统，纱线屈曲程度大，比较显著地突出于织物表面，织物表面显现该系统纱线的效应；而密度小的系统，纱线屈曲程度较小，比较平直，不太显露于织物表面。

（一）密度

织物单位长度内排列的纱线根数称为织物的密度，分为经密（经纱的密度）和纬密（纬纱的密度）。国家标准规定，密度以每 10cm 长度内所排列的经（或纬）纱根数来计量。一般经密用 P_j 表示，纬密用 P_w 表示。

习惯上将经密和纬密自左至右连写成 $P_j \times P_w$，如某织物的经密是 320 根/10cm ；纬密是 228 根/10cm ，则表示为：320 根/10cm×228 根/10cm。

表示织物规格需同时反映出织物的经纬纱线密度和经密与纬密，通常表示为：$Tt_j \times Tt_w$，$P_j \times P_w$。例如，某织物的规格为：14tex×2×28tex ，480 根/10cm×236 根/10cm，表示该织物的规格为：经纱为 2 根 14tex 合股的股线；纬纱为 28tex 的单纱，经向密度为 480 根/10cm；纬向密度为 236 根/10cm。

如果纤维材料、纱线线密度、织物组织都相同的条件下，织物经密、纬密如果不相同，密度对织物紧密程度的影响是具有可比性的；但如果纤维材料、纱线线密度、织物组织不同时，用密度指标来比较不同织物的紧密程度就缺乏可比性。当纤维材料相同，但纱线线密度不同时，由于纱线直径不同，即使经密、纬密相同，织物的紧密程度也不同。当原料不同时，即使纱线线密度相同，由于纱线直径（原料不同，纱线的直径系数不相同）不同，织物的紧密程度也会不同。

（二）紧度

如果织物组织相同，纱线线密度也就是纱线的细度不同的织物，不能用织物密度来评定织物的紧密程度。因为即使密度相同，但是由于经纬纱的粗细不相同，织物的紧密程度是不相同的。如果织物组织相同，但经纬纱粗细不相同，这种情况下，通常以织物的紧度指标来衡量织物的紧密程度。

织物的紧度也称覆盖系数或者盖度率，常用 E 表示，是指织物中纱线垂直投影面积与织物面积比值的百分率，比值大说明织物紧密，比值小说明织物稀松。紧度又可分为经向紧度 E_j 和纬向紧度 E_w 和织物总紧度 E，如图 4-14 所示。经向紧度 E_j 为经纱垂直投影面积与经纱所占总面积比值的百分率，即经纱直径与两根经纱间距离比值的百分率。纬向紧度 E_w 为纬纱垂直投影面积与纬纱所占总面积比值的百分率，即纬纱直径与两根纬纱间距离比值的百分率。

由图 4-14 可得出经向紧度、纬向紧度和织物总紧度的计算式：

$$E_j(\%) = \frac{S_{ABEG}}{S_{ABCD}} \times 100 = \frac{d_j}{\frac{100}{P_j}} \times 100 = d_j P_j \tag{4-5}$$

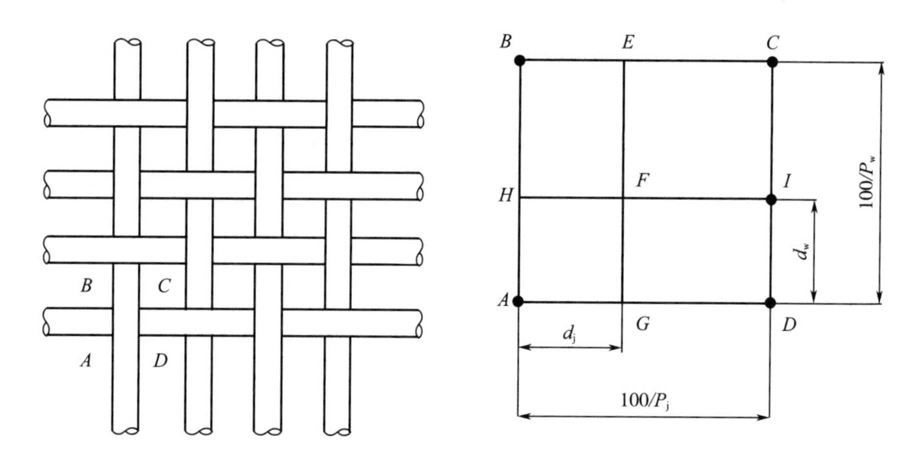

图 4-14 织物覆盖面积示意图

$$E_w(\%) = \frac{S_{AHID}}{S_{ABCD}} \times 100 = \frac{d_w}{\frac{100}{P_w}} \times 100 = d_w P_w \tag{4-6}$$

$$E_{总} = \frac{S_{ABEFID}}{S_{ABCD}} \times 100 = \frac{d_j \times \frac{100}{P_w} + d_w\left(\frac{100}{P_j} - d_j\right)}{\frac{100}{P_j} \times \frac{100}{P_w}} \times 100 = E_j + E_w - \frac{E_j E_w}{100} \tag{4-7}$$

式中：E_j，E_w，$E_{总}$——分别为经纱紧度、纬纱紧度、织物总紧度，%；

d_j，d_w——分别为经纱直径、纬纱直径，mm；

P_j，P_w——分别为织物的经密、纬密，根/10cm。

利用纱线的直径系数将纱线的直径换算成线密度，则纱线线密度、织物密度与织物紧度三者之间关系为：

$$E_j(\%) = P_j d_j = P_j k_d \sqrt{\mathrm{Tt}_j} \tag{4-8}$$

$$E_w(\%) = P_w d_w = P_w k_d \sqrt{\mathrm{Tt}_w} \tag{4-9}$$

由于紧度指标同时考虑了纱线直径和织物密度两个因素，可用来比较相同组织但纱线粗细不同的织物的紧密程度。织物的紧度过高时，纱线间的间隙小，还有可能重叠，织物的手感比较厚实、硬板，刚性大，耐平磨性较好，耐折边磨性能一般；如果紧度适当，纱线在外力作用下可以小范围移动，织物手感相对柔软；如果紧度过小，则织物稀疏、松软，强力和耐磨性较差，缺乏身骨，结构不稳定。纱线捻度较大时，一般可适当降低织物紧度，以避免织物手感板结。

织物的经向紧度、纬向紧度、总紧度三者之间相互制约。总紧度一定的情况下，E_j、E_w大致相等时织物最为紧密；而E_j大于或小于E_w，织物则相对柔软、悬垂较好。如果纬经比（纬密：经密）设计得较大，紧度可适当设计小一点，可以通过调整纬经比来改变织物的手感等性能。

紧度指标也存在一些缺陷。当E_j、E_w均小于100%时，总紧度随着E_j、E_w分别提高而提高；当E_j、E_w中一个方向的紧度等于100%时，另一方向紧度的变化不影响总紧度，总紧度保持100%；而当E_j、E_w中一个方向的紧度大于100%时，总紧度反而随着另一方向紧度的提高而降低；同样，当E_j、E_w均大于100%时，总紧度随着E_j、E_w的分别提高而降低。因此，当E_j或E_w等于或大于100%时，紧度指标将失去对织物松紧程度的评估功能。

八、紧密结构织物

从上述密度、紧度的定义和分析可知，密度仅表示织物中单位长度内排列的经纬纱根数，不同组织、不同粗细纱线的织物之间，不能用密度来反映其紧密程度。紧度表示织物中纱线的投影面积对织物面积的比值，其中包括了经纬纱根数，也考虑了纱线直径的因素，在相同组织的织物之间，能较好地反映其紧密程度。紧度指标没有考虑织物组织，对于组织不同的织物来说，其经纬纱交织次数不同、经纬纱屈曲程度也不同，织物的紧密程度也是不同的。如密度、紧度完全相同的平纹、三枚斜纹和五枚缎纹织物，平纹织物就显得最紧密，三枚斜纹织物次之，而五枚缎纹织物最松软。按照紧度的概念，任何织物的经向紧度或者纬向紧度均可达到100%，但如果考虑到经、纬纱之间的交织，并非任何组织结构都可以达到100%的经向紧度或纬向紧度。

（一）紧密织物

为了比较不同组织、不同经纬纱直径、单位长度内不同纱线根数的织物之间的紧密程度，引入紧密织物和紧密率的概念。紧密织物是指经、纬纱不交错时，纱线之间相互紧密排列，而经、纬纱交错时，一组纱线弯曲导致另一组纱线之间有一个距离。也就是经、纬纱不交错处，相邻经（纬）纱之间无空隙；经、纬纱交错处，相邻两根经（或纬）纱紧紧夹持住弯曲的纬（或经）纱，如图4-15所示。

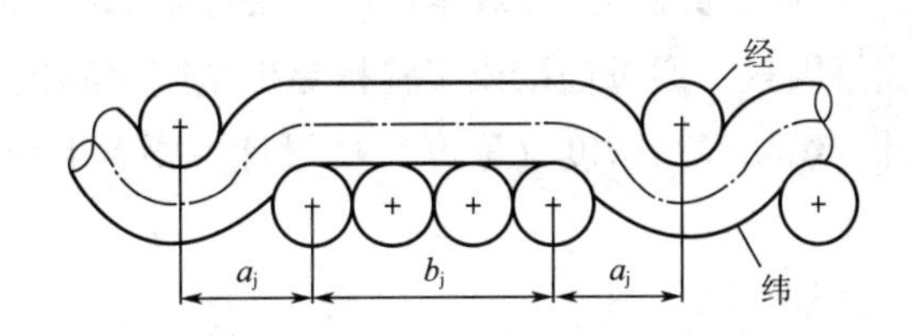

图4-15　紧密织物交织示意图

图4-15所示的经纬纱交织状态，表明织物中经纱与纬纱交织排列达到了最大紧密程度。当织物的经（或纬）纱的排列达到最大紧密程度的织物称为经（或纬）向紧密织物，对于单向紧密结构的织物，结构相由织物内紧密系统纱线的紧度所决定。经、纬向均达到最大紧密程度的织物称为双向紧密结构织物，又称紧密织物。紧密结构织物的紧度随着织物组织与结构相的不同而不相同。

（二）紧密率

织物的实际紧度与同组织、同线密度、同结构相紧密织物紧度的比值称为紧密率K，经向紧密率为K_j，纬向紧密率为K_w。

$$K_j(\%) = \frac{E_j}{E_{jmax}} \times 100 = \frac{P_j d_j}{P_{jmax} d_j} \times 100 = \frac{P_j}{P_{jmax}} \times 100 \tag{4-10}$$

$$K_w(\%)=\frac{E_w}{E_{wmax}}\times 100=\frac{P_w d_w}{P_{wmax} d_w}\times 100=\frac{P_w}{P_{wmax}}\times 100 \quad (4-11)$$

紧密率可作为确定织物生产难度的一个依据。一般中等紧度或较紧密织物的经纬向紧密率为75%~95%，对于高结构相织物，经纱的屈曲波高较大，经向的紧密率较高；对于低结构相织物，纬纱的屈曲波高较大，纬向的紧密率较高，实际生产中有时纱线会出现挤压变形，使紧密率稍超过100%。经向和纬向的紧密率相互牵制，如果一个方向很高，则另一方向就相对较低，当一个方向的紧密率达到90%~100%时，另一方向的紧密率就相对较低，一般为65%~80%，超过了这个范围，生产难度就会逐渐加大，直至生产无法进行。所以织物的密度是有一定限度的，不能随意设计。

第二节　机织物结构参数的设计方法

本节介绍织物结构参数的设计方法都是基于一定的理论和假设的条件下形成的，由于各生产单位的设备、工艺、操作等一些因素的不同，用这些理论所设计的织物结构参数与实际情况还存在一些偏差，需要在产品试织过程中对参数进行调整。

一、织物密度与紧度设计

设计织物经纬密度或紧度时，要考虑织物用途、所用原料、经纬纱线密度、捻度、织物组织等因素。通过理论或实验推导出紧密织物的紧度，再根据紧密率来进行织物实际紧度的设计，织物经纬密度（紧度）的设计主要有下列几种方法。

（一）直径交叉理论法

直径交叉理论为：假设纱线为圆柱体，当织物中纱线达到最大密度时，同一浮长下的纱线相互贴紧排列，在经纬纱交叉处，一个系统纱线被另一系统纱线交叉分开的距离等于其纱线的直径。经纬纱交织状况如图4-16所示。

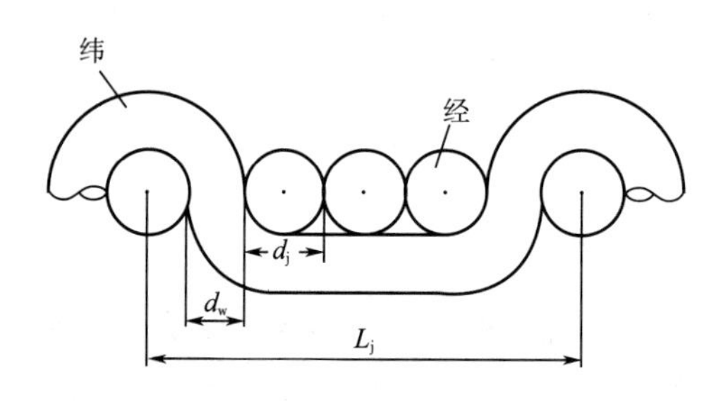

图4-16　直径交叉理论织物交织示意图

由于一个组织循环内的纱线根数所占长度 $L_j(\text{mm})=R_j d_j+d_w t_w$，$P_{jmax}=\frac{R_j\times 100}{L_j}$，所以最大经纬密度计算如式（4-12）和式（4-13）所示。

$$P_{jmax}=\frac{R_j\times 100}{d_j R_j+d_w t_w} \quad (4-12)$$

$$P_{wmax}=\frac{R_w\times 100}{d_w R_w+d_j t_j} \quad (4-13)$$

式中：P_{jmax}，P_{wmax}——分别为最大经密、最大纬密，根/10cm；

R_j，R_w——分别为经纱循环数、纬纱循环数，根；

d_j，d_w——分别为经纱直径、纬纱直径，mm；

t_j，t_w——分别为经纱交错次数、纬纱交错次数。

当经纬纱直径相同时，$d_j = d_w = d$。

则
$$P_{jmax} = \frac{R_j \times 100}{d(R_j + t_w)} \tag{4-14}$$

$$P_{wmax} = \frac{R_w \times 100}{d(R_w + t_j)} \tag{4-15}$$

当原料相同、纱线的线密度相同，仅改变织物组织，要求新产品的手感、身骨与原产品相似，这些织物称为相似结构织物，相似结构织物的紧密率是相同的。相似结构织物可以采用直径交叉理论来分析不同组织的几何结构之间的关系，快速估算出新产品的大致密度，作为设计时的参考。

$$P_j = K \times P_{jmax} = K \times \frac{R_j \times 100}{d_j R_j + d_w t_w},\ P'_j = K' \times P'_{jmax} = K' \times \frac{R'_j \times 100}{d'_j R'_j + d'_w t'_w}$$

式中：K'、P'_j、P'_{jmax}、d'_j、d'_w、t'_w、均为新产品的织物结构参数。

纱线的线密度相同，相似结构织物的紧密率相同，则：

$$\frac{P'_j}{P_j} = \frac{K' \times P'_{jmax}}{K \times P_{jmax}} = \frac{P'_{jmax}}{P_{jmax}} = \frac{\dfrac{R'_j \times 100}{d'_j R'_j + d'_w t'_w}}{\dfrac{R_j \times 100}{d_j R_j + d_w t_w}} = \frac{R'_j}{R_j} \times \frac{R_j + t_w}{R'_j + t'_w}$$

因此，不同组织之间的密度换算关系如式（4-16）和式（4-17）所示。

$$P'_j = P_j \times \frac{R'_j}{R_j} \times \frac{R_j + t_w}{R'_j + t'_w} \tag{4-16}$$

$$P'_w = P_w \times \frac{R'_w}{R_w} \times \frac{R_w + t_j}{R'_w + t'_j} \tag{4-17}$$

例1：全毛织物，原产品组织为平纹组织，经纬纱均为60英支/2，经密为228根/10cm，纬密为186根/10cm，新产品的组织调整为$\frac{2}{2}$斜纹组织，经纬纱支不变，要求新产品与原产品的风格一致，试设计新产品的经纬密度。

根据式（4-16）和式（4-17），新产品的经纬密度为：

$$P'_j = P_j \times \frac{R'_j}{R_j} \times \frac{R_j + t_w}{R'_j + t'_w} = 228 \times \frac{4}{2} \times \frac{2+2}{4+2} = 304\ (\text{根/10cm})$$

$$P'_w = P_w \times \frac{R'_w}{R_w} \times \frac{R_w + t_j}{R'_w + t'_j} = 186 \times \frac{4}{2} \times \frac{2+2}{4+2} = 248\ (\text{根/10cm})$$

直径交叉理论计算密度的公式推导时，只考虑了织物几何结构相的第1相或第9相，即经纱完全伸直、纬纱屈曲最大；或纬纱完全伸直、经纱屈曲最大，而属于这两种情况的织物非常少，绝大多数织物的结构相都在 1~9 之间，用直径交叉理论来设计密度有一定的误差，受到局限。因此，通过进一步对经纬纱空间结构进行研究，发展了紧密结构理论设计的方法。

（二）紧密结构理论设计法

本方法是根据紧密结构织物以及紧密率的概念为密度或紧度的设计提供一种依据。紧密结构理论考虑了经纬纱交织的多种结构状态，但由于理论是建立在一些假设的前提下所做出的几何推导，没有考虑纤维性能、纱线结构和织造工艺等因素对几何结构的影响，因而也属于只是对织物密度或紧度的一种估算，也存在一些误差，需要在设计和小样试织中，根据实际状况做出相应调整。

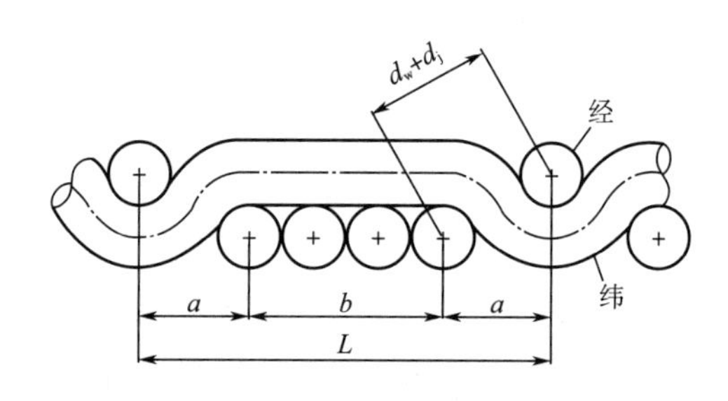

图 4-17　紧密织物结构示意图

1. 紧密织物经纬密度（紧度）计算方法

计算紧密织物经、纬向密度（紧度）。假设纱线为圆柱体，为紧密织物，其截面图如图 4-17所示。

由图得知：

$$a = \sqrt{(d_j + d_w)^2 - h_j^2}$$

$$b = (R_j - t_w) \cdot d_j$$

$$\begin{aligned} L = b + a \times t_w &= (R_j - t_w) \cdot d_j + \sqrt{(d_j + d_w)^2 - h_j^2} \cdot t_w \\ &= R_j \cdot d_j + \left[\sqrt{(d_j + d_w)^2 - h_j^2} - d_j\right] \cdot t_w \end{aligned}$$

织物的经向最大密度为式（4-18）所示：

$$P_{jmax} = \frac{R_j \times 100}{L} = \frac{R_j \times 100}{R_j \cdot d_j + \left[\sqrt{(d_j + d_w)^2 - h_j^2} - d_j\right] \cdot t_w} \tag{4-18}$$

式中：R_j——组织循环经纱数，根；

t_w——在一个组织循环中纬纱与经纱的交错次数；

d_j，d_w——分别为经纱、纬纱直径，mm；

h_j——经纱屈曲波高，mm。

在任意结构相的 h_j 为：

$$h_j = \frac{N-1}{8}(d_j + d_w)$$

式中：N——结构相序数，取 1~9。

将 $h_j = \frac{N-1}{8}(d_j + d_w)$ 代入式（4-18）中，可得 P_{jmax} 的计算如式（4-19）所示：

$$P_{jmax} = \frac{R_j \times 100}{L} = \frac{R_j \times 100}{(R_j - t_w) \cdot d_j + \frac{d_j + d_w}{8} \cdot t_w \cdot \sqrt{(9-N)(7+N)}} \tag{4-19}$$

同理，紧密织物的纬向最大密度如式（4-20）所示：

$$P_{wmax}=\frac{R_w\times 100}{L}=\frac{R_w\times 100}{(R_w-t_j)\cdot d_w+\frac{d_j+d_w}{8}\cdot t_j\cdot\sqrt{(17-N)(N-1)}} \tag{4-20}$$

经向、纬向的最大紧度如式（4-21）和式（4-22）所示。

经向最大紧度为：$E_{jmax}(\%)=P_{jmax}\cdot d_j$

$$E_{jmax}(\%)=\frac{R_j\times 100\times d_j}{L}=\frac{R_j\times 100\times d_j}{(R_j-t_w)\cdot d_j+\frac{d_j+d_w}{8}\cdot t_w\cdot\sqrt{(9-N)(7+N)}} \tag{4-21}$$

纬向最大紧度为：$E_{wmax}(\%)=P_{wmax}\cdot d_w$

$$E_{wmax}(\%)=\frac{R_w\times 100\times d_w}{L}=\frac{R_w\times 100\times d_w}{(R_w-t_j)\cdot d_w+\frac{d_j+d_w}{8}\cdot t_j\cdot\sqrt{(17-N)(N-1)}} \tag{4-22}$$

织物经向的紧密率为：

$$K_j(\%)=\frac{E_j}{E_{jmax}}\times 100=\frac{P_j}{P_{jmax}}\times 100$$

式中：E_j——织物实际经向紧度；

P_j——织物实际经向密度。

织物纬向的紧密率为：

$$K_w(\%)=\frac{E_w}{E_{wmax}}\times 100=\frac{P_w}{P_{wmax}}\times 100$$

式中：E_w——织物实际纬向紧度；

P_w——织物实际纬向密度。

如果经纬纱的直径相等，即 $d_j=d_w$，在第五结构相时，按式（4-21）、式（4-22）进行计算，几种常用简单组织紧密织物的最大经纬紧度如下。

平纹紧密织物：$R_j=R_w=2$，$t_j=t_w=2$

$$E_{jmax}(\%)=E_{wmax}(\%)=\frac{1}{\sqrt{3}}\times 100=57.7\%$$

三枚组织紧密织物：$R_j=R_w=3$，$t_j=t_w=2$

$$E_{jmax}(\%)=E_{wmax}(\%)=\frac{3}{1+2\sqrt{3}}\times 100=67.2\%$$

四枚组织紧密织物：$R_j=R_w=4$，$t_j=t_w=2$

$$E_{jmax}(\%)=E_{wmax}(\%)=\frac{2}{1+\sqrt{3}}\times 100=73.2\%$$

五枚组织紧密织物：$R_j=R_w=5$，$t_j=t_w=2$

$$E_{jmax}(\%)=E_{wmax}(\%)=\frac{5}{3+2\sqrt{3}}\times 100=77.4\%$$

由此可知，当经纬纱直径相等且在第 5 结构相时，平纹紧密织物的最大紧度为 57.7%，在所有组织中最低；三枚组织紧密织物的最大紧度为 67.2%，高于平纹组织；四枚组织紧密织物的最大紧度为 73.2%，高于三枚组织；五枚组织紧密织物的最大紧度为 77.4%，高于四枚组织。这些紧度大小排序说明，五枚组织的可密性最大，平纹组织的可密性最小，意味着其他条件相同时，五枚组织可以实现的密度最大，平纹最小。

例如实际紧度 50%的平纹织物要比实际紧度 50%的$\frac{2}{2}$斜纹织物紧得多。

实际紧度 50%的平纹织物的紧密率为：

$$K_{平纹}(\%) = \frac{50}{57.7} \times 100 = 86.7\%$$

实际紧度 50%的$\frac{2}{2}$斜纹织物的紧密率为：

$$K_{四枚斜纹}(\%) = \frac{50}{73.2} \times 100 = 68.3\%$$

由此得出，紧度相同的不同织物组织，如果织物的紧密率不同，其紧密程度则不相同；如果织物的紧密率相同，其紧密程度则是相同的。因此，紧密率才是最全面、最真实反映织物紧密程度的指标，可用来比较各种织物之间的紧密程度。紧密率越高，织物结构越紧密，织物越硬挺；紧密率过小，织物将过于松软而缺乏身骨。

2. 紧密织物的紧度与结构相之间的关系 根据式（4-21）、式（4-22）可以计算出当 $d_j = d_w = d$ 时，几种常用组织紧密织物在不同结构相的最大紧度值见表 4-5。

表 4-5 简单组织紧密结构织物各结构相的紧度值（$d_j = d_w = d$）

结构相	平纹		$\frac{2}{1}$斜纹		$\frac{2}{2}$、$\frac{3}{1}$斜纹		五枚缎纹	
	E_j	E_w	E_j	E_w	E_j	E_w	E_j	E_w
1	50.0	(∞)	60.0	300.0	66.7	200.0	71.4	166.7
2	50.4	103.3	60.4	102.2	67.0	101.6	71.8	101.3
3	51.6	75.6	61.6	82.3	68.1	86.1	72.8	88.6
4	53.9	64.1	63.7	72.8	70.1	78.1	74.5	81.7
5	57.7	57.7	67.2	67.2	73.2	73.2	77.4	77.4
6	64.1	53.9	72.8	63.7	78.1	70.1	81.7	74.5
7	75.6	51.6	82.3	61.6	86.1	68.1	88.6	72.8
8	103.3	50.4	102.2	60.4	101.6	67.0	101.3	71.8
9	(∞)	50.0	300.0	60.0	200.0	66.7	166.7	71.4

由表 4-5 的紧度值绘制成图 4-18，并把图中不同组织但相同结构相的紧度值连接成等结构相线。

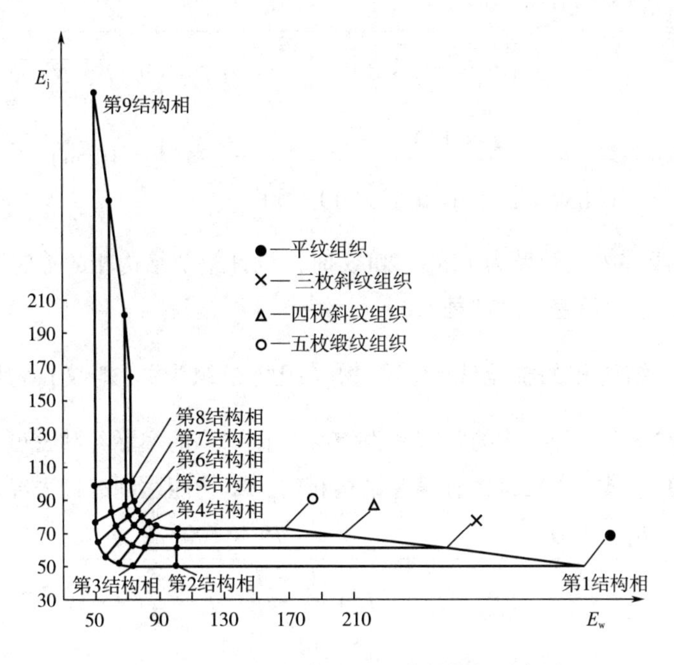

图 4-18　不同组织紧密织物等结构相示意图

由表 4-5 和图 4-17 可知，处于等支持面附近的结构相第 5 相左右，以平纹组织所需的紧度最小，在此情况下，平纹组织最易使织物达到紧密的效应。

在同一高（低）结构相时，缎纹组织织物的经（纬）向紧度较小，在此情况下，缎纹组织易于使织物获得经（纬）支持面的效应。

对于经支持面结构的织物（纬支持面结构织物也可以做类似分析），结构相由第 5 相升到第 6 相，与由第 8 相升到第 9 相比较，虽然都变更一个结构相，但是经向紧度变化的大小却相差很大。在高结构相附近，每变动一个结构相需要改变较大的经向紧度才能达到。以 4 枚斜纹织物为例，结构相由第 5 相变至第 6 相，仅需增加经向紧度 6.6%，而结构相由第 7 相变至第 8 相，却需要增加经向紧度 18.1%。由此可知，对于经支持面的各类织物，增加经向紧度并不等比例地促使结构相的增加，而且经向紧度过大，必然增加原料消耗和生产困难，甚至使织物的手感过于挺硬。

例 1：设计结构相为第 7 结构相的全棉府绸织物，其经纬纱线密度为 15tex×20tex，如果不考虑纱线的压扁系数，该织物可以达到的最大经纬密度是多少？

根据式（4-19）、式（4-20），且第 7 结构相时，织物能达到的最大经纬密度为：

$$P_{\mathrm{jmax}} = \frac{R_{\mathrm{j}} \times 100}{L} = \frac{R_{\mathrm{j}} \times 100}{(R_{\mathrm{j}} - t_{\mathrm{w}}) \cdot d_{\mathrm{j}} + \dfrac{d_{\mathrm{j}} + d_{\mathrm{w}}}{8} \cdot t_{\mathrm{w}} \cdot \sqrt{(9 - N)(7 + N)}}$$

$$= \frac{2 \times 100}{\dfrac{1}{4}(0.037\sqrt{15} + 0.037\sqrt{20})\sqrt{28}} = 490(\text{根}/10\text{cm})$$

$$P_{wmax}=\frac{R_w\times 100}{L}=\frac{R_w\times 100}{(R_w-t_j)\cdot d_w+\frac{d_j+d_w}{8}\cdot t_j\cdot\sqrt{(17-N)(N-1)}}$$

$$=\frac{2\times 100}{\frac{1}{4}(0.037\sqrt{15}+0.037\sqrt{20})\sqrt{60}}=334(\text{根}/10\text{cm})$$

由此可知，当经纬纱线密度为 15tex×20tex 时，设计第 7 结构相的棉府绸织物，其最大经密为 490 根/10cm，最大纬密为 334 根/10cm。

例 2：设计第 8 结构相的棉全线卡其织物（织物组织为$\frac{2}{2}$斜纹），其经纬纱线密度为（10×2tex）×（10×2tex），若织物的紧密率为 90%，该织物的实际经纬密度是多少？

根据式（4-19）、式（4-20），且第 8 结构相时，织物能达到的最大经纬密为：

$$P_{jmax}=\frac{R_j\times 100}{L}=\frac{R_j\times 100}{(R_j-t_w)\cdot d_j+\frac{d_j+d_w}{8}\cdot t_w\cdot\sqrt{(9-N)(7+N)}}$$

$$=\frac{4\times 100}{(4-2)d_j+\frac{1}{4}(d_j+d_w)\sqrt{15}}$$

$$=\frac{400}{2\times 0.037\sqrt{20}+\frac{1}{2}\times 0.037\sqrt{20}\cdot\sqrt{15}}$$

$$=614(\text{根}/10\text{cm})$$

$$P_{wmax}=\frac{R_w\times 100}{L}=\frac{R_w\times 100}{(R_w-t_j)\cdot d_w+\frac{d_j+d_w}{8}\cdot t_j\cdot\sqrt{(17-N)(N-1)}}$$

$$=\frac{4\times 100}{(4-2)d_w+\frac{1}{4}(d_j+d_w)\sqrt{63}}$$

$$=\frac{400}{2\times 0.037\sqrt{20}+\frac{1}{2}\times 0.037\sqrt{20}\cdot\sqrt{63}}$$

$$=405(\text{根}/10\text{cm})$$

因此，当经纬纱线密度为（10×2tex）×（10×2tex）时，设计第 8 结构相的棉线卡织物，其最大经密为 614 根/10cm，最大纬密为 405 根/10cm。

织物的紧密率为 90%时，其实际经纬密度为：

$$P_{j\text{实际}}=614\times 90\%=553(\text{根}/10\text{cm})$$

$$P_{w\text{实际}}=405\times 90\%=365(\text{根}/10\text{cm})$$

例 3：若织物的经纬纱线密度一样，处于第 5 结构相，平纹组织织物的实际紧度为 50%，五枚缎纹组织织物的实际紧度为60%，这两种织物的紧密率分别是多少？何种织物更为紧密？

由式（4-21）、式（4-22）计算出平纹紧密织物的最大紧度为57.7%，五枚缎纹紧密织物的最大紧度为77.4%，两种织物的紧密率分别为：

$$K_{平纹}(\%)=\frac{50}{57.7}\times 100=86.7\%$$

$$K_{缎纹}(\%)=\frac{60}{77.4}\times 100=77.5\%$$

由此看出，虽然平纹织物的实际紧度比缎纹织物的实际紧度小，但平纹织物的紧密率比缎纹织物的大，这表明平纹织物比缎纹织物更为紧密。因此，紧密率指标比较准确地表示了织物的实际紧密程度。

例4：某全棉府绸织物，其规格为16tex×16tex，520根/10cm×280根/10cm，结构相为第7结构相，计算该织物的紧密率。

根据式（4-19）、式（4-20），且第7结构相时，织物能达到的最大经纬密为：

$$P_{jmax}=\frac{R_j\times 100}{L}=\frac{R_j\times 100}{(R_j-t_w)\cdot d_j+\frac{d_j+d_w}{8}\cdot t_w\cdot\sqrt{(9-N)(7+N)}}$$

$$=\frac{2\times 100}{\frac{1}{2}d\cdot\sqrt{28}}=\frac{400}{0.037\sqrt{16}\cdot\sqrt{28}}=511(根/10cm)$$

$$P_{wmax}=\frac{R_w\times 100}{L}=\frac{R_w\times 100}{(R_w-t_j)\cdot d_w+\frac{d_j+d_w}{8}\cdot t_j\cdot\sqrt{(17-N)(N-1)}}$$

$$=\frac{2\times 100}{\frac{1}{2}d\cdot\sqrt{60}}=\frac{400}{0.037\sqrt{16}\cdot\sqrt{60}}=349(根/10cm)$$

因此，织物的经纬向紧密率分别为：

$$K_j(\%)=\frac{520}{511}\times 100=102\%$$

$$K_w(\%)=\frac{280}{349}\times 100=80\%$$

经向的紧密率大于100%，表明经向实际密度超过理论上的最大密度，但考虑到纱线是可压缩变形材料，以及纱线之间也可以挤压重叠，因此，实际紧度比理论最大紧度略微大一些，在实际生产中是可以实现的。

例5：某产品的规格为：J60英支/2×J60英支/2，565根/10cm×298根/10cm的$\frac{2}{1}$全棉线斜纹，织物在第7结构相左右，计算其紧密率并分析生产难度有多大。

根据式（4-21），式（4-22），当$d_j=d_w$，且第7结构相时，织物能达到的最大经纬紧度为：

$$E_{\text{jmax}}(\%)=\frac{R_j\times d_j\times 100}{L}$$
$$=\frac{R_j\times 100}{(R_j-t_w)+\frac{1}{4}t_w\sqrt{(9-N)(7+N)}}$$
$$=\frac{3\times 100}{1+\frac{1}{2}\sqrt{28}}=82.29\%$$
$$E_{\text{wmax}}(\%)=\frac{R_w\times d\times 100}{L}$$
$$=\frac{R_w\times 100}{(R_w-t_j)+\frac{1}{4}t_j\sqrt{(17-N)(N-1)}}$$
$$=\frac{3\times 100}{1+\frac{1}{2}\sqrt{60}}=61.56\%$$

织物的实际紧度为：（纯棉股线的 $K_d=0.045$）

$$E_{\text{j实}}(\%)=P_j\times d_j=565\times(0.045\sqrt{9.7\times 2})=111.99\%$$
$$E_{\text{w实}}(\%)=P_w\times d_w=298\times(0.045\sqrt{9.7\times 2})=59.06\%$$

计算经纬向的紧密率：

$$K_j(\%)=\frac{P_{\text{j实}}}{P_{\text{jmax}}}\times 100=\frac{111.99}{82.29}\times 100=136.09\%$$
$$K_w(\%)=\frac{P_{\text{w实}}}{P_{\text{wmax}}}\times 100=\frac{59.06}{61.56}\times 100=95.94\%$$

该织物经向紧密率 K_j 远远超过了 100%，经向紧度已远远超过了织物理论最大紧度，由于该斜纹织物经纬纱均为精梳股线，结构较紧密，通过纱线之间相互挤压变形的程度有限，因此，织造很困难。通过计算织物的紧密率可判断织物的可织性，根据紧密率大小制定相应的技术方案。

在来样设计时，有时会碰到要求新织物和原织物的原材料相同，线密度相同，要求织物的手感、身骨相似，但要求改变织物组织，我们用下例来说明设计方法。

例 6：原织物为平纹精纺毛织物，第 5 结构相附近，其织物规格为（16.7×2tex）×（16.7×2tex）；234 根/10cm×216 根/10cm，现调整为$\frac{2}{2}$斜纹组织，纱线线密度不变，要求调整组织后织物的风格不变，试设计$\frac{2}{2}$斜纹组织的经纬密度。

组织改变，但要求织物风格不变，两种织物的紧密率相同。

即 $\frac{E_j}{E_{\text{jmax}}}=\frac{E'_j}{E'_{\text{jmax}}}$，$E'_j=\frac{E_j}{E_{\text{jmax}}}\times E'_{\text{jmax}}$，纬向类似。

平纹织物第 5 相的最大紧度为 57.7%，$\frac{2}{2}$斜纹织物第 5 相的最大紧度为 73.2%。

平纹织物的实际紧度为：

$$E_{j平}(\%) = P_{j平} \times d_j = 234 \times (0.04\sqrt{16.7 \times 2}) = 54.1\%$$

$$E_{w平}(\%) = P_{w平} \times d_w = 216 \times (0.04\sqrt{16.7 \times 2}) = 49.9\%$$

$\frac{2}{2}$斜纹织物的实际紧度为：

$$E_{j斜}(\%) = \frac{E_{j平}}{E_{jmax平}} \times E'_{jmax斜} = \frac{54.1}{57.7} \times 73.2 = 68.6\%$$

$$E_{w斜}(\%) = \frac{E_{w平}}{E_{wmax平}} \times E'_{wmax斜} = \frac{49.9}{57.7} \times 73.2 = 63.3\%$$

$\frac{2}{2}$斜纹织物的实际密度为：

$$P_{j斜} = \frac{E_{j斜}}{d_j} = \frac{68.6}{0.04\sqrt{16.7 \times 2}} = 297(根/10cm)$$

$$P_{w斜} = \frac{E_{w斜}}{d_w} = \frac{63.3}{0.04\sqrt{16.7 \times 2}} = 274(根/10cm)$$

（三）布莱里（Brierley）经验公式法

布莱里经验公式是由布莱里提出的一种以可密性为目标的实验分析设计法，他设计制织了数十种不同结构的最大密度织物，然后从实验数据中找出织物的结构参数与可实现的最大经纬密度之间的联系。实验采用 36×2tex 的精梳毛纱，选用了 20 种不同的平均浮长和三种组织（方平、缎纹、斜纹），设定了几种固定的经密，制织了数十种达到最大纬密的织物，它们是实际生产时能够实现的最紧密织物。布莱里通过这项实验获得的数据，归纳出一个相对合理的密度（紧度）设计方法。

为了找出规律，引入一个方形密度的格式化参量——方形织物的密度，所谓方形织物指织物经纬向密度相等，经纬纱线密度相等的织物（$P_j = P_w = P$；$Tt_j = Tt_w = Tt$），在最大上机密度条件下形成的方形密度称为最大方形密度，用 M_m 表示；织物实际上机密度为实有方形密度，用 $M_{实}$ 表示。

织物的实际方形上机密度对该织物的理论最大方形上机密度的百分比为织物的上机紧密率为：

$$H(\%) = \frac{M_{实}}{M_m} \times 100$$

需要注意的是通过布莱里经验公式计算得出的密度均是织造中的上机经纬密度。

应用布莱里经验公式计算上机经纬密度可分四种情况。

1. 方形织物　根据布莱里的实验经验，方形织物（$P_j = P_w = P$；$Tt_j = Tt_w = Tt$）的最大上机经纬密度值的计算见式（4-23）。

$$P_{jmax} = P_{wmax} = M_m = \frac{CF^m}{\sqrt{Tt}} \tag{4-23}$$

式中：P_{jmax}，P_{wmax}——方形织物的最大经向、纬向密度，根/10cm；

M_m——最大方形密度，根/10cm；

Tt——经（纬）纱的线密度，tex；

F——织物组织的平均浮长；

m——织物的组织系数（随织物组织而定，表 4-6）；

C——不同种类织物的系数（表 4-7）。

织物的实有方形上机经纬密度值 $M_{实} = P_j = P_w$

表 4-6　各类织物组织的 *m* 值

组织类别	F	m	组织类别	F	m
平纹	$F = F_j = F_w = 1$	1	急斜纹	$F_j>F_w$取 $F = F_j$	0.42
斜纹	$F = F_j = F_w>1$	0.39		$F_j = F_w = F$	0.51
缎纹	$F = F_j = F_w \geqslant 2$	0.42		$F_j<F_w$取 $F = F_w$	0.45
方平	$F = F_j = F_w \geqslant 2$	0.45	缓斜纹	$F_j<F_w$，取 $F = F_w$	0.31
经重平	$F_j>F_w$，取 $F = F_j$	0.42		$F_j = F_w = F$	0.51
纬重平	$F_j<F_w$，取 $F = F_w$	0.35		$F_j>F_w$，取 $F = F_j$	0.42
经斜重平	$F_j>F_w$，取 $F = F_j$	0.35	变化斜纹	$\overline{F}_j>\overline{F}_w$取 $F=\overline{F}_j$	0.39
纬斜重平	$F_j<F_w$，取 $F = F_w$	0.31		$\overline{F}_j<\overline{F}_w$取 $F=\overline{F}_w$	0.39

表 4-7　不同类别织物的 *C* 值

织物类别	C 值	织物类别	C 值
棉织物	1321.8	生丝织物	1293.4
精纺毛织物	1350.3	熟丝织物	1245.9
粗纺毛织物	1293.4	绢纺织物	1350.3
涤棉织物	1286.2	涤棉短纤织物	1378.8
黏胶丝织物	1268.1	锦纶丝织物	1383.9

2. 织物经纬纱线密度不等，经纬向密度相等　当织物经纬纱线密度不等而经纬向密度相等时（$P_j=P_w$，$Tt_j \neq Tt_w$），则织物最大上机经纬密度值的计算如式（4-24）所示。

$$P_{jmax} = P_{wmax} = M_m = \frac{CF^m}{\sqrt{\overline{Tt}}} \tag{4-24}$$

$\overline{\mathrm{Tt}}$ 为经纱线密度和纬纱线密度的平均值，$\overline{\mathrm{Tt}} = \dfrac{\mathrm{Tt_j} + \mathrm{Tt_w}}{2}$

织物的实有方形上机经纬密度值

$$M_{实} = P_j = P_w$$

3. 织物经纬纱线线密度相等，经纬向密度不等　当织物的经纬纱线密度相等而密度不等时（$P_j \neq P_w$，$\mathrm{Tt_j}=\mathrm{Tt_w}$），布莱里又建立了另一个可以表达经纬密度之间关系的方程式，如式（4-25）所示。

$$P_w = K' P_j^{-0.67} \tag{4-25}$$

式中：K'——常数，取决于方形密度。

为解出方程中的 K'，可取 $P_w = P_j$ 为边界条件，即假设织物具有虚拟的方形结构，其虚拟的实有方形密度 $M_{实}=P_w=P_j$，其计算方式为：

$$M_{实} = K' M_{实}^{-0.67}，则\ K' = M_{实}^{1.67}$$

将 K' 代入式（4-25），当 $P_j \neq P_w$，$\mathrm{Tt_j}=\mathrm{Tt_w}$ 时，织物经纬密的计算如式（4-26）所示。

$$P_w = M_{实}^{1.67} \cdot P_j^{-0.67} \tag{4-26}$$

4. 织物经纬纱线密度不等，且密度不等　当织物的经纬纱线密度不等，且密度不等时（$P_j \neq P_w$，$\mathrm{Tt_j} \neq \mathrm{Tt_w}$），所建立的经密和纬密之间的关系如式（4-27）所示。

$$P_w = K' P_j^{-0.67\sqrt{\frac{\mathrm{Tt_j}}{\mathrm{Tt_w}}}} \tag{4-27}$$

为了求得 K' 值，同样先假设织物具有虚拟的方形结构，即：

$$M_{实} = P_w = P_j$$

$$K' = M_{实} \times M_{实}^{0.67\sqrt{\frac{\mathrm{Tt_j}}{\mathrm{Tt_w}}}} = M_{实}^{\left(1+0.67\sqrt{\frac{\mathrm{Tt_j}}{\mathrm{Tt_w}}}\right)}$$

将 K' 代入式（4-27），因此，当 $P_j \neq P_w$，$\mathrm{Tt_j} \neq \mathrm{Tt_w}$ 时，织物经纬密的计算如式（4-28）所示。

$$P_w = M_{实}^{\left(1+0.67\sqrt{\frac{\mathrm{Tt_j}}{\mathrm{Tt_w}}}\right)} P_j^{-0.67\sqrt{\frac{\mathrm{Tt_j}}{\mathrm{Tt_w}}}} \tag{4-28}$$

上述四种经纬纱线密度与密度条件下，其织物的最大方形密度和实有方形密度的计算方法见表 4-8。

表 4-8　织物方形密度的计算方法

织物类型	最大方形密度（M_m）	实有方形密度（$M_{实}$）
$P_j=P_w=P$ $\mathrm{Tt_j}=\mathrm{Tt_w}=\mathrm{Tt}$	$M_m = \dfrac{CF^m}{\sqrt{\mathrm{Tt}}}$	$M_{实}=P_w=P_j$
$P_j=P_w=P$ $\mathrm{Tt_j} \neq \mathrm{Tt_w}$	$M_m = \dfrac{CF^m}{\sqrt{\overline{\mathrm{Tt}}}}$，$\left(\overline{\mathrm{Tt}} = \dfrac{\mathrm{Tt_j}+\mathrm{Tt_w}}{2}\right)$	$M_{实}=P_w=P_j$
$P_j \neq P_w$ $\mathrm{Tt_j}=\mathrm{Tt_w}$	$M_m = \dfrac{CF^m}{\sqrt{\mathrm{Tt}}}$	$P_w = M_{实}^{1.67} \cdot P_j^{-0.67}$

续表

织物类型	最大方形密度（M_m）	实有方形密度（$M_{实}$）
$P_j \neq P_w$ $Tt_j \neq Tt_w$	$M_m = \frac{CF^m}{\sqrt{\overline{Tt}}}$，$\left(\overline{Tt} = \frac{Tt_j + Tt_w}{2}\right)$	$P_w = M_{实}^{\left(1+0.67\sqrt{\frac{Tt_j}{Tt_w}}\right)} P_j^{-0.67\sqrt{\frac{Tt_j}{Tt_w}}}$

例 1：某全棉织物的经纱线密度为 14.5×2tex，纬纱线密度为 32tex，其组织为平纹组织，设计最大上机经纬密度。

本设计属于第二种情况，$P_j = P_w$，$Tt_j \neq Tt_w$。

织物最大方形密度：

$$M_m = \frac{CF^m}{\sqrt{Tt}} = \frac{1321.8 \times 1^1}{\sqrt{\frac{29+32}{2}}} = 239.3\ (\text{根/10cm});$$

最大上机经纬密度与织物最大方形密度相等；

因此，$P_j = P_w = 239$（根/10cm）（取整数）

例 2：设计一款三枚全棉斜纹织物，织物经纬纱的线密度均为 28tex，织物的经纱密度设计为 320 根/10cm，（1）试计算织物可织造的最大纬密；（2）织物紧密率为 90%时的上机纬密。

本设计属于第三种情况，$P_j \neq P_w$，$Tt_j = Tt_w$。

（1）计算织物的最大上机纬密。

织物最大方形密度：

$$M_m = \frac{CF^m}{\sqrt{Tt}} = \frac{1321.8 \times 1.5^{0.39}}{\sqrt{28}} = 292.6(\text{根/10cm})$$

计算最大方形密度时的 K' 值：此时，$M_{实} = M_m$，则 $K' = M_m^{1.67} = 292.6^{1.67}$

织物的最大上机纬密：

$$P_w = K' \cdot P_j^{-0.67} = 292.6^{1.67} \times 320^{-0.67} = 276(\text{根/10cm})$$

（2）计算织物紧密率为 90%的上机纬密。

织物最大方形密度 $M_m = 292.6$

当织物紧密率为 90%时的实际方形密度为：

$$292.6 \times 90\% = 263.3(\text{根/10cm})$$

因此，织物在紧密率为 90%时的上机纬密为：

$$P'_w = M_{实}^{1.67} \cdot P_j^{-0.67} = 263.3^{1.67} \cdot 320^{-0.67} = 231(\text{根/10cm})$$

例 3：设计一款哔叽织物，经纬纱线密度均为 22.5×2tex，织物的纬经密度比为 0.95，紧密率为 90%，计算织物的上机经纬纱密度。

本设计属于第三种情况，$P_j \neq P_w$，$Tt_j = Tt_w$

织物最大方形密度：

$$M_m = \frac{CF^m}{\sqrt{Tt}} = \frac{1350.3 \times 2^{0.39}}{\sqrt{45}} = 263.8(\text{根/10cm})$$

当织物紧密率为 90%时的实际方形密度为：$M_{实}=263.8\times90\%=237.4$（根/10cm）

由于 $K'=M_{实}^{1.67}$，则 $K'=237.4^{1.67}$

织物的纬经密度比 $P_w/P_j=0.95$

因此，当织物紧密率为 90%时，$P_w=237.4^{1.67}\cdot\left(\frac{100}{95}P_w\right)^{-0.67}=233$（根/10cm）

织物的上机密度为：$P_w=233$（根/10cm），$P_j=245$（根/10cm）

例 4： 原织物为匹染全毛华达呢，$\frac{2}{1}$斜纹组织，经纬纱线密度均为 17×2tex，上机经密为 402 根/10cm，上机纬密为 216 根/10cm，新产品采用经纬纱线密度为 18×2tex，要求织物风格不变，求上机经密和上机纬密。

本设计属于第三种情况，$P_j\neq P_w$，$Tt_j=Tt_w$

第一步：计算原织物的紧密率

原织物最大方形密度为：

$$M_m=\frac{CF^m}{\sqrt{Tt}}=\frac{1350.3\times1.5^{0.39}}{\sqrt{34}}=271.2\text{（根/10cm）}$$

由于 $P_w=K'P_j^{-0.67}$，求出织物实际紧密状况下的 K' 值

$216=K'\cdot402^{-0.67}$，则 $K'=12002.87$

计算实有方形密度值为：$K'=M_{实}^{1.67}$，$M_{实}=277.1$（根/10cm）

织物的紧密率为：$H=\frac{M_{实}}{M_m}\times100\%=\frac{277.1}{271.2}\times100\%=102.2\%$

第二步：计算新产品的经密和纬密

新产品最大方形密度为：

$$M'_m=\frac{CF^m}{\sqrt{Tt}}=\frac{1350.3\times1.5^{0.39}}{\sqrt{36}}=263.6\text{（根/10cm）}$$

为了保持织物风格不变，新产品和原织物采用相同的紧密率，则新产品实有方形密度为：

$$M'_{实}=M'_m\times102.2\%=263.6\times102.2\%=269.4\text{（根/10cm）}$$

原织物的纬经密度比为：

$$\frac{P_w}{P_j}=\frac{216}{402}=0.537$$

新产品也需采用相同的的纬经密度比。

由 $P_w=(M'_{实})^{1.67}\cdot P_j^{-0.67}$，得出新产品的 $P_j=391$（根/10cm）；$P_j=210$（根/10cm）。

例 5： 某全毛皱纹女式呢，其组织图如图 4-19 所示，织物经纱线密度为 17.5tex×2，纬纱线密度为 30tex，上机经密为 330 根/10cm，上机纬密为 218 根/10cm，试评价该织物的松紧程度是否合适？

本产品属于第四种情况，$P_j\neq P_w$，$Tt_j\neq Tt_w$

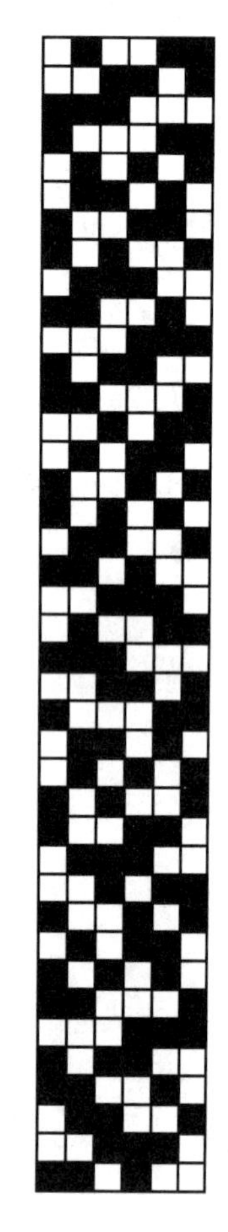
图 4-19　织物组织图

经纱循环数为 6 根，其中有 4 根的交错次数为 26；有 2 根的交错次数为 28，因此，经纱的平均浮长：

$$F_j = \frac{\frac{40}{26} \times 4 + \frac{40}{28} \times 2}{6} = 1.5$$

纬纱循环数为 40 根，其中有 24 根的交错次数为 4；有 12 根的交错次数为 2；有 4 根的交错次数为 6，因此，纬纱的平均浮长：

$$F_w = \frac{\frac{6}{4} \times 24 + \frac{6}{2} \times 12 + \frac{6}{6} \times 4}{40} = 1.9$$

根据表 4-6，F 取 $F_w = 1.9$；m 取 0.39。

织物最大方形密度为：

$$M_m = \frac{CF^m}{\sqrt{\text{Tt}}} = \frac{1350.3 \times 1.9^{0.39}}{\sqrt{\frac{35+30}{2}}} = 304.2(\text{根}/10\text{cm})$$

由于 $P_w = K'P_j^{-0.67\sqrt{\frac{\text{Tt}_j}{\text{Tt}_w}}}$，则 $218 = K' \times 330^{-0.67\sqrt{\frac{35}{30}}}$，$K' =$ 14489.77

织物实有方形密度为：

$$K' = M_{实}^{\left(1+0.67\sqrt{\frac{\text{Tt}_j}{\text{Tt}_w}}\right)} = M_{实}^{\left(1+0.67\sqrt{\frac{35}{30}}\right)}, \ M_{实} = 259.5$$

因此，织物的紧密率为：

$$H(\%) = \frac{M_{实}}{M_m} \times 100 = \frac{259.5}{304.2} \times 100 = 85.3\%$$

当紧密率 $H>95\%$时，属于特紧密织物；当紧密率 H 在 85%~95%时，属于紧密织物；当紧密率 H 在 75%~85%时，属于紧度适中；当紧密率 H 在 65%~75%时，属于偏松织物；当紧密率 $H<65\%$时，属于特松织物。

（四）相似织物设计法

两个组织相同的织物，如果由纱线构成的空间关系具有几何上的相似关系，则称为相似织物。相似织物所对应的纱线线密度、密度、紧度、缩率、织物厚度和单位面积等方面都存在一定的比例关系。相似织物设计在毛织物设计中用得较多。

如果相似织物的纤维原料与纺纱方法相同，则纱线的直径系数 k_d 相等，则原有产品和新产品之间存在如式（4-29）所示的关系：

$$\frac{G}{G'} = \frac{G_j}{G'_j} = \frac{G_w}{G'_w} = \frac{P'_j}{P_j} = \frac{P'_w}{P_w} = \frac{\sqrt{\text{Tt}_j}}{\sqrt{\text{Tt}'_j}} = \frac{\sqrt{\text{Tt}_w}}{\sqrt{\text{Tt}'_w}} \tag{4-29}$$

如果相似织物之间的原料不同，或纺纱方法不同，则纱线直径系数分别为 k_d 和 k'_d，则原有产品和新产品之间存在如式（4-30）所示的关系：

$$\frac{G}{G'}=\frac{G_j}{G'_j}=\frac{G_w}{G'_w}=\frac{P'_j}{P_j}=\frac{P'_w}{P_w}=\frac{k_d\sqrt{Tt_j}}{k'_d\sqrt{Tt'_j}}=\frac{k_d\sqrt{Tt_w}}{k'_d\sqrt{Tt'_w}} \tag{4-30}$$

式中：G, G' ——原产品、新产品的平方米克重，g/m^2；

G_j, G'_j ——原产品、新产品的经纱质量，g/m；

G_w, G'_w ——原产品、新产品的纬纱质量，g/m；

P_j, P'_j ——原产品、新产品的经纱密度，根/10cm；

P_w, P'_w ——原产品、新产品的纬纱密度，根/10cm；

Tt_j，Tt'_j——原产品、新产品的经纱线密度，tex；

Tt_w，Tt'_w——原产品、新产品的纬纱线密度，tex；

k_d, k'_d ——原产品、新产品的直径系数。

例：某全毛凡立丁织物，成品质量为 $187g/m^2$，线密度为 18. 5tex×2，成品经纬密度为 243 根/10cm×204 根/10cm。现拟将成品质量改为 $176g/m^2$，要求织物风格不变，求相似织物的线密度与密度。

由式（4-29），则：

$$\frac{G}{G'}=\frac{P'_j}{P_j}, \frac{187}{176}=\frac{P'_j}{243}$$

得出：$P'_j=258$，同理得出：$P'_w=217$。

由式（4-29），则：

$$\frac{G}{G'}=\frac{\sqrt{Tt_j}}{\sqrt{Tt'_j}}, \frac{187}{176}=\frac{\sqrt{18.5\times 2}}{\sqrt{Tt'_j}}$$

得出：$Tt'_j=Tt'_w=16.5\times 2$。

二、织物厚度设计

织物的厚度是织物结构的基本参数，厚度大小对织物的风格以及保暖性、透气性、耐磨性、手感、刚柔度、悬垂性等性能都有影响。下面将通过一些实例来介绍厚度设计方法。

例 1：某平纹棉织物，其经纬纱线密度均为 20tex，织物经密为 450 根/10cm，纬密为 300 根/cm，计算该织物的厚度。

$$E_j\ (\%)=P_jd=450\times 0.037\sqrt{20}=74.46\%$$

$$E_w\ (\%)=P_wd=300\times 0.037\sqrt{20}=49.64\%$$

对比表 4-4 可知，该织物处在第 7 结构相附近，因此，织物的厚度约为 $2.5d$，即 $\tau=2.5\times 0.037\sqrt{20}=0.41(mm)$。

例 2：设计一款平纹棉织物（第 5 结构相），经纬纱的线密度相同，织物厚度为 0. 25mm，如纱线在织物中的压扁系数为 0. 80，设计经、纬纱的线密度。

第 5 结构相（$d_j=d_w=d$）的织物厚度 $\tau=2d\eta=2\times d\times 0.7$

则
$$d=\frac{\tau}{2\eta}=\frac{0.25}{2\times 0.8}=0.156(mm)$$

根据式（4-2），$d=K_d\sqrt{\mathrm{Tt}}$，棉纱的 k_d 为 0.037，

$0.156=0.037\sqrt{\mathrm{Tt}}$，Tt=18（tex）

因此，经纬纱的线密度均为 18tex。

例 3：设计一款中厚型纱府绸织物，织物厚度 $\tau \leqslant 0.26$mm，经纬纱线密度相等，经向紧度为 70%，纬向紧度为 42%，纱线的平均压扁系数为 0.75，试确定织物的经纬纱线密度以及经密和纬密。

拟设计的府绸织物为经向单向紧密结构织物，对于单向紧密结构的织物，结构相由织物内紧密系统纱线的紧度所决定。

由表 4-5 可知，其结构相约在第 6.5 结构相，相应的织物厚度概算值为 $2.4d$ 左右。

织物厚度 $\tau<0.26\mathrm{mm}=2.4d\times\eta$，$d\leqslant 0.144$

$d=k_d\sqrt{\mathrm{Tt}}$，$0.144=0.037\sqrt{\mathrm{Tt}}$，$\mathrm{Tt}\leqslant 15\mathrm{tex}$

$P_j=E_j/d=486$（根/10cm）；$P_w=E_w/d=292$（根/10cm）

不但纱线的线密度和织物结构相对织物的厚度有影响，织造和染整加工对织物的厚度也有影响，例如用缩率不同的两种相同线密度的纱线，以同样的上机条件织成平纹织物，最后缩率大的成品纱稍粗，缩率小的稍细，二者的厚度也就不相同。再如经纬纱线密度和密度相同的平纹织物，织物的染整长缩小于染整幅缩，则成品的经纱屈曲波高小于纬纱屈曲波高，织物厚度就不是 $2d$ 了。因此，织物厚度的概算只是设计时的一个大致估算，还需通过试织后做一些设计调整。

三、织物质量设计

设计毛织物和丝织物时，有时会对织物提出单位面积质量的要求。一般按照织物的外观风格和内在质量要求，先决定成品织物的经、纬向紧度值，然后按照织物的单位面积质量 G（g/m），决定织物的经、纬纱的线密度以及密度。

每平方米织物质量

$$G=G_j+G_w$$

每平方米经纱质量为：

$$G_j=\frac{P_j\times 10\times \mathrm{Tt}_j}{1000\times(1-a_j)(1-b_j)}$$

如果是毛织物，则还要考虑染整重耗率，则：

$$G_j=\frac{P_j\times 10\times \mathrm{Tt}_j\times(1-c)}{1000\times(1-a_j)(1-b_j)}$$

每平方米纬纱质量为：

$$G_w=\frac{P_w\times 10\times \mathrm{Tt}_w}{1000\times(1-a_w)(1-b_w)}$$

如果是毛织物，则还要考虑染整重耗率，则：

$$G_w = \frac{P_w \times 10 \times \mathrm{Tt}_w \times (1-c)}{1000 \times (1-a_w)(1-b_w)}$$

$$G = \frac{P_j \times 10 \times \mathrm{Tt}_j}{1000 \times (1-a_j)(1-b_j)} + \frac{P_w \times 10 \times \mathrm{Tt}_w}{1000 \times (1-a_w)(1-b_w)} \tag{4-31}$$

如果是毛织物，则还要考虑染整重耗率，则：

$$G = \left[\frac{P_j \times 10 \times \mathrm{Tt}_j}{1000 \times (1-a_j)(1-b_j)} + \frac{P_w \times 10 \times \mathrm{Tt}_w}{1000 \times (1-a_w)(1-b_w)}\right](1-c) \tag{4-32}$$

式中：G_j，G_w——每平方米织物的经、纬纱质量，g/m^2；

a_j，a_w——经、纬纱织缩率；

b_j，b_w——经、纬纱染整缩率；

c——染整重耗率。

将 $P_j = \frac{E_j}{d_j}$，$P_w = \frac{E_w}{d_w}$，且 $d_j = k_d\sqrt{\mathrm{Tt}_j}$，$d_w = k_d\sqrt{\mathrm{Tt}_w}$ 代入式（4-31）：

$$G = \frac{E_j \times 10 \times \sqrt{\mathrm{Tt}_j}}{1000 \times (1-a_j)(1-b_j) \times k_d} + \frac{E_w \times 10 \times \sqrt{\mathrm{Tt}_w}}{1000 \times (1-a_w)(1-b_w)k_d}$$

如果是毛织物，则还要考虑染整重耗率，则：

$$G = \left[\frac{E_j \times 10 \times \sqrt{\mathrm{Tt}_j}}{1000 \times (1-a_j)(1-b_j) \times k_d} + \frac{E_w \times 10 \times \sqrt{\mathrm{Tt}_w}}{1000 \times (1-a_w)(1-b_w)k_d}\right](1-c)$$

如果 $\mathrm{Tt}_j = \mathrm{Tt}_w = \mathrm{Tt}$，则 Tt 的计算公式见式（4-33）。

$$\mathrm{Tt} = (100 \times G \times k_d)^2 \times \left[\frac{(1-a_j)(1-b_j)(1-a_w)(1-b_w)}{E_j \times (1-a_w)(1-b_w) + E_w \times (1-a_j)(1-b_j)}\right]^2 \tag{4-33}$$

如果是毛织物，还要考虑染整重耗率，则：

$$\mathrm{Tt} = \left(\frac{100 \times G \times k_d}{1-c}\right)^2 \times \left[\frac{(1-a_j)(1-b_j)(1-a_w)(1-b_w)}{E_j \times (1-a_w)(1-b_w) + E_w \times (1-a_j)(1-b_j)}\right]^2$$

例：设计一款全毛麦尔登织物，其平方米克重为400g/m²，组织为$\frac{2}{2}$斜纹组织，经纬纱线密度相等，成品经向紧度为75%，纬向紧度为70%，经纱织缩率为7%，纬纱织缩率为6%，经向染整缩率为22%，纬向染整缩率为25%，染整重耗率为6%，试计算织物的经纬纱线密度。

粗梳毛纱的 k_d 值为0.043。

$$\mathrm{Tt} = \left(\frac{100 \times 400 \times k_d}{1-c}\right)^2 \times \left[\frac{(1-a_j)(1-b_j)(1-a_w)(1-b_w)}{E_j \times (1-a_w)(1-b_w) + E_w \times (1-a_j)(1-b_j)}\right]^2$$

$$= \left(\frac{100 \times 400 \times 0.043}{1-0.06}\right)^2 \times \left[\frac{(1-0.07)(1-0.22)(1-0.06)(1-0.25)}{75 \times (1-0.06)(1-0.25) + 70 \times (1-0.07)(1-0.22)}\right]^2$$

$$= 81.5(\mathrm{tex})$$

第三节　机织物边组织设计

布边设计是机织物设计的重要组成部分，织物边组织设计是否合理，关系到织物外观质量，关系到织造加工及染整加工是否能顺利进行。在织造过程中，布边要承受撑幅器的作用，防止织物纬向过分收缩，保证织物具有一定的幅度。在染整过程中，要求布边能承受住刺针、钳口的作用，以防止织物被撕裂或损坏。若布边设计不合理，有可能造成织物紧边、松边、卷边、烂边等问题，影响织物的外观质量和织造、染整加工效率。

一、布边的作用与要求

（一）布边的作用

（1）保持布幅和织物边部平整，防止织物在织造过程中幅宽方向过分收缩，从而缓解边部经纱与筘齿之间的摩擦，减少经纱断头。

（2）锁住织物外侧的经纱，阻止边部经纱松散滑脱，提升织物承受外力的能力，防止在染整加工过程中出现布边撕裂或卷边。

（3）与布身有机结合，具有一定的美化和装饰作用，可提高织物的质量和档次，提高织物的外观和质量。

（二）布边的要求

（1）布边应坚牢、平整、光洁、硬挺，其厚度应与布身大体一致。

（2）边经张力和布身经纱张力均匀一致。

（3）布边组织要尽量简单，与布身组织配合协调，缩率一致。

（4）在达到布边作用的前提下，尽量减少边经根数。布边能承受后道加工的牵引和拉幅作用。

要达到上述要求必须对织物布边的组织结构、边筘号、边筘穿入、布边的宽度等进行全面考虑。

二、布边的常见问题

（一）松边

布边松边（类似的有木耳边或荷叶边）产生的原因，由于织物边部的经纱较地经纱松，布边的结构相低于布身的结构相，边经纱的屈曲程度降低，使边经纱的织缩率小于地经纱的织缩率，从而产生松边现象。当松边状况严重时，会造成织机开口不清，引纬困难并形成缩纬等病疵，影响织机效率。

（二）紧边

布边紧边产生的原因是由于织物边部的经纱较地经纱紧，布边的结构相高于布身的结构相，边经纱的屈曲程度增加，使边经纱的织缩率大于地经纱的织缩率，从而产生紧边现象。当紧边状况严重时，会产生边纱断头，影响织造的顺利进行。

（三）卷边

卷边产生的原因是由于布边相对布身太紧，布边不平整；织物正反面经纬浮点严重不匀，导致正反两面纬纱受力不平衡；织物正反面材质的不同，导致正反面收缩力不平衡，这些原因都会产生卷边现象。卷边将严重影响染整加工的顺利进行。

（四）烂边

烂边（类似的有破边、豁边）产生的原因是由于引纬不畅，织物边组织内多根纬纱断裂，导致烂边；由于边经纱强力不够，生产中经纱断裂，导致烂边；织机上机工艺参数设计不合理，开口不清造成边经纱断头多，导致烂边；设计边部组织时，没注意纬纱投梭方向和织机左、右手之间相配合，导致边经纱没有织入而形成烂边。烂边严重影响织物的质量。

（五）脱边

脱边主要针对无梭织机而言，产生的原因是因绞边设备不佳，或绞边纱选择不合适，或布边设计不合理所致。

三、布边设计

布边设计主要应考虑：布边宽度、边经纱设计、布边组织设计、边组织上机设计。

（一）布边宽度

从经济实用的角度出发，布边的宽度要适中，太宽会造成浪费，太窄无法起到布边的作用。织物边部在染整加工中要承受较大载荷，布边宽度应为布幅宽的 0.5%～1.5%，以满足染整加工的需要。一般布边的宽度不窄于 4mm，常见织物的布边宽度一般为 5～20mm。当布身为平纹及简单平纹变化组织时，布边宽度设计为 5mm 左右；当布身为同面斜纹组织时，布边宽度设计为 5～10mm；当布身为异面斜纹组织时，布边的宽度按不低于 10mm 设计；当布身为缎纹组织时，布边宽度设计为 10～20mm。

（二）边经纱细度

为了便于管理，除少数纱织物的边经采用股线外，边经纱一般采用与地经纱相同的细度。由于纬向存在幅缩，两侧的最外侧边经纱与钢筘的摩擦较大，可以采用两根或三根经纱穿入一个综眼，相当于增大了边经纱的线密度，以增加边经纱的强力和刚度。

（三）边经纱密度

为使布边平挺，布边经密应稍大于布身经密，或与布身经密相同。通常边经纱密度与地经纱密度设计为相同，但由于边部纬纱收缩比布身纬纱收缩大，导致织机上的边经纱密度较地经纱密度大。对于高经密高紧度的织物，一般采用边经纱密度与地经纱密度相同或者略小于布身经密；对于低经密低紧度的织物，边经纱密度比地经纱密度高 30%～50%，甚至 100%；对于一般织物，边经纱密度与地经纱密度相同，或提高 10%～20%。

（四）布边组织

为使织物正、反两面的纬纱受力状态具有较小的差异性，最好采用同面组织作边组织。边组织要尽量简单，要尽可能减少边组织所需的综页数，最好控制在四页综以内。

1. 平纹组织 平纹布边，组织简单，交织点多，坚牢度好，适用于密度不大的平纹织物及密度不大的平纹地小提花织物。

2. 纬重平组织 $\frac{2}{2}$纬重平组织常作为织物边组织。生产时，为了提高布边强度，一般将两根经纱穿入同一综丝眼，当一根经纱使用，平纹布边实质上成为$\frac{2}{2}$纬重平布边。适用范围与平纹布边相同，由于增加了边经纱的强力，因此，常采用纬重平组织取代平纹组织作为边组织。

3. 经重平组织 $\frac{2}{2}$经重平组织常作为布边组织。适用于地组织为四枚斜纹组织和地组织是小花纹且以经花为主的组织，因经向的交织点减少，经向的缩率不大，采用$\frac{2}{2}$经重平组织，可以减少交织次数，防止布边过紧，缩率过大，从而获得很平整的布边。

4. 方平组织 $\frac{2}{2}$方平组织常作为布边组织。适用于地组织的组织结构比较松，经纬向缩率均不大的织物，也多用于地组织为斜纹组织与缎纹组织的边组织。

5. 平纹变化组织 变化经重平、变化纬重平和变化方平组织也常用作边组织。适用于地组织为斜纹组织或缎纹组织。

6. 斜纹和缎纹组织 简单的斜纹和缎纹组织也会用来作为边组织，例如地组织为单面斜纹组织时，可采用反方向的斜纹组织作为边组织。

（五）边组织上机设计

1. 边经纱筘齿穿入数 根据布边与布身的松紧差异调整布边的筘齿穿入数，布边太紧，可以采用逐步减少边筘穿入数的方式或者采用间歇穿筘的方式来降低边经纱的密度，降低边部的结构相。布边太松，可以采用逐步增加边筘穿入数的方式来增加边经纱的密度，提高边部的结构相。尽量保持布边与布身的结构相相同，边经纱和地经纱的缩率相同。

2. 经纬循环数 当边组织和地组织不同时，织物纬纱总的组织循环数等于边组织纬纱循环数和地组织纬纱循环数的最小公倍数。例如：边组织为$\frac{2}{2}$经重平，地组织为五枚斜纹，则上机时纬纱循环数为 4 与 5 的最小公倍数 20。

3. 边部织入问题 边组织设计时，还需要考虑边经纱是否能织入的问题，图 4-20 所示为$\frac{2}{2}$经重平作为边组织的组织配合示意图。如果采用图 4-20（a）所示的织物组织起始点作为左右边组织相配合，第一梭从左边投梭，从图中的经纬纱交织示意状况可以看出，纬纱在右边掉头时，没有从右边经纱的上面转折到右边经纱下面或者从右边经纱下面转折到右边经纱上面，换言之，右边的边经纱与纬纱之间并没有形成上下交织，右边经纱是纱线排列状态，没有与纬纱交织形成织物。第一梭从右边投梭，也会出现这种状况，导致左边的边经纱没有与纬纱交织，依然是纱线排列状态。

如果将左右边组织换成图 4-20（b）所示的织物组织起始点作为左右边组织相配合，纬纱掉头时，就能从边经纱的上面转折到边经纱下面或者从边经纱的下面转折到边经纱上面，纬纱转折时，能够将边经纱包入，解决了边经纱不能织入的问题。

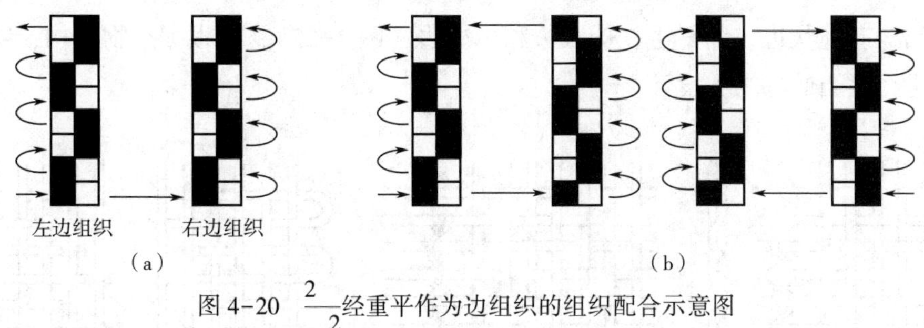

图 4-20　$\frac{2}{2}$经重平作为边组织的组织配合示意图

$\frac{2}{2}$方平组织和$\frac{2}{2}$斜纹等组织也存在边经纱是否能织入的问题，设计时一定要注意左右边组织的配合及第一梭的投纬方向。

例：某织物其地组织为$\frac{2}{1}\nearrow$斜纹，边组织采用$\frac{2}{2}$方平组织，地经纱为 3000 根，每边的边经纱各 32 根，试作该织物的上机图。

织物的纬纱循环数 R_w 为地组织纬纱循环数和边组织纬纱循环数的最小公倍数。$R_{w地}=3$ 与 $R_{w边}=4$ 的最小公倍数为 12，上机图如图 4-21 所示。

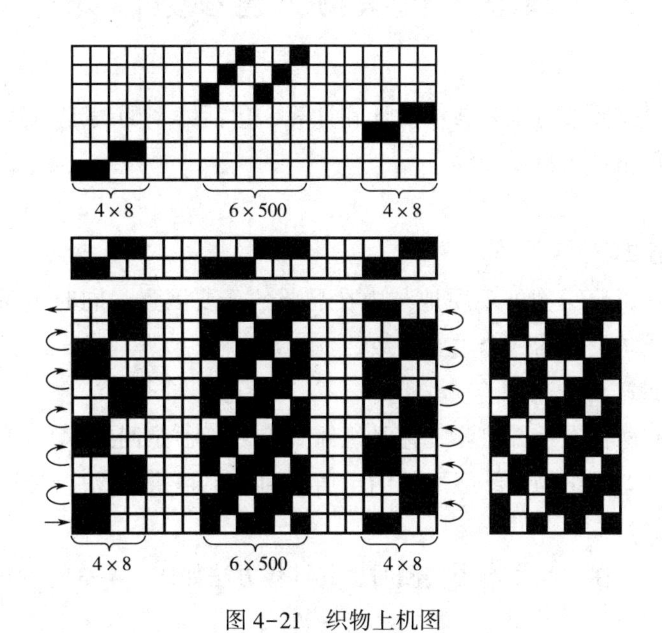

图 4-21　织物上机图

四、无梭织物的布边

无梭织物的布边一般包括三个部分：常规布边、锁边和假边。常规布边又称真边，采用适当的织物组织，构成平整、坚牢的边部织物。常规布边主要有平纹、纬重平、方平、斜纹等几种组织形式。锁边的作用是用锁边经纱将纬纱自由端交织牢固，形成稳定的边部结构。

假边的作用是在无梭引纬结束时，由假边经纱及时将纬纱头端交织握持，使纬纱保持一定的张力，处于伸直状态，以减少纬缩疵点。

锁边结构有绳状边、纱罗边、折入边和热熔边（图 4-22），可根据织物结构、纱线种类、织机类型进行适当的选用和设计。

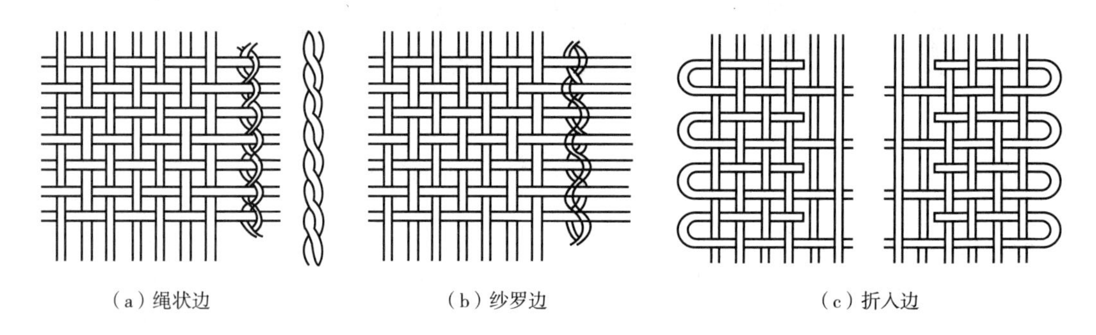

（a）绳状边　　（b）纱罗边　　（c）折入边

图 4-22　绳状边、纱罗边、折入边示意图

假边又称废边、弃边。假边经纱为 4～12 根，在钢筘上间隔穿入，以综框或单独的假边装置带动，形成梭口，一般采用平纹组织，织物形成之后，假边由边剪剪去。

第四节　机织物工艺参数设计

在上机织造前，需要进行工艺参数设计和计算，包括缩率的确定和计算、织物的幅宽和匹长设计、筘号和每筘穿入数设计等。

一、织物织造缩率

织物织造缩率是影响织物外观质地与内在品质的重要因素，同时关系产品的原料用量，因此是织物设计和成本设计的一个重要参数。

（一）织缩率计算

织物缩率通常有两种表示方法：一种是织缩率，另一种是回缩率。织缩率是指织物中纱线原长与织物长度之差对织物中纱线原长的比值。回缩率是指织物中纱线长度与织物长度之差对织物长度的比值。

经纱和纬纱织缩率在产品生产中实测时，其计算方法如式（4-34）和式（4-35）所示。

$$a_j(\%) = \frac{L_{j0} - L_{j1}}{L_{j0}} \times 100 \tag{4-34}$$

$$a_w(\%) = \frac{L_{w0} - L_{w1}}{L_{w0}} \times 100 \tag{4-35}$$

式中：a_j、a_w——经纱织缩率、纬纱织缩率；

L_{j0}——浆纱两墨印之间长度，m；

L_{j1}——两墨印之间的成布长度，m；

L_{w0}——筘幅，cm；

L_{w1}——实际布幅，cm。

（二）影响织缩率的因素

（1）经纬纱线密度。当织物中经纬纱线密度不同时，则线密度大的纱线缩率小，线密度小的纱线缩率大；当经纬纱线密度相同时，线密度大的织物的缩率比线密度小的织物的缩率大。

（2）经纬向密度。当织物中经纱密度增加时，纬纱缩率增加，但当经纱密度增大到一定数值后，纬纱缩率反而减小，经纱缩率增加。当经纬密度都增加时，则经纬纱缩率均增加。

（3）织物组织。织物中经纬纱的交织点越多，则缩率越大，反之缩率越小。

（4）织造工艺参数。织造中经纱张力大，缩率小，反之缩率大。开口时间早，经纱缩率小，反之缩率大。

（5）经纱捻度、上浆率与浆纱伸长率。经纱捻度增加，则缩率减小，反之则缩率增大；经纱上浆率大，其缩率增大，反之则减小；浆纱伸长率大，经纱缩率增大，反之则减小。

（6）织造温湿度。温湿度较高时，经纱伸长增加，缩率减小，但布幅变窄，纬纱缩率却会增加；反之，温湿度较低时，则经纱缩率增加，纬纱缩率减小。

（7）边撑伸幅效果。边撑形式对纬缩有一定影响，如边撑伸幅效果好，则纬缩较小；反之则较大。

（8）经缩与纬缩。经缩增大，纬缩则减小，纬缩增大，经缩则减小，其总织缩率几乎接近一个常数。

（三）织缩率的确定

由于纤维材料、纱线规格、织物密度、织物组织、织造工艺、染整工艺等因素都对经纬纱缩率有影响，因此要准确制订织造缩率有一定难度。确定织缩率的方法有经验公式法、参照类似产品预估法。目前尚无一个比较完善、令人满意与符合生产实际的经验公式，原有的经验公式，已不适合现有品种，因此，制订产品织缩率，较多采用先参考类似品种进行织缩率预估，通过试织后实测，再进行修正的方式。

二、织物染整缩率

织物终端产品要对坯布进行前处理、染色、印花和后整理加工，在染整加工过程中产生的缩率称为染整缩率，其中沿经纱方向产生的缩率为染整长缩率，沿纬纱方向产生的缩率为染整幅缩率。成品幅宽与坯布幅宽之比为染整幅宽加工系数。染整缩率的计算方法如式（4-36）和式（4-37）所示。

$$b_j(\%) = \frac{H_{j0} - H_{j1}}{H_{j0}} \times 100 \tag{4-36}$$

$$b_w(\%) = \frac{H_{w0} - H_{w1}}{H_{w0}} \times 100 \tag{4-37}$$

式中：b_j，b_w——经纱染整长缩率、纬纱染整幅缩率；

H_{j0}——坯布长度，m；

H_{j1}——成品长度，m；

H_{w0}——坯布幅宽，cm；

H_{w1}——成品幅宽，cm。

染整加工的工序较多，影响染整缩率的因素也非常多。纤维材料、纱线结构和织物结构对染整缩率均有影响，染整加工的各工艺参数例如助剂浓度、加工温度、加工时间、所加张力和定形幅宽的宽窄等也对染整缩率有影响。设计时一般根据类似品种进行染整缩率预估，通过染整加工后实测，再进行修正。

三、其他缩率

在纱线加工过程中也会产生一些纱线长度的变化，这些变化在计算用纱量时，需要考虑以下几点：

（1）蒸缩率。为了避免扭结及纬纱疵点，棉混纺或化纤纯纺纱线一般都通过热湿定型蒸纱工艺，蒸缩率表示纱线经过蒸纱后收缩的程度。

（2）染缩率。色织物所使用的纱线一般要经过漂染工艺加工，纱线长度一般会缩短，产生纱线漂染缩率。

（3）捻缩率。纱线加捻后一般长度会缩短，其缩短的程度用捻缩率表示。

（4）准备加工伸长率。经纬纱在整经等准备加工中受到拉伸作用，纱线产生的伸长。

这些缩率一般根据企业生产实际状况或者参考同类品种来确定。

四、织物匹长

织物匹长指一匹织物最两端的完整纬纱之间的距离，匹长的单位为 m 或码[1]。匹长根据织物的纤维材料、织物用途、织物厚度、织物质量以及织机的卷装容量等来确定。一般棉型织物的匹长为 25~40m。毛型织物的匹长，一般为 40~60m；或大匹为 60~70m；小匹为 30~40m。一般丝织物的匹长为 20~50m。一般麻织物的匹长为 15~40m。生产中为了减少浪费，提高生产效率，设计时大多采用联匹落布，有两联匹、三联匹或四联匹等。通常厚织物采用 2~3 联匹，中等厚度织物采用 3~4 联匹，薄织物采用 4~6 匹。

匹长有公称匹长和规定匹长，公称匹长是工厂设计的标准匹长；规定匹长是叠布后的成包匹长，规定匹长等于公称匹长加上加放布长，加放布长包括加放在折幅和布端的，以保证成包后不短于公称匹长。

织物匹长计算方法：

$$坯布匹长(m) = \frac{成品匹长(m)}{1 - 染整长缩率}$$

---

[1] 1 码≈0.9144m。

$$整经匹长(m)=\frac{坯布匹长(m)}{1-经纱织缩率}$$
$$=\frac{成品匹长(m)}{(1-染整长缩率)\times(1-经纱织缩率)}$$

五、织物幅宽

织物幅宽又称门幅，指织物最两边经纱间沿纬纱方向（即横向）的距离，幅宽根据织物用途及加工条件等来确定。织物幅宽的单位为 cm、m 或英寸。

织物幅宽计算方法：

$$坯布幅宽(cm)=\frac{成品幅宽(cm)}{1-染整幅缩率}$$

$$上机(钢筘)幅宽(cm)=\frac{坯布幅宽(cm)}{1-纬纱织缩率}$$
$$=\frac{成品幅宽(cm)}{(1-染整幅缩率)\times(1-纬纱织缩率)}$$

六、织物密度

由于存在织造缩率和染整缩率，织物上机密度、坯布密度和成品密度是不相同的，三者之间存在一定的关系，织物密度计算方法：

$$上机经密(根/10cm)=\frac{经纱根数(根)}{钢筘幅宽(cm)}\times10$$
$$=筘号\times筘穿入数$$
$$=坯布经密\times(1-纬纱织缩率)$$
$$=成品经密\times(1-染整幅缩率)\times(1-纬纱织缩率)$$

$$坯布经密(根/10cm)=\frac{经纱根数(根)}{坯布幅宽(cm)}\times10$$
$$=\frac{成品经密\times成品幅宽}{坯布幅宽}$$
$$=成品经密\times(1-染整幅缩率)$$

$$成品经密(根/10cm)=\frac{经纱根数(根)}{成品幅宽(cm)}\times10$$

$$坯布纬密(根/10cm)=成品纬密(根/10cm)\times(1-染整长缩率)$$

$$上机纬密(根/10cm)=坯布纬密(根/10cm)\times(1-经纱织缩率)$$
$$=成品纬密(根/10cm)\times(1-经纱织缩率)\times(1-染整长缩率)$$

例：设计一款全毛麦尔登织物，其平方米克重为 490g/m^2，经纬纱线密度相等，组织为 $\frac{2}{2}$斜纹组织，织物在第 5 结构相附近，成品经向紧度为 88%，纬向紧度为 82%，经纬织缩率均为 6%，经向染整缩率为 24.6%，纬向染整缩率为 27.4%，染整重耗率为 6%，试计算织物的经纬纱线密度并评估织造是否困难。

粗梳毛纱的 k_d 值为 0.043。

$$\mathrm{Tt}=\left(\frac{100\times G\times k_d}{1-c}\right)^2\times\left[\frac{(1-a_j)(1-b_j)(1-a_w)(1-b_w)}{E_j\times(1-a_w)(1-b_w)+E_w\times(1-a_j)(1-b_j)}\right]^2$$

$$=\left(\frac{100\times 490\times 0.043}{1-0.06}\right)^2\times\left[\frac{(1-0.06)(1-0.246)(1-0.06)(1-0.274)}{88\times(1-0.06)(1-0.246)+82\times(1-0.06)(1-0.274)}\right]^2$$

$$=84(\mathrm{tex})$$

成品密度：$P_{j成}=\frac{E_{j成}}{d}=\frac{88}{0.043\sqrt{84}}=224(根/10\mathrm{cm})$

$$P_{w成}=\frac{E_{w成}}{d}=\frac{82}{0.043\sqrt{84}}=208(根/10\mathrm{cm})$$

坯布密度：$P_{j坯}=P_{j成}\times(1-染整幅缩率)=224\times(1-0.274)=163(根/10\mathrm{cm})$

$P_{w坯}=P_{w成}\times(1-染整长缩率)=208\times(1-0.246)=157(根/10\mathrm{cm})$

上机密度：$P_{j上机}=P_{j成}\times(1-纬纱织缩率)\times(1-染整幅缩率)$

$=224\times(1-0.06)\times(1-0.274)=153(根/10\mathrm{cm})$

$P_{w上机}=P_{w成}\times(1-经纱织缩率)\times(1-染整长缩率)$

$=208\times(1-0.06)\times(1-0.246)=148(根/10\mathrm{cm})$

由于织物在第 5 结构相附近，其最大经、纬向紧度值均为 73.2%。

因此，经向紧密率(%) $=\frac{153\times 0.043\sqrt{84}}{73.2}\times 100=82.4\%$

纬向紧密率(%) $=\frac{148\times 0.043\sqrt{84}}{73.2}\times 100=79.7\%$

从而看出，织造时不致产生困难。

七、总经根数

总经根数根据经纱密度、幅宽、边纱根数来确定，其计算方法：

总经根数（根）= 地经根数+边经根数

$$总经根数(根)=\frac{坯布密度}{10}\times坯布幅宽+边经根数\times\left(1-\frac{地组织每筘穿入数}{边组织每筘穿入数}\right)$$

总经根数取整数，并尽量修正为穿综循环的整数倍。

边纱纱根数可根据品种特点、织机类型、生产实际等综合确定。

八、筘号

钢筘的筘号指单位长度内的筘齿数。公制筘号指 10cm 内的筘齿数，筘号范围为 40# ~ 240#，一般按每 5 号一档。英制筘号指 2 英寸内的筘齿数。筘号的选择取决于经纱密度、纬纱织缩率、每筘齿穿入数等。筘号的计算见下式。

$$公制筘号(齿/10cm)=\frac{经纱坯布密度(根/10cm)}{地组织每筘穿入数}\times(1-纬纱织缩率)$$

$$=\frac{经纱上机密度}{地组织每筘穿入数}$$

$$英制筘号(齿/2英寸)=\frac{经纱坯布密度(根/英寸)\times 2}{地组织每筘穿入数}\times(1-纬纱织缩率)$$

$$公制筘号=\frac{英制筘号}{2.54\times 2}\times 10=1.967英制筘号$$

$$英制筘号=0.508公制筘号$$

计算筘号时取小数点后一位，且归并到0.5或0，即小于0.3归并到0；0.3~0.7归并到0.5；大于0.7归并到1。例如：计算结果为11.3，应取11.5；计算结果为11.2，则取11；计算结果为11.7，则取11.5；计算结果为11.8，则进到12。筘号的修正会影响织物的经密或筘内幅，应重新计算。按照修正后的筘号，根据筘号计算公式调整内经纱数或筘内幅。如果修正的经密在合理的范围内，则所选择的筘号可行，否则要根据筘号计算公式调整内经纱数或筘内幅或改变每筘齿穿入数重新计算筘号。具体修正方式在各类型机织产品设计中进行介绍。

九、上机筘幅

上机筘幅可以按照以下两种方式进行计算。

$$上机筘幅(cm)=\frac{坯布幅宽(cm)}{1-纬纱织缩率}$$

$$上机筘幅(cm)=\frac{总经根数-边纱根数\times\left(1-\frac{布身每筘穿入数}{布边每筘穿入数}\right)}{布身每筘穿入数\times 筘号}\times 10$$

计算结果取两位小数，选用筘幅时，两边还应适当增加余筘。纬纱织缩率、筘号以及筘幅三者间需进行反复修正。在生产实际中，经纱最大穿筘幅度应小于织机公称筘幅。

十、浆纱墨印长度

浆纱墨印长度表示织成一匹布所需要的经纱长度。

$$浆纱墨印长度(m)=\frac{织物匹长(m)}{1-经纱织缩率}$$

十一、织物断裂强度

织物的断裂强度是衡量织物使用性能的一项重要指标。经纬纱线密度、织物组织、密度、纺纱方法等均与织物的断裂强度有密切关系。有些织物对经、纬向强力均有严格要求，有些甚至对断裂伸长也有要求。在设计这类织物时，应先满足织物的强力要求，选择合适的经、纬纱原料，然后根据织物的基本要求而选用适当的经、纬向紧度值，再根据织物的结构特点，概算织物的经、纬纱号和经、纬纱密度值，最后对织物的强力进行验算。如果能满足设计要求，就可进行工艺设计和投产试验，否则必须调换经、纬纱原料，重新计算，直至能满足要求为止。织物的断裂强度以 5cm×20cm 布条断裂强度表示，一般通过仪器的测量得出。

织物断裂强力计算见下式。

$$\text{织物断裂强力(N/5cm)} = \frac{P \cdot K \cdot N_{\text{纱线}}}{2 \times 1000} \tag{4-38}$$

式中：P——经（纬）纱密度，根/10cm；

K——织物中纱线强力的利用系数；

$N_{\text{纱线}}$——纱线的断裂强力，cN。

例：设计橡胶薄膜的骨架用织物，要求织物的厚度 $\tau \leqslant 0.2$mm，经、纬向强力都大于 60N。

设计思路：由于织物较薄同时强力要求较高，设计时，拟采用平纹组织，织物的经、纬纱线密度与经、纬向密度均宜接近或相等，结构相为第 5 结构相左右。纤维材料选用加捻的涤纶长丝做经、纬纱，经、纬纱线密度均为 54 旦/22F，纱线的强力为 265cN，经向和纬向紧度均设计为 50%。

对所设计织物的厚度和强力进行验算。

加捻涤纶长丝（复丝）的直径系数取 0.037。

织物的厚度为：$\tau = 2d = 2 \times 0.037 \times \sqrt{\frac{54}{9}} = 0.18(\text{mm}) < 0.2\text{mm}$，符合要求。

$$P_{\text{j}} = P_{\text{w}} = \frac{E_{\text{j(w)}}}{d} = \frac{50}{0.037 \times \sqrt{6}} = 552(\text{根}/10\text{cm})$$

$$\text{织物断裂强力} = \frac{P \cdot K \cdot N_{\text{纱线}}}{2 \times 1000} = \frac{552 \times 1 \times 265}{2 \times 1000} = 73(\text{N})$$，符合要求。

如织物厚度不能满足要求，则可以调整经、纬纱的线密度，如强力不能满足要求，则可以调整纤维材料或调整经、纬向紧度值。

思考题与习题

1. 名词解释：织物结构、经纱屈曲波高、纬纱屈曲波高、压扁系数、直径系数、几何结构相、织物的支持面、经支持面织物、纬支持面织物、等支持面织物、高结构相织物、低结构相织物、织物厚度、织物密度、织物紧度、覆盖系数、紧密织物、双向紧密织物、经向紧密织物、纬向紧密织物、紧密率、方形织物、最大方形密度、实有方形密度、纬经比、相似织物、松边、紧边、卷边、烂边、脱边、织造缩率、染整缩率。

2. 织物中纱线的截面形态通常有几种形态？

3. 纱线直径系数有什么意义？哪些因素对直径系数有影响？

4. 简述九个结构相的构成方式。

5. 简述几何结构相对织物性能与风格的影响。

6. 分别在什么情况下，使用密度、紧度、紧密率指标来比较织物的紧密程度。

7. 什么是直径交叉理论，为什么运用时有局限性？

8. 试说明不同组织紧密织物等结构相示意图所包含的意义。

9. 哪些因素对织物的厚度有影响？

10. 设计一款涤纶仿真丝绉类织物，织物需具有真丝素绉缎的风格，织物组织采用五枚缎纹，经纱采用 50 旦三角形异形涤纶，纬线采用 75 旦细旦涤纶，真丝同类产品的经向紧度为 E_j = 85.87%，纬向紧度 E_w = 52.95%，试计算该涤纶仿真丝绉类织物的经纬密度。

11. 设计一款全棉织物，其经纱线密度为 19.5tex，纬纱线密度为 16tex，织物结构在第 3 结构相，试计算织物的厚度。

12. 设计一款全棉府绸织物，其经纬纱线密度相等，织物结构在第 8 结构相左右，织物厚度约为 0.35mm，试概算经纬纱的线密度（纱线的压扁系数为 0.8）。

13. 设计一款等支持面织物的涤/棉细布，其经纬纱线密度相等，织物厚度范围为 0.20～0.25mm，试概算经纬纱的线密度范围（纱线的压扁系数为 0.8）。

14. 原料相同、织造染整工艺相同的两款平纹全毛凡立丁，其经纬纱线密度为（20tex×2）×（20tex×2）。其中 A 款的经纬密度为 240 根/10cm×206 根/10cm；B 款的经纬密度为 265 根/10cm×180 根/10cm。试比较哪一款产品比较紧密。

15. 35 英支/2 毛纱制织 $\frac{2}{2}$ 斜纹花呢织物，设计上机经密 265 根/10cm，上机纬密 220 根/10cm。请问织物制织是否困难？织物松紧程度是否合适？

16. 某全棉府绸织物，其规格为 14.5×14.5×524×402，试概算织物是否织制困难。

17. 原产品为全毛凡立丁，其经、纬纱支数均为 58 英支/2，上机经密为 216 根/10cm，上机纬密为 217 根/10cm，准备投产的全毛凡立丁新产品，其经、纬纱支数为 56 英支，保持织物风格不变，求新产品的上机经密和上机纬密。

18. 某全毛平纹织物，其经纬纱支均为 60 英支/2，如果经密：纬密 = 2：1，设计最大上机经纬密。

19. 设计一款全毛马裤呢织物，经纬纱线密度为 22.22tex×2 毛纱制织，纬经密度比为 0.52，其组织图如题图 4-1 所示，试求其上机最大经纬密度。

20. 原产品为毛涤凉爽呢，平纹组织，用 16.5tex×2 毛涤股线织制，经纬密度为 254 根/10cm×216 根/10cm，单位面积质量为 168g/m^2。现在要求改成 195g/m^{2}的新产品，平纹组织，新产品需保持原产品的风格特征，求新产品的经纬密度和经纬纱线密度？

21. 设计一款法兰绒织物，其每平方米质量约为 280g，经纬纱支相同，采用平纹组织织造，在第 5 结构相附近，成品的经向紧度为 60%，纬向紧度为 56%，参照毛纺织染整手册取经纱织缩率为 9%，纬纱织缩率为 8%，染整长缩率为 15%，染整幅缩率为 18%，染整重耗率为 6%，计算该织物的经纬纱线密度并评估织造是否困难。

22. 采用 19.5tex 棉纱纺制 14.5tex 全棉府绸织物，原织物的经密为 524 根/10cm，纬密为 282 根/10cm，要求新织物与原有织物风格相同，设计新织物的经纬密度。

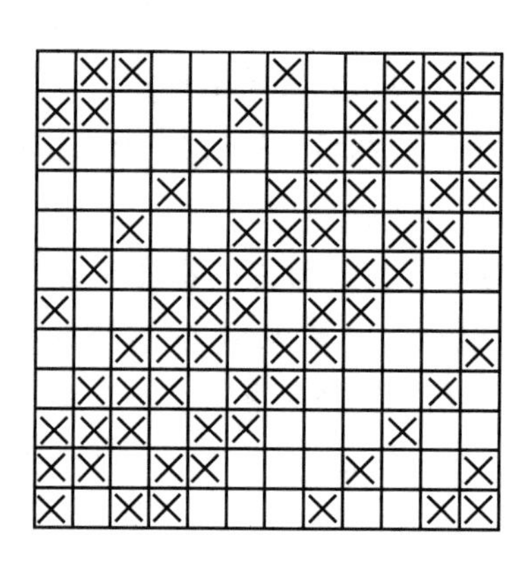

题图 4-1

23. 某全毛花呢，其组织图如题图 4-1 所示，织物经、纬纱细度为 28 英支/2，上机经密为 192 根/10cm，上机纬密为 136 根/10cm，试分析该织物制织是否困难?

24. 全线卡其织物，经、纬纱线密度均为 7tex×2，织物组织为$\frac{2}{2}$斜纹，要求设计成第 8 结构相的紧密结构，设计该织物时，经、纬向密度的最大值为多少?

25. 简述布边的作用与要求。

26. 简要说明布边的常见问题有哪些?

27. 布边设计包含哪些设计内容?

28. 常用的布边组织有哪些?

29. 布边上机设计要注意哪些问题?

30. 什么原因会导致边经纱无法织入? 怎样解决?

31. 布身为五枚二飞经面缎纹，边组织为$\frac{2}{2}$方平，地经纱 4500 根，每边的边经纱各 40 根，作该织物的上机图。

第五章　机织产品染整工艺设计

本章目标

1. 熟悉常见纤维材料的机织产品染整工艺路线和关键工艺因素。
2. 掌握纺织印染产品的质量评价方法。
3. 熟悉染整工艺过程中染料和助剂的功能及相关染整工艺原理。
4. 了解相关先进染整技术及功能性纺织产品的基本原理。
5. 能够借助相关信息分析并设计印染产品的技术路线和关键工艺措施。

纺织品染整加工的目的是通过化学、化工及材料相关科技及技术措施，赋予纺织产品多样化的外观效果和风格或功能性，实现舒适、时尚、防护、便捷等使用要求。根据不同的使用目的，纺织品的染整加工包括：以去除杂质为目的的“前处理”，以赋予鲜艳且稳定颜色为目的的“染色”，以获得时尚视觉效果为目的的“印花”和以追求尺寸稳定性、特殊风格及功能性为目的的“后整理”。

第一节　染整工艺设计概述

一、纤维素纤维纺织品的染整工艺路线

（一）纤维素纤维织物的典型染整工艺流程

漂白产品：原布准备→烧毛→退浆→精练→漂白→（复漂）→（开轧烘）→烘干→后整理（预缩、拉幅、增白、柔软、特殊功能整理）

染色产品：原布准备→烧毛→退浆→精练→漂白（深色布可免）→（开轧烘）→丝光→烘干→染色→（固色）→后整理（预缩、拉幅、柔软、特殊功能整理）

印花产品：原布准备→烧毛→退浆→精练→（漂白、深色布可免）→（开轧烘）→（丝光）→烘干→印花→（蒸化）→（固色）→后整理（预缩、拉幅、柔软、功能整理）

功能产品：漂白、染色、印花产品→功能整理（轧、烘、焙，预缩、抗皱、阻燃、亲水等特殊功能整理）

（二）纤维素纤维织物印染的主要工序

1. 原布准备　原布准备是指为方便规模化生产及生产管理进行的原布检验和相关准备工作。

2. 烧毛　织物平幅迅速通过火焰或擦过炽热金属表面，利用布面和纤维绒毛对高温的耐

受性差异，实现在烧去布面纤维绒毛的同时不损伤织物，实现布面光洁、改善风格、减少起球、方便生产等目的。棉布烧毛多在退浆前进行，涤/棉织物因烧毛时绒毛尖端熔融成珠球，易产生深色色点，故深色布多放在染色之后进行烧毛。烧毛工序要求布面匀净（3~4 级）并控制织物幅宽收缩<2%。

3. 退浆 退浆可去除纤维上的浆料［淀粉、改性淀粉、聚乙烯醇（PVA）、聚丙烯酸酯等］，并部分去除纤维上的天然杂质。浆料的存在对印染加工十分不利，会消耗染化料、沾污工作液、阻碍染化料与纤维的接触等。常用退浆技术包括：碱退浆、酶退浆、酸退浆、氧化退浆和多种技术联用的方式，一般要求退浆率>80%、残浆<1%（布重）。

4. 精练 精练可去除棉纤维上的天然杂质（蜡质、果胶质、蛋白质、灰分、色素、棉籽壳等），提高纤维的可润湿性和白度。精练时，棉布多用稀烧碱溶液作精练剂，涤/棉织物中一般含棉不多，而涤纶不宜用强碱蒸煮，所以应采取少量碱和温和的工艺条件进行精练。目前，倾向于采用氧化剂参与的退浆技术，即将精练和漂白合并实施。精练后的纺织品具有一定的白度和良好的亲水性，为后续染整加工奠定了基础。一般根据印染产品及其使用目的，要求精练后织物的毛效为 4~12cm/15min，并具有较好的机械强力。

5. 漂白和复漂 以强氧化剂破坏并去除纤维上的天然色素，赋予织物必要和稳定的白度。广义上还包括上蓝或荧光增白等利用增白剂使其产生光学性的泛白作用。纤维素纤维常采用双氧水或次氯酸钠进行漂白，其强氧化作用可有效破坏纤维中的天然色素，达到消色目的。一般要求漂白产品的相对白度在 87%以上，且织物损伤小。复漂是为了强化漂白效果而进行的二次漂白加工，其漂白工艺条件通常根据需要可适当弱化。

6. 丝光 其加工方式分为张力丝光和无张力丝光（碱缩）。张力丝光即棉制品（纱线、织物）在有张力的条件下，用浓烧碱溶液处理，仍在张力条件下洗去烧碱溶液的处理过程。张力丝光后，织物性能将发生一些变化，例如，织物光泽提高；吸附能力及化学反应能力增强；缩水率、尺寸稳定性、织物平整度提高；强力、延伸性等服用力学性能也有所改变。无张力丝光（碱缩）即棉制品在松弛的状态下用浓烧碱溶液处理，使纤维任意收缩，然后洗去烧碱溶液的过程，主要用于棉针织品的加工。碱缩虽不能使织物光泽提高，但可使纱线变得紧致且弹性提高、手感丰满；此外，其强力及对染料的吸附能力也能够获得提高。影响丝光效果的因素主要包括丝光张力、丝光温度、丝光时间、丝光后去碱等。

7. 染色（固色） 活性染料和直接染料等阴离子水溶性染料带有多个水溶性基团，导致其湿处理牢度不佳，多次洗涤后不仅使纺织品色光萎暗，而且染料脱落下来还会产生沾色、搭色现象。另外，尽管活性染料与纤维形成的共价键是牢固的，但染料未反应物及水解物不可能从染物上完全洗尽，这部分染料就会掉色；同时，染物上的染料—纤维共价键也会水解断键。为了改进织物色牢度，需对其进行固色处理。不同的染色系统有着不同的染色机理和染色牢度，因此固色剂的固色机理和应用也不相同。

8. 印花（蒸化） 纺织品印花后蒸化的目的是使印花纺织品完成纤维和色浆膜的吸湿和升温，加速染料的还原及在纤维上的溶解，使染料扩散进入纤维内部且固着在纤维上。在蒸化过程中，蒸汽首先是在纺织品上发生冷凝，纺织品温度随之迅速上升；同时，纤维吸湿膨化、色浆吸水后加速染料和化学药剂的充分溶解，有利于化学作用的产生，促使染料由色浆向纤维转移并向纤维内部扩散，进而实现固色反应。影响色浆吸湿量的主要因素是蒸化机内的温度、相对湿度和蒸化时间。

（三）纤维素纤维织物的一般整理

1. 拉幅　拉幅是指利用吸湿性纤维在潮湿条件下所具有的可塑性，将织物幅宽逐渐拉阔至规定尺寸并进行烘干，使织物形态得以稳定。织物在整理前的一些加工如精练、漂白、印花和染色等过程中，经常会受到经向张力，迫使织物的经向伸长而纬向收缩，并产生幅宽不匀、布边不齐、手感粗糙、布面有极光等问题。织物在染整加工基本完成后，都需进行拉幅整理。

2. 预缩　预缩是指用物理方法减少具有较强吸水性纤维织物浸水后的收缩，以降低缩水率的工艺过程。织物在织造和染整过程中，其经向受到较大的张力，经向会出现伸长现象。而亲水性纤维织物浸水润湿时，纤维发生溶胀，经纬纱线的直径增加，从而使经纱屈曲波高增大，织物长度缩短，形成缩水。当织物干燥后，溶胀消失，但纱线之间的摩擦牵制仍使织物保持收缩状态。机械预缩是将织物经喷汽或喷雾给湿，再施以经向机械挤压，使屈曲波高增大，然后经松式干燥的过程。预缩后的棉布缩水率可降低到1%以下，并由于纤维及纱线之间的相互挤压和搓动，织物手感的柔软性也会得到改善。

3. 增白　利用光的补色原理增加纺织白度的工艺过程称为增白整理，又称加白。经过漂白的纺织品仍含有微黄色的物质，但加强漂白又可能会损伤纤维。运用增白剂能使蓝色和黄色相补，可显著提高纺织品的白度且对纤维无损。增白方法有上蓝和荧光两种。前者在漂白的织物上施以很淡的蓝色染料或颜料，借以抵消黄色；荧光增白剂是接近无色的有机化合物，上染在织物后，受紫外线的激发而产生蓝、紫色荧光，与反射的黄光相补，增加织物白度和亮度，效果优于上蓝。

4. 轧光　轧光是指利用纤维在湿热条件下的可塑性将织物表面轧平或轧出平行的细密斜线，以增进织物光泽的工艺过程。轧光机由若干只表面光滑的硬辊和软辊组成。硬辊为金属辊，表面经过高度抛光或刻有密集的平行线，常附有加热装置；软辊为纤维辊或聚酰胺塑料辊。织物经过硬、软辊组合轧压后，纱线被压扁，表面平滑、光泽增强、手感硬挺，称为平轧光。织物经两只软辊组合轧压后，光泽柔和、手感柔软，称为软轧光。轧光整理是机械处理，其织物光泽效果耐久性差，如果织物先浸轧树脂初缩体并经过预烘拉幅，轧光后可得到较为耐久的光泽。

5. 轧纹　利用纤维的可塑性，用一对刻有一定深度花纹的硬、软、凹、凸的轧辊在一定的温度下轧压织物，使其产生凹凸花纹效果的工艺过程称为轧纹整理，又称轧花整理。染色或印花后的织物，在轧纹整理中若浸轧树脂工作液，可形成耐久性的轧纹效果。以刻有凹纹的铜辊作硬辊，以表面平整的高弹性橡胶辊作软辊轧压织物的工艺，称为拷花。

6. 起毛　起毛整理是用密集的针或刺将织物表层的纤维剔起，形成一层绒毛的工艺过程，又称拉绒整理。主要用于棉织物、粗纺毛织物和腈纶织物等。织物在干燥状态起毛，绒毛蓬松而较短；在湿态状态下起毛，由于纤维延伸度较大，表层纤维易于起毛，可获得较长的绒毛。一般来说，棉织物只宜用于起毛。经起毛整理后的绒毛层可提高织物的保暖性，遮盖织纹、改善外观，并使手感丰满、柔软。将起毛和剪毛工艺配合，可提高整理效果。

7. 柔软 纺织品在染整过程中，经各种化学助剂的湿热处理并受到机械张力等作用，会产生变形，且引起僵硬和粗糙的手感。柔软整理是弥补这种缺陷使织物手感柔软的加工过程。柔软整理有机械和化学两种方法：机械法采用捶布工艺，使纱线或纤维间相互松动，从而获得柔软效果；化学法则是用柔软剂的作用来降低纤维间的摩擦系数以获得柔软效果。

8. 硬挺 指织物浸涂浆液并烘干以获得厚实和硬挺效果的工艺过程，为赋予织物特殊手感的整理方法。该方法利用具有一定黏度的天然或合成的高分子物质制成的浆液，在织物上形成薄膜，从而使织物获得平滑、硬挺、厚实、丰满等手感，并提高其强力和耐磨性，延长使用寿命。由于整理时所用的高分子物质一般称为浆料，故也称上浆整理。

（四）纤维素纤维织物的特殊整理

1. 抗皱 改变纤维原有的成分和结构，提高其回弹性，使织物在服用中不易折皱的工艺过程称为抗皱整理，主要用于纤维素纤维的纯纺或混纺织物。织物在抗皱整理之后，其恢复性能增加，强度和服用性能等也会有些变化。如棉织物的抗皱性能和尺寸稳定性有明显的提高，易洗快干性能也可获得改善；虽然强度和耐磨性能会有不同程度的下降，但在正常的工艺条件控制下，不会影响其穿着性能。黏胶织物除抗皱性能有明显提高之外，其断裂强度也稍有提高，湿断裂强度增加尤为明显。

2. 阻燃 纺织品经过某些化学试剂处理后，其具有遇火不易燃烧或离焰即熄的特性，这种处理过程称为阻燃整理。阻燃剂通常为含有磷、氮、氯、溴、锑、硼等元素的化合物，其主要作用是改变纤维着火时的反应过程，在燃烧条件下生成具有强烈脱水性的物质，使纤维碳化而不易产生可燃性和挥发性物质，从而阻止火焰的蔓延；有些阻燃剂分解时还会产生不可燃气体，从而稀释可燃性气体并起到遮蔽空气与纤维接触的作用，以抑制火焰的持续燃烧；此外，在高温下，有些阻燃剂或其分解物熔融覆盖在纤维上，起到遮蔽火焰及空气的作用，使纤维不易燃烧或阻止碳化纤维继续氧化。

3. 涂层 在织物表面涂覆或黏合一层高聚物材料，使其具有独特的外观或功能的工艺过程称为涂层整理。经涂层整理的织物无论是质感还是性能方面往往给人焕然一新之感。涂布的高聚物称为涂层剂，而黏合的高聚物称为薄膜。涂层整理的代表织物有防羽绒、防水透湿、遮光绝热、阻燃、导电以及仿皮革等织物。

二、合成纤维（涤纶）纺织品的染整工艺路线

（一）合成纤维（涤纶）织物的典型染整工艺流程

漂白产品：原布准备→烧毛→退浆→漂白→（开轧烘）→烘干→后整理（高温拉幅、热定形、增白、柔软、特殊功能整理）

染色产品：原布准备→烧毛→退浆→（漂白）→（开轧烘）→烘干→（热定形）→染色→（固色）→后整理（高温拉幅、热定形、柔软、特殊功能整理）

印花产品：原布准备→烧毛→退浆→（漂白）→（开轧烘）→烘干→（热定形）→印

花→（蒸化）→（固色）→后整理（高温拉幅、热定形、柔软、特殊功能整理）

功能产品：漂白、染色、印花产品→功能整理（轧、烘、焙，磨毛、仿丝绸、阻燃、防水等特殊功能整理）

（二）合成纤维（涤纶）织物染整的主要工序

与棉型纺织品相比，涤纶织物白度、强度较高且不含天然伴生杂质，较为洁净，无须精练加工环节，漂白及去杂的负担也较轻。然而，涤纶对热及张力远比纤维素纤维敏感，其织物容易在纺织、染整加工环节中产生并积累内应力，导致织物尺寸稳定性及表面平整性不佳，并影响染整工艺，需要在其湿热加工各环节予以高度关注。

1. 热定形　是指在张力和高温的作用下，消除纺织品中积存的应力、应变，使其在状态、尺寸及结构上获得一定程度的稳定性，并提高其形变的恢复能力，保持定形时的状态。热定形后，除了提高织物的尺寸稳定性外，其他性能也有相应变化，如湿回弹性能和起毛起球性能均有所改善，手感较为硬挺；热塑性纤维的断裂伸长度随热定形张力的加大而降低，而强度变化不大，若定形温度过高，则两者均显著下降；此外，热定形后染色性能的变化因纤维品种而异。在染整生产的过程中，一般都先在有张力的状态下用比后续工序适当较高的温度进行处理（热定形），防止织物收缩变形，有利于后道工序的加工。

热定形的主要影响因素包括：

（1）温度。对于涤纶织物，一般选择定形温度为200℃左右，若染料升华牢度差，则定形温度不宜太高；此外，还应注意定形温度的均匀性（温差≤2℃）；经热熔染色的织物，定形温度可比纤维的热熔温度低10℃左右。

（2）时间。定形时间应考虑将织物表面加热到定形温度所需时间、纤维内部达到定形温度的时间、分子调整时间和定形后的冷却时间，一般情况下为：180~200℃定形30~60s。

（3）张力。由经向超喂和纬向拉幅来控制，其对定形后织物的尺寸热稳定性、强力、断裂伸长度均有影响。

（4）溶胀剂（水或蒸汽）。能增进锦纶定形效果，对亲水性很弱的涤纶影响较小。

2. 涤纶的染色

（1）浸染过程（高温高压染色）。分散染料在水中的溶解度很小，必须借助分散剂形成悬浮液进行染色。高温高压法染色后的织物得色鲜艳、匀透，可染制浓色；染得的织物手感柔软，适用的染料品种比较广，染料利用率较高；然而，这种染色方法为间歇生产方式，生产效率较低，需要压力染色设备。

（2）轧染过程（热熔染色）。热熔染色是采用干态固色的染色方法，该方法先以染料分散液浸轧待染色织物，烘干后再行高温固色。染色初期（烘干阶段），染料主要以细微颗粒的形式沉积在纤维的表面，形成了一个由纤维表面向纤维内部的染料浓度梯度。焙烘固色大致可分为纤维升温、染料在纤维表面的吸附和染料向纤维内部的扩散三个阶段，这三个阶段不是同时开始的，但有一定程度的重叠。通常在完成吸附过程后，仍需要维持一定的高温扩散时间，以使染料充分扩散。扩散不充分，不但色泽不鲜艳、摩擦水洗牢度差，而且在染后受到高温作用的染料会继续扩散，引起色泽变化。但是，也不能过分地延长高温固色时间，否则在染料向纤维内部扩散的同时，吸附在纤维表面的染料还可能升华到大气中，上染率反而有所下降。热熔染色为连续化生产方式，生产效率高，适宜大批量生产。与高温高压染色法相比，其色泽鲜艳度和手感稍差、固色率较低；同时，由于生产过程张力较大，仅适用机织物染色，不适合染针织物。

3. 磨绒和磨毛 用砂磨辊（带）将织物表面磨出一层短而密的绒毛的工艺过程称为磨绒整理，又称磨毛整理。磨毛织物具有厚实、柔软且温暖等特性，可改善织物的服用性能。变形丝或高收缩的涤纶针织物或机（梭）织物磨毛后，能制成一种仿麂皮绒织物。以超细合成纤维为原料的基布，经过浸轧聚氨酯乳液和磨毛，可获得具有仿真效果的人造麂皮。磨绒整理需要控制织物强力的下降幅度，其质量以绒毛的短密和均匀程度为主要考核指标。

4. 减重 减重整理是利用涤纶在较高的温度和一定浓度苛性碱溶液中产生的水解作用，使纤维逐步溶蚀，织物质量减轻（一般失重率控制在20%~25%），并在表面形成凹陷，使纤维表面的反射光呈现漫反射，形成柔和的光泽；同时，纱线中纤维的间隙增大，从而形成丝绸风格（外观和手感）的工艺过程，又称减量或碱减量整理。涤纶长丝织物经整理后，光泽柔和、轻盈柔软，悬垂性能大幅改善。涤纶短纤及其混纺纱线与纬长丝交织的织物经整理后，平挺滑爽，也可获得类似效果。

5. 抗静电 纤维、纱线或织物在加工或使用过程中由于摩擦而易产生并积聚静电，给后道工序和服装穿着带来困难和麻烦。防静电整理是用化学助剂施于纤维表面，增加其表面亲水性，以防止在纤维上积聚静电的工艺过程。

6. 易去污 赋予合成纤维及其混纺织物易去污性的基本原理是用化学方法增加纤维表面的亲水性，降低纤维与水之间的表面张力，最好是表面的亲水层润湿后能膨胀，从而产生机械力，使污垢能自动离去，该方法是在织物表面浸轧一层亲水性的高分子材料。易去污整理后，还可改善织物的抗静电性和穿着舒适性，但织物的撕破强度一般会有所下降。

三、多组分纤维（涤/棉织物）纺织品的染整工艺路线

（一）多组分纤维织物（涤/棉织物）的典型染整工艺流程

漂白产品：原布准备→烧毛→退浆→精练→漂白→（复漂）→（开轧烘）→烘干→后整理（高温拉幅、热定形、增白、柔软、特殊功能整理）

染色产品：原布准备→烧毛→退浆→精练→漂白（深色布可免）→（开轧烘）→丝光→烘干→（热定形）→染色→（固色）→后整理（高温拉幅、热定形、柔软、特殊功能整理）

印花产品：原布准备→烧毛→退浆→精练→（漂白、深色布可免）→（开轧烘）→（丝光）→烘干→（热定形）→印花→（蒸化）→（固色）→后整理（高温拉幅、热定形、柔软、特殊功能整理）

功能产品：漂白、染色、印花产品→功能整理（轧、烘、焙；抗皱、阻燃、防水等特殊功能整理）

(二) 多组分纤维 (涤/棉织物) 织物染整的主要工序

涤/棉织物品的染整加工工序在充分考虑纤维素纤维及涤纶的物理、化学特点的基础上，结合其印染产品的使用目的和要求，合理安排两种纤维所需要进行的染整工序。涤/棉织物的涤纶组分只能用分散染料染色，而棉纤维组分可以选用直接、活性、还原、硫化等染料染色，其染色方法有间歇式的浸染法和连续式的轧染法。涤/棉纤维混纺机织物的留白产品一般是涤纶留白，即用活性或直接染料染棉纤维即可。涤纶和棉的染色性能差别很大，异色染色十分容易，同色可通过配色解决。

1. 分散/活性染料浸染　分散/活性染料组合多采用一浴二步法染色，如果分散染料的碱可洗性很好，则在活性染料加碱固色时，不仅涤纶表面的分散染料浮色容易洗除，而且分散染料对棉纤维的沾色也很容易洗除。涤/棉织物采用分散/活性染料染的一浴二步法浸染，其工艺流程短、工艺安排紧凑，耗能、耗水量低。

涤/棉织物用分散/活性染料（一浴二步法）浸染时，除需要注意分散染料对棉的沾色之外，还需要注意因加入中性电解质促染而对分散体系稳定性和染色带来的影响。大量中性电解质的加入，破坏了分散染料分散体系的稳定性，染料容易聚集，易出现色花和染斑等染色疵病，进而加重分散染料对棉纤维的沾色和染缸的沾污，染色产品的耐洗和耐摩擦牢度也随之降低。为了解决中性电解质带来的不良影响可通过选用直接性高的低盐活性染料染色；选用分散和匀染作用均佳的染色助剂；提高分散体系的稳定性等方式。

涤/棉织物分散/活性染料（一浴二步法）浸染，还要特别注意活性染料的高温稳定性、直接性及其选用问题。普通活性染料的母体结构较小、直接性低，高温染色时直接性则更低且易于水解，需要加入大量中性电解质促染。而分散/活性染料同浴染色时又不能加入大量中性电解质，因此适合高温染色的活性染料应该是相对分子质量大、直接性高、用盐量低、高温水解少的染料。中性固色的烟酸型活性染料不仅可在近中性条件下固色，而且高温稳定性好、用盐量也不高，是适合涤/棉织物染色的优良活性染料。

2. 分散/活性染料轧染　分散/活性染料轧染的主要特点是色泽鲜艳，可染得其他染料所不能染得的鲜艳色；活性染料对涤纶的沾色少，异色染色的重现性好。分散/活性染料对涤棉织物的轧染可以采用二浴法、一浴二步法和一浴一步法等工艺。在这些染色方法中，分散染料一般采用热熔固色，活性染料一般采用汽蒸固色，也可以用焙烘固色。

一浴二步法染色是涤/棉织物用分散/活性染料染色中最高效的一种方法，分散和活性染料配制在同一浴中，经过浸轧、烘干、焙烘或高温汽蒸，两种染料分别在两个阶段完成上染过程。分散/活性染料一浴二步法热固染色的工艺流程为：

浸轧染液→预烘→热熔固色→浸轧固色液→汽蒸→水洗、中和→皂洗→水洗→烘干、落布

分散/活性染料二浴法染色时，两种染料相互之间的影响很小。在分散染料热熔染色之后可进行还原清洗，减少分散染料对棉纤维的沾色。活性染料可以与碱一起浸轧，然后汽蒸固色。采用二浴法染色，工艺容易控制、染料利用率较高、染料品种不受限制、产品颜色鲜艳，但因工艺流程长，耗能、耗水量大，目前应用较少。

涤/棉织物在分散/活性染料轧染工艺中，在活性染料的选择方面，要求活性染料在浸轧或烘干时不易水解，且在高温下处于弱碱性，甚至近中性条件下也有较高的固色率；同时，不会在上染过程中与分散染料和分散剂发生反应；一般选用相对分子质量较小的活性染料，以减少对涤纶的沾色。对于分散染料，要求选用的分散染料对碱敏感性较小，对棉纤维沾色较轻，且不易与活性染料反应。

在分散/活性染料的一浴二步法轧染工艺中，分散染料和活性染料同时浸轧到织物上，此时染液中不加碱剂，可减少碱剂对分散染料的影响；同时，在烘干的过程中，活性染料的水解也很少。高温热熔染色后，分散染料进入涤纶内部之后再浸轧碱剂并汽蒸，完成活性染料对棉纤维的固色。这样，两种染料相互之间的影响及工艺条件的冲突很小，对染料的限制较少。

综上，多组分纤维织物的染整工艺的控制主要在于如何平衡或兼顾不同染料及其对应染色工艺条件之间的冲突，并获得可控、理想的染色效果。

四、影响染整加工的主要因素

（一）常用染料及其染色系统的染色特点

1. 活性染料 活性染料的分子结构中含有活性基团，在一定条件下能与纤维素纤维分子中的官能团发生化学反应，而形成共价键结合。因此，活性染料具有良好的湿处理牢度，而且色泽鲜艳、色谱齐全、匀染性好、染色方便、价格低廉，是目前纤维素纤维纺织品染色和印花的主要染料之一。然而，活性染料水洗牢度中等，贮存中易水解，有许多品种上染率不高，利用率较低、染色时用盐多、染料易水解。影响活性染料与纤维素纤维反应的因素诸多，如染料与纤维及其与水的反应性比、染料对纤维的直接性、染料的扩散性能、染色 pH、染色温度、染色浴比、染浴中的电解质浓度及染色助剂等。

2. 分散染料 分散染料是目前涤纶染色、印花的主用染料，也可以用于其他化纤的染色。分散染料是一类水溶性很低，染色时在水中以微小颗粒或分散状态存在的非离子型染料。染色时需借助于一定的分散剂，将染料分散在水中进行染色。分散染料常采用高温高压法浸染和热熔法轧染工艺，由于染色助剂（分散剂、渗透剂）的种类对染色效果有很大影响，实际生产中应选择适宜的染色助剂以稳定染液，防止染料发生晶型转变和晶体增长的现象，从而提高染色速率，改善染色效果。

3. 酸性染料 酸性染料是蛋白质纤维、锦纶染色的主用染料。其染料的分子结构中含磺酸钠盐，也有极少数含羧酸钠盐。酸性染料色谱齐全、色泽鲜艳，但大多湿牢度较差，一般中深色需经固色处理。酸性染料染羊毛、蚕丝、锦纶，其匀染性和湿牢度不完全一样，总的来说在锦纶上匀染性差，但湿牢度好，染蚕丝湿牢度又比羊毛的差；蚕丝主要用弱酸性染料染色，羊毛多用强酸性染料染色，锦纶多用中性浴染色的酸性染料染色。酸性染料染色工艺的制订必须充分考虑匀染效果，羊毛、蚕丝及锦纶属于高档纤维，纤维容易受损。从目前的加工方式和设备来看，这些纤维及其织物客观上承受不了高速循环的染色方式，须通过对染色浴比、pH、温度、匀染剂等工艺条件的精准控制来确保染色效果。

（二）关键染整助剂

1. 染色助剂　染色助剂主要包括匀染剂、浴中润滑剂与浴中柔软剂、固色剂、染色皂洗剂、纤维改性剂、增深和增艳剂等。

（1）匀染剂。产生染色不均匀的原因有纤维、纱支、织物的规格和染色条件、方法以及染料的结构，为了使染料在被染物上达到均匀染色的目的而使用的助剂统称为匀染剂。匀染剂的作用首先是能使染料较缓慢地被纤维吸附，其次是当染料不匀时，使深色部分染料向浅色部分移动，最后达到匀染效果。因此，缓染与移染是匀染剂的两个重要作用。

（2）浴中润滑剂与浴中柔软剂。对于以绳状形式在喷射类染机中进行染色加工的纺织品，有可能因为织物厚重、浴比过小、摩擦过大等原因造成织物绳状折痕（细皱条）、经向条花、裂纹、擦伤、鸡爪花等疵病，实际生产中一般采用浴中润滑剂或浴中柔软剂来避免相关问题的产生。浴中润滑剂主要是通过减小织物的摩擦系数，提高织物的润滑性来实现保护织物的目的，其对染料也无不良影响，且性能稳定。

（3）固色剂。直接染料、酸性染料湿牢度较差，活性染料虽然与共价键结合，具有优良的湿处理牢度，但部分活性染料未及时与纤维成键而水解，以及部分活性染料成键后又会在某些特殊的环境下断键，进而影响染色牢度。因此，活性染料的中、深色产品的湿处理牢度仍需要固色剂来予以改善。不同的固色剂具有不同的特点，但绝大多数固色剂为阳离子型（酸性固色剂除外），基本上都是通过固色剂上的阳离子基团使其与阴离子染料形成不溶性的色淀来提高染色产品的湿处理牢度的。

（4）染色皂洗剂。皂洗剂的作用是去除织物上的浮色以及无存续价值的化学物质，否则很难满足色牢度的要求。目前，无泡或低泡皂洗剂的应用较为普遍，利用其强烈的分散、悬浮、络合作用去除浮色，而且克服了传统皂洗剂的泡沫及不易洗净等问题。

（5）纤维改性剂。纤维改性剂又称阳离子化助剂，应用于纤维素纤维而使其带阳离子特性，可显著提高阴离子染料的上染率，节约染料、减少废水并增加染色深度。然而，改性后的纤维可能会出现匀染性、色牢度不佳，染色工艺复杂，染色可控性较差等问题。

（6）增深和增艳剂。通常采用高折射率的物质对染色织物进行增深处理，常用的增深剂和增艳剂主要为水性有机硅、有机氟、聚氨酯、聚丙烯酸酯高分子化合物，或它们的相互改性的高分子。

2. 印花助剂　主要包括印花糊料（或增稠剂）、分散剂、稀释剂、传递剂、黏着剂、汽蒸吸湿剂、稳定剂等。

（1）印花糊料（或增稠剂）。织物印花最重要的助剂就是印花糊料（或增稠剂），其使印花色浆具有一定的黏度，以部分抵消织物的毛细管效应而引起的渗化，从而保证花纹的轮廓光洁度。为此，印花糊料（增稠剂）应具有良好的流变性、吸湿性、成膜性、润湿性、易洗性和一定的物理和化学稳定性，其次应是染料和助剂良好的溶剂或分散介质，本身不能具有色素和较高的给色量。此外，印花糊料（增稠剂）是影响给色量的主要因素，原糊对染料亲和力越小、流变性越好、渗透能力越强，其印花给色量就越大。

（2）分散剂和稀释剂。使各组分均匀地分散在原糊中，并被稀释到规定的浓度，同时延缓各组分的相互作用。

(3) 传递剂。起到载体的作用。

(4) 黏着剂。有助于印花色浆被黏着在花筒凹纹内。

(5) 汽蒸吸湿剂。有助于化学反应的进行及纤维溶胀。

(6) 稳定剂。作为印花色浆的稳定剂和保护胶体。

3. 常用的印花糊料

(1) 淀粉。作为印花糊料，淀粉原糊的优、缺点主要为：表面给色量高、印花轮廓清晰、蒸化时无渗化现象、印花时不会造成烘筒搭色、煮糊简便、稳定性良好，是主要的印花用糊料；然而，其渗透性差且与合成纤维的黏附性不佳、印花的均匀性不佳、易洗涤性差，印花后织物手感不好，不耐强酸强碱，因具有反应性而不适合活性染料印花。

(2) 淀粉衍生物。变性淀粉是指以各种天然淀粉为母体，通过化学、物理或其他方式使增加天然淀粉的某些性能或引进新的特征。目前，纺织印染用变性淀粉的主要品种有：氧化、酸化、醋酸酯化、酰胺化、羧甲基化、交联、羧烷基化，以及若干复合变性的产品。

(3) 海藻酸钠。海藻酸钠的分子结构和淀粉相似，只是由羧基钠盐取代了淀粉取中的伯醇基。酸碱性对海藻酸钠的性能有较大影响，海藻酸钠在 pH 为 6~11 时较稳定；在温度较高的夏天易变质；海藻酸钠与大多数金属离子可生成络合物，呈特殊的光泽；海藻酸钠具有强阴电性，不适用于阳离子染料印花；在海藻糊中加入 2%三乙醇胺或 0.4%磷酸氢二铵，可以增加印花糊的流动性和防止发生凝冻现象。

(4) 乳化糊。采用乳化糊印花时，有利于透网和润湿织物。乳化糊内不含有固体，印花烘干时即挥发，得色鲜艳、手感柔软、花纹精细、渗透性好，不黏花筒和刮刀。由于乳化糊含水分少，除适用于涂料印花外，还可用于水溶性染料中溶解度高的品种。

(5) 合成增稠剂。合成增稠剂按增稠机理可分为缔合型和非缔合型两类，缔合型增稠剂相比非缔合型增稠剂具有更佳的综合性能。常见的合成增稠剂主要为聚丙烯酸盐类合成增稠剂，它是一种可以快速提高体系黏度及改善体系流变性的亲水性聚合物，其增稠体系的黏度随剪切速率的增加而急剧下降，为非牛顿液体，具有良好的流变性能，在印花中，有利于印花色浆透过网孔，不易堵网；印花色浆透过筛网印在织物上后，其黏度可迅速恢复，防止印花渗化现象，保证花型轮廓清晰。

常用印花糊料的性能见表 5-1。

表 5-1 常用印花糊料的性能

种类	印花性能		
	给色量	透染性	易洗涤性
淀粉	高	低	低
糊精、印染胶	低	高	高
海藻酸钠	一般	较高	高
合成增稠剂	高	一般	高
乳化糊	低	低	高

4. 特殊功能整理剂

（1）抗菌除臭卫生整理剂。纺织常用的除臭剂有羧酸、环糊精、类黄酮、茶多酚等，还有锐钛型二氧化钛光催化除臭和 Cu/TiO_2光催化除臭，其中使用广泛的有机硅季铵盐类具有良好的抗微生物效果，可有效抑制和杀灭引起感染或疾病的病原性革兰氏阴性、革兰氏阳性菌、金黄色葡萄球菌、白色念珠菌和大肠杆菌等病毒。多用于内衣裤、毛巾、床单、鞋垫、地毯和医用织物的抗菌整理。

（2）紫外线防护整理剂。紫外线防护整理有紫外线吸收剂和紫外线屏蔽剂两类，紫外线吸收剂能够将吸收的光能转换为热能，紫外线屏蔽剂则通过其高折射率能够实现紫外线屏蔽达 84%～89%。

（3）蓄热保温整理剂。织物保温的一般方法通常为纺丝原液中加碳化锆陶瓷粉末，通过吸收光线放出热量、反射人体发射的远红外线从而保温蓄热；中空纤维填充保温和自动相变材料保温整理等。

（4）智能性整理剂。形状记忆织物是由特种整理剂对纤维分子进行定型处理，虽经历任何环境变迁，只要回到原来的环境条件，即可恢复原形状，用于防皱、免熨纺织品。

（5）抗静电整理剂。纺织品积聚静电后的吸尘、易沾污现象，以及服装间、服装与人体间相互吸附现象，轻则产生针刺感和电火花，重则可能导致意外火灾和爆炸事故。织物经抗静电剂覆盖整理，可中和静电负荷、降低表面电阻、减少静电积聚，或增强织物吸湿性从而达到消除静电的效果。

（6）感官整理剂。将吸湿剂、芳香剂、除臭剂、维生素等采用微胶囊技术并使之施加于织物上，从而赋予织物清新的感觉。

（7）染色防皱双功能染料。典型的技术案例为分子结构中含有多羧基可酯化交联基团的水溶性硫化染料，其在合适的条件下，采用轧—烘—焙工艺，具有优良的防皱功能，其急弹、缓弹褶皱恢复角分别比未染色棉织物提高 145.0%和 118.3%。这种新型染料在染色时因无须使用硫化碱，避免了严重的硫化物废水污染问题，同时可以作为含甲醛类纺织品防皱整理剂的优良替代品。

（三）关键染整技术

1. 染色　染色过程包括染料向纤维表面扩散、吸附、在纤维中的扩散及在纤维内吸附与固着等步骤。在绝大多数染色体系中，染浴除纤维、染料和水外，还常加入染色助剂、酸、碱、盐等。染色最主要的影响因素还是染料和纤维之间的相互作用，但其他诸多助剂及工艺因素也会有影响，包括染料与染料、助剂与助剂、纤维与纤维、水与水之间的相互作用，还包括它们与酸、碱、盐、表面活性剂离子或分子之间的相互作用。

染色牢度是衡量染色产品质量的重要指标之一。染色牢度主要有耐日晒牢度、耐气候牢度、耐洗牢度、耐汗渍牢度、耐摩擦牢度、耐升华牢度、耐熨烫牢度、耐汗和耐酸碱等牢度，此外根据产品的特殊用途，还有耐海水、耐烟熏牢度等。影响染色牢度的因素很多，主要有染料的化学结构与组成、染料在纤维上的分布及其物理状态、染料的浓度及染色深度、染料与纤维的结合情况、染色方法和工艺条件等；此外，纤维的性质与染色牢度的关系很大，同一种染料在不同的纤维上往往具有不同的染色牢度。

2. 印花 虽同为对纤维进行着色，但印花与染色有很大区别。印花色浆中一般均要加较多糊料，以锁住自由水，防止花纹渗化。印花色浆中染料浓度高，需要加助溶剂、尿素、乙醇等。与染色相比，印花色浆浴比小，所以印花要尽可能选择溶解度大的染料，或加大助溶剂用量。另外，由于色浆中糊料的存在，染料对纤维的上染过程比染色时复杂。一般来说，印花后采用蒸化或其他固色方法来促进染料的上染。最后，印花织物要进行充分水洗和皂洗，以去除糊料和浮色，改善手感，提高色泽鲜艳度和牢度，保证白地洁白。

（1）印花方法主要有筛网印花、滚筒印花、转移印花、喷墨印花、静电植绒印花、多色淋染印花等。

①筛网印花中筛网分为平网和圆网两种，是目前广泛采用的印花方法。平网印花是将筛网绷在金属或木质矩形框架上，属于间歇式印花技术；圆网印花则采用镍质圆形金属网，为连续化的机械运行；筛网印花套数多，单元花样、花型排列比较活泼，织物所受张力小，不易变形，花色鲜艳度优良，得色丰满，且疵布较少，适于小批量、多品种生产。

②滚筒印花的核心印花装置是刻有花纹的铜辊，又称花筒，色浆通过刻有花纹图案的铜辊凹纹压印在转移到织物上，此法生产成本低，生产效率高，适宜大批量生产，可印制精细线条花纹，但存在织物所受张力大，印花套色和花纹大小受限等缺点。

③转移印花是先把染料或涂料印在纸上得到转印纸，而后在一定条件下使转印纸上的染料转移到织物上的方法，包括热转移法（利用热使染料从转移纸升华到织物上）和湿转移法（一定温度、压力和溶剂的作用下，使染料从转移纸上剥离而转移到织物上），这种印花技术适于印制小批量的品种，印花后不需要后处理，污染小，且印制图案丰富多彩、花型逼真、艺术性强、印花疵布少，但成本高，目前主要用于涤纶、锦纶织物的印花。

④喷墨印花提高了印花的精度，可方便地实现小批量、多品种、多花色印花，具有广阔的发展前景。喷墨印花的工作原理基本与喷墨打印机相同，通过对墨水施加外力，使其通过喷嘴喷射到织物上形成色点，继而构成花纹图案，喷墨印花的工艺过程随所使用的印花墨水而定。

⑤静电植绒印花是利用高压静电场在坯布上面栽植短纤维的一种印花技术，即在承印物表面印上黏合剂，再利用一定电压的静电场使短纤维垂直加速植到涂有黏合剂的布面上，喷墨印花容易受绒毛回潮率、黏合剂、处理方式等因素的影响。

⑥多色淋液印花是直接或间接地将不同颜色的染色液流施于运行着的织物或经片上，再经适当的后处理获得不规则花纹的特种印花方法，这种方法无须制版，所得花纹色彩朦胧、活泼自然，无重复性，特别是在经纱片上形成花纹后，再经织造，风格更显别致。

（2）印花工艺主要有直接印花、拔染印花、防染印花。

①直接印花是将含有染料的色浆直接印在白布或色布上并在印花处上染，获得各种花纹图案，未印花处地色保持不变的印花方法。

②拔染印花是先染色后印花，印花浆中含有拔染剂，以局部地破坏地色，进而获得花型的印花方法，包括拔白印花（织物地色被破坏，经过水洗后得到白色花型）和着色拔染印花

(在破坏织物地色同时，印花的花纹处上染印花色浆中的另一种染料，获得不同于地色色光的花型)。拔染印花织物地色色泽丰满艳亮，花纹细致，轮廓清晰，效果较好；但是，拔染印花在印花时较难发现疵病，工艺较复杂，成本较高。

③防染印花是先印花后染色，印花浆中含有防染剂，以局部地防止染料上染，进而获得花型的印花方法，包括防白印花（织物印花处地色染料不上染，经洗涤后印花处呈白色花型）和色防印花（色浆中加入一种能耐防染剂的染料，在防染的同时又上染另一种颜色而获得花型）。

3. 后整理

（1）物理整理法。浸渍法适用于水溶性或溶剂可溶性的多功能整理剂。这种整理方法简单，易生产，成本低，织物的手感与风格特征受溶液的影响也不大，但由于整理剂与纺织品的结合方式多是物理吸附，相互间作用力弱，结合牢度不高，易受外界及使用状况影响而丧失特有的功能。涂层法适用于黏度较高的黏流体或黏滞性半流体的整理剂，将整理剂涂刮到纺织品上，进行焙烘，靠黏流体与被整理的纺织品进行粘接。在烘焙过程中，整理剂与纺织品纤维可以部分进行接枝聚合反应，或整理剂之间相互聚合，在纺织品外表面形成较牢的膜。这种整理方法较简单易行，且排污少，多用于有机类涂层整理，但应注意有机物挥发造成的影响。涂层法的结合牢度较高，耐用性好，成本低，但纺织品的风格手感会受到整理剂的影响较大。

（2）化学整理法。将纤维材料的单体与具有某些功能的大分子或单体进行共聚、接枝的化学反应，使纤维材料与功能材料分子紧密结合，从而赋予纤维材料及其制品耐久性的功能整理效果。由于它们依靠的是内在结合力，其牢度很高，不易破坏，具有永久的使用功能。这种方法技术性强、成本较高，生产难度也较大。

（3）生物生态整理。这是近年来新兴的整理方式，广泛采用具有生物活性的生物酶来对纺织品进行整理。这种整理具有安全性较高，对环境影响小，整理效果好的特点，因此在功能整理上发展较快。生物生态整理虽整理效果好，功能持久，但生产难度较大、成本较高，且对纺织品手感风格特征的影响随生物酶种类的不同而不同。

五、纺织印染产品的质量评价

（一）纺织印染产品的质量评价系统

纺织印染产品的质量主要从其内在质量和外观质量两个方面进行判定，主要包括：断裂强力、顶破强力、撕破强力、尺寸变化率、起毛起球、染色牢度、安全性能、纤维含量、特殊功能性等项目。根据产品的种类、用途及工艺路线的不同，其质量要求也有一定的区别。

1. 断裂强力　断裂强力是织物基本的质量指标，通常采用条样法或抓样法进行测试。

2. 顶破强力　织物在一垂直于织物平面的负荷作用下鼓起扩张而破裂的耐受性指标称为顶破或胀破强力，该指标与衣着用织物的膝部、肘部、手套及袜子等的受力耐受性相关。

3. 撕破强力　织物在使用过程中有时会受到撕扯而破裂，生产上常以织物的撕破性质来评定染整产品的耐用性。

4. 尺寸变化率 织物在热、湿、洗涤等条件下尺寸会发生变化，会影响其外观和使用性能。织物的原料性能、织物结构以及织物后加工方法与织物尺寸变化率有着密切的关系。尺寸变化率的测试根据组成织物的纤维原料不同，可以采取水洗、干洗、汽蒸、干热等测试方法。

5. 起毛起球性 目前，织物起毛起球的主要测试方法有圆轨迹法、马丁代尔法、起球箱法、随机翻滚法。其中，圆轨迹法是我国特有的起球方法标准，实际生产中多要求采用马丁代尔法测试织物起毛、起球性。

6. 色牢度 色牢度是指纺织品的颜色对加工和使用过程中各种作用因素的耐受性，根据试样的变色和贴衬织物的沾色来评定牢度等级。色牢度试验种类极多，常用的包括耐光、耐洗、耐摩擦、耐汗渍、耐干洗、耐水、耐热压、耐氯漂以及复合色牢度等，实际工作中要根据产品的最终用途和产品标准的要求来决定检测项目。

7. 安全及生态性能 见“（二）绿色纺织产品的评价标准概述”。

8. 功能性 功能性纺织品是指除了常规的基本使用功能外，还同时兼有其他特殊功能的纺织品。目前，功能性纺织品开发中面临的最大问题是很多功能性纺织品缺少检测方法和质量标准，使得这些纺织品的质量得不到有效的监管，这不利于功能性纺织品产业的健康发展。

9. 其他性能 纺织印染产品的质量还体现在其亲水性、匀染性、白度、鲜艳度、色深、手感及外观风格、花型清晰度、印花背透性、泳移控制、甲醛释放性等多个指标，其中很多技术指标并不体现在最终产品上，而是在生产过程中必须控制的质量指标，以确保最终印染制成品表现出较高的质量品质。

（二）绿色纺织产品的评价标准概述

纺织、印染产品生产加工对资源、能源具有较大的依赖性，且存在对环境不友好的问题。目前，国际纺织品市场上受到广泛关注和认可的绿色纺织品评价标准有以下几类。

1. OEKO-TEX® 经过近 25 年的发展，OEKO-TEX®已从最初的确保人类生态学产品安全出发的单一标签，朝着面向纺织全产业链的、提升产品可持续性服务的方向发展。其中，STANDARD 100by OEKO-TEX®的影响和使用范围较广。STANDARD 100 by OEKO TEX®着重限制产品中有害物质的残留量。该标准涉及甲醛、pH、重金属、氯化苯酚、邻苯二甲酸酯、有机锡化合物、残余化学物质、染料、多环芳烃、抗菌整理剂、阻燃整理剂和全氟及多氟化合物等物质和化学品。

2. 全球有机纺织品标准（GOTS） 该标准不仅对有机纺织品中有机纤维的含量、有毒有害物质进行了限制，而且对产品整个供应链（纤维生产、纺纱、上浆、织造、预处理、印染、后整理、贮存、包装和运输等）的环境方面提出了高要求。该标准中给出了有机纤维的生产、纤维成分、产品生产链各加工阶段所用化学物质及残留、环境管理、污水管理、储存运输、质量保证及社会责任的详细要求。

3. 欧盟相关标准 欧盟 Eco-label 体系准确界定了纺织产品分类中各类产品的定义，不仅包括对产品化学安全的要求，还涉及诸多生产过程中的有害物质、生产工艺、污染物排放和处理、使用性能及社会责任的要求。该标准中的规定囊括纤维、填充物、附件产品各组成部分，涉及纺纱、织造、前处理、印染、后整理及制作各加工环节，是目前为止纺织行业最为严格的绿色评价标准之一。

4. 我国相关标准　我国于2002年发布了首个生态纺织产品技术标准GB/T 18885—2002《生态纺织品技术要求》，并于2009年发布第2版。除此之外，根据我国纺织行业的实际发展情况还陆续制定了GB/T 22282—2008《纺织纤维中有毒有害物质的限量》、GB 18401—2010《国家纺织产品基本安全技术规范》、GB/T 35611—2017《绿色产品评价　纺织产品》和《环境标志产品技术要求纺织产品》等多项与绿色纺织产品技术要求相关的标准。

综上，目前对绿色纺织产品的评价均是从资源、能源、环境、安全和质量5个方面展开，各标准间的差异主要体现为主要评价指标的侧重点不同，即5个方面内容所占权重的分配不同以及指标高低有所差异。

第二节　绿色染整技术

一、前处理

棉织物前处理能耗高、水耗高、污染大，一直是染整行业的大问题，随着国家对环境保护、绿色染整要求的不断提高，将新技术与染整技术进行结合，为清洁染整提供了更多的思路。

（一）生物酶前处理

生物酶是由活细胞产生的具有催化作用的有机物，具有专一性和高效性。生物酶的催化反应条件较温和，一般在常温常压下就可以发生，但不同种类酶的最佳催化条件不同，而且酶与酶之间还存在着抑制与协同等作用。生物酶的种类很多，对棉纤维上的杂质起作用的主要有以下几种。

1. 淀粉酶　其主要应用在棉织物的退浆过程中，与碱退浆相比，淀粉酶退浆可以在较温和的条件下进行，去除浆料的耗水量少、退浆率高、环境污染小。

2. 纤维素酶和果胶酶　其常被用在煮练过程中，两种酶的复合使用可以发挥协同作用，能更好地去除棉纤维上的天然杂质。果胶酶在前处理过程中会将果胶质转化成可溶性物质，打破棉纤维表面油脂、蜡质的连续分布状态，通过其他乳化剂的协同作用，经水洗除去杂质。纤维素酶会水解初生胞壁上的纤维素，进一步使得初生胞壁层松动并在外力的作用下被除去，提高织物的润湿性。

3. 过氧化氢酶　过氧化氢酶可以分解过氧化氢，能够有效地解决过氧化氢漂白中的废水处理问题，能解决传统高温水洗除去过氧化氢的高能耗、织物强力损伤等问题。

4. 葡萄糖氧化酶　葡萄糖氧化酶可以将煮练、漂白时产生的葡萄糖催化成过氧化氢，这些过氧化氢可以用来漂白，并且催化反应中产生的葡萄糖酸可以充当金属离子的螯合剂，避免使用额外的稳定剂。

（二）短流程前处理

棉织物传统的前处理主要包括退浆、精练、漂白三道工序，又称三步法前处理，虽然工艺成熟、重现性好，但加工机台多、操作流程长、能耗高、效率低、废水量大、污染较重。棉织物短流程前处理是将传统前处理中的退浆、煮练、漂白三道工序合并为两道或一道工序。根据合并方式的不同，短流程前处理可分为二步法工艺和一步法工艺。二步法前处理工艺又分为“退煮+漂”两步法和“退+煮漂”两步法前处理，一步法前处理工艺就是退煮漂一浴法。短流程前处理工艺曲线如图 5-1～图 5-3 所示。

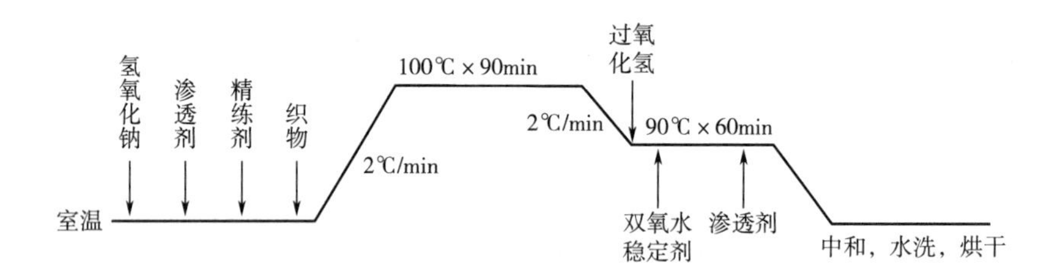

图 5-1　退浆+煮练、漂白两步法前处理工艺曲线

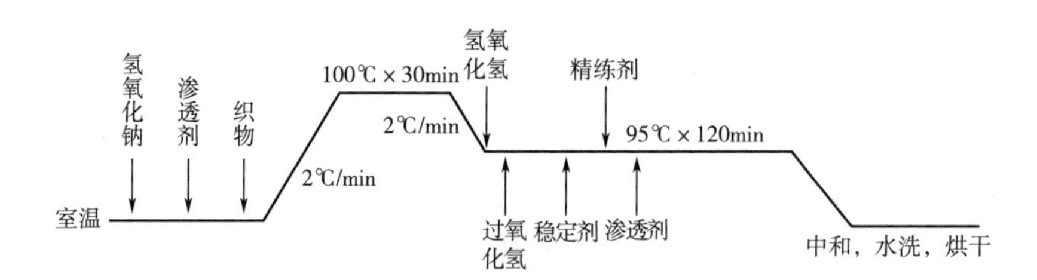

图 5-2　退浆、煮练+漂白两步法前处理工艺曲线

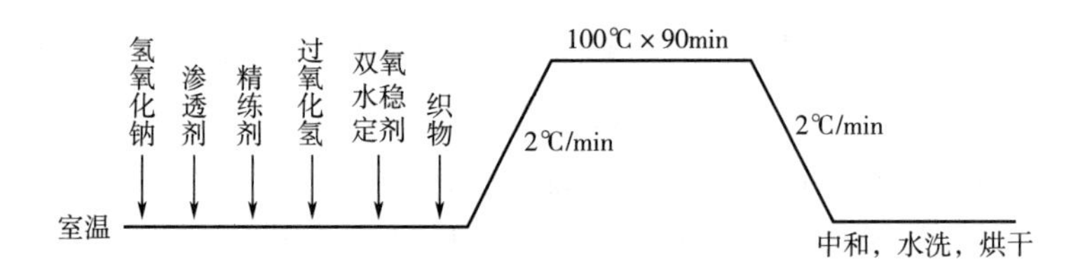

图 5-3　退浆+煮练+漂白一步法前处理工艺曲线

（三）低温短流程前处理

传统的棉织物前处理工艺通常在高温、强碱性条件下进行，且需用大量清水对织物进行洗涤，其能耗、水耗大，污水处理负担重。采用漂白活化剂与过氧化氢（H_2O_2）作用形成的活化漂白体系可对棉织物进行低温漂白具有显著节能及对纤维损伤低的优点。四乙酰乙二胺（TAED）、壬酰氧基苯磺酸钠（NOBS）是目前常用的两种漂白活化剂。TAED 和 NOBS 使棉纺织品的活化过氧化氢漂白及生物酶退浆、生物酶精练均能够在低温和近中性的条件下实施。例如，将淀粉酶、精练酶与 TAED 活化过氧化氢漂白技术进行有效组合，在中性浴中对棉织

物进行低温退浆、精练、漂白。

二、染色及印花

（一）非水体系染色

虽然传统水浴染色可通过设备的改进、污水回用、盐回用或纺织品的前处理来减少污水的排放，但这些技术并不能真正提高染料的利用率，降低污水的污染性，反而这些技术还可能会增加污水的处理难度。

目前，无水/少水染色加工方法主要有有机溶剂染色、超临界二氧化碳流体染色、乙醇/水体系无盐低碱染色、离子液体染色等。非水介质染色原理如图 5-4 所示。

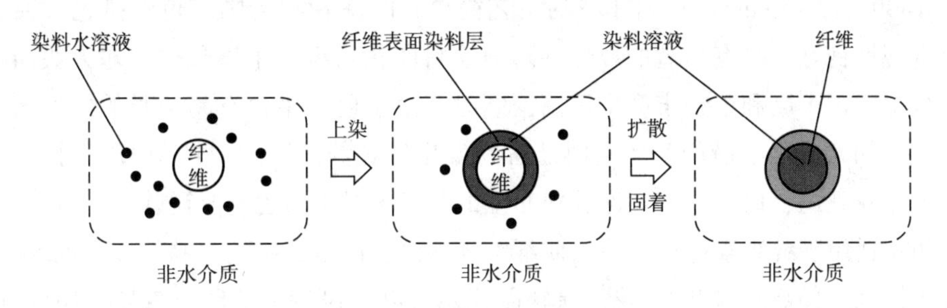

图 5-4　非水介质染色原理示意图

非水介质染色需要满足以下几点：非水介质不能溶解染料，从而确保染料在纤维内相分配的绝对优势；非水介质不能渗透进入纤维内部，仅能吸附在棉纤维表面，有利于介质的分离和回收；非水介质应具有比水更低的表面张力，使其更易在纤维表面铺展，有利于均匀染色；非水介质的沸点应尽量高，避免染色过程中产生有机废气（VOC）；非水介质的密度与水不同，以减少非水介质的回用成本。

1. 有机溶剂染色　国内有采用 *N*，*N*-二甲基甲酰胺（DMF）、二甲基亚砜（DMSO）等溶剂上染棉纤维的研究，都没有解决上染率低、溶剂回收难度大、成本高的问题；此外，溶剂的生理毒性也限制了其大面积产业化的可行性。

2. 超临界二氧化碳流体染色　该方法是将气态的二氧化碳转变成超临界流体，即在液体状态下对合成纤维进行染色，染色过程将分散染料溶解在流体中，实现不使用分散剂下的染色效果。但染色过程需要在 20MPa，甚至 30MPa 的条件下操作，设备投入成本非常高；另外，超临界二氧化碳流体染色技术的安全性也具有很大的挑战，染色后仍需要还原清洗以去除纤维表面的浮色，并没有实现整个染色全过程的无水染色。

3. 乙醇/水体系无盐低碱染色　乙醇/水体系无盐低碱染色技术是将经过水预溶胀的纤维，以一定的带液率浸入乙醇/水（体积比 1∶4）体系中，实现活性染料无盐低碱的染色方法。无盐的情况下，该染色体系使用的碱量是传统染色的 1/10，活性染料可获得 95%以上的上染率和 80%以上的固着率。由于残液中乙醇/水的体积比难以控制，染色可控性难以把握，染色过程的总用水量并不一定能够明显地减少且乙醇易燃、易爆，存在安全隐患。因此，该项技术的产业化应用局限性很大。

4. 离子液体染色 离子液体是指全部由离子组成的液体，如一些盐（NaCl）的液体状态。在纺织领域中主要是将染料溶解在离子液体中对纺织品进行着色。将纤维素纤维在离子液体中进行处理，可显著提高纤维的溶胀性能，以改善染料的利用率。然而，离子液体的成本比较高，另外现在应用于纺织领域的离子液体多数是有机离子液体，染色后纤维上和染浴中的离子液体的回收仍存在问题。

（二）涂料印花

1. 涂料印花的特点 涂料印花是借助具有较高黏着力和适当力学性能、化学性质稳定的成膜高分子（黏着剂、黏合剂）将涂料黏着在纤维表面来获得所需图案的印花工艺。其工艺过程为：印花→烘干→固着。固着有两种方式：汽蒸固着（102~104℃，4~6min）和焙烘固着（110~140℃，3~5min）。涂料印花的工艺简单、图案轮廓清晰、色浆拼色方便、色谱齐全、色泽重现性良好，具有显著的环保性。但涂料印花纺织品手感较硬，印大块面图案时尤为突出，且湿摩擦牢度和干洗牢度也不高；同时，由于色浆中含有易结膜的黏着剂和不溶性的涂料颗粒，如无适当的措施，印花时还容易发生嵌花筒、黏刀口或阻塞筛网网眼等情况，因而易产生印花疵病；此外，印在印花衬布上的黏着剂烘干后也不易洗除。

涂料印花适用于纤维素纤维、蛋白质纤维、锦纶、涤纶、维纶、腈纶和玻璃纤维等织物，尤其适合于棉/涤等混纺织物的印花。涂料印花还可以获得特别的印花效果，如可以印得金、银色或用氧化钛白涂料印得白色花纹等。

2. 涂料印花助剂 涂料印花色浆主要由涂料、黏合剂、交联剂、增稠剂等助剂，以及其他化学药剂组成。

（1）涂料。是指涂料印花的着色组分，由涂料与适当的分散剂、吸湿剂等助剂以及水经研磨制成的浆状物。一般来说，涂料需色泽鲜艳；并具有良好的日晒和升华牢度；耐酸、碱、氧化剂和还原剂；不溶于干洗溶剂。涂料颗粒应细而均匀，颗粒尺寸一般控制在0.1~2.0μm，还应有适当的密度，在色浆中既不沉淀也不上浮，具有良好的分散稳定性。涂料中无机涂料，包括钛白粉（二氧化钛）、炭黑和氧化铁等少数几种；有机涂料包括偶氮类涂料（品种极多），主要为黄、橙、红、蓝色；酞菁类涂料，其色泽鲜艳、各项牢度优良，但色泽仅限于蓝、绿两类，其翠蓝是其他涂料无法比拟的；硫靛涂料和蒽醌类涂料，为还原染料中的一个类别，色牢度好，但价格较高，其色谱有橙、红、蓝、紫，色泽鲜艳；杂环结构的涂料，是目前发展较快的一类涂料，其日晒牢度优良，耐化学稳定性和耐溶剂性都较好，还能耐高温；荧光树脂涂料，为有机涂料中的特殊品种，鲜艳度特别高，但耐日晒牢度一般较差。

（2）黏合剂。是指具有成膜性的高分子物质，一般由两种或两种以上的单体共聚而成，是涂料印花色浆的主要组分之一。黏合剂决定涂料印花的牢度和手感。黏合剂应具有高黏着力、安全性及耐晒、耐老化、耐溶剂、耐酸碱性，力学性能好，成膜清晰透明；印花后不变色也不损伤纤维，有弹性、耐挠曲、手感柔软，且易从印花设备上洗除等特点。

（3）交联剂。它是一类具有两个或两个以上反应性基团的物质，能与黏合剂分子或与纤维上的某些官能团反应或交联剂分子本身间发生反应，使线型黏合剂呈网状结构，降低胶膜膨化性，提高各项牢度（耐水洗、耐摩擦、耐热、耐溶剂等），其作用就是改进涂料印花的水洗和摩擦牢度，提高耐热和耐溶剂性能。

（4）增稠剂。应具有良好的印花性能，能随意调节印花色浆的稠度和黏度，使印出的花纹轮廓清晰、不渗化且印花得色均匀；对黏合剂形成的无色透明皮膜无影响，对涂料着色无影响，从而确保花色的给色量和色泽鲜艳度；含固量要低，印花烘干后，溶剂挥发，残留在纺织品上的固体少，不影响手感，且色牢度好。常用的涂料印花增稠剂包括聚丙烯酸盐增稠剂、变性淀粉类增稠剂和乳化糊增稠剂。

（三）数码印花

数码印花和传统印花的后处理相似，但在前期准备上，数码印花摆脱了传统印花在生产过程中的分色描稿、制片、制网和色浆调制的过程，从而大幅缩短了生产时间，特别适合小批量加工及快速反应的生产方式。

由于数码印花技术经过计算机进行测色、配色、喷印，从而使数码印花产品的颜色可以理论上达到1670万种，突破了传统纺织印染花样的套色限制，特别是在对颜色渐变、云纹等高精度图案的印制方面，数码印花在技术上更是具有无可比拟的优势。另外，数码印花技术不存在“花回”的限制，从而极大地拓展了纺织图案设计的空间，提升了产品的档次。目前，纺织品数码印花的方式有两种：一是数码直喷印，是将适合被印织物的染料从数码印花机中直接喷印到预先上浆的织物上，形成花纹图案，最后再进行烘干、蒸化、水洗、烘干、柔软、定形等工艺。若是涂料墨水，则只要烘干、焙烘即可。二是数码转移印，先把纺织染料打印在纸上，再用专用机械将纸和面料压印，实现图案的转移。优点是精度比较高，但印花效率低。

（四）其他染整技术

1. 泡沫染整　将空气通过一定设备和发泡剂混入少量含有染料、助剂、后整理剂的液体中，形成亚稳态泡沫，并将泡沫均匀地施加到织物上并进行适当的后处理。泡沫染整加工技术在最小给湿量的条件下使化学药剂均匀的分布，符合绿色染整的发展方向。泡沫染整技术可以应用到泡沫浆纱、泡沫增白、泡沫丝光、泡沫印花、泡沫染色，纺织品后整理中的拒水拒油整理、柔软整理、阻燃整理、防皱整理、防缩整理、抗菌整理、多功能整理等。

（1）泡沫丝光。与常规丝光相比，泡沫丝光可以减少烧碱的用量，且碱液可以更好地渗透到织物内部；同时，对部分厚重织物可以进行单面丝光处理；此外，对某些待印花织物，可以对织物印花的一面进行丝光处理，这样不仅可以保证印花质量，同时碱的用量比常规方法显著更低。

（2）泡沫印花。泡沫印花是借助于空气，使少量的液体形成泡沫携载着染料或涂料及各种助剂，并使泡沫施加到足以均匀地覆盖全部织物的程度，从而以较低的给湿量完成整个印花过程，形成表面印花的效果。

（3）泡沫染色。泡沫染色的优点比泡沫印花更为突出，包括浴比小、显著降低各种助剂的用量、缩短加工时间、提高织物表面得色量、减少染料泳移、降低染色废水量。此外，利用泡沫染色法进行还原染料悬浮体染色，可使悬浮体均匀的分布，提高悬浮染色体的匀染性能。泡沫染色目前还存在匀染性不佳的问题。

2. 涂层整理 通常纺织品涂层整理技术可以方便地赋予织物全新的性能或功能。

（1）涂层基布。对用于涂层的织物来说，前处理加工非常重要。涂层基布必须洁净且经过充分的热定型处理。布面上的残余整理剂会对涂层的黏合力产生不利的影响，而热定形不足则有可能导致基布在焙烘过程或随后的服用过程中产生形变。

（2）涂层整理剂。涂层剂的基本化学组成是聚合材料，涂层剂的组成中还常常包括添加剂和辅料（如阻燃剂或增稠剂）。常用的涂层剂有：

①聚丙烯酸酯价廉且具有良好的机械、化学稳定性和良好的耐水洗及干洗性，可应用于特殊用途的服装和运动服，也可应用在专业产品上，如地毯底布、人造革的外观涂层整理或遮篷和防水帆布等。

②聚氯乙烯常用于生产建筑用纺织品和防水帆布、地毯底布或人造革等，它们大多以机织涤纶织物为涂层基布。

③聚氨酯树脂常用于人造革、服装、防水帆布和薄膜或作为地毯底布的涂层剂。

④聚四氟乙烯为高度浓缩的分散剂，须在400℃以上焙固，具有良好的化学和机械稳定性且抗黏结的表面具有自动清洁作用。

⑤有机硅树脂具有防水、防尘、从-50~200℃的热稳定性、阻燃、耐老化、耐化学腐蚀、透明性等优点，常用于充气袋涂层、输送带、防护纺织品、卫生/医用纺织品、服装、内用和外用膜等。

（3）涂层工艺。涂层加工往往需要分多步完成。底涂（或黏合涂层）确保了涂层剂对纺织原料足够的黏合；中间涂层（或填充涂层）使得织物具有一定的厚度及硬挺性；而面涂决定了成品的外观效果。主要的涂层工艺有以下几种：

①直接涂层由于基布必须在轻微的张力下进行涂层加工以确保涂层的均匀性，那些易变形织物（如针织产品或非织造布）被拉伸时，须注意并抑制涂层剂可能因轻易地渗入甚至在瞬间穿透织物带来的疵病。

②气流刮刀涂层通常被应用于小涂布量的涂层整理中（如雨衣），或用于底涂和微孔涂层中。

③绢网或橡皮衬布刮刀涂层常应用于防水帆布、篷盖织物或人造革这种厚重涂层产品中，该涂层系统正在逐步被辊筒刮刀涂层系统所替代。

④浸渍辊涂层系统可用于低涂布量的涂层整理，比如室内装饰用纺织品，涂层剂涂覆在辊上（辊浸渍在贮浆器里），膜的厚薄由在涂层辊上的剥色刀或辊子控制。

⑤反转辊涂层技术被用于起绒产品的底布涂层。

⑥刻花辊涂层适用于水性涂层浆，用这种涂层工艺可以生产出具有时尚效果的涂层织物，比如用闪光涂料使其具有闪光效果。

⑦泡沫涂层可通过以空气替代涂层浆中的部分水，节约干燥能耗。泡沫涂层浆一般采用浮刀或圆网来进行涂层。在拉幅机的后端，由压烫板对泡沫层进行压缩或压纹。

（4）全新的涂层系统及工艺。

①相变材料涂层，通过使用相变材料（PCM），生产出贮热和贮冷的涂层织物。PCM会

对温度变化产生响应，它通过吸收或放出热量来补偿因环境温度变化造成的微气候失衡。

②溶胶—凝胶涂层，即复合（混杂）无机—有机聚合物在纤维表面形成一个功能性薄膜，溶胶涂层后，通过凝固/凝聚过程形成凝胶膜，这种膜干燥后可形成一个微孔干凝胶膜，适合用作功能涂层。

③等离子蒸汽淀积涂层，物理蒸汽淀积（PVD）是指在高真空条件下用不同等离子蒸气淀积涂层剂的加工工艺，在这个过程中涂层剂的原子或分子被蒸发，而后在基布上凝结形成一个固体薄膜。

3. 纳米功能整理

（1）制备功能纤维。在化纤纺丝过程中加入少量的纳米材料，可生产出具有特殊功能的新型纺织材料。例如：将纳米 TiO_2、ZnO 等加入合成纤维中，用其做成的服装和用品具有阻隔紫外线的功能；用铁镍合金纳米粒子与黏胶纺制的复合纤维，可以制成具有抗紫外线波段或抗红外波段的功能织物；将纳米银粒子、纳米铜粒子与化纤复合纺丝，可制造出抗菌功能纤维，具有更强的抗菌效果和更多的耐洗次数。

（2）功能整理。纳米材料可加到织物整理剂中，采用后整理的方法与织物结合，制成具有各种功能的纺织品。另外，还可采用接枝法将纳米材料接枝到纤维上，接枝技术主要用于天然纤维织物的后整理，可使纺织品具有永久性功能。

第三节　特殊外观与特殊功能染整技术

一、特殊外观染整技术

（一）变色整理

变色整理通常采用微胶囊化的变色材料在纺织产品上通过涂层的方式来实现，微胶囊的性质主要取决于微胶囊的形态、结构和粒径、微胶囊中芯材的释放、微胶囊囊壁的厚度和特性等。

1. 热敏变色材料

（1）无机热敏变色材料。无机类热敏变色材料的变色机理一般为基于温度变化的材料晶型的转变与恢复、结晶水的失去与吸收、配位体的几何构型互变等。无机热敏变色材料一般为过渡金属化合物或金属化合物。

（2）有机热敏变色材料。常见的有机热敏变色材料的变色机理是由电子转移和质子得失引起的变色，例如，pH 变化机理（一般为酸碱指示剂、羧酸类或胺类可溶性化合物）；电子得失机理（由三部分组成，即电子供体、电子受体和可溶性化合物）。

2. 光敏变色材料　光致变色现象是指一个化合物在受到一定波长和强度的光照射时，可进行特定的化学反应，其结构发生变化而转变为另一种物质，导致其吸收光谱发生明显的变化；在特定的光照条件下，该新的物质又能恢复到原来的结构而恢复原本的颜色。

（1）无机光致变色材料。无机光致变色材料主要包括过渡金属氧化物、多金属氧酸盐和金属卤化物等，其变色机理通常是由晶体缺陷引起的。

（2）有机光致变色材料。有机光致变色机理主要分为以下五种：顺/反异构、化学键断裂（异裂或均裂）、周环反应、氧化还原反应、价键变化。

（二）仿真整理

1. 仿毛暖感整理 将陶瓷制成粉末状，混入高聚物纺丝液共混纺丝，或将其以涂层方式附着到织物上，以实现降低织物导热系数的目的。例如，在湿法纺丝的过程中加入远红外陶瓷粉和碳化锆颗粒，可制得聚丙烯腈基太阳能蓄能发热纤维，或将陶瓷蓄热纤维和天然纤维素纤维混纺，或选用纳米陶瓷整理剂处理涤纶长丝仿毛织物，可以获得较好的暖感和仿毛效果。

2. 仿棉吸湿排汗整理 通过改变喷丝板微孔的形状，纺制表面具有沟槽的异形纤维，利用虹吸原理，使纤维能够快速地输水、扩散和挥发，迅速移除皮肤表面的湿气和汗水并排放到外层蒸发；或采用与含有亲水性基团的聚合物进行共混纺丝、复合纺丝的方法，生产具有吸湿快干性能的纤维。此外，还可以采用化学接枝共聚的方法在大分子结构内引入亲水性基团，从而赋予纤维吸湿快干性能。

二、特殊功能染整技术

（一）香味整理

目前，芳香整理产品已发展到服装、床单、手帕、袜子、围巾等多种纺织品。生产香味医疗保健纺织品的关键是香味的缓释长散问题，通过胶囊化可极大地延长留香时间，达到长效的目的。胶囊化还可对香精起到保护的作用，使其不受环境的影响而发生变质。

香精微胶囊的制作方法很多，大致可分为化学法、物理化学法和物理机械法。

（二）抗皱整理

以化学或物理化学的方法，通过对纤维素纤维进行其无定形区的内交联，提高其织物弹性恢复能力的加工处理，从而显著改善织物从折皱中恢复原状的能力即为抗皱整理。棉型纺织品经抗皱整理后，其服用性能将发生一些变化，抗皱即形变恢复能力提高、机械强力下降、有色产品色光和日晒牢度有一定变化、织物的穿着舒适性有所降低且相对易于沾污。抗皱纺织品的撕破强力和耐磨性的下降可以通过在抗皱配方中使用柔软剂、补强剂（高分子或大分子树脂）及合理选择催化剂（控制平稳的催化过程）并优化工艺等方式改善抗皱整理纺织品的力学性能。

传统的抗皱整理剂（脲醛树脂）虽有优良的防皱性能，但在整理加工和穿着过程中会释放出对人体和环境有害的甲醛。目前，国内外研究并开发了一些低甲醛和无甲醛树脂整理剂。

（1）甲醛捕集剂，含有氨基的化合物易于与甲醛反应的材料都可以作为捕集剂，如尿素、聚丙烯酰胺、碳酰肼（$H_2N—HNCONH—NH_2$）等，其中以碳酰肼的效果最好。

（2）脲醛树脂初缩体的醚化改性物，通过醚化反应制得的低甲醛树脂整理剂，例如，六羟甲基三聚氰胺树脂的游离甲醛>1%，整理后织物上的游离甲醛达660mg/kg，而其醚化产物的游离甲醛可降到<0.6%，织物上仅为225mg/kg。这种改性物主要是脲醛树脂初缩体的甲醚

化、乙醚化和多元醇醚化改性。

(3) 多元羧酸，用多元羧酸对织物进行防皱整理，目前研究较多的有丁烷四羧酸（BTCA）、丙三羧酸（PTCA）和柠檬酸等，BTCA 是公认效果较好的多元羧酸，整理后的织物无论弹性、白度、耐洗性，还是强力保留率都令人满意。

(三) 阻燃整理

阻燃纺织品常见于室内装饰材料及家纺产品。在产业用及技术纺织品领域，阻燃纺织品则常用于交通（交通工具的内部装饰材料）、军事（帐篷、篷布以及各种伪装材料、作战服等）、防护（消防用纺织品、石油、冶炼工人的服装以及从事试验研究等的工作服）及工业用材料（阻燃非织造布、高温过滤材料、输送带等用的材料）等领域。

1. 棉织物的阻燃整理　棉织物的阻燃整理方法包括：普鲁苯（Proban）/氨熏工艺，传统的 Proban 法是阻燃剂四羟甲基氯化辚（THPC）浸轧后焙烘，改良的方法是 Proban/氨熏工艺，工艺流程为：

浸轧阻燃整理液→烘干→氨熏→氧化→水洗→烘干

这种阻燃整理工艺效果好、织物强力降低小、手感影响小，但由于设备问题限制了其推广应用。Pyrovatex CP 整理工艺，这种阻燃工艺是采用反应型的阻燃剂，在酸催化下阻燃剂与棉纤维上的羟基进行反应，形成牢固的化学键，此类产品的阻燃性好，耐久性好，可以耐家庭洗涤 50 次甚至 200 次以上，手感良好，但强力会大幅降低。暂时性与半耐久性的阻燃整理，用硼砂—硼酸、磷酸氢二铵、磷酰胺工艺、双氰胺等对棉纤维进行处理。

2. 涤纶织物的阻燃整理　涤纶织物的阻燃整理方法包括：以三（2,3-二溴丙基）磷酸酯（TDBPP）对涤纶进行同浴染色，有阻燃效果，但有致癌作用；将含溴、锡化合物的整理剂（十溴联苯醚、六溴环十二烷、三氧化二锡、五氧化二锡等）通过黏合剂将阻燃剂黏于织物上。这些技术整理的涤纶织物阻燃性能尚可，但手感太硬，有白霜和色变等现象，整理液的稳定性也不好，主要原因是阻燃剂颗粒大、易聚沉且对纤维吸附性差。

3. 涤/棉织物的阻燃整理　棉纤维燃烧后炭化，而涤纶燃烧时熔融滴落。然而，涤/棉织物燃烧时，由于棉纤维变成了支持体，能使熔融的涤纶聚集，并阻止了它的滴落，使其熔融纤维燃烧更加剧烈。故涤/棉织物的阻燃更加困难。在对混纺织物进行阻燃时，宜采用对混纺织物中各组成纤维均有效的阻燃剂，只有那些同时在凝聚相和气相发挥功效的阻燃剂才能对纤维素纤维及涤纶均有效。

(四) 防水透湿整理

防水透湿织物是指织物在一定的水压下不被水润湿，但人体散发的汗液蒸汽却能通过织物扩散或传递到外界，而不在体表和织物之间积聚冷凝。它是集防水、透湿、防风和保暖性能于一体的独具特色的功能织物。这种织物不仅能满足人们在特殊作业环境（如严寒、雨雪、大风天气，沙漠、雨林等恶劣环境）中活动时的穿着需要（如作战服、野外考察服等），也适用于人们在日常生活中对雨衣等防水衣物及各种高档服装面料的要求，具有广阔的发展前景。

织物的防水透湿技术分为以下几类：

1. 超高密结构法 文泰尔（Ventile）织物，一种低特克斯低捻度的纯棉纱高密织物，干燥时，织物中纱线之间的微孔比较大，能提供高度透湿的结构；一旦润湿，棉纤维膨胀，纱线之间的空隙由 10μm 减小至 3μm，在短时间内可以防止水的渗透。分离型纤维（即以胶黏剂黏结的超细纤维束，1dtex）制成织物后再经高收缩，密度可达到普通织物的 20 倍，耐水压可达 6kPa 以上，透湿量达 7000g/(m^2·24h)。紧密型防水透湿织物的优势是工艺简单，主要是纱线和丝纤度的变化，制成的织物悬垂性、透湿性好，但其织物耐水压不高。此外，由于织物密度大，织物的撕裂性能差，生产成本高，加工难度大。

2. 微孔技术法 通常雨滴直径在 100~30000μm，而水蒸气分子大小为 0.0004μm，微孔防水透湿织物根据水滴与水蒸气的大小相差悬殊，通过使织物获得能通过水蒸气分子但水滴不能通过的微孔结构，从而具备了防水透湿的功能。例如 Gore-tex 的 PTFE 薄膜厚度约为 25μm，气孔率为 82%，每平方厘米有 14 亿个微孔，平均孔径为 0.14μm，孔径范围为 0.1~5μm，小于轻雾的最小直径（20~100μm），而远大于水蒸气分子的直径，水蒸气能通过这些永久的物理微孔通道扩散，而水滴不能通过。

3. 致密亲水膜技术法 致密亲水膜防水透湿织物是利用高聚物膜的亲水成分提供了足够的亲水性基团作为水蒸气分子扩散的途径，水分子在一定的温度和湿度梯度下，于高湿度的一侧吸附水分子，通过高分子链上亲水基团传递到低湿度一侧解吸，形成“吸附—扩散—解吸”过程，达到透气的目的；其防水性来自于薄膜自身的连续性和较大的膜面张力。由于膜中没有微孔，因此防水性能很好，但透湿性能有待于提高。

近年来人们正在致力于开发一种新型的聚氨酯材料“调温功能聚氨酯”，除防水透气外，还兼有调温功能，这样穿着者在环境温度多变或人体发热出汗等情况下，都会感到舒适。在聚氨酯涂层剂中添加其他添加剂，不仅可提高薄膜的透气性，而且能赋予织物某些特殊功能。

思考题与习题

1. 棉纤维上的天然杂质有哪些？对印染加工有什么影响？如何在精练中除去？
2. 棉制品经丝光后性能发生了哪些变化？引起的原因是什么？
3. 比较常见纤维纺织品的前处理工艺路线及其工艺条件，并简要说明其异同点。
4. 棉及棉型纺织品双氧水漂白的质量控制因素有哪些？
5. 简述纺织品定形的基本原理以及棉织物和合纤织物的定形方法。
6. 热定形后的合成纤维织物的性能及纤维的微结构发生了哪些变化？
7. 简述纺织品一般整理的目的和原理。
8. 分析造成棉织物缩水的主要原因及防缩的方法（原理）。
9. 分析造成织物折皱的原因并试述纤维素纤维织物的防皱原理。
10. 思考并简述纤维素纤维纺织品丝光及丝光工艺与染色之间的关系。
11. 思考并简述合成纤维纺织品热定形及热定形工艺与染色之间的关系。

12. 结合纤维的物理化学性质及染料的化学结构与性质，比较不同染色系统的染色工艺，并思考其异同点。

13. 纤维素纤维的活性染料染色存在哪些技术难题？列举并说明2~3个活性染料的清洁染色技术。

14. 棉和黏胶织物经防皱整理后，力学性能发生哪些变化？两者之间的区别是什么？为什么？

15. 试述阻燃整理的意义，根据常用的阻燃整理剂说明棉织物阻燃的机理。

16. 易去污整理与防污（拒油）整理的区别是什么？

17. 从技术原理、工艺措施、适应性及印制效果等方面比较常见的纺织品印花技术。

18. 请分析泡沫染整技术在纺织品化学加工中可能的应用方向并说明其可行性。

19. 传统抗皱及免烫整理技术存在哪些问题？其呈现的发展方向或新技术有哪些？

20. 请思考纺织制品“漂”“染”“印”“整”中主要工序之间的关联关系及其质量相互制约因素。

第六章　棉型机织产品设计

本章目标

1. 理解棉型机织物的概念、特点及分类。
2. 掌握棉型经典机织产品常见品种、风格特征、结构特点、主要规格参数。
3. 熟知棉型经典机织产品的主要应用。
4. 掌握棉型机织产品规格设计及上机工艺参数的设计方法。
5. 制订棉型机织产品的上机工艺与上机参数的设计方案。

棉型机织物是指纤维材料为棉型纤维类型的机织物。棉型机织物以优良的服用性能成为最常用的纺织面料之一，广泛用于服装、家用织物和产业用织物。

随着科技的进步，用来生产棉型机织物的不仅仅是天然棉纤维，也有其他纤维。天然纤维中常用的主要有棉、麻类的纤维素纤维，也有丝、毛类的蛋白质纤维。化学纤维一般采用棉型化纤，棉型化纤指根据棉纤维的长度、细度及形态，将化学纤维加工成长度为 30～50mm、线密度为 0.8～2.2dtex 的短纤维。棉型化纤主要有黏胶类、竹纤维类、莫代尔（Model）纤维类、天丝（Tencel）纤维类、铜氨纤维类等再生纤维素类纤维，也有大豆纤维类、玉米纤维类等再生蛋白质类纤维，还有涤纶、腈纶等合成类短纤维。

第一节　棉型机织产品概述

棉型机织物以其优良的穿着舒适性为消费者所喜爱，产品种类繁多，风格各异。棉型机织物主要特点为：手感柔软，光泽自然柔和；良好的吸湿性、透气性及染色性；织物耐碱不耐酸，在一定的张力条件下，利用 18%～25%的浓碱处理棉织物，可使布面光泽增加，吸湿性、染色性提高，尺寸稳定性改善；织物耐洗涤，耐老化，不易虫蛀，但易受微生物侵蚀而霉烂变质；织物硬挺性差，保形性差，易折皱，弹性差。

一、棉型机织产品的分类

（一）按构成原料分类

棉及棉型织物按构成原料可分为纯棉织物、棉混纺织物、交织物和化纤棉型织物。

（二）按加工工艺分类

根据加工工艺，棉型织物包括本色织物和色织物两大类。

1. 棉型本色织物 凡由本色纱线织成、未经漂染、印花的织物统称为本色织物或白坯织物。包括本色棉布，棉型化纤混纺、纯纺、交织布及中长白坯织物等。主要有平布、府绸、斜纹、华达呢、哔叽、卡其、贡缎、麻纱、绒布坯等。

2. 棉型色织物 色织物是由不同颜色的纱线，按一定的组织、花纹织造而成的织物。色织物的特点是。

（1）采用原纱染色，染料渗透性好。利用各种不同色彩的纱线再配以组织的变化，可构成不同的花纹图案，立体感强、布面丰满。

（2）利用多纬装置、多臂机构织造，可同时采用几种不同性能的纤维，运用不同特性、不同色泽的纱线进行交织、交并，以丰富产品的花色品种。

（3）采用色纱和花式纱线及各种组织变化，可部分弥补原纱品质的不足问题。

（4）可生产小批量多品种织物，生产周期短、花样易于不断翻新，能根据季节特点及时供应各种花式品种。

（三）按织物组织分类

按织物组织分类，一般可分为平纹类、斜纹类、缎纹类、绉类及其他棉型织物。

二、棉型机织产品的结构特点与风格特征

在常见的棉型织物中，由于各类品种的组织结构不同，它们表现出的布面风格和力学性能等各不相同。常见棉型本色织物、棉型色织物的结构特点与风格特征见表 6-1 和表 6-2。

表 6-1 常见棉型本色织物的结构特点与风格特征

分类名称	布面风格	织物组织	结构特征				编号范围及用途
			总紧度（%）	紧度（%）		经纬紧度比	
				经向	纬向		
平布	经纬向紧度较接近，布面平整光洁	$\frac{1}{1}$	60~80	35~60	35~60	1：1	100~199 服用及床上用品
府绸	高经密、低纬密，布面经浮点呈颗粒状，织物外观细密	$\frac{1}{1}$	75~90	61~80	35~50	5：3	200~299 夏季服用织物
斜纹	布面呈斜纹，纹路较细	$\frac{2}{1}$	75~90	60~80	40~55	3：2	300~399 服用及床上用品
哔叽	经纬向紧度较接近，总紧度小于华达呢，斜纹纹路接近 45°，质地柔软	$\frac{2}{2}$	纱线：85 以下 90 以下	55~70	40~55	6：5	400~499 外衣用织物

续表

<table>
<tr><th rowspan="3">分类名称</th><th rowspan="3">布面风格</th><th rowspan="3">织物组织</th><th colspan="5">结构特征</th><th rowspan="3">编号范围及用途</th></tr>
<tr><th colspan="2" rowspan="2">总紧度（%）</th><th colspan="2">紧度（%）</th><th rowspan="2">经纬紧度比</th></tr>
<tr><th>经向</th><th>纬向</th></tr>
<tr><td rowspan="2">华达呢</td><td rowspan="2">高经密、低纬密，总紧度大于哔叽，小于卡其，质地厚实而不发硬，斜纹纹路接近63°</td><td rowspan="2">$\frac{2}{2}$</td><td rowspan="2">纱线</td><td>85~90</td><td rowspan="2">75~95</td><td rowspan="2">45~55</td><td rowspan="2">2∶1</td><td rowspan="2">500~599
外衣用织物</td></tr>
<tr><td>90~97</td></tr>
<tr><td rowspan="3">卡其</td><td rowspan="3">高经密、低纬密，总紧度大于华达呢，布身硬挺厚实，单面卡其斜纹纹路粗壮而明显</td><td rowspan="2">$\frac{2}{2}$</td><td rowspan="3">纱线</td><td>90以上</td><td rowspan="2">100~110</td><td rowspan="2">50~60</td><td rowspan="3">2∶1</td><td rowspan="3">600~699
外衣用织物</td></tr>
<tr><td>97以上</td></tr>
<tr><td>$\frac{3}{1}$</td><td>90以上</td><td>纱</td><td>85以上</td></tr>
<tr><td>直贡缎</td><td>高经密织物，布身厚实或柔软（羽绸），布面平滑匀整</td><td>$\frac{5}{2}$、$\frac{5}{3}$
经面缎纹</td><td colspan="2">80以上</td><td>65~100</td><td>45~55</td><td>3∶2</td><td>700~799
外衣及床上用品</td></tr>
<tr><td>横贡缎</td><td>高纬密织物，布身柔软，光滑似绸</td><td>$\frac{5}{2}$、$\frac{5}{3}$
纬面缎纹</td><td colspan="2">80以上</td><td>45~55</td><td>65~80</td><td>2∶3</td><td>700~799
外衣及床上用品</td></tr>
<tr><td>麻纱</td><td>布面呈挺直条纹纹路，布身爽挺似麻</td><td>$\frac{2}{1}$
纬重平</td><td colspan="2">60以上</td><td>40~55</td><td>45~55</td><td>1∶1</td><td>800~899
夏季服装用</td></tr>
<tr><td>绒布坯</td><td>经纬线密度差异大，纬纱捻度小，质地柔软</td><td>平纹、斜纹</td><td colspan="2">60~85</td><td>30~50</td><td>40~70</td><td>2∶3</td><td>900~999
冬季内衣、春秋妇女、儿童外衣用</td></tr>
</table>

注 一般按织物组织、经、纬纱线密度与经、纬密度进行编号。经、纬纱线密度与经、纬密度相同而幅宽不同的织物，属同一编号。幅宽可在编号后的括号内注明，以示区别。

表6-2 常见棉型色织物的结构特点与风格特征

分类名称	布面风格	纱线特征	织物组织	织物紧度	应用范围
线呢类	采用纯棉纱或色纱线织制而成，也可少量加一些人造丝和金银丝起点缀作用，成品具有毛料呢绒的风格，成品质地坚牢，且柔软	单纱、股线	各种变化组织及联合组织	视所选用组织参考同类产品而定	用于外衣及儿童服装

续表

分类名称	布面风格	纱线特征	织物组织	织物紧度	应用范围
色织直贡	纱线先经丝光、染色，颜色乌黑纯正，光泽好，布面纹路清晰，陡直，布身厚实	股线	$\frac{5\ 5}{1\ 2}$ ($S_j=2$)	参照本色直贡缎织物	多用作鞋面布
色织绒布	经纬线密度差异大，纬纱捻度小，经单面或双面刮绒整理而成，布身柔软	单纱、股线	以平纹、斜纹为主	参照本色绒布坯	用作内外衣及装饰品
条格布	利用色纱在布面上织出条子或格子的花纹，布身柔软，穿着舒适	单纱	以平纹、斜纹为主	参照本色平布及斜纹布	多作内衣用
被单布	白色的条子或大、小格子组成的织物，色彩比较调和，一般用色3~5种经纱和4种纬纱	单纱、股线	以平纹、斜纹、变化斜纹为主	参照本色平布及斜纹布	多用作被单、床单或被里
色织府绸与细纺	色织府绸为高经密、低纬密，布面经浮点呈颗粒状，经后整理加工，可达到滑、挺、爽的仿丝绸效应。色织细纺与府绸的区别在于其经纬密度比较低	单纱、股线	平纹或平纹小提花组织	参照本色府绸及细平布	衬衣用料
色织泡泡纱	表面起泡或起绉，富于立体感，手感挺括，外形美观大方	单纱、股线	以平纹为主	参照本色细平布	衣着及装饰织物用料
色织中长花呢	采用涤纶、黏胶、腈纶等纯纺及混纺纱织制，在线呢基础上配以各种花式线，经后整理具有仿毛效果	股线	原组织、变化组织、联合组织	视所选用组织参考同类产品而定	外衣用料
牛仔布（劳动布）	经纱染成靛蓝色（现在也有其他颜色）、纬纱一般为原白色，布面，纹路清晰、风格朴素大方、织物厚实、耐磨耐穿	单纱、股线	平纹、$\frac{3}{1}$斜纹、$\frac{2}{2}$斜纹	参照本色华达呢或卡其织物	春、秋服装用料和劳保工作服

三、经典棉型机织产品

（一）经典平纹类棉型机织产品

平纹类的织物由于纱线在织物中交织最频繁，平纹织物挺括、坚牢、平整，颗粒细腻，应用最为广泛。

1. 平布 平布采用的经纱和纬纱的支数相等或接近，经密和纬密相等或接近，平布具有组织结构简单、质地坚固、布面平整光洁、均匀丰满的特点。根据原料不同，可分为纯棉、黏胶纤维、维纶、涤/棉、涤/黏、维/棉、丙/棉、黏/棉、黏/维平布织物。根据纱线线密度

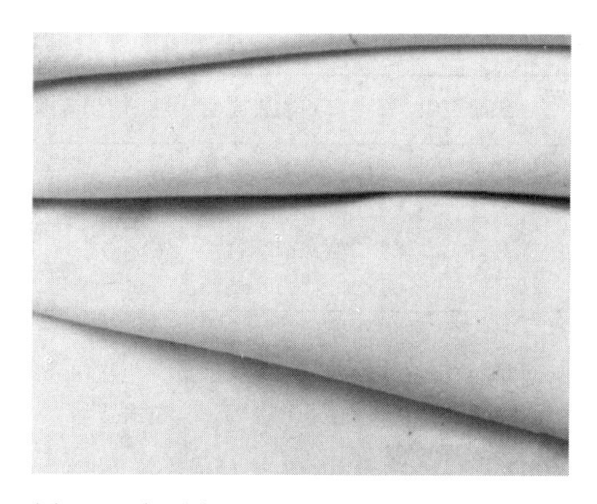

图 6-1　粗平布（100%C，14 英支×14 英支）

的不同，可分为粗平布、中平布和细平布。通常粗平布经、纬纱线密度为 32tex 以上（18 英支以下），中平布为 21～32tex（19～28 英支），细平布为 20tex 以下（29 英支以上）。

（1）粗平布（图 6-1）。粗平布织物布身粗糙、厚实，布面棉结杂质较多，坚牢耐用。本色粗布多用于包装材料，坯布经染色加工可做家具布和劳动服装面料；也可再加工成油布、舟船帆布及风车翼板等。粗平布的主要规格参数见表 6-3。

表 6-3　粗平布的主要规格参数

经纱		纬纱		经密		纬密	
tex	英支	tex	英支	根/10cm	根/英寸	根/10cm	根/英寸
58.3	10	58.3	10	181	46	141.5	36
48.6	12	48.6	12	204.5	52	196.5	50
41.7	14	41.7	14	228	58	204.5	52
36.4	16	36.4	16	228	58	228	58
32.4	18	32.4	18	236	60	228	58

图 6-2　中平布（T/C，20 英支×20 英支）

（2）中平布（图 6-2）。中平布也称市布或平布，指经纬纱一般用 20.8～30.7tex（19～28 英支）中特纱织制的平纹织物。纱线原料可采用中特棉纱或黏纤纱、棉/黏纱、涤/棉纱等织制。中平布织物结构较紧密，厚薄中等，布面平整丰满，质地坚牢，手感较硬。大多用作漂布、色布、花布的坯布。加工后用作服装布料等，如用作被里布、衬里布，也有用作被单的。中平布的主要规格参数见表 6-4。

表 6-4　中平布的主要规格参数

经纱		纬纱		经密		纬密	
tex	英支	tex	英支	根/10cm	根/英寸	根/10cm	根/英寸
29.2	20	29.2	20	188.5	48	173	44
29.2	20	29.2	20	204.5	52	204.5	52
29.2	20	29.2	20	236	60	236	60

续表

经纱		纬纱		经密		纬密	
tex	英支	tex	英支	根/10cm	根/英寸	根/10cm	根/英寸
29.2	20	29.2	20	275.5	70	267.5	68
27.8	21	27.8	21	236	60	228	58
25.4	23	27.8	21	254	64.5	248	63

(3) 细平布（图6-3）。细平布也称细布，指经纬纱一般用9.9～20.1tex（29～59英支）细特纱织制的平纹织物。纱线原料可采用细特棉纱、黏/纤纱、棉/黏纱、涤/棉纱等织制。细布布身细洁柔软，质地轻薄紧密，布面杂质少。细布大多用作漂布、色布、花布的坯布。常作为内衣、裤子、夏季外衣、罩衫等面料。细平布的实物如图6-3所示，细平布的主要规格参数见表6-5。

图6-3　细平布（40英支×40英支）

表6-5　细平布的主要规格参数

经纱		纬纱		经密		纬密	
tex	英支	tex	英支	根/10cm	根/英寸	根/10cm	根/英寸
19.4	30	19.4	30	267.5	68	236	60
19.4	30	19.4	30	267.5	68	267.5	68
19.4	30	16.2	36	251.5	64	220	56
19.4	30	16.2	36	283	72	271.5	69
18.2	32	18.2	32	313.5	79.5	307	78
14.6	40	14.6	40	377.5	96	322.5	82
13.8	42	13.8	42	362	92	346	88

(4) 细纺（图6-4）。细纺采用特细精梳棉纱或涤/棉纱作经、纬纱织制，因其质地稀薄，与丝绸中的纺类织物类似，故称细纺。由于细纺织物经、纬纱均采用精梳细特棉纱，故布面平整细洁，轻薄似绸，但较丝绸织物坚牢。织物手感柔软，结构紧密，经丝光后，光泽特别柔和，光滑感强，吸湿透气。细纺织物适宜做夏季服装，特别是衬衫，可刺绣加工成手帕、床罩、台布、窗帘等家用装饰用品。细

图6-4　细纺（80英支×80英支）

纺的主要规格参数见表 6-6。

表 6-6　细纺的主要规格参数

品类	经纱		纬纱		经密		纬密		混纺比（涤：棉）%
	tex	英支	tex	英支	根/10cm	根/英寸	根/10cm	根/英寸	
纯棉细纺	J 10	J 60	J 10	J 60	377.5	96	346	88	—
	J 10	J 60	J 10	J 60	393.5	100	354	90	
	J 10	J 60	J 10	J 60	425	108	393.5	100	
	J 7.5	J 80	J 7.5	J 80	393.5	100	362	92	
	J 7.5	J 80	J 7.5	J 80	433	110	393.5	100	
	J 7.5	J 80	J 7.5	J 80	472	120	425	108	
	J 7.5	J 80	J 6	J 100	421	107	523.5	133	
	J 7.5	J 80	J 7.5	J 80	433	110	452.5	115	
	J 6	J 100	J 6	J 100	393.5	100	433	110	
	J 6	J 100	J 6	J 100	433	110	393.5	100	
涤棉细纺	J 10	J 60	J 10	J 60	389.5	99	346	88	50：50
	J 10	J 60	J 10	J 60	393.5	100	362	92	65：35
	J 9	J 65	J 9	J 65	440.5	112	362	92	
	J 7.5	J 80	J 7.5	J 80	440.5	112	425	108	
	J 6	J 100	J 6	J 100	433	110	385.5	98	

2. 府绸（图 6-5） 府绸是一种低特（高支）、高密的平纹或小提花织物。主要采用纯棉、涤/棉等纱线织造。府绸产品根据织物组织结构，可分为平纹府绸、平纹变化组织府绸（镶嵌缎条、人字、斜纹等）及提花府绸；根据织物外观可分为隐条府绸、提花府绸和色织府绸。

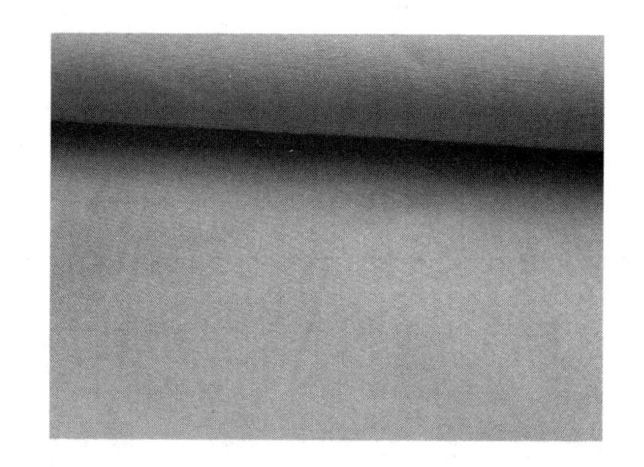

图 6-5　府绸

府绸织物外观细密，纱线条干均匀，布面光洁匀整，颗粒清晰丰满，手感柔软挺滑，织物形成绸缎般的细腻手感和外观。织物的经、纬向紧度比值为（5~6）：3，府绸织物的经密比纬密大得多，因此织物中经纱弯曲较大，纬纱比较平直，且经组织点的长度比纬组织点的长度长，构成织物表面具有由经纱凸起部分所形成的菱形颗粒，称此菱形颗粒为府绸效应。府绸织物一般纱支不低于 40 英支，经密不低于 390 根/10cm（100 根/英寸）。

府绸织物穿着舒适，是理想的衬衫面料，也常用作内衣、睡衣、童装面料，也可用于手帕、床单、被褥等家纺面料。经特殊整理的精梳府绸可作为高档衬衫面料，柔软挺括而不易变形。府绸的主要规格参数见表 6-7。

表 6-7　府绸的主要规格参数

品类	经纱		纬纱		经密		纬密	
	tex	英支	tex	英支	根/10cm	根/英寸	根/10cm	根/英寸
纱府绸	96.5	38	29	20	377.5	96	196.5	50
纱府绸	114.3	45	19.5	30	409	104	299	76
纱府绸	160	63	14.5	40	523.5	133	283	72
半线府绸	96.5	38	14×2	42/2	393.5	100	196.5	50
全线府绸	96.5	38	J 10×2	J 60/2	472	120	236	60
全线府绸	91.5	36	J 7.5×2	J 80/2	566.5	144	275.5	70

3. 羽绒布（图 6-6）　羽绒布是用作滑雪衣、登山服、羽绒被等制品的面料，需要防止羽绒向外钻出，又称防绒布、防羽布或羽绸。它也是细特高密平纹织物，但其纬密比府绸织物纬密更高。因此，羽绒布织物的经纬向紧度大、质地坚牢、透气量小、布面光洁匀整、手感柔滑、光泽自然明亮。坯布经防羽、浸轧等整理，可减少织物中经、纬纱之间的空隙，提升防止羽绒外钻效果。羽绒布的主要规格参数见表 6-8。

图 6-6　防羽布

表 6-8　羽绒布的主要规格参数

品类	经纱		纬纱		经密		纬密	
	tex	英支	tex	英支	根/10cm	根/英寸	根/10cm	根/英寸
精梳涤棉羽绒布	J 14.5	40	J 14.5	40	547	139	393.5	100
	J 14.5	40	J 10	58	547	139	519.5	132
	J 12	48	J 14.5	40	531.5	135	417	106

4. 麦尔纱和巴厘纱（图 6-7）　麦尔纱和巴厘纱均为轻薄平纹织物，外观稀薄透明、布孔清晰、透气性佳、手感柔软滑爽、富有弹性，透气性好，穿着舒适。织物具有“轻薄、透明、凉爽、柔韧”的风格。麦尔纱的经、纬纱常用普梳单纱织造，采用与一般棉纱相似的捻系数，一般线密度为 10.5~14.5tex（40~55 英支）。巴厘纱的经纬纱多用精梳纱线，单纱线

图 6-7 巴厘纱织物（JC 60 英支×60 英支）

密度通常为 J 9～J 15tex（64～40 英支），一般股线线密度为 J 6.5tex×2（90 英支/2）以下，且捻系数高于一般用纱，常采用高捻纱。因织造时的用纱不同，使得麦尔纱与巴厘纱的成品性能有所不同。麦尔纱的布身稍软，其透气性、耐磨性、挺爽性及布纹清晰度不及巴厘纱。

麦尔纱和巴厘纱织物穿着凉爽，多作夏用服装或装饰用面料。麦尔纱漂白和染色产品居多，大部分用作亚热带和热带各国妇女头巾、面纱等，巴厘纱常用于夏季衬衣裙、睡衣裤、头巾、面纱、台灯罩、窗帘等。几种麦尔纱和巴厘纱织物的主要规格参数见表 6-9。

表 6-9 麦尔纱和巴厘纱织物的主要规格参数

品类	经纱		纬纱		经密		纬密	
	tex	英支	tex	英支	根/10cm	根/英寸	根/10cm	根/英寸
普通麦尔纱	14.5	40	14.5	40	228	58	204	52
精梳巴厘纱	J 10.5	56	J 10.5	56	234	59	236	60
涤/棉巴厘纱	J 9.7	60	J 9.7	60	314	80	291	74

5. 起绉、起泡织物

（1）织物起绉、起泡方法。采用不同加工工艺，能在织物表面形成不同的绉效应和起泡外观，起绉、起泡大致有以下几种方法。

①采用双织轴织造。两只织轴送经量不同，送经量大的纱线织成的部分在织物表面形成明显的泡型突起而成皱。这种方法起绉明显，呈经向条形泡泡状。

②强捻纱起绉。利用强捻纱的捻缩原理在织物表面起皱。这种起绉效果均匀细致，不会形成泡泡状。

③特殊整理起泡。利用纤维材料遇到某些化学试剂会产生收缩的原理，在织物表面印上这种化学原料，而形成不同外观绉效应。这种起皱花型变化丰富，但皱纹效果不会非常明显。

④机械压制。像打钢印一样在织物上印上图案、花型、标识。这种起绉对织物有一些损伤，不能大面积使用，多用于商标、标识等。

⑤特殊性能的原料。采用高收缩纤维材料与普通原料搭配使用，织成织物后经后整理，高收缩纤维材料产生收缩，使织物表面起皱，该方法的皱纹形状、大小、花型能较好地得到控制，花型变化多，花色品种丰富。

⑥绉组织起绉。应用绉组织在织物表面形成绉外观。

（2）几款经典的起泡起绉织物。

①泡泡纱（图 6-8）。泡泡纱的织物组织为平纹组织，泡泡纱是由两种送经量不同的经纱（泡经和地经）与纬纱交织而成。其泡经、地经相间排列，一般送经量大的经纱线密度可以比送经量小的经纱线密度大。布面全幅或部分呈现有规律的，犹如泡泡的波浪状皱纹所形成的纵向条子，条型新颖、别致，富有立体感，穿着凉爽。

图 6-8　泡泡纱织物

泡泡纱宜作妇女、儿童的夏季衫、裙、睡衣裤等服用面料，也可以作床罩、窗帘等家纺用面料。

②绉布（图 6-9）。绉布一般为强捻纬纱（公制捻系数为 665）的稀薄平纹织物，又称绉纱，一般绉布所用纱支多在 14.6tex 以下（40 英支以上）。绉布所用经纱为普通棉纱，纬纱为经过定形的强捻纱。织成坯布后，经过后整理，纬向收缩（约收缩 30%）而形成。绉布的绉效应是经染整的煮练工艺获得的。在加工中，高温碱液渗透到强捻的纬纱内部，引起纤维膨润，直径增大，使得纱线发生收缩卷曲而引起经、纬纱交织点的轻微位移，导致织物纬纱方向起绉。也可以将织物在收缩前，先通过轧纹起绉处理，然后加以松式前处理和煮练加工，这样可使布面皱纹更为细致均匀和有规律。此外，纬向还可利用强捻纱与普通纱交替织入制成有人字形皱纹的绉布。

图 6-9　绉布

根据纬纱捻度、捻向配置方法不同可分为顺纡绉布、双绉绉布和花式绉布。顺纡绉布是纬向为同一种捻向的强捻纱，织物表面呈现波浪形的羽状或柳条状绉纹。双绉绉布的纬向为间隔配置的异捻向的强捻纱，织物表面呈现鸡皮状的碎小绉纹。花式绉布的纬向间隔配置着强捻纱和普通纱，利用交界两侧纱线不同的收缩力而获得绉纹效应。

绉布织物布面皱缩不平，光泽柔和，手感轻薄、柔软，富有弹性，透气性较好。绉布宜作各式衬衣、裙料、睡衣裤、浴衣等服用面料，也可作窗帘、台布等家纺面料。几种绉纱布织物的主要规格参数见表 6-10。

③绉纹呢。绉纹呢是由皱组织形成的起绉织物。这类织物纱线结构没有特殊要求，织物表面有不规则的织纹，布面呈漫反射，表面光泽自然柔和，手感柔软丰满，广泛用作女装、童装以及家纺面料。

④树皮绉。树皮绉采用皱组织与强捻纬纱织造而成，织物外观犹如老树外皮，有不规则

的细条凸起，显示出沧桑的年代感。织物外观光泽柔和，有很强的凹凸立体感，主要用作夏装面料以及沙发覆饰等家纺面料。

表 6-10　几种绉纱布织物的主要规格参数

品类	织物组织	经纱		纬纱		经密		纬密		混纺比（%）
		tex	英支	tex	英支	根/10cm	根/英寸	根/10cm	根/英寸	
棉绉布	$\frac{1}{1}$	27.8	21	27.8	21	334.5	85	251.5	64	棉 100
		18.2	32	27.8	21	342.5	87	251.5	64	
		14.6	40	19.4	30	257.5	65.5	196.5	50	
		13.8	42	18.2	32	248	63	196.5	50	
涤/棉绉布	$\frac{1}{1}$	14.5	40	16.5	35	259.5	66	228	58	涤 65/棉 35
		13	45	14.5	40	251.5	64	216.5	55	
		9	65	13	45	330.5	84	259.5	66	

6. 烂花织物（图 6-10） 烂花织物的组织为平纹组织。烂花坯布织物的结构接近较紧密的中平布，组织结构简单，织物紧密，表面平整光洁，对坯布进行处理后在织物表面形成具有立体感和透明度的花纹。烂花织物的形成原理是采用两种不同性能的纤维纺制成混纺纱或包芯纱，根据它们对酸具有不同的稳定性，在织物上按照花型要求印上酸性印花浆，从而腐蚀炭化不耐酸的纤维而保留耐酸的纤维，最终织物的表面形成半透明花纹。烂花织物花型新颖、轻薄透明、轮廓清晰、手感柔滑弹性好，烂花面积可根据用途设计。烂花织物多用于帘幕类、窗帘等家用装饰面料，也可作为夏季女装或男士衬衣面料等。

图 6-10　烂花织物

（二）经典斜纹类棉型机织产品

斜纹类织物的外观特征是织物表面具有明显的斜纹线条（俗称纹路）。卡其类织物斜纹线要求“匀、深、直”。所谓“匀”是指斜纹线要等距；“深”是指斜纹线要凹凸分明；“直”是指斜纹线条的纱线浮长要相等，且无歪斜弯曲现象。斜纹纹路的“匀”和“直”则是斜纹类织物的普遍风格。

1. 斜纹布（图 6-11） 普通斜纹布一般采用$\frac{2}{1}\nwarrow$斜纹组织，表面有明显的斜向纹路，反面织纹不明显，因此也称为单面斜纹。这类织物在经、纬纱线密度相同，经纬向紧度比例接近的条件下，斜线倾角约为 45°。斜纹布经纬纱交织次数比中平布少，经向密度比中平布大，质地较平布紧密而厚实，手感在斜纹织物中是较为柔软的。凡采用 32tex 以上（18英支以下）棉纱织成的称为粗斜纹，采用 18tex 以下（32 英支以上）棉纱织成的称为细斜纹。

图 6-11　斜纹布

本色粗斜纹可作船篷帆、金刚砂基布等。本色细斜纹一般加工成色布和花布。色细斜纹布用作制服、运动服面料和服装夹里，花斜纹布用作妇女、儿童服装面料，大花斜纹布可用作被面。常见斜纹布的主要规格参数见表 6-11。

表 6-11　常见斜纹布的主要规格参数

经纱		纬纱		经密		纬密	
tex	英支	tex	英支	根/10cm	根/英寸	根/10cm	根/英寸
41. 7	14	41. 7	14	320	81. 5	188. 5	48
32. 4	18	32. 4	18	346	88	236	60
29. 2	20	36. 4	16	314. 5	80	255. 5	65
29. 2	20	29. 2	20	325	82. 5	204. 5	52
18×2	32/2	28	21	263. 5	67	236	60
18×2	32/2	28	21	287	73	212. 5	54
14×2	42/2	28	21	452. 5	113	236	60
42	14	42	14	320	82. 5	220	56
32	18	32	18	346	88	236	60

2. 哔叽（图 6-12）　哔叽名称来源于英文 Beige，意思是“天然羊毛的颜色”，有毛织物和棉织物两种。哔叽织物是 $\frac{2}{2}$ 加强斜纹组织，正、反面织纹相同，斜纹线条的明显程度大致相同，倾斜方向相反，属于双面斜纹。哔叽经、纬纱的线密度和经、纬向紧度比较接近，斜纹线倾角约为 45°。哔叽织物质地较斜纹布紧密而厚实，但比相似品种的华达呢、卡其的结构松软。按使用纱线种

图 6-12　哔叽

类的不同，可分为纱哔叽、半线哔叽和全线哔叽三种。纱哔叽为左斜纹，半线哔叽和全线哔叽则为右斜纹，纱哔叽又比线哔叽结构松软。

经印染加工后，元色、杂色的哔叽织物多作老年男女服装及童帽面料，印花哔叽常作妇女、儿童服用面料，大花哔叽用作被面、窗帘等家用装饰面料。常见哔叽织物的主要规格参数见表 6-12。

表 6-12 常见哔叽织物的主要规格参数

品类	经纱		纬纱		经密		纬密	
	tex	英支	tex	英支	根/10cm	根/英寸	根/10cm	根/英寸
纱哔叽	32.4	18	32.4	18	310	78.5	220	56
纱哔叽	27.8	21	27.8	21	283	72	248	63
半线哔叽	13.8×2	42/2	27.8	21	318.5	81	248	63

图 6-13 华达呢织物

3. 华达呢（图 6-13） 华达呢来源于毛织物，也是 $\frac{2}{2}$ 加强斜纹组织，属于双面斜纹。其主要特点是经密高而纬密低，经向、纬向紧度之比约为 2∶1，斜纹倾角约为 63°。华达呢布面斜纹清晰，纹路细而深。织物手感厚实而不硬、耐磨且不易折裂。

按其所用纱线种类的不同，也可分为纱华达呢、半线华达呢和全线华达呢三种。常见的华达呢多为半线织物，即线经纱纬，一般单纱用中特，股线用细特并股。同样纱华达呢为左斜纹、半线和全线华达呢为右斜纹。

华达呢经染整加工成藏青、元色、灰色等，适合作春、秋各式男女外衣面料。常见华达呢织物的主要规格参数见表 6-13。

表 6-13 常见华达呢织物的主要规格参数

品类	经纱		纬纱		经密		纬密	
	tex	英支	tex	英支	根/10cm	根/英寸	根/10cm	根/英寸
纱华达呢	32.4	18	32.4	18	377.5	96	236	60
纱华达呢	27.8	21	27.8	21	409	104	236	60
纱华达呢	27.8	21	27.8	21	425	108	224	57
半线华达呢	18.2×2	32/2	36.4	16	409	104	204.5	52

续表

品类	经纱		纬纱		经密		纬密	
	tex	英支	tex	英支	根/10cm	根/英寸	根/10cm	根/英寸
半线华达呢	16.2×2	36/2	32.4	18	425	108	236	60
半线华达呢	13.8×2	42/2	27.8	21	484	123	236	60

4. 卡其（图 6-14） “卡其”一词原为南亚次大陆乌尔都语，意为泥土，由于军服最初用一种名为“卡其”的矿物染料染成类似泥土的保护色，后以此染料名称统称这类织物。密度是斜纹中较大的，经密往往是纬密的 1 倍以上，双面卡其经向紧度与纬向紧度之比约为 2∶1，纹路最细、最深，织物比华达呢紧密而硬挺。

图 6-14　卡其织物

卡其织物的品种较多，按织物组织的不同，可分为单面卡其、双面卡其、人字卡其和缎纹卡其；根据所用纱线种类的不同，可分为纱卡其、半线卡其和全线卡其三种。纱卡其一般都采用 $\frac{3}{1}$ 斜纹组织，因此在它的正面，斜纹线粗而明显，反面斜纹线条不明显，故称单面卡其，其斜纹方向为左斜，质地较紧密且结实。半线卡其和全线卡其多数采用 $\frac{2}{2}$ 斜纹组织，正、反两面的纹路相同，故称双面卡其。线卡其也有采用 $\frac{3}{1}$ 斜纹组织的，这时正面的右斜纹线比 $\frac{2}{2}$ 斜纹更显得粗壮凸出。

纱卡其多作为外衣、工作服等面料。半线卡其、全线卡其的布面比纱卡其光洁，光泽也好，可作为各种制服面料。高密的双面卡其经防水工艺处理后，可作为雨衣、雨帽等面料。卡其的实物如图 6-14 所示，常见卡其织物的主要规格参数见表 6-14。

表 6-14　常见卡其织物的主要规格参数

品类	经纱		纬纱		经密		纬密	
	tex	英支	tex	英支	根/10cm	根/英寸	根/10cm	根/英寸
纱卡其	48	12	58	10	314.5	80	181	46
纱卡其	36	16	48	12	377.5	96	188.5	48
纱卡其	36	16	36	16	362	92	196.5	60
纱卡其	32	18	32	18	409	104	212.5	54

续表

品类	经纱		纬纱		经密		纬密	
	tex	英支	tex	英支	根/10cm	根/英寸	根/10cm	根/英寸
纱卡其	29	20	42	14	425	108	236	60
纱卡其	29	20	29	20	425	108	228	58
纱卡其	28	21	28	21	425	108	228	58
半线卡其	19.5×2	30/2	19.5×2	30/2	437	111	228	58
半线卡其	16×2	36/2	24×2	24/2	448.5	114	226	57.5
全线卡其	J 9.7×2	J 60/2	J 9.7×2	J 60/2	614	156	299	76
全线卡其	J 7.3×2	J 80/2	J 7.3×2	J 80/2	677	172	354	90

哔叽、华达呢、双面卡其均采用$\frac{2}{\quad 2}$斜纹组织，其区别主要在于织物的经、纬向紧度及经、纬向紧度比的不同，见表6-1。其中哔叽的经、纬向紧度及经、纬向紧度比均较小，因此，织物比较松软，布面的经纬纱交织点较清晰，纹路宽而平。华达呢的经向紧度及经纬向紧度比均比哔叽大，且华达呢的经向紧度较纬向紧度大一倍左右，因此，布身较挺括，质地厚实，不发硬，耐磨且不折裂，布面纹路的间距较小，斜纹线凸起，峰谷较明显。双面卡其的经纬向紧度及经纬向紧度比较大，因此，布身厚实，紧密且硬挺，纹路细密，斜纹线较华达呢更为明显。这三种织物以双面卡其的质地为最硬挺，坚实耐穿，华达呢次之，哔叽更次之。但有些紧度较大的双面卡其，由于坚硬而缺乏韧性，抗折磨性较差，在衣服的领口、袖口等折缝处往往易于磨损折裂。双面卡其由于布坯紧密，在染色过程中，染料往往不易渗入纱线内部，因此布面容易产生磨白现象。

（三）缎纹类经典棉型机织产品

缎纹织物表面一般呈现经（或纬）的浮长线，布面平滑匀整、富有光泽、质地柔软。贡缎有直贡缎（采用经面缎纹组织）和横贡缎（采用纬面缎纹组织）之分。由于贡缎织物在一个组织循环中经纬纱的交织点较少，所以布面精致光滑且富有弹性，贡缎织物具有“光、软、滑、弹”的特点。在实际生产中，贡缎织物一般都采用五枚缎纹。

图6-15　直贡织物

1. 直贡（图6-15）　直贡是采用经面缎纹组织织制的纯棉织物，也称色丁布。组织为五枚或八枚经面缎纹，棉直贡以五枚居多。直贡常用经纬纱为10～42tex（14～60英支）单纱，或［（7.5tex×2）～（18tex×2）］

［（80 英支/2）～（32 英支/2）］股线。由于表面大多被经浮线覆盖，厚贡缎织物具有毛织物的外观效应，故又称贡呢或直贡呢，薄贡缎织物具有绸缎的外观效应，故称直贡缎。色直贡主要作为鞋面和外衣面料；印花直贡主要用作被面和女装面料。直贡的主要规格参数见表6-15。

表 6-15　直贡的主要规格参数

织物组织	经纱		纬纱		经密		纬密	
	tex	英支	tex	英支	根/10cm	根/英寸	根/10cm	根/英寸
$\frac{5}{3}$（五枚三飞）	29	20	36	16	503.5	128	236	60
	29	20	29	20	354	90	240	61
	28	21	28	21	354	90	232	59
	28	21	28	21	374.0	95	267.5	68

2. 横贡（图 6-16）　横贡是采用纬面缎纹组织织制的纯棉织物，织物表面大部分由纬纱所覆盖，布面呈现出丝绸中缎类的风格，故又称横贡缎。织物组织一般采用五枚纬面缎纹。经纬纱多用纯棉精梳纱，经纬纱线密度相同居多，一般为 J 14.6tex（J40 英支）。横贡织物经印染加工，再经轧光或电光整理，表面光洁细密，手感柔软。为使横贡织物表面光滑如缎，纱线要求条干均匀，结杂少，纬向捻度小，捻向一般与缎纹的主要斜向一致。

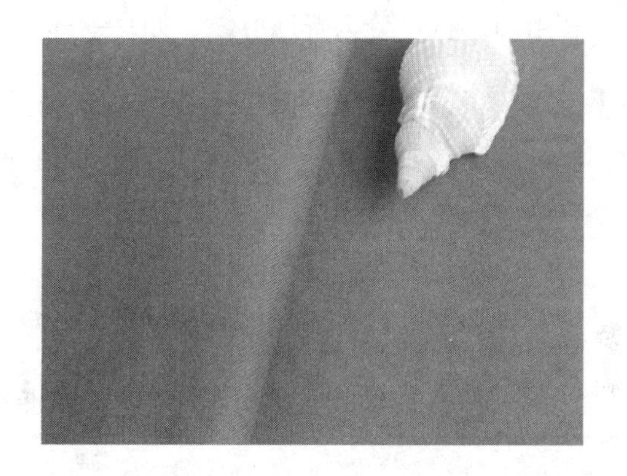

图 6-16　横贡织物

染色横贡主要作为妇女、儿童服装的面料；印花横贡除作为妇女、儿童服装面料外，还用作被面、被套等。横贡的主要规格参数见表 6-16。

表 6-16　横贡的主要规格参数

品类	经纱		纬纱		经密		纬密	
	tex	英支	tex	英支	根/10cm	根/英寸	根/10cm	根/英寸
纯棉精梳横贡缎	J 14.6	J 40	J 14.6	J 40	370	94	551	140
	J 14.6	J 40	J 14.6	J 40	330.5	84	511.5	130
	J 14.6	J 40	J 14.6	J 40	389.5	99	551	140
	J 14.6	J 40	J 9.7	J 60	393.5	100	610	155

（四）其他经典棉型机织产品

图 6-17　麻纱织物

1. 麻纱（图 6-17） 麻纱一般采用纬重平组织，如 $\frac{2}{1}$ 纬重平，为细特低密轻薄织物。原料大多采用纯棉纱，后来也出现了棉/麻、涤/棉、涤/麻、维/棉等混纺麻纱面料。

麻纱用较高捻度的中细特纱线，经纱的捻度比一般棉纱线高，约增加 10%，纬纱捻度则比一般棉纱线稍低。经纬密度虽较稀，但因为纱线捻度较大，织物具有挺括、滑爽、轻薄透凉的风格。经纱以单根和双根间隔排列，因而布面出现高低不平、宽窄不一的凸起条纹和明显的纱孔。由于与苎麻织物的外观特征相似，因而得名“麻纱”。

按组织结构可分为普通麻纱，如 $\frac{1}{2}$ 纬重平、$\frac{1}{3}$ 纬重平，复杂麻纱/异经麻纱（$\frac{1}{2}$ 纬重平，以单根经纱和异特双根经纱循环间隔排列，布面条纹更为清晰突出）、柳条麻纱（平纹，经纱每隔一定距离有一缝隙，布面呈现细微缝隙）、变化麻纱和提花麻纱（条子麻纱、方格麻纱、凸条麻纱）。

麻纱织物适合用作夏季服装面料，如男、女衬衫、儿童衣裤、裙料以及手帕和装饰用面料。常见麻纱织物的主要规格参数见表 6-17～表 6-20。

表 6-17　纯棉麻纱的主要规格参数

织物组织	经纱		纬纱		经密		纬密	
	tex	英支	tex	英支	根/10cm	根/英寸	根/10cm	根/英寸
$\frac{2}{1}$ 纬重平	18.2	32	18.2	32	283	72	307	78
	14.6	40	14.6	40	307	78	342.5	87
	13.8	42	13.8	42	346	88	314.5	80

表 6-18　柳条麻纱的主要规格参数

品类	织物组织	经纱		纬纱		经密		纬密		混纺比（%）
		tex	英支	tex	英支	根/10cm	根/英寸	根/10cm	根/英寸	
纯棉柳条麻纱	$\frac{1}{1}$	J 5.8×2	J 100/2	J 5.8×2	J 100/2	415	105.5	281.5	71.5	棉 100
涤/棉柳条麻纱		J 13	J 45	J 13	J 45	326.5	83	314.5	80	涤 65/棉 35

表 6-19　异经麻纱的主要规格参数

品类	织物组织	经纱		纬纱		经密		纬密		混纺比（%）
		tex	英支	tex	英支	根/10cm	根/英寸	根/10cm	根/英寸	
棉异经麻纱	$\frac{2}{1}$ 纬重平	18.2+12.7	32+46	18	32	277.5	70.5	313	79.5	棉 100
涤棉异经麻纱	变化平纹	13×2+13	45/2+45	13	45	362	92	303	77	涤 65/棉 35
		10×2+14.5	60/2+40	14.5	40	338.5	82	322.5	82	涤 40/棉 35

表 6-20　提花麻纱的主要规格参数

品类	织物组织	经纱		纬纱		经密		纬密		混纺比（%）
		tex	英支	tex	英支	根/10cm	根/英寸	根/10cm	根/英寸	
棉条子麻纱	小提花	14.6	40	17.2	34	356	90.5	295	75	棉 100
棉格子麻纱		18.2	32	18.2	32	372	94.5	307	78	
涤/棉格子麻纱		13	45	13	45	476	121	267.5	68	涤 65/棉 35

2. 绒布（图 6-18） 绒布类织物表面具有稠密、平齐、耸立而富有光泽的绒毛，分为单面条绒、双面条绒、双面凹凸绒、衬绒、彩格绒、双纬绒、磨绒等。布面的绒毛是用拉绒机械的起毛钢丝将纬纱的部分纤维勾出后在织物表面形成的。

图 6-18　绒布

通常采用平纹或斜纹组织，坯布所用经纱宜细，纬纱宜粗且捻度要小。织物经密较小，纬密较大，有利于纬纱棉纤维形成丰满而均匀的绒毛，双面绒的经、纬紧度比约为 1∶1.7，单面哔叽绒的经、纬紧度比为（1∶1.2）～（1∶1.7）。通常单面哔叽绒的经、纬纱线密度比值为（1∶1.5）～（1∶2）；双面平纹绒的经纬纱线密度比值约为 1∶2。厚绒选用 58.3tex 以上的纬纱，薄绒选用 58.3tex 以下的纬纱。绒类织物从绒毛效果看，在满足纬向强力的条件下，纱线采用低捻度为好。常见绒布织物的主要规格参数见表 6-21。

表 6-21 常见绒布织物的主要规格参数

品类	组织	经纱		纬纱		经密		纬密	
		tex	英支	tex	英支	根/10cm	根/英寸	根/10cm	根/英寸
漂白绒及印花双面绒	$\frac{1}{1}$	29	20	58	10	157	40	165	42
哔叽绒	$\frac{2}{2}$	28	21	42	14	251	64	283	72
提花绒	凹凸组织	28	21	42	14	251	64	283	72
提花绒	条子组织	28	21	42	14	291	74	267	68

图 6-19 牛津布

3. 牛津布（图 6-19） 牛津布是以牛津大学命名的传统精梳棉织物或涤棉纱线交织物，采用较细的精梳高支纱线作双经（纬重平组织中，交织规律相同的两根经纱通常称为双经），与较粗的纬纱，用平纹变化组织中纬重平或方平组织织制。一般经纱为 19~29tex（20~50 英支），纬纱为 29~58tex（10~20 英支），经纬纱线密度约为 1∶2（英制支数比约为 3∶1）。经向紧度为 50%~60%，纬向紧度为 45%~50%。1900 年代，为对抗当时浮华奢靡的衣饰风气，牛津大学一些特立独行的学生，采用这种棉织面料作为牛津大学校服专用，进而风靡欧美百年，世称牛津纺。

牛津布织物色泽柔和，经纬组织点凸起，颗粒饱满，质地柔中有挺，具有吸湿性好，易洗快干，织物透气性好，穿着舒适等特点。牛津布品种花式较多，有素色、漂白、色经白纬、色经色纬、中浅色条形花纹等。牛津布常作为男女衬衫面料及女士制服或春秋两用衫面料。涤纶牛津布适宜做各种类型的箱包，如旅行用箱包、背包，女士拎包，学生书包等。牛津布的主要规格参数见表 6-22。

表 6-22 牛津布的主要规格参数

品类	织物组织	经纱		纬纱		经密		纬密		经纬纱纤维成分比
		tex	英支	tex	英支	根/10cm	根/英寸	根/10cm	根/英寸	
涤/棉经与棉纬交织	纬重平	14.5	40	J 36.4	J 16	377.5	96	177	45	经：涤/棉（65∶35）纬：棉 100%
		13	45	J 36.4	J 16	397.5	101	196.5	50	
		13	45	J 18.2×2	J 32/2	397.5	101	196.5	50	
		13	45	J 41.7×2	J 14/2	399.5	101.5	181	46	
棉经与涤/棉纬交织	方平	J 7.3×2	J 80/2	J13	45	397.5	101	334.5	85	经：棉 100% 纬：涤/棉（65∶35）

4. 牛仔布（图 6-20） 牛仔布又称裂帛，音译作丹宁布，是一种较粗厚的色织经面斜纹棉布，始于美国西部的放牧人员用以制作衣裤而得名，又称靛蓝劳动布。牛仔布经纱颜色深，一般为靛蓝色，纬纱颜色浅，一般为浅灰或煮练后的本白纱，质地紧密、厚实。

图 6-20　牛仔布

牛仔布历经发展，品种繁多。按照质量分为重磅牛仔布、中磅牛仔布和轻磅牛仔布三类，重磅牛仔单位面积质量为 450g/m^{2}以上，主要作裤装、短裙、牛仔背心、鞋、包等，中磅牛仔单位面积质量为 340~450g/m^2，主要作上衣和长裙，轻磅牛仔单位面积质量为 200~340g/m^2，主要作衬衫和童装。按照是否具有弹性分为弹力牛仔布和非弹力牛仔布，弹力牛仔布又分为纬弹、经弹和经纬双弹牛仔布。按照后整理工艺分为丝光牛仔布、印花牛仔布、套染牛仔布、激光镂空图案牛仔布、涂层牛仔布、涂聚氨酯牛仔布、涂胶牛仔布等。

牛仔布广泛用作休闲服用面料，如男女式牛仔裤、牛仔上装、牛仔裙等，也可以作为包袋、家纺、玩具面料等。常见牛仔布的主要规格参数见表 6-23。

表 6-23　常见牛仔布的主要规格参数

经纱		纬纱		经密		纬密	
tex	英支	tex	英支	根/10cm	根/英寸	根/10cm	根/英寸
83. 3	7	97. 2	6	283. 5	72	181	46
83. 3	7	83. 3	7	283. 5	72	173. 5	44
83. 3	7	58. 3	10	283. 5	72	181	46
58. 3	10	83. 3	7	307	78	189	48
58. 3	10	58. 3	10	315	80	181	46
48. 6	12	48. 6	12	307	78	181	46
36. 5	16	36. 5	16	315	80	181	46
J 18. 2×2	J 32/2	58. 3	10	393. 5	110	610	50
J 18. 2×2	J 32/2	J 18. 2×2	32/2	425	108	220. 5	56

续表

经纱		纬纱		经密		纬密	
tex	英支	tex	英支	根/10cm	根/英寸	根/10cm	根/英寸
J 14.5×2	J 40/2	J 18.2	J 32	354.5	90	212.5	54
J 18.2	J 32	J 18.2	J 32	512	130	275.5	70

第二节　棉型机织产品工艺参数

本节主要介绍本色棉织物及色织物的规格设计与上机计算，讲解机织物生产过程中常用规格参数的概念、设计与计算方法。

一、本色棉织物的规格设计与上机计算

（一）织物匹长

织物匹长以米（m）为单位，匹长的计算见第四章第四节，保留一位小数。匹长有公称匹长和规定匹长之分。公称匹长即工厂设计的标准匹长，规定匹长即叠布后的成包匹长，规定匹长等于公称匹长加上加放布长。加放布长是为了保证棉布成包后不短于公称匹长长度，加放长度一般加在折幅和布端。不同织物有不同的折幅加放长度，一般平纹细布的加放布长为0.5%~1%，粗特织物与卡其类织物的加放布长为1%~1.5%，布端加放长度应根据具体情况而定。一般织物匹长为25~40m，并用联匹形式，一般厚织物采用2~3联匹，中等厚织物采用3~4联匹，薄织物采用4~6联匹。

（二）织物幅宽

织物幅宽以厘米（cm）为单位，幅宽的计算见第四章第四节，以0.5cm或整数为准。公称幅宽即工艺设计的标准幅宽。幅宽与织物的产量、织机最大穿筘幅度及织物的用途有关，服用织物的幅宽与服装款式、裁剪方法等有关。

（三）织物缩率

织物缩率的计算及影响因素见第四章第四节。设计新品种时，本色棉布经、纬纱织缩率可参考表6-24或类似品类。

表6-24　本色棉布织造缩率参考表

品类	织造缩率（%）		品类	织造缩率（%）	
	经纱	纬纱		经纱	纬纱
粗平布	7.0~12.5	5.5~8	半线府绸	10.5~16	1~4
中平布	5.0~8.6	约7	线府绸	10~12	约2
细平布	3.5~13	5~7	纱斜纹	3.5~10	4.5~7.5

续表

品类	织造缩率（%）		品类	织造缩率（%）	
	经纱	纬纱		经纱	纬纱
纱府绸	7.5~16.5	1.5~4	半线斜纹	7~12.0	约5
纱哔叽	5~6	6~7	全线卡其	8.5~14	约2
半线哔叽	6~12	3.5~5	直贡	4~7	2.5~5
纱华达呢	约10	1.5~3.5	横贡	3~4.5	约5.5
半线华达呢	约10	约2.5	羽绸	约7	约4.3
全线华达呢	约10	约2.5	麻纱	约2	约7.5
纱卡其	8~11	约4	绉纹布	6.5	5.5
半线卡其	8.5~14	约2	灯芯绒	4~8	6~7

（四）总经根数

总经根数根据经纱密度、幅宽等来确定。总经根数的计算方法见第四章第四节。

（五）筘号

筘号根据经纱密度、纬纱织缩率、每筘齿穿入数以及生产的实际情况而定。筘号计算的方法见第四章第四节。筘号的修正会影响织物的经密或筘内幅，应重新计算。

$$\text{修正的经纱密度} = \text{修正的筘号} \times \frac{\text{每筘穿入数}}{1 - \text{纬纱织缩率}}$$

《棉本色布》GB/T 406—2018 标准规定经密下偏差不超过 1.5%，则选择的筘号不需要修正。

（六）筘幅

筘幅以厘米（cm）为单位，上机筘幅计算方法见第四章第四节。

（七）$1m^2$织物无浆干燥质量

$1m^2$织物无浆干燥质量（g）= $1m^2$成布经纱干燥质量（g）+$1m^2$成布纬纱干燥质量（g）

$$\text{1m}^2\text{成布经纱干燥质量(g)} = \frac{\text{经纱密度} \times 10 \times \text{经纱纺出标准干燥质量(g/100m)} \times (1 - \text{经纱总飞花率})}{(1 - \text{经纱织缩率}) \times (1 + \text{经纱总伸长率}) \times 100}$$

$$\text{1m}^2\text{成布纬纱干燥质量(g)} = \frac{\text{纬纱密度} \times 10 \times \text{纬纱纺出标准干燥质量(g/100m)}}{(1 - \text{纬纱织缩率}) \times 100}$$

式中：

（1）经、纬纱密度为公制密度（根/10cm）。

（2）经、纬纱的纺出标准干燥质量（g/100m）= $\frac{\text{纱线线密度}}{10.85}$，或经、纬纱纺出干燥质量（g/100m）= $\frac{53.74}{\text{英制支数}}$；涤/棉（65/35）经、纬纱纺出标准干燥质量（g/100m）= $\frac{\text{纱线线密度}}{10.32}$。计算时应算至小数点后四位，最后四舍五入为小数点后两位。

（3）股线的质量应按折合后的质量计算。

（4）经纱的总伸长率。上浆单纱按 1.2%计算（其中络筒、整经以 0.5%计算，浆纱以 0.7%计算）。一般粗纱以 1.3%，中特纱以 1.1%，细特纱以 0.9%计算，上水股线 10tex×2 以上（60 英支/2 以下）按 0.3%计算，10tex×2 及以下（60 英支/2 及以上）按 0.7%计算。涤/棉织物经纱总伸长率暂规定单纱为 1%，股线为 0，棉/维同纯棉，中长涤/黏暂定为 0。

（5）纬纱伸长率根据络纬工序的不同，其值为 0 或极小，可略去不计。

（6）经纱总飞花率，全棉线密度高的织物按 1.2%计算，中等线密度的平纹织物按 0.6%计算，中等线密度的斜纹缎织物按 0.9%计算，线密度低的织物按 0.8%计算，线织物按 0.6%计算。涤/棉线密度高的织物按 0.6%计算，线密度中低的织物按 0.3%计算。中长涤/黏按 0.3%计算

上述经纱总伸长率、经纱总飞花率，以及经、纬纱缩率是计算 $1m^2$ 织物质量的依据不是规定指标。$1m^2$ 经纬纱成布干燥质量结果取两位小数，$1m^2$ 织物无浆干燥质量结果取一位小数。

（八）织物断裂强度

织物的断裂强度是衡量织物使用性能的一项重要指标。经、纬纱线密度、织物组织、密度、纺纱方法等，均与织物的断裂强度有密切关系。织物的断裂强度以 5cm×20cm 布条断裂强度表示。

棉布断裂强度指标以棉纱一等品品质指标的数值计算为准。特殊品种的计算强力与实测强力差异过大时，可参照实际情况另作规定。断裂强度的计算公式见式（4-38）。计算结果取整数。

表 6-25 为织物的强力利用系数表。当织物的紧度在规定紧度范围内时，*K* 值按比例进行变化，当小于规定紧度范围时，则按比例减之；当大于规定紧度范围时，则按最大的 *K* 值计算。本表内未规定的股线，按相应单纱线密度取 *K* 值（如 14tex×2，按 28tex 计算）。麻纱按平布，绒布按织物组织取 *K* 值。小花纹织物的强力利用系数，根据紧度及组织按就近品种选择 *K* 值。涤/棉织物的纱线强力利用系数暂按本色棉布规定的相应品种的 *K* 值加 0.1，计算中长、黏胶纤维的强力利用系数，目前暂按本色棉布规定。表 6-26 中高、中、低线密度纱线分别为：高特为 32tex 及以上（18 英支及以下）；中特为 21~31tex（19~28 英支）；低特为 11~20tex（29~55 英支）。

表 6-25 织物的强力利用系数

品类		经向		纬向	
		紧度（%）	*K*	紧度（%）	*K*
平布	高特纱	37~55	1.06~1.15	35~50	1.10~1.25
	中特纱	37~55	1.01~1.10	35~50	1.05~1.20
	低特纱	37~55	0.98~1.07	35~50	1.05~1.20
纱府绸	中特纱	62~70	1.05~1.13	33~45	1.10~1.22
	低特纱	62~75	1.13~1.26	33~45	1.10~1.22

续表

<table>
<tr><td colspan="2" rowspan="2">品类</td><td colspan="2">经向</td><td colspan="3">纬向</td></tr>
<tr><td>紧度（%）</td><td>K</td><td>紧度（%）</td><td colspan="2">K</td></tr>
<tr><td colspan="2">线府绸</td><td>62~70</td><td>1.00~1.08</td><td>33~45</td><td colspan="2">1.07~1.19</td></tr>
<tr><td rowspan="4">哔叽、斜纹</td><td>高特纱</td><td>55~75</td><td>1.06~1.26</td><td>40~60</td><td colspan="2">1.00~1.20</td></tr>
<tr><td>中特及以上</td><td>55~75</td><td>1.01~1.21</td><td>40~60</td><td colspan="2">1.00~1.20</td></tr>
<tr><td rowspan="2">线</td><td rowspan="2">55~75</td><td rowspan="2">0.96~1.12</td><td rowspan="2">40~60</td><td>高特纱</td><td>1.00~1.20</td></tr>
<tr><td>中特及以上</td><td>0.96~1.16</td></tr>
<tr><td rowspan="4">华达呢、卡其</td><td>高特纱</td><td>80~90</td><td>1.07~1.37</td><td>40~60</td><td colspan="2">1.04~1.24</td></tr>
<tr><td>中特及以上</td><td>80~90</td><td>1.20~1.30</td><td>40~60</td><td colspan="2">0.96~1.16</td></tr>
<tr><td rowspan="2">线</td><td rowspan="2">90~110</td><td rowspan="2">1.13~1.23</td><td rowspan="2">40~60</td><td>高特纱</td><td>1.04~1.24</td></tr>
<tr><td>中特及以上</td><td>0.95~1.16</td></tr>
<tr><td rowspan="2">直贡</td><td>纱</td><td>65~80</td><td>1.08~1.23</td><td>45~55</td><td colspan="2">0.97~1.07</td></tr>
<tr><td>线</td><td>65~80</td><td>0.98~1.13</td><td>45~54</td><td colspan="2">0.97~1.07</td></tr>
<tr><td colspan="2">横贡</td><td>44~52</td><td>1.02~1.10</td><td>70~77</td><td colspan="2">1.18~1.27</td></tr>
</table>

（九）浆纱墨印长度

浆纱墨印长度的计算方法见第四章第四节。

（十）用纱量

用纱量是考核技术和管理的综合指标，直接影响工厂的生产成本。定额用纱量以生产百米织物所耗用经纬纱的质量（kg）来表示。

$$\text{百米织物经纱用量（kg/100m）}=\frac{100\times Tt_j\times \text{总经根数}\times(1+\text{放长率})\times(1+\text{损失率})}{1000\times1000\times(1+\text{经纱总伸长率})\times(1-\text{经纱织缩率})\times(1-\text{经纱回丝率})}$$

$$\text{百米织物纬纱用量（kg/100m）}=\frac{100\times Tt_w\times P_w\times10\times\text{织物幅宽(m)}\times(1+\text{放长率})\times(1+\text{损失率})}{1000\times1000\times(1-\text{纬纱织缩率})\times(1-\text{纬纱回丝率})}$$

百米织物总用纱量=百米织物经纱用纱量+百米织物纬纱用纱量

式中：Tt_j——经纱线密度，tex；

Tt_w——纬纱线密度，tex；

P_w——纬纱密度，根/10cm。

放长率也称自然回缩率，坯布在放置过程中，由于要保持经、纬向张力平衡，坯布的经向会产生一定的收缩，为了保证坯布的公称匹长，生产时常在布端加放适当长度。一般放长率为0.5%~0.7%，由于加工、储存等要求不同，需经实际测定而选用。

一般棉布损失率为0.05%。

经纱总伸长率可参照前面所述的$1m^2$无浆干燥质量的计算来确定。

一般经纱的回丝率为0.4%~0.8%，如采用自动络筒和双浆槽浆纱机，则取1%~1.2%；

一般纬纱的回丝率取 0.8%~1.0%，无梭织机因要割去加边的回丝，片梭织机取 0.7%，剑杆织机取 1.0%~1.2%，喷气织机取 1.5%~3.0%。全部使用原白纱时，在定额用纱量中统一规定经纱回丝率为 0.4%，纬纱回丝率为 1.0%。

直接出口坯布用纱量按上式计算的经纬纱用纱量×（1+0.25%）计算。

多股线（两股以上）坯布用纱量按上式算得后的经纱用纱量/（1-经纱捻缩率），纬纱用纱量/（1-纬纱捻缩率）来计算。

（十一）绘作上机图

根据织物组织结构和企业织机类型设计并绘制组织图、穿综图、穿筘图和纹板图。

二、色织物的规格设计与上机计算

色织物的规格设计和除匹长、幅宽、总经根数、筘号、用纱量等与白坯织物类似的上机参数之外，还需要进行一花宽度、花数、一花经纱数、色经（纬）排列、配色模纹循环数、劈花等规格设计。这些设计参数之间是相互联系的，设计时要结合产品的实际情况综合考虑，并经反复计算和调整后确定。

（一）经纬纱缩率

由于色织物品种的原料、组织、密度和染整工艺等不同，使产品有不同的染整幅缩率及染整长缩率。整理工序多，幅缩率大。织物的密度和组织对幅缩率也有影响。如用同样粗细的纱线织成的织物，密度稀则幅缩率大。浮线长的织物松软，幅缩率比平纹组织的织物大。织物原料不同，幅缩率也不尽相同。色织棉布后整理分类表见表 6-26。色织涤/棉（65/35）布后整理分类表见表 6-27。色织大类品种经纬纱织缩率及染整幅缩率见表 6-28。染整长缩（伸）率一般来说经大整理的产品，落布长度允许偏差-1~2m；不经大整理的直接成品，落布长度只允许有上偏差，可参见表 6-29。

表 6-26　色织棉布后整理分类表

编号	整理名称	整理工序	适应品种	备 注
1	小整理	一般分：冷轧、热处理、热轧	适用于男女线呢、被单布及条绒等	冷轧：有极光，影响棉纱丝光，缩水率大，尽量少采用 热处理：即热烘，不轧光，光泽柔和，缩水率小 热轧：即热烘轧光，布面极光严重
2	半整理	烧毛、轧水、烘干、轧光、拉幅	适用于深中色、中低档产品	棉纱丝光染色，部分可采用硫化染料
3	不漂大整理	烧毛、轧水、烘干、丝光、水洗烘干、上浆、轧光、拉幅	适用于没有白嵌线的深中色产品，即全部深色，中色地（布边除外），色纱可采用硫化及士林染料，全部熟经熟纬（包括边纱）	棉纱一般采用无光染色，如白色边纱，则须用普漂纱，单纱水洗，股线要加酸洗工序

续表

编号	整理名称	整理工序	适应品种	备注
4	原纱漂白大整理	烧毛、退浆、煮练、漂白、水洗、酸洗、水洗、烘干、丝光、水洗、复漂、水洗、酸洗、烘干、加白、上浆、轧光、拉幅	适用于白纱约占$\frac{1}{4}$以上的产品，色纱全部采用耐漂士林及纳夫妥染料，经纬白纱全部用原纱（本白纱）	棉纱无光染色，如白纱比例超过一半以上，加工整理如必要时应经两次煮练，以保证成品质量
5	普漂纱漂白大整理	烧毛、轧水、烘干、丝光、漂白、水洗、酸洗、水洗、烘干、加白、上浆、轧光、拉幅	适用于白色嵌线占$\frac{1}{4}$以内或全部浅色的产品，白色嵌线及白色纬纱须用普漂纱，以节省加工厂煮练工艺，色纱全部采用耐漂的士林及纳夫妥染料	棉纱无光染色，白色嵌线用无光普漂纱（边纱相同）
6	漂白大整理	烧毛、轧水（或退浆）、煮练、漂白、水洗、酸洗、水洗、烘干、丝光、水洗、复漂、水洗、酸洗、水洗、烘干、拉幅	适用于一般性白度的10tex×2以上股线条格府绸，色纱全部采用耐漂士林及纳夫妥染料，白纱用原料	棉纱无光染色，如白纱比例超过一半以上，加工整理在必要时应经两次煮练，以保证成品质量
7	加白大整理	工艺与编号6相同，增加加白一项	适用于需要另外特别加白的10tex×2股线条格府绸，色纱全部采用耐漂士林及纳夫妥染料，白纱用原纱	棉纱无光染色，白色嵌线用无光普漂纱（边纱相同）
8	套色大整理	烧毛、轧水（退浆）、煮练、漂白、水洗、酸洗、水洗、烘干、丝光、水洗、染色、烘干、轧光、拉幅	适用于线经套色府绸，色纱用耐漂士林及纳夫妥染料，白纱用原纱	棉纱无光染色，白色嵌线用无光普漂纱（边纱相同）

表 6-27　色织涤/棉（65/35）布后整理分类表

工艺	整理工序	适应品种	备　注
1*	退浆、氧漂、丝光、涤纶加白焙烘、定型、烧毛、氧漂、棉加白、上柔软剂或树脂、轧光、防缩、包装	适用于白地露白较多、白地白度要求较高的产品	色纱尽可能用耐氧漂士林染料染色，白纱用本白纱
2*	退浆、氧漂、丝光、涤纶加白焙烘、定型、烧毛、氧漂、棉加白、上柔软剂或树脂、轧光、防缩、包装	适用于白地露白较少、白地白度要求一般的产品，如浅色产品	色纱尽可能用耐氧漂士林染料染色，白纱用本白纱

续表

工艺	整理工序	适应品种	备 注
3＊	烧毛、退浆、轻氧漂、丝光、定型、棉加白、上柔软剂或树脂、轧光、防缩、包装	适用于浅中色地，只有少数白色嵌条的及色经白纬产品（白色占总经的 $\frac{1}{4}$ 以内）	色纱尽可能用耐氧漂士林染料染色，白色均须煮熟纱（或漂白纱）
4＊	烧毛、退浆、丝光、定型、棉加白、上柔软剂或树脂、轧光、防缩、包装	适用于没有白色经纬纱的全浅色产品	色纱可用士林或分散性染料染色
5＊	烧毛、退洗、丝光、定型、上柔软剂或树脂、防缩、包装	适用于没有白色经纬纱的中深色产品	色纱可用士林或分散性染料染色

表 6-28 色织物大类品种经纬纱织缩率以及染整幅缩率

织物名称	坯布幅宽（cm）	原纱线线密度（tex）		密度（根/10cm）		织物组织	纬纱织缩率（%）	染整幅缩率（%）	经纱织缩率（%）	备注
		经纱	纬纱	经纱	纬纱					
色织精梳府绸	97.7	14.5	14.5	472	267.5	平纹小提花	3.3	6.5	6.71～7.47	大整理
色织精梳府绸	96.5	14.5	14.5	472	267.5	双轴	4.5	6.8	7.47	
色织精梳府绸	97.9	14.5	14.5	472	267.5	平纹	2.8	6.5	7.47	
色织府绸	97.7	14×2	17	346	259.5	平纹带缎条	3.7	6.5	8.65	5＊整理
色织府绸	87	14×2	17	346	259.5	平纹或平带提花	4.55	6.8	8.65	
色织精梳线府绸	97.7	9.7×2	9.7×2	454	240	平纹	2.7	6.5		
色织精梳线府绸	92.7	9.7×2	9.7×2	432	240	平纹	2.9	9.6		
色织精梳线府绸	97.7	9	9	472	70	平纹	1.98	6.5		
纱格府绸	97.7	18	18	421	267.5	平纹	2.82	6.5	10.4	大整理
色织精梳泡泡纱	87	14.5+28	14.5	314.5	299	平纹	3.89	0.6	8.35	热烫

续表

织物名称	坯布幅宽(cm)	原纱线线密度(tex)		密度(根/10cm)		织物组织	纬纱织缩率(%)	染整幅缩率(%)	经纱织缩率(%)	备注
		经纱	纬纱	经纱	纬纱					
细纺	97.7	14.5	14.5	314.5	275.5	平纹	5.7	7.69	7.69	一般整理
细纺	99	14.5	14.5	362	275.5	平纹	5.1	7.69	7.69	一般整理
细纺	103.5	14.5	14.5	314.5	275.5	平纹	5.9	11.7	6.5	防缩整理
细纺	100.3	14.5	14.5	314.5	275.5	平纹	4.58	8.9	7.69	树脂
单面绒彩格	96.5	28	36	295	236	$\frac{2}{2}\nwarrow$	4.4	5.3	9.56	
单面绒彩格	97.7	28	36	295	236	提花	4.3	6.5	8.17	
单面绒	90.7	28	42	251.5	283	$\frac{3}{1}\nwarrow$	4.0	10.3	12.0	
单面绒	99.5	28	42	251.5	283	$\frac{2}{2}\nwarrow$	4.8	8.1	11.2	
双面绒		28	42	251.5	283		6.1	6.5	12.0	
双面绒	91.4	28	42	251.5	283	$\frac{3\ \ 3}{1\ \ 1}$凹凸绒 $\frac{3}{1}\nwarrow$	7.7	11.1	6.8	
双面绒	97.1	28	28	299	236	$\frac{2}{2}\nwarrow$	5.0	5.9	8.17	
彩格绒	97.7	28	28	236	224	$\frac{2}{2}\nwarrow$	4.7	6.5	8	
被单条	113	29	29	279.5	236	平纹	3.5	1.1	10	
被单料	113	29	29	318.5	236	$\frac{2}{1}\nwarrow$	3.5	1.1	9.5	
被单布	113	28	28	326.5	267.5	$\frac{3}{1}\nwarrow\frac{1}{3}\nearrow$	5	1.1	9.26	
被单布	113	28	28	299	255.5	$\frac{2}{1}\nwarrow\frac{1}{2}\nearrow$	3.9	1.1	9.85	
被单布	113	14×2	14×2	283	251.5	平纹	4	1.1		

续表

织物名称	坯布幅宽（cm）	原纱线线密度（tex）		密度（根/10cm）		织物组织	纬纱织缩率（%）	染整幅缩率（%）	经纱织缩率（%）	备注
		经纱	纬纱	经纱	纬纱					
格花呢	81.2	18×2	36	262.5	236	小绉地	4.08	0	10	
格花呢	81.2	18×2	36	299.5	251.5	灯芯条	5.6	0	10	
格花呢	81.2	18×2	36	284.5	251.5	绉地	5.2	0	10.8	
格花呢	81.2	18×2	36	259	220	平纹	5.2	0	10	
格花呢	81.2	18×2	36	334.5	228	灯芯条	3.9 4.5	0	11	
素线呢	81.9	14×14×14	36	318.5	228	绉地	2.97	6.92	11.8	3＊整理
素线呢	82.5	14×14×14	18×2	365	236		3	7.7		3＊整理
素线呢		18×2+（14×14×14）	36	330.5	220		4.41	7.8	9.8	
色织线绢	96.5	18×2	18×2	297.5	212.5	平纹	2.75	6.5	2.8	3＊树脂
色格布	8.5	28	28	218.5	188.5	平纹	6	4.5	7.28	
自由条布	87.6	28	28	272	236	平纹	4.8	7.2	9.2	树脂
劳动布	92	58	58	267.5	173	$\frac{3}{1}\nwarrow$	4.6	0.7	11	
防缩劳动布	96.5	58	58	294.5	165	$\frac{3}{1}\nwarrow$	3.8	5.3	8.29	防缩
防缩磨毛劳动布	97.5	58	58	267.5	188.5	$\frac{3}{1}\nwarrow$	2.9	6.3	9.19	防缩磨毛
家具布		29	29	354	157	缎纹	3.5	1.67	7.25	轧光
色织涤/棉府绸	97	14.5	14.5	421	275.5	平纹小提花	4.6	5.75	10.6	
色织涤/棉府绸	97.1	13	13	440.5	299	平纹	3.4 4.1	5.9	10.86	大整理
色织涤/棉府绸	97.7	13	13	440.5	283	平纹小提花	5	6.5	10.29	大整理
色织涤/棉府绸	97.7	13	13	452.5	283	双轴	5.9	6.5	10.29	大整理

续表

织物名称	坯布幅宽（cm）	原纱线线密度（tex）		密度（根/10cm）		织物组织	纬纱织缩率（%）	染整幅缩率（%）	经纱织缩率（%）	备注
		经纱	纬纱	经纱	纬纱					
色织涤/棉府绸	97.7	13	13	440.5	283	平纹带提花	6.4	6.5	10	4 * 涤/棉整理
色织涤/棉府绸	121.9	13	13	393.5	283	树皮绉	4.8	6.25	9.5	4 * 涤/棉整理
色织涤/棉府绸	121.9	13+13×2	13	472	283	双轴	4.6	6.24	10.36	4 * 涤/棉整理
色织涤/棉细纺	99	13	13	314.5	275.5	平纹	5.9	7.7	7.3	4 * 涤/棉整理
色织涤/棉花呢	97.7	21	21	322.5	283	平纹	7.2	6.5	10.4	4 * ~5 * 涤/棉整理
色织涤/棉花呢	97.7	21	21	362	259.5	平纹	4.56	6.5	11.96	涤/棉整理深色
色织涤/黏中长	93.9	18×2	18×2	228	204.5	平纹	7.9	2.7	10.4	松式整理
富纤格子府绸	97.7	19.5	19.5	393.5	251.5	平纹	3.9	6.5	10.4	氧漂整理

表 6-29 各类品种的经向自然缩率、染整缩率或伸长率

品种		后处理方法	自然缩率（%）	染整缩率（%）	染整伸长率（%）
男、女线呢		冷轧	0.55		0.5
男线呢（全线）		热处理	0.55	0.5	
被单	线经纱纬	热轧	0.55		2.5
	纱经纱纬	热轧	0.55		2.0
绒布		轧光拉绒	0.55		2.0
二六元贡		不处理	1		
夹丝男线呢		热处理	0.55	0.8	
色织涤/棉、棉/维、富纤细纺和府绸		大整理	0.85		1.5

（二）坯布幅宽及长度

色织物有直接成品和间接成品之分。直接成品是指下机坯布不经任何处理或只经过简单的小整理（如冷轧、热轧）加工的产品，其坯布幅宽接近成品幅宽或比成品幅宽略大0.635~1.270cm。间接成品是指下机坯布还需经过拉绒、丝光、印染等大整理加工的产品。间接成品的产品幅缩率较大，坯布幅宽比成品幅宽要宽3.8~7.62cm。

$$坯布幅宽 = \frac{成品幅宽}{1 - 染整幅缩率} = \frac{成品幅宽}{幅宽加工系数}$$

色织大整理产品的坯布长度可根据成品长度并考虑整理时染整长缩（伸）率确定。

$$坯布匹长 = \frac{成品匹长}{1 \pm 染整长缩(伸)率}$$

（三）总经根数

各类本色棉布的总经根数都有国家标准，但各类色织物的总经根数现无国家标准，因此各厂可按生产实际自行决定。

$$\begin{aligned} 总经根数 &= 布身经纱数 + 布边经纱数 \\ &= 坯布幅宽 \times 坯布经密 + 边经纱数 \times \left(1 - \frac{布身每筘平均穿入数}{布边每筘平均穿入数}\right) \\ &= 成品幅宽 \times 成品经密 + 边经纱数 \times \left(1 - \frac{布身每筘平均穿入数}{布边每筘平均穿入数}\right) \end{aligned}$$

总经根数、每花经纱根数、劈花、上机筘幅、筘号、每花穿筘数等各项技术条件是彼此密切相关的，变动其中一项，则与之相关的某些项目将跟着变动，所以在设计中可能需要反复计算。一般对总经根数先进行初算，而确切的总经纱数宜待其他有关项目确定后再决定。

（四）上机筘幅

上机筘幅先按下式初步确定，待确定筘号后再修正。

$$初算筘幅 = \frac{坯布幅宽}{1 - 纬纱织缩率}$$

（五）每花经纱根数及全幅花数

每花经纱根数，即每花的配色循环。如果是来样可通过分析来样或先量出各色条经纱宽度，再乘以成品经密求得。如果是新产品由设计人员确定花纹图案的经向条宽，再根据经密进行确定。

$$各色条经纱根数 = 成品色经条宽度（cm）\times 成品经密（根/cm）$$

$$每花经纱根数 = 每花各色条经纱根数之和$$

由上式算得的根数应根据组织循环经纱数、穿综要求、穿筘要求等作适当的修正。同样，可求得纬纱的各色纬数。如果在有梭织机的单面多梭箱织机上织造，应将算得的各色纬纱根数修正为偶数。同样，可求得各色条纬纱线。

$$全幅花数 = \frac{总经根数}{每花纱线根数}$$

如果有零花，则要相应保留加头或减头（零花多出来的经纱数或零花不足的经纱数）。

$$\frac{初算总经根数 - 边经根数}{每花经纱根数} = 全幅花数 + 零花$$

（六）全幅筘齿数

（1）当产品的全幅经纱每筘穿入数相同时，则：

$$全幅筘齿数=\frac{布身经纱数}{每筘穿入数}+边经纱筘齿数$$

（2）当产品采用花筘穿法时，则：

$$全幅筘齿数=\frac{布身经纱数}{每筘平均穿入数}+边经纱筘齿数$$

或，全幅筘齿数=每花筘齿数×全幅花数+加头的筘齿数+边纱筘齿数

（七）筘号及筘幅

筘号计算方法见第四章第四节，工厂也常根据经验快速确定筘号。计算后的筘号应进行修正，修正原则见第四章第四节。

工厂习惯使用2英寸内筘齿数的英制筘号。

（1）当每筘穿入数相同时，则

$$英制筘号=\frac{上机经密(根/2英寸)}{每筘穿入数}$$

（2）当采用花筘穿法时，则

$$英制筘号=\frac{上机经密(根/2英寸)}{每筘平均穿入数}$$

例1：已知某提花织物的坯布经密为540根/10cm，纬纱织缩率为5%，经纱平均每筘穿入数为4.5根/筘，计算筘号。

$$\begin{aligned}筘号&=\frac{上机经密}{平均每筘穿入数}\\&=\frac{坯布经密\times(1-纬纱织缩率)}{平均每筘穿入数}\\&=\frac{540\times(1-5\%)}{4.5}=114(齿/10cm)\end{aligned}$$

取筘号为114#。

在确定筘号时，当计算筘号与标准筘号相差±0.4号以内，可不必修改总经根数，只需修改筘幅或纬纱织缩率即可。一般筘幅相差在6mm以内可不修正。修正筘幅的计算公式为：

$$上机筘幅(cm)=\frac{全幅筘齿数}{公制筘号}\times 10$$

例2：已知某织物的总筘齿数为2436齿，上机筘幅为118.5cm，计算筘号。

$$公制筘号=\frac{2436}{118.5}\times 10=205.6(齿/10cm)$$

筘号取整数为206#，因此修正筘幅为：

$$上机筘幅(cm)=\frac{全幅筘齿数}{公制筘号}\times 10$$

$$= \frac{2436}{206} \times 10 = 118.2(\text{cm})$$

其筘幅修正量为：118.5−118.2=0.3（cm）。在6mm以内，在筘幅的允许调整范围内，所以不需修正筘幅。

凡经大整理的品种，其下机坯幅可在整理加工中得到调整，筘幅的修正范围可大些。不经过大整理的品种，则应严格控制筘幅和坯布幅宽。

（八）经密

因为在确定筘号时，有可能要修正筘幅、总经根数、全幅筘齿数等数值，所以最后要核算其坯布经密。

$$\text{坯布经密(根/10cm)} = \frac{\text{总经根数(根)}}{\text{坯布幅宽(cm)}} \times 10$$

色织物一般控制在下偏差范围，以不超过4根/10cm为宜。如果由上式算得的经密与设计的坯布经密的差异在规定范围内，则计算的筘号、上机筘幅、坯布经密、总经根数等各项计算可以成立，否则必须重新计算。

（九）穿综工艺

穿综时需确定综页数，综丝密度及综丝粗细、综页前后位置等。综页数可根据穿综的原则和上机图的要求，并结合综丝最大密度来确定。

（十）劈花

劈花原则依具体情况而定，后面将专门介绍。

（十一）千米坯布经纱长度

1. 千米坯布经纱长度 计算千米坯布经纱长度是为了确定墨印长度及计算用纱量，则：

$$\text{千米坯布经纱长度} = \frac{1000\text{m 坯布长度}}{1-\text{经纱织缩率}}$$

2. 落布长度

$$\text{落布长度(m)} = \text{坯布匹长} \times \text{联匹数} = \frac{\text{成品匹长} \times \text{联匹数}}{1 \pm \text{染整长缩(伸)率}}$$

3. 浆纱墨印长度

$$\text{浆纱墨印长度} = \frac{\text{千米经纱长度}}{1000} \times \frac{\text{坯布落布长度}}{\text{匹数}}$$

$$= \frac{\text{千米经纱长度}}{1000} \times \frac{\text{成品匹长}}{1 \pm \text{染整长缩(伸)率}}$$

（十二）色织物用纱量

色织物的用纱量计算，可分为下列三种情况。

1. 按色织坯布用纱量计算 凡是大整理产品，按色织坯布用纱量计算，并且可以不必考虑自然缩率。

色织坯布用纱量（kg/km）＝色织坯布经纱用纱量+色织坯布纬纱用纱量

$$\frac{\text{千米色织坯布}}{\text{经纱用纱量(kg)}} = \frac{\text{总经根数} \times \text{千米织物经纱长} \times Tt}{1000 \times (1-\text{染纱缩率}) \times (1+\text{准备伸长率}) \times (1-\text{回丝率}) \times (1-\text{捻缩率})}$$

$$\frac{\text{千米色织坯布}}{\text{纬纱用纱量(kg)}} = \frac{\text{坯布纬密} \times \text{上机筘幅} \times Tt}{10^4 \times (1-\text{染纱缩率}) \times (1+\text{准备伸长率}) \times (1-\text{回丝率}) \times (1-\text{捻缩率})}$$

2. 按色织成品用纱量计算　凡小整理产品，拉绒或不经任何处理直接以成品出厂的产品，均按此类计算，计算时要考虑自然缩率、小整理缩率或伸长率。

色织成品布百米用纱量计算公式如下：

百米色织成品用纱量（kg/100m）= 百米色织成品经纱用纱量+百米色织成品纬纱用纱量

$$\frac{\text{百米色织成品经纱}}{\text{（纬纱）用纱量(kg)}} = \frac{\text{坯布经纱(纬纱)用纱量} \times (1+\text{自然缩率与放码损失率})}{1 \pm \text{染整长(幅)缩率}}$$

3. 按白坯布用纱量计算　凡纬纱全部采用本白纱的产品，计算纬纱用纱量时，它的伸长率、回丝率须按本白纱的规定计算。

用纱量计算的目的，是结合生产任务制订分色用纱量，供填写和发放染单时用。用纱量的计算，各地区、各厂不太一致，但基本计算公式是一致的。

三、色织棉型机织物的劈花与排花

（一）色织物的劈花

根据色经排列状况，确定经纱配色循环起始点的位置称作劈花。劈花以一花为单位。目的是保证产品在使用上达到拼幅与拼花的要求，同时利于浆纱排头、织造和整理加工。劈花的基本原则为：

（1）劈花一般选择在织物中色泽较浅、条型较宽的地组织部位，并力求织物两边在配色和花型方面保持对称，便于拼幅、拼花和节约用料。

（2）劈花时，缎条府绸中的缎纹区、联合组织中的灯芯条部位、泡泡纱的起泡区、剪花织物的花区等松软织物，劈花时要距布边有一定距离（2cm 左右），以免织造时花型不清，大整理拉幅时布边被拉破、卷边等。

（3）劈花时要注意整经时的加（减）头。

（4）经向有花式线时，劈花应注意避开这些花式线。

（5）劈花时要注意各组织穿筘的要求。

劈花虽有一定的规则可循，但实际生产中应按上述原则灵活运用。

例 3：某织物的色经排列顺序见表 6-30，每花经纱数为 260 根。

表 6-30　织物色经排列顺序

浅绿	66		66					
深绿		16						
白				12		60		12
土黄					14		14	

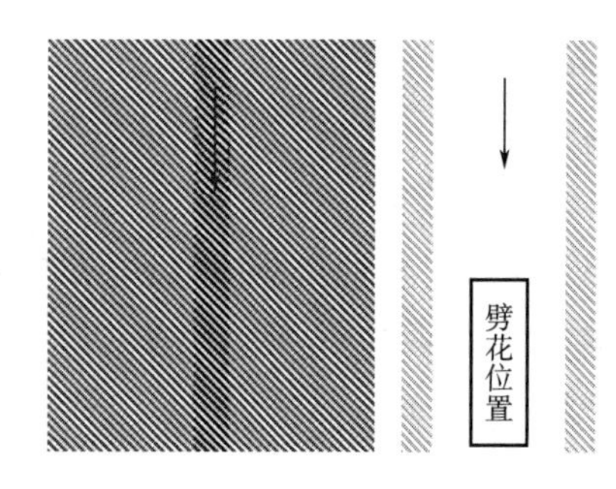

图 6-21　织物劈花位置图示

劈花方法：该织物为经向轴对称花型，花型有两条对称轴，一条是深绿 16 根，另一条是白 60 根，从大块面浅色区域（60 根白色经纱）1/2 处进行劈花，劈花后花型对称，如图 6-21 所示。

劈花后色经排列方式见表 6-31。

例 4：某色织物，总经根数为 6904 根，其中边经 120 根，每花 432 根，色经纱的排列顺序见表 6-32。

表 6-31　织物劈花的方式

浅绿				66		66			
深绿					16				
白	30		12				12		30
土黄		14						14	

表 6-32　织物色经纱的排列顺序

蓝		16				16		16				16
丈青	116		4		4		116		4		4	
天蓝										60		
红色				60								

劈花方法：算出全幅花数为（6904－120）÷432＝15 花＋304 根。因对产品拼花要求高，花数最好为整数。如果保持总经纱数及筘幅不变，可将每花根数适当改变。一般可在色经纱数较多的色条部分适当减少或增加少量经纱数。因此在色经排列中，可将大块面丈青 116 根、红色 60 根、天蓝 60 根经纱处各减去 2 根，即每花根数改为 424 根，这时全幅花数正好为 16 花［（6904－120）÷424＝16（花）］。调整后的色经排列方式见表 6-33。

表 6-33　织物劈花的方式

青蓝		16				16		16				16
丈青	114		4		4		114		4		4	
天蓝										58		
红色				58								

例 5：某色织物，成品经密是 315 根/10cm，总经根数为 3590 根，其中边纱 48 根，每花 360 根经纱，色经纱的排列顺序见表 6-34。因产品拼花的需要，客户要求在距左边布边 20cm 处定位为 4 根黑色经纱。

表 6-34　织物色经纱的排列顺序

黑色	60		16		4*		16		60		24	
米色		16						16				
深绿				68		68						
杏黄										6		6

劈花方法：计算出离左边布边 20cm 宽的经根数为 315×20÷10＝630（根），20cm 宽的花数为 630÷360＝1 花+270 根。根据定位尺寸要求，从 4 根黑色纱线中间（4 根的一半）向前数 270 根，即为 16 根米色纱线中的第 12 根处进行劈花。全幅为（3590－48）÷360＝9 花+加头 302 根，最后的零花为深绿色的 30 根纱线挨着右边的边组织，全幅花型没有对称，本例主要是以客户的特殊定位要求为主，劈花方式见表 6-35。因此，劈花时，常需按照客户的特殊要求进行。

表 6-35　织物劈花的方式

黑色		60		24		60		16		4*		16		60		24		60		16		4*		16	
米色	12						16						16						16						4
深绿									68		68										68		68		
杏黄			6		6										6		6								

↑ 布身起点　　　　↑ 定位位置距边 20cm

例 6：某色织物剪花品种，总经根数 6900 根，其中边经 140 根，经向一色品种，一花构成为平纹 153 根，花型 A17 根，平纹 153 根，花型 B17 根；一花循环 340 根/花；全幅花数为（6900－140）÷340＝20 花－40 根。剪花织物实物图如图 6-22 所示。

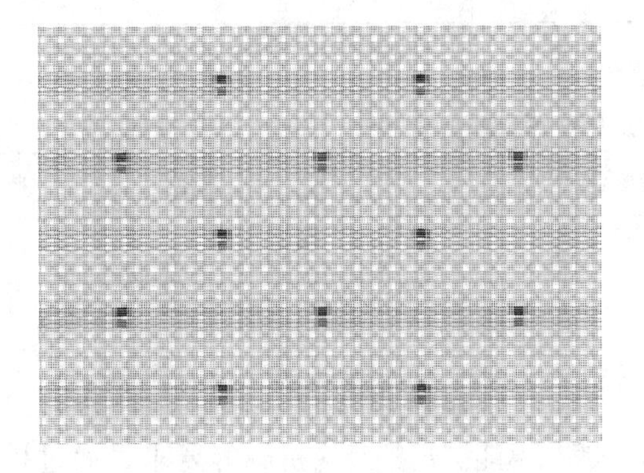

图 6-22　剪花织物实物图

劈花方法：避开花区在边部，保证花型对称，从平纹 140 根处进行劈花；劈花后的色经排列起始方式为平纹 140 根，花型 A17 根，平纹 153 根，花型 B17 根，平纹 13 根。因为减头为 40 根，最后一花的色经排列为平纹 140 根，花型 A17 根，平纹 143 根。

（二）色织物的排花

工艺设计时，为把总经根数和上机筘幅控制在规定的规格范围内，使产品达到劈花的各项要求和减少整经时的平绞及加（减）头，须对经纱排列方式进行调整，即排花。

1. 穿筘为平筘穿法　平纹、$\frac{2}{2}$斜纹及平纹夹绉地等每筘穿入数相等的织物，调整时只要在条（格）型较宽的配色处减去或增加适当的排列根数，来改变一花是奇数的排列，并尽量调整为4的倍数，同时把整经时的加（减）头控制在20根以内。

例7：某色织物总经根数为6890根（包括边纱56根），原排列见表6-36。

表6-36　某织物的色经排列

色经排列	C	B	C	D	A	D	A	D	A	C	A	D	A	D	A	D	C	B	C	加/减头	每花总根数
原排列	47	53	2	6	20	8	2	8	2	16	2	8	2	8	20	6	2	53	22	减54	287
调整后	44	52	2	6	20	8	2	8	2	16	2	8	2	8	20	6	2	52	24	加18	284

排花方法：由表6-30可知，每花287根，全幅24花减头54根，织物左右两边不能达到拼幅要求，同时，一花排列是奇数，产生平纹，不利于整经，且穿综时不宜记忆。若把原排列改为284根，则全幅24花加头18根，如此调整后，一花排列为4的倍数，两边对称，有利于整经、穿筘等。因为加头为18根，花型两边也对称。

2. 穿筘为花筘穿法

（1）保持经纱一花总筘齿数不变，而对经纱一花排列根数作适当的调整。

（2）保持经纱一花总的排列根数不变，而对一花总筘齿数作适当的调整。

（3）对一花的经纱排列根数和筘齿数同时进行调整。

例8：某色织缎条织物，总经根数为3756根，边经纱为24×2根，一花经纱排列见表6-37。37筘/花，135根经纱/花。

表6-37　色织物的色经排列

组织	缎纹	平纹	花区	平纹	缎纹	平纹
筘×入/筘	4×5	5×3	4×5	5×3	4×5	15×3
颜色	酱红	灰色	蓝/灰	灰色	酱红	灰色
根数	20	15	各10	15	20	45

排花方法：在原排列状况下，全幅 $=\frac{3756-48}{135}=28$（花），减头72根，整经时减头太多，劈花不能满足整经、拼幅等要求。通过排花，将经纱排列及筘入数调整为表6-38的形式。36筘/花，132根/花。

表6-38　色织物调整后的色经排列

组织	平纹	缎纹	平纹	花区	平纹	缎纹	平纹
筘×入/筘	9×3	4×5	5×3	4×5	5×3	4×5	5×3
颜色	灰色	酱红	灰色	蓝/灰	灰色	酱红	灰色
根数	27	20	15	各10	15	20	15（加头12根）

通过排花后，全幅 $= \dfrac{3756-48}{132} = 28$(花)，加头 12 根，满足了劈花的要求。

3. 适当调整边纱根数　通过调整边经纱根数，使织物的总经根数和上机幅宽达到规格设计的要求。但布边宽度不宜过宽或过窄，一般应控制在 0.64cm 左右。

4. 排花注意事项

（1）方正格形织物的一花经、纬向长度应相等，即 $\dfrac{\text{一花经纱根数}}{\text{成品经密}} = \dfrac{\text{一花纬纱根数}}{\text{成品纬密}}$，否则应调整色纬数。

（2）对花、对格织物（指织物的组织循环纱线数与色纱循环数相等或成倍数关系）的一花色纬数与纹板数应相等或成倍数关系。

（3）排花时，织物外观与原样要一致，防止移位、并头等织疵。

（4）先打小样检验排花质量，根据小样效果进行调整，最后确定工艺。

第三节　棉型机织产品设计实例

本节通过本色棉型织物设计实例和棉型色织物设计实例的介绍，加深对棉型机织产品设计的理解和掌握。

一、本色纯棉直贡缎设计实例

纯棉直贡缎坯布规格为 9.72tex×9.72tex，787 根/10cm×472 根/10cm，四联匹长 120m，喷气织机双幅织造，坯布幅宽为 160.02cm×2，双幅间空 25 筘，边经纱为（78×2）×2 根，地经、边经每筘穿入均为 3 根。试进行相关工艺参数计算和技术设计。

（一）确定缩率

根据生产实际经验，取经纱织缩率为 6%，纬纱织缩率为 3.5%，自然缩率与放码损失率为 1.25%（自然缩率与放码损失率：布匹在加工生产过程中受牵拉产生应力，为消除应力而产生的收缩，为保证布匹的长度而加放的长度与标准长度的比值），经纱准备总伸长率为 1.2%（准备伸长率：指络筒、整经、浆纱过程中由于张力而产生的纱线的伸长部分与原纱线长度的比值），经纱回丝率为 0.263%，纬纱回丝率为 0.647%。

（二）确定总经根数

$$\text{总经根数} = \frac{\text{坯布密度}}{10} \times \text{坯布幅宽} + \text{边纱根数} \times \left(1 - \frac{\text{地组织每筘穿入数}}{\text{边组织每筘穿入数}}\right)$$

$$= \frac{787 \times 160.02 \times 2}{10} + 312 \times \left(1 - \frac{3}{3}\right) = 12594 \times 2(\text{根})$$

$$\text{总筘齿数} = \frac{\text{总经根数}}{\text{每筘穿入数}} = \frac{12594 \times 2}{3} = 8396(\text{齿})$$

总经纱根数正好被每个筘齿内的穿入数整除，故不必修正。

（三）确定筘号

$$公制筘号=\frac{经纱坯布密度(根/10cm)}{地组织每筘穿入数}\times(1-纬纱织缩率)=\frac{787\times(1-3.5\%)}{3}$$

$$=253\ (筘/10cm)$$

（四）确定筘幅

$$单幅上机筘幅=\frac{总经根数-边纱根数\times\left(1-\frac{布身每筘穿入数}{布边每筘穿入数}\right)}{布身每筘穿入数\times筘号}\times 10$$

$$=\frac{12594-156\times\left(1-\frac{3}{3}\right)}{3\times 253}\times 10=165.9(cm)$$

$$双幅间空筘幅=\frac{25\times 10}{253}=0.99\ (cm)$$

$$总筘幅=165.9\times 2+0.99=332.8\ (cm)$$

（五）计算浆纱墨印长度

$$浆纱墨印长度=\frac{织物公称匹长}{1-经纱织缩率}=\frac{120}{1-6\%}=127.7\ (m)$$

（六）计算用纱量

$$百米织物经纱用量=\frac{100\times Tt_j\times 总经根数\times(1+放长率)\times(1+损失率)}{1000\times 1000\times(1+经纱总伸长率)\times(1-经纱织缩率)\times(1-经纱回丝率)}$$

$$=\frac{9.72\times 12594\times 2\times(1+1.25\%)}{10^4\times(1+1.2\%)\times(1-6\%)\times(1-0.263\%)}=26.13(kg)$$

$$百米织物纬纱用量=\frac{100\times Tt_w\times P_w\times 10\times 织物幅宽\times(1+放长率)\times(1+损失率)}{1000\times 1000\times(1-纬纱织缩率)\times(1-纬纱回丝率)}$$

$$=\frac{9.72\times 472\times(1.6002\times 2+0.1)\times(1+1.25\%)}{10^3\times(1-3.5\%)\times(1-0.647\%)}=15.99(kg)$$

$$百米织物用纱量=26.13+15.99=42.12\ (kg)$$

（七）确定穿综顺序并计算各综框上的综丝负荷

该织物为五枚三飞经面缎纹组织，一个组织循环不同运动规律的经纱为 5 根，需要使用 5 页综织造。边经组织 $\frac{1}{4}$、$\frac{4}{1}$ 的经重平组织，需要用 2 页综织造。边经中 1 页综的运动规律与地经相同，故总共需用 6 页综织造。边纱综页设计在前，地经综页设计在后。边经的穿综序为 1、2；地经采用顺穿法，穿综顺序为 2、3、4、5、6。因采用喷气织机织造，不需要考虑边组织织入的问题。

$$地经每页综的综丝数=\left(\frac{12594-78\times 2}{5}\right)\times 2=2487.6\times 2(根)$$

地经每页综的综丝数为：第 2、3、4 页综的综丝数为：2488×2＝4976（根）；第 5、6 页综的综丝数为：2487×2＝4974（根）；

边经每页综的综丝数为：$\frac{78 \times 2 \times 2}{2} = 156$（根）。

各综页上综丝数的计算：

第 1 页综：边 78×2 根＝156（根）；

第 2 页综：地 4976 根+边 78×2 根＝5132（根）；

第 3 页综：地 4976 根；

第 4 页综：地 4976 根；

第 5 页综：地 4974 根；

第 6 页综：地 4974 根；

筘幅为 332. 8cm，综框宽度为（332. 8+2） cm。

$$综丝密度 = \frac{5132}{332.8 + 2} = 15.3(根/cm)$$

在最大范围内，通常允许最大综丝密度为 20 根/cm。

二、本色纯棉府绸设计实例

纯棉府绸坯布的规格为 14. 6tex×14. 6tex，524 根/10cm×283 根/10cm，三联匹长 90m，喷气织机织造，幅宽为 160cm，边组织为平纹，边经纱 48×2 根，地经纱、边经纱每筘穿入均为 2 根。试进行相关工艺参数计算和技术设计。

（一）确定织物缩率

根据生产实际经验，取经纱织缩率为 11%，纬纱织缩率为 4%，自然缩率与放码损失率为 1%，经纱总伸长率为 1. 2%，经纱回丝率为 0. 263%，纬纱回丝率为 0. 647%。

（二）确定总经根数

$$总经根数 = \frac{坯布密度}{10} \times 坯布幅宽 + 边经根数 \times \left(1 - \frac{地组织每筘穿入数}{边组织每筘穿入数}\right)$$

$$= \frac{524 \times 160}{10} + 96 \times \left(1 - \frac{2}{2}\right) = 8384(根)$$

（三）确定筘号

$$公制筘号 = \frac{上机经密}{地组织每筘穿入数} = \frac{经纱坯布密度(根/10cm)}{地组织每筘穿入数} \times (1 - 纬纱织缩率)$$

$$= \frac{524 \times (1 - 4\%)}{2} = 251.5(筘/10cm)$$

因此，筘号取 252 筘/10cm。

（四）修正经纱密度

经纱密度修正为：$252 \times \frac{2}{1 - 4\%} = 525(根/10cm)$。

修正经密（525 根/10cm）与设计经密（524 根/10cm）相差 0. 2%，在合理范围之内。

（五）确定上机筘幅

$$\text{上机筘幅}=\frac{\text{总经根数}-\text{边纱根数}\times\left(1-\dfrac{\text{布身每筘穿入数}}{\text{布边每筘穿入数}}\right)}{\text{布身每筘穿入数}\times\text{筘号}}\times 10$$

$$=\frac{8384-96\times\left(1-\dfrac{2}{2}\right)}{2\times 252}\times 10=166.35(\text{cm})$$

（六）计算浆纱墨印长度

$$\text{浆纱墨印长度}=\frac{\text{织物公称匹长}}{3\times(1-\text{经纱织缩率})}$$

$$=\frac{90}{3\times(1-11\%)}=33.7(\text{m})$$

（七）计算百米织物用纱量

$$\text{百米织物经纱用量}=\frac{100\times Tt_j\times\text{总经根数}\times(1+\text{放长率})\times(1+\text{损失率})}{1000\times 1000\times(1+\text{经纱总伸长率})\times(1-\text{经纱织缩率})\times(1-\text{经纱回丝率})}$$

$$=\frac{14.6\times 8384\times(1+1\%)}{10^4\times(1+1.2\%)\times(1-11\%)\times(1-0.263\%)}=13.76(\text{kg})$$

$$\text{百米织物纬纱用量}=\frac{100\times Tt_w\times P_w\times 10\times\text{织物幅宽}\times(1+\text{放长率})\times(1+\text{损失率})}{1000\times 1000\times(1-\text{纬纱织缩率})\times(1-\text{纬纱回丝率})}$$

$$=\frac{14.6\times 283\times 1.6\times(1+1.1\%)}{10^3\times(1-4\%)\times(1-0.647\%)}=7.01(\text{kg})$$

$$\text{百米织物用纱量}=13.76+7.01=20.77\ (\text{kg})$$

（八）确定穿综顺序并计算各综框上综丝负荷

府绸织物为平纹组织，一个组织循环的不同运动规律经纱为 2 根，选用 2 页综织造，地经和边经均采用顺穿，每页综上的综丝数为 $\frac{8384}{2}=4192$(根)。钢筘内幅为 171.3cm，综框宽度为 171.3+2=173.3(cm)，综丝密度为 $\frac{4192}{173.3}=24.2$(根/cm)，超过最大允许范围。

重新设计为 4 页综织造，地经边经穿综顺序均为 1、2、3、4，每页综上的综丝数为 $\frac{8384}{4}=2096$(根)，综丝密度为 $\frac{2096}{173.3}=12.1$(根/cm)，在最大允许范围之内。

三、纯棉色织缎条府绸设计实例

某纯棉色织提花府绸，平纹条纹与经二重起花与四枚经破斜（四枚变则缎纹）缎条，坯布规格为 14.6tex×14.6tex，393.7 根/10cm×275.6 根/10cm，成品幅宽 147.3cm，边经纱 48 根×2，成品匹长 40m，采用剑杆织机织造。成品一花宽为 5.38cm，一花的构成为平纹地宽分别为（1.05+1）cm×2，共 4 条，经二重起花花宽为 0.32cm×2 条，缎条花宽 0.32mm×2 条，一个花纹循环中共有 228 根经纱，其中 156 根为平纹组织，48 根为经二重起花组织，24 根为四枚破斜纹组织。边组织为平纹组织，边经纱穿筘为 2 根/筘，经纱配色循环见表 6-39。

表 6-39 经纱配色循环

卡其					5		5											5		5
绿棕	40		1	38		2		40		1		1		1		1	38		2	
白色		1							1				1							
浅红											1				1					
		12							3						7					

织物纹样效果如图 6-23 所示。

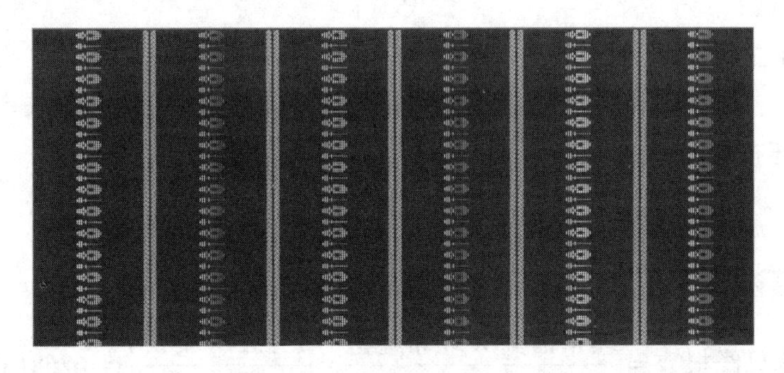

图 6-23 织物纹样效果图

织物组织局部如图 6-24 所示。

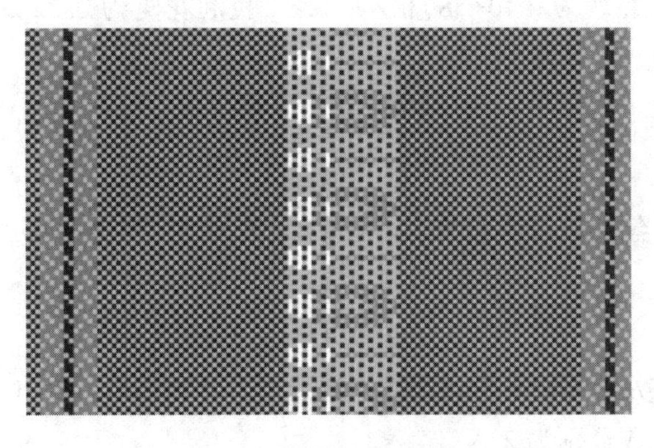

图 6-24 织物组织局部图

织物组织图如图 6-25 所示。

试进行相关工艺参数计算和技术设计。

(一) 确定缩率

根据生产实际经验，参照同类产品，选取染整幅缩率为 7.5%，纬纱织缩率为 5%，经纱

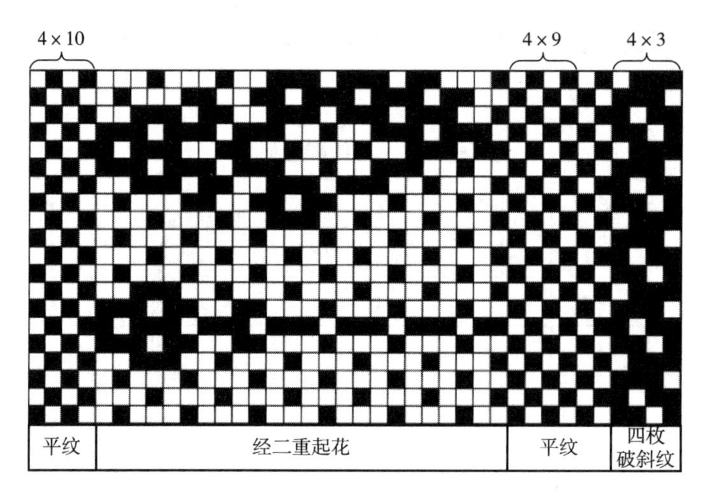

图 6-25 织物组织图

织缩率为 6%，染整长伸率为 5%，经二重起花经纱织缩率为平纹与破斜纹花地经纱的 97%，纱线染缩率为 2%，捻缩率为 2%，准备伸长率为 1%，自然缩率与放码损失率为 0.85%。

（二）确定坯布幅宽

$$坯布幅宽 = \frac{成品幅宽}{1 - 染整幅缩率} = \frac{147.3}{1 - 7.5\%} = 159.2(\text{cm})$$

（三）初算总经根数

$$初算总经根数 = \frac{坯布幅宽 \times 坯布经密}{10} = \frac{159.2 \times 393.7}{10} = 6268(根)$$

（四）初算平纹地和经二重起花及缎纹花部的经密

织物为条型花纹，在一个花纹循环中共有四条平纹和两条经二重起花及两条缎纹，平纹宽为（1.05+1）cm×2，经纱为（40+38）根×2；经二重起花宽为 0.32cm×2，经纱为 24 根×2，缎纹宽为 0.32cm×2，经纱为 12 根×2。

$$平纹地成品经密 = \frac{经纱根数}{条宽} \times 10 = \frac{40}{1.05} \times 10 = 381(根/10\text{cm})$$

$$经二重起花成品经密 = \frac{24}{0.32} \times 10 = 750(10\text{cm})$$

$$缎条花成品经密 = \frac{12}{0.32} \times 10 = 375(10\text{cm})$$

地经、经二重起花及缎条花经密度比为 381∶750∶375 ≈ 1∶2∶1，选择地经、经二重起花及缎条花经每筘穿入数分别为 2 入、4 入、2 入。

（五）初算上机筘幅

$$上机筘幅 = \frac{坯布幅宽}{1 - 纬纱织缩率} = \frac{159.2}{1 - 5\%} = 167.6(\text{cm})$$

（六）计算全幅花数

$$全幅花数 = \frac{总经根数 - 边经纱根数}{一花经纱数} = \frac{6268 - 48 \times 2}{228} = 27(花) + 16(根)$$

（七）确定全幅筘齿数

$$每花平纹地用筘齿数=\frac{156}{2}=78(齿)$$

$$每花经二重起花用筘齿数=\frac{48}{4}=12(齿)$$

$$每花缎条用筘齿数=\frac{24}{2}=12(齿)$$

$$每花筘齿数=78+12+12=102(齿)$$

$$边经纱筘齿数=\frac{96}{2}=48(齿)$$

$$平均每筘穿入数=\frac{228}{102}\approx 2.2(根/筘)$$

$$全幅筘齿数=27\times 102+8+48=2810(齿)$$

（八）劈花

从38根绿棕色条纹处进行劈花，由于全幅27花+加头16根，因此劈花在第一个38根绿棕的或第二个38根绿棕的2根处，本例选择在第二个绿棕的2根处，具体劈花方式见表6-40。

表6-40　色经纱的劈花

卡其		5		5					5		5										
绿棕	2		2		40		1	38		2		40		1		1		1		1	36
白色						1							1				1				
浅红															1				1		
				↑		12								3						7	

共27花，加上加头至“↑”处的绿棕2根。

（九）计算筘号

$$筘号=\frac{全幅筘齿数\times 10}{上机筘幅}=\frac{2810\times 10}{167.6}=167.7(齿/10cm)$$

因此，筘号取168#。

$$上机筘幅=\frac{2810\times 10}{168}=167.3(cm)$$

与初算筘幅167.6cm相差0.3cm，在允许范围内。

（十）核算坯布经密

$$坯布经密=\frac{总经纱数}{坯布幅宽}=\frac{6268}{159.2}=393.7(根/10cm)$$

计算结果与规定的经密相符合。

（十一）计算各综框上综丝负荷

本织物不同运动规律的经纱数为 14（平纹 2 根，经二重起花部分 8 根，四枚经破斜纹 4 根），确定使用 16 页综，平纹地、缎条各 4 页综，经二重起花部分 8 页综。平纹穿 1~4 页综，破斜纹穿 5~8 页综，经二重起花部分穿 9~16 页综。

$$\text{平纹经纱根数} = (156 + 24) \times 27 + 4 + 48 \times 2 = 4960(\text{根})$$

$$\text{平纹地每页综页上的综丝数} = \frac{4960}{4} = 1240(\text{根})$$

钢筘内幅确定为 167.3cm，综框宽度为（167.3+2）cm。在确定钢筘内幅时，根据计算的上机筘幅结合企业库存的情况进行选用，一般比计算的上机筘幅稍宽，但最大不大于 5cm，如果企业库存的筘太宽，则需要截锯，否则会增加纬纱的用纱量，导致浪费。

$$\text{综丝密度} = \frac{1240}{167.3 + 2} = 7.3(\text{根/cm})$$

在允许的最大密度范围内。

$$\text{经二重起花根数} = (12 + 12) \times 27 = 648(\text{根})$$

$$\text{每页综上的综丝数} = \frac{648}{8} = 81(\text{根})$$

$$\text{破斜纹花经根数} = (12 + 12) \times 27 + 12 = 660(\text{根})$$

$$\text{每页综上的综丝数} = \frac{660}{8} = 82.5(\text{根})$$

$$\text{综丝密度} = \frac{82.5}{167.3 + 2} = 0.5(\text{根/cm})$$

计算结果远小于标准范围。

各页综上综丝数的计算：

第 1~第 4 页综：平纹 1215 根+1 加头+24 根边=1240（根）；

第 5~第 8 页综：破斜纹 165 根；

第 9、第 10、第 12、第 13 页综：经二重起花 108 根；

第 11 页综、第 14~第 16 页综：经二重起花 54 根。

（十二）计算千米坯布经纱长度和浆纱墨印长度

根据生产经验，将平纹地经纱与缎条花放在同一经轴，经纱织缩率为 6%，染整长伸率为 5%，经二重起花经纱织缩率为平纹与破斜纹花地经纱的 97%。

$$\text{平纹地与缎条花千米坯布经纱长度} = \frac{1000}{1 - \text{经纱织缩率}} \times 100\%$$

$$= \frac{1000}{1 - 6\%} = 1063.8(\text{m})$$

$$\text{经二重起花千米坯布经纱长度} = 1063.8 \times 0.97\%$$

$$= 1031.9(\text{m})$$

$$\text{坯布落布长度} = \frac{\text{成品匹长} \times \text{联匹数}}{1 \pm \text{染整长缩(伸)率}}$$

$$=\frac{40\times3}{1+5\%}=114.3(\text{m})$$

$$\text{平纹与缎条花地经轴浆纱墨印长度}=\frac{\text{坯布落布长度}}{\text{匹数}\times(1-\text{经纱织缩率})}$$

$$=\frac{114.3}{3\times(1-6\%)}=40.5(\text{m})$$

经二重起花经轴长度取平纹与缎条花地经轴长度的97%，则：

$$\text{经二重起花经轴浆纱墨印长度}=40.5\times97\%=39.3(\text{m})$$

（十三）计算用纱量

$$\text{百米色织坯布经纱用纱量}=\text{经起花部分经纱用纱量}+\text{平纹与斜纹花地经用纱量}$$

$$=\frac{(4960+660)\times14.6}{10^4\times(1-2\%)\times(1+1\%)\times(1-0.6\%)\times(1-2\%)\times(1-6\%)}+$$

$$\frac{648\times14.6}{10^4\times(1-2\%)\times(1+1\%)\times(1-0.6\%)\times(1-2\%)\times(1-6\%\times97\%)}$$

$$=10.1(\text{kg})$$

$$\text{百米色织坯布纬纱用纱量}=\frac{\text{坯布纬密}\times\text{筘幅}\times\text{Tt}}{10^5\times(1-\text{染纱缩率})\times(1+\text{纬纱伸长率})\times(1-\text{纬回丝率})\times(1-\text{纬捻缩率})}$$

$$=\frac{275.6\times(167.3+15)\times14.6}{10^5\times(1-2\%)\times(1+1\%)\times(1-0.6\%)\times(1-2\%)}=7.61(\text{kg})$$

由于采用剑杆织机织造，纬向总幅宽在上机筘幅基础上增加15cm。

$$\text{百米色织坯布用纱量}(\text{kg})=10.1+7.61=17.71(\text{kg})$$

$$\text{百米色织成品布经纱用纱量}=\frac{\text{坯布经纱用纱量}\times(1+\text{自然缩率与放码损失率})}{1\pm\text{染整伸长(缩)率}}$$

$$=\frac{10.1\times(1+0.85\%)}{1+5\%}=9.7(\text{kg})$$

$$\text{百米色织成品布经纱用纱量}=\frac{\text{坯布纬纱用纱量}\times(1+\text{自然缩率与放码损失率})}{1-\text{染整缩率}}$$

$$=\frac{7.61\times(1+0.85\%)}{1-7.5\%}=8.3(\text{kg})$$

$$\text{百米成品布用纱量}=9.7+8.3=18(\text{kg})$$

四、纯棉色织净色牛津纺设计实例

纯棉色织净色牛津纺，成品规格为14.6tex×27.8tex×2，393.7根/10cm×196.9根/10cm，成品幅宽147.3cm，边经48根，成品匹长40m，三联匹，喷气织机织造，后整理为丝光大整理，试进行相关工艺参数的计算和技术设计。

（一）确定染整缩率

根据同类品种初定染整幅缩率为11%，初定染整长缩率为-1.5%，纬纱织缩率为6.5%，经纱织缩率为 8%，经纱捻缩率为 0.6%，经纱准备伸长率为 1%，经纱回丝率为 2%，纱线染色缩率为 2%。

（二）坯布幅宽和纬密

$$坯布幅宽=\frac{成品幅宽}{1-染整幅缩率}=\frac{147.3}{1-11\%}=165.5(\text{cm})$$

$$坯布纬密=成品纬密\times(1+1.5\%)$$
$$=196.9\times(1+1.5\%)=199.9(根/10\text{cm})$$

（三）初算总经根数

$$总经根数=\frac{成品幅宽\times成品经密}{10}$$
$$=\frac{147.3\times393.7}{10}=5799(根)$$

因此，取 5800 根。

（四）初算上机筘幅

根据同类品种初定纬纱织缩率为 6.5%，则：

$$初算上机筘幅=\frac{坯布幅宽}{1-纬纱织缩率}=\frac{165.5}{1-6.5\%}=177(\text{cm})$$

（五）确定每筘穿入数

选取每筘穿入数为 2 入。

（六）确定每花经纱根数和纬纱根数

经纱和纬纱均为一色纱，或色经白纬牛津纺，也有白经色纬或色经色纬的牛津纺。

（七）计算筘号

$$筘号=\frac{上机经密}{每筘穿入数}$$
$$=\frac{成品经密\times(1-染整幅缩率)\times(1-纬纱织缩率)}{每筘穿入数}$$
$$=\frac{393.7\times(1-11\%)\times(1-6.5\%)}{2}=163.8(齿/10\text{cm})$$

因此，筘号取 $164^{\#}$。

$$修正上机筘幅=\frac{总经纱数}{筘号\times筘齿穿入数}\times10$$
$$=\frac{5800}{164\times2}\times10=176.8(\text{cm})$$

与初算筘幅 177cm 相差 0.2cm，在允许的范围内。

（八）计算全幅筘齿数

$$全幅筘齿数=\frac{总经纱数}{每筘穿入数}$$

$$=\frac{5800}{2}=2900(\text{齿})$$

（九）计算穿综顺序及各综页负载

牛津纺为$\frac{2}{2}$纬重平组织，一个组织循环中有4根经纱，不同运动规律的经纱为2，使用4页综顺穿法织造，穿综顺序为1、2、3、4。

$$\text{每页综上的综丝数}=\frac{\text{总经纱数}}{\text{所用综页数}}=\frac{5800}{4}=1450(\text{根})$$

选钢筘内幅181.8cm，综框宽度为（181.8+2）cm。

$$\text{综丝密度}=\frac{\text{每页上综丝数}}{\text{综框宽度}}=\frac{1450}{183.2}=7.91(\text{根/cm})$$

在允许的最大密度范围之内。

（十）计算千米坯布经纱长度与浆纱墨印长度

$$\text{千米坯布经纱长度}=\frac{1000}{1-\text{经纱织缩率}}=\frac{1000}{1-8\%}=1087(\text{m})$$

$$\text{坯布落布长度}=\frac{\text{成品匹长}\times\text{联匹数}}{1+\text{整理长伸率}}=\frac{40\times3}{1+1.5\%}=118.2(\text{m})$$

$$\text{浆纱墨印长度}=\frac{\text{千米经纱长度}}{1000}\times\frac{\text{坯布落布长度}}{\text{匹数}}$$

$$=\frac{1087\times118.2}{1000\times3}=42.8(\text{m})$$

（十一）计算百米用纱量

$$\text{百米色织坯布经纱用纱量}=\frac{\text{总经根数}\times\text{Tt}}{10^4\times(1-\text{染纱缩率})\times(1+\text{准备伸长率})\times(1-\text{回丝率})\times(1-\text{捻缩率})}$$

$$=\frac{5800\times14.6}{10^4\times(1-2\%)\times(1+1\%)\times(1-2\%)\times(1-0.6\%)}=9.36(\text{kg})$$

$$\text{百米色织坯布纬纱用纱量}=\frac{\text{坯布纬密}\times\text{上机筘幅}\times\text{Tt}}{100\times(1-\text{染纱缩率})\times(1+\text{准备伸长率})\times(1-\text{回丝率})\times(1-\text{捻缩率})}$$

$$=\frac{196.9\times(176.8+5)\times27.8\times2}{10^5\times(1-2\%)\times(1+1\%)\times(1-2\%)\times(1-0.6\%)}=20.23(\text{kg})$$

由于采用喷气织机织造，纬向总幅宽在上机筘幅的基础上增加5cm。

$$\text{百米色织坯布用纱量}=9.36+20.23=29.59\ (\text{kg})$$

思考题与习题

1. 棉型织物的主要特点是什么？
2. 说明棉型织物中平布、府绸、麻纱、牛津纺、卡其织物的风格特征。

3. 棉织物的规格设计包括哪些内容？如何进行工艺计算？

4. 将 40 英支×40 英支，133 根/英寸×72 根/英寸棉府绸换算成公制表示。

5. 设计一纯棉纱府绸，经纬纱线密度分别为 J8. 33tex×8. 33tex，经纬密度分别为 748 根/10cm×354 根/10cm，三联匹长为 120m，幅宽 160cm，地组织、边组织每筘穿入数均为 3 根，边经 60 根×2，喷气织机织造。试进行相关的规格、技术设计和计算。

6. 规格为 18. 2tex×18. 2tex，472 根/10cm×276 根/10cm（32 英支×32 英支，120 根/英寸×70 根/英寸）的色织府绸是否具有府绸的风格？

7. 棉竹节卡其的主要规格为［58. 3tex+58. 3tex（竹节纱）］×48. 6tex，283. 5 根/10cm×200. 8 根/10cm，三联匹长为 90m，幅宽 160. 02cm，地、边组织每筘穿入数分别为 3 根、4 根，边经 32 根×2，喷气织机织造。试进行相关的规格、技术设计和计算。

8. 何谓劈花？劈花时应遵循哪些原则？色织物缎条府绸劈花时应注意什么？

9. 全棉色织泡泡纱织物，规格 551 根/10cm×315 根/10cm，经纬纱线密度 11. 67tex×11. 67tex，成品幅宽 150cm，色经纱排列注★处为泡经，纬重平组织，余为地经，平纹组织，边纱 48 根×2，如何进行劈花？色经纱排列为：

大红	加白	蓝	丈青	粉红★	粉红	丈青	绿★	加白	深黄	丈青	橘	橘★	大红	加白
12	20	8	18	42	57	9	42	9	28	21	42	42	27	27
绿★	深黄	蓝	蓝★	丈青	加白	丈青	橘★	深黄	绿	加白★	大红★	橘★	大红★	
42	8	42	42	28	12	28	42	8	52	12	14	12	14	

10. 全棉色织泡泡纱织物，规格 276 根/10cm×260 根/10cm，经纬纱线密度（18. 2tex+18. 2tex×2）×18. 2tex，成品幅宽 150cm，色经纱排列注★处的经纱线密度是 18. 2tex×2 为泡经，其他为地经，平纹组织，边纱 24 根×2，如何进行劈花？色经纱排列为：

米白	中蓝★	米白	中蓝★	米白	中蓝★	米白	中蓝★	米白	粉紫★	米白	中蓝★
52	10	8	10	8	10	52	4	4	10	4	4

11. 全棉提花色织物的规格为 472 根/10cm×394 根/10cm，经纬纱线密度为 11. 67tex×11. 67tex，成品幅宽为 147. 3cm，成品匹长为 40m。边纱 24 根×2，剑杆织机织造，色经纱排列为：

平纹						提花透孔	平纹	提花透孔	平纹						
卡其	深蓝	浅蓝	深蓝	浅蓝	深蓝	加白	浅蓝	加白	深蓝	浅蓝	加白	浅蓝	深蓝	加白	深蓝
7	28	18	3	11	5	60	16	60	48	6	11	6	48	38	5

要求进行劈花，并进行相关的规格设计和上机工艺计算。

12. 全棉提花色织物的规格为 472 根/10cm×315 根/10cm，经纬纱线密度为 14. 6tex×

14.6tex，成品幅宽为150cm，成品匹长为30m。边纱24根×2，剑杆织机织造，色经纱排列为(空筘处空2齿)：

组织	平纹	提花缎条	平纹		空筘	平纹	
经纱色名	米白	深丈青	米白	深丈青	深丈青	—	深丈青	深丈青
筘穿入数	2	2	2	2	4	0×2	4	2
经纱排列数	20	6	20	12	12	0	12	12

要求进行劈花，并进行相关的规格设计和上机工艺计算。

第七章　毛型机织产品设计

本章目标

1. 理解毛型机织物的概念、特点及分类。
2. 掌握毛型经典机织产品的常见品种、风格特征、结构特点、主要规格参数。
3. 熟知毛型经典机织产品的主要应用。
4. 掌握毛型机织产品的规格设计及上机参数设计方法。
5. 制订毛型机织产品的上机工艺与上机参数设计方案。

毛型机织物是指以羊毛或特种动物毛为主要原料并经过纺织染整等工序加工所制成的机织物，也包括不含羊毛的仿毛型化纤织物，习惯上也称毛型机织物为呢绒。毛织物手感柔软，光泽柔和，色调雅致，它有良好的透气性、保暖性、拒水性和抗皱性等性能，是一种高档面料，可用于服装、家居等。

毛型机织产品常用的天然纤维有羊毛、山羊绒、骆驼绒、羊驼毛、牦牛绒、马海毛、兔毛及桑蚕丝、柞蚕丝、麻等；常用化学纤维有涤纶、锦纶、腈纶、黏胶等，改良功能纤维包括速干纤维、保暖发热纤维、抗菌纤维、天丝、莫代尔、竹浆纤维、抗静电纤维等。化学纤维短纤一般采用长度为64～150mm，线密度为1.5～7.0dtex的毛型化纤。随着半精纺加工技术的发展，对原料的适应性提高，棉纤维及长度为50mm左右的中长化学纤维都可用作毛型机织物原料。

第一节　毛型机织产品概述

通常毛织物要求色光油亮，不暗淡，光泽自然柔和，不刺眼，忌黄光，手感以柔韧丰满、滑糯活络、有身骨、弹性足为好，要求不粗糙板硬，不黏滞涩手，更不松烂无骨。精纺毛织物光洁平整、光泽自然、织纹清晰，手感丰满且滑、挺、爽；粗纺毛织物紧密厚实、富有弹性、手感丰厚滑糯、表面绒毛整齐、光泽好。毛织物应用广泛，可制作适应不同季节、不同场合的衣着需要，常用于制作春、秋季外套和冬季大衣等。

一、毛型机织产品的分类

（一）按织物原料组成分类

根据原料组成将毛型机织产品分为全毛织物、混纺毛织物、交织毛织物、仿毛织物。

1. 全毛织物　全毛织物是经、纬纱线均由羊毛纤维构成的织物。国家标准规定精梳毛纺织产品中涤纶等非毛纤维含量低于5%，粗梳毛纺织产品中锦纶等非毛纤维含量低于10%，均可算作纯毛织物。

2. 混纺毛织物　混纺毛织物是指经、纬纱线均由羊毛和其他纤维混纺而织成的织物。其他纤维有棉、麻、丝、竹原纤维等天然纤维；黏胶、天丝、竹浆纤维、大豆蛋白纤维等再生纤维；腈纶、涤纶、锦纶等化学合成纤维；铜纤维、不锈钢纤维等金属无机纤维。如羊毛与涤纶混纺的毛涤花呢，羊毛与涤纶、腈纶混纺以及毛与涤纶、黏胶混纺的三合一花呢等。

3. 毛交织织物　毛交织织物为织物中一个系统的纱线为毛纤维纱线，而另一个系统的纱线为其他非毛纤维纱（丝）或毛与非毛纤维的混纺纱，二者交织而成的织物。如精纺产品中的以涤纶长丝或绢丝为经，毛纱作纬的丝毛花呢；以棉为经纱，毛纱为纬纱的毛棉巴厘纱等。

4. 仿毛织物　仿毛织物主要是指经纬纱线均由化学纤维等非毛纤维单一或混合纺纱织成的具有毛型感或毛织物外观与风格的毛型织物。用于毛型精纺织物的化学纤维长度为76~114mm，用于毛型粗纺织物纤维的长度为64~76mm，细度均为3.33~5.56dtex，采用毛织物的加工设备和工艺流程，加工成具有良好仿毛效果的织物。

（二）按纺纱工艺分类

羊毛纤维的传统纺纱方法分精梳毛纺和粗梳毛纺两大系统，这两大系统所用原料、设备、加工工艺各有不同的特点。

1. 精纺（梳）毛织物　精梳毛纺所用的原料长度较长，一般为70~102mm，纺纱工艺流程长，经过多次并合和牵伸，并采用精梳机以梳去不符合工艺要求的短纤维，所以，毛纱中纤维排列平行整齐，结构紧密，纱线表面毛羽少，外观光洁，强力较好，所纺纱线的线密度较低，一般为10~33.3tex（30~100公支），目前最细可达到2tex×2（500/2公支）。精纺毛织物一般织纹清晰，织物手感滑糯，富有弹性。

2. 粗纺（梳）毛织物　粗梳毛纺的原料长度较短，一般为20~60mm，使用全新羊毛的粗纺毛织物较少，大多数情况下新羊毛所占的比例约为60%，其他原料都是利用精梳短毛、精梳落毛、下脚毛等。纺纱工艺流程短，净毛经开松后在梳毛机上梳理和分条，可直接纺成毛纱，所以毛纱中纤维多弯曲，呈自然状相互捻合，结构蓬松，表面多绒毛，所纺纱线密度较高，一般为50~500tex（2~20公支）。

粗纺毛织物花色丰富多彩，外观粗犷、明朗，手感柔软、蓬松丰厚，保暖性好。所采用的纱线多数用单纱，少数纹面织物用股线，除了大衣呢用经二重、纬二重及双层组织外，其他产品均为单层组织织物。粗纺毛织物染整工艺采用缩绒和起毛两种，使产品具有呢面丰满、质地紧密、手感厚实的风格，广泛采用缩绒和起毛工艺使呢坯经缩多、重耗率大，成品平方米质量较难控制。粗纺毛织物按呢面状态一般分为三种类型：

（1）纹面织物。该织物不经缩绒、拉毛工序，重点在洗呢、烫呢及蒸呢上，使成品的纹路清晰。

（2）呢面织物。该织物经过缩绒或重缩绒，然后烫蒸定型，织物呢面丰满平整、质地紧密、手感厚实。

（3）绒面织物。该织物经缩绒与起毛，并要反复拉剪多次，使成品具有立绒或顺绒风格。

3. 半精纺（梳）毛织物 半精纺是结合了棉纺工艺改进而来，要求原料纤维长度为33~60mm。半精纺毛织物在生产工艺中，没有精梳工序，但比粗纺工序多了针梳工序，纱线及织物性能介于精纺毛织物与粗纺毛织物之间，织物以纹面织物为主，外观粗犷，手感丰满厚实，光泽自然柔和，一般作为春、秋季面料使用。

（三）按加工色泽分类

根据加工颜色可分为单色毛织物、混色毛织物、印花毛织物、提花毛织物。

1. 单色毛织物 单色毛织物为呢面颜色单一（只有一种颜色）的毛织物。这种织物多由呢坯染色（匹染）加工而成，也可用条染色纱织成（色织）单色的织物。

2. 混色毛织物 混色毛织物为呢面呈现两种或两种以上颜色的毛织物。多采用不同颜色的纤维混纺的纱线制成、用不同颜色的单纱拼合的纱线、用异色纱交织而成的混色织物；还可以采用色纱与织物组织配合共同形成混色效果的配色模纹混色织物。

3. 印花毛织物 印花毛织物可在中薄型毛织物上，印制条、格、花卉花型等图案，以作为裙料、裤料及仿丝绸产品，织物别具风格。

4. 提花毛织物 提花毛织物多采用纹织大提花织机在织物上形成素色提花织物或由色纱织成花型五彩缤纷的织物。织物花型变化丰富，立体感强，可用作服装、装饰织物等。

（四）按呢面分类

按呢面的不同，又可分为光面织物和呢面织物。

1. 光面织物 该织物要求其织纹清晰细致、平整光洁、经纬平直、毛纱条干均匀。

2. 呢面织物 该织物要求其混色均匀，呢面绒毛均匀细密，织纹隐而不露或露中带隐，毛绒紧贴呢面，不发毛，不起球。目前所具有的呢面类型有五种，第一种为光呢面，要求呢面覆盖短而均匀的绒毛，织纹清楚；第二种为低呢面，要求呢面覆盖轻而均匀的绒毛，织纹略清楚；第三种为正呢面，要求呢面覆盖较轻而均匀的绒毛，织纹稍清楚；第四种为亚呢面，要求呢面覆盖重而均匀的绒毛，织纹隐约可见；第五种为高呢面，要求呢面覆盖密而均匀的绒毛，织纹不清楚。

（五）按组织结构分类

毛型机织物常用组织有三原组织、变化组织和联合组织，重组织、双层组织、起毛组织等复杂组织主要用于粗纺毛织物。大提花组织，一般用于提花毛毯和边组织。

1. 三原组织 平纹组织用于派力司、凡立丁等精纺毛织物，用于薄型法兰绒、薄型女士呢、合股花呢、粗花呢、海力斯等粗纺毛织物。

斜纹组织交织点比平纹少，可密性比平纹大，织物比较细密柔软，有利于缩绒，因此，斜纹组织是粗纺产品中应用较广的组织。主要用于华达呢、哔叽、啥味呢等精纺毛织物；麦尔登、法兰绒、大众呢、海军呢、制服呢、女式呢、大衣呢、海力斯、粗花呢及粗服呢等粗纺毛织物。

缎纹组织的交织点较少，可具有更高的经纬密度，又因织物表面浮线较长易于起毛，如果采用较长的毛纤维原料，起毛时不致脱落毛，而且起毛长即使密度小也易于盖底。一般缎纹组织用于贡丝锦、驼丝锦等精纺毛织物；银枪大衣呢及粗花呢等粗纺毛织物。

2. 变化组织　变化组织在毛型机织物中应用广泛，可与色经纱与色纬纱组合成配色花纹，形成条、格与小花纹等花纹图案的毛织物。

平纹变化组织中的方平组织用于精纺花呢中的板司呢。斜纹变化组织中的双面斜纹多用于华达呢、哔叽、啥味呢等精纺毛织物，海军呢、制服呢、顺毛大衣呢、女士呢、粗花呢、雪花大衣呢、法兰绒、女士呢、海力斯等粗纺毛织物。急斜纹用于巧克丁、马裤呢（急斜纹）等精纺毛织物。破斜纹用于海力蒙等精纺毛织物，以及学生呢、顺毛大衣呢、女士呢、粗花呢、海力斯、花式大衣呢、女士呢等粗纺毛织物。缎纹变化组织如四枚不规则缎纹用于精纺毛织物的驼丝锦，六枚变则缎纹用于粗纺毛织物的顺毛大衣呢。

3. 联合组织　采用条格组织、绉组织、凸条组织、蜂巢组织等联合组织可以丰富毛织物的外观。联合组织常用于纹面女式呢、粗花呢、粗服呢与松结构织物等粗纺毛织物。

4. 复杂组织　织制厚型织物可用较大线密度的纱线和单层组织结构，也可用较低线密度纱线和二重组织、多层组织结构。选择哪一种方式，要视具体情况，如采用珍贵原料，成品价格高，一般多采用单层或纬二重织物，制作轻质、保暖、精致的面料。如较贵重的原料，选用双层织物，表里组织可用不同原料，表层组织用好的原料，里层组织用较差一些的原料，提高产品的性价比。二重组织常用于牙签呢、平厚大衣呢；双层组织常用于双层花呢、女衣呢、拷花大衣呢、粗花呢、女士呢等。

（六）毛型织物的分类编号

1. 精纺毛织物的分类编号　2012 年国家发布了新的行业标准 FZ/T 20015《毛纺产品分类、命名及编号 精梳毛织品》代替 1998 年版，其中精梳毛织品的编号采用全数字复合而成，共六位数字，从左至右依次为原料代号、品种代号以及四位数字的顺序代号。

第一位数字表示织物的原料成分，“2”表示全毛，“3”表示混纺/交织，“4”表示丝毛混纺/交织，“8”表示特种动物纤维纯纺或混纺。

第二位数字表示大类织物品种名称，“1”表示哔叽和啥味呢类，“2”表示华达呢类，“3、4”表示中厚花呢类，“5”表示凡立丁和派力司类，“6”表示女士呢类，“7”表示贡呢类（包括横贡、直贡、马裤呢等），“8”表示薄花呢类，“9”表示其他精纺毛织品。

第三到第六位数字表示企业内不同规格产品的生产序号代号。精梳毛织物的分类编号见表 7-1。

表 7-1　精梳毛织物的分类编号

品名		纯毛织物	毛混纺/交织物	丝毛混纺/交织物	特种动物纤维纯纺、混纺织物
1	哔叽类	210001～215000	310001～315000	410001～415000	810001～815000
	舍味呢类	215001～219999	315001～319999	415001～419999	815001～819999
2	华达呢类	220001～229999	320001～329999	420001～429999	820001～829999

续表

品名		纯毛织物	毛混纺/交织物	丝毛混纺/交织物	特种动物纤维 纯纺、混纺织物
3	中厚花呢类	230001~239999	340001~349999	440001~449999	840001~849999
4		240001~249999	340001~349999	440001~449999	840001~849999
5	凡立丁类 （包括派力司）	250001~259999	350001~359999	450001~459999	850001~859999
6	女衣呢类	260001~269999	360001~369999	460001~469999	860001~869999
7	贡呢类	270001~279999	370001~379999	470001~479999	870001~879999
8	薄花呢类	280001~289999	380001~389999	480001~489999	880001~889999
9	其他类	290001~299999	390001~399999	490001~499999	890001~899999

各个企业也根据自己生产或销售的需要，在编号的前面或后面加字母表示销售地区、生产工艺等信息，如江苏阳光集团的 NE310227 表示销往欧洲地区的毛/涤哔叽，JNB371728H 表示销往日本的干爽风格毛/涤防水马裤呢。

2. 粗纺毛织物的分类编号 FZ/T 20015. 2—2012《毛纺产品、命名及编号 粗梳毛织品》对呢绒类粗梳毛织品的分类、命名及编号作了规定，编号由六位数字组成，从左至右依次为原料代号、品种代号以及四位数字的顺序代号。

第一位数字表示织物的原料成分代号，“0”表示 100%羊毛，“1”表示毛混纺，包括与棉、麻、丝混纺及与化纤混纺，“7”表示 100%化纤，包括一种化纤纯纺或两种及以上化纤混纺，“8”表示特种动物纤维纯纺或混纺，“9”表示其他纤维。

第二位数字表示大类织物品种名称代号，“1”表示麦尔登类，“2”表示大衣呢类，“3”表示海军呢，“4”表示制服呢，“5”表示女式呢，“6”表示法兰绒类，“7”表示粗花呢类，“8”表示学生呢类 。

第三到第六位数字表示企业内不同规格产品的生产序号代号。粗梳毛织物的分类编号见表 7-2。

表 7-2 粗梳毛织物的分类编号

品名		纯毛织物	混纺织物	化纤织物	特种动物纤维纯纺 及混纺织物	其他织物
1	麦尔登类	010001~019999	110001~119999	710000~719999	810000~819999	910000~919999
2	大衣呢类	020001~029999	120001~129999	720001~729999	820001~829999	920001~929999
3	海军呢类	030001~039999	130001~139999	730001~739999	830001~839999	930001~939999
4	制服呢类	040001~049999	140001~149999	740001~749999	840001~849999	940001~949999
5	女式呢类	050001~059999	150001~159999	750001~759999	850001~859999	950001~959999
6	法兰绒类	060001~069999	160001~169999	760001~769999	860001~869999	960001~969999

续表

品名		纯毛织物	混纺织物	化纤织物	特种动物纤维纯纺及混纺织物	其他织物
7	粗花呢类	070001～079999	170001～179999	770001～779999	870001～879999	970001～979999
8	学生呢类	080001～089999	180001～189999	780001～789999	880001～889999	980001～989999

有些企业因所生产的粗梳毛织物品种比较少，原五位数字足够使用，故没有升级成六位数字。

二、经典精纺毛型机织产品

每一种毛织物都有其自身的风格特征，毛织物的风格特征是指织物的呢面、光泽、品种、手感、边道等多种效应的总称。

一般的精纺毛织物纱支为 24/2～160/2 公支，随着技术的发展和市场的需求，精纺纱支极限可以做到 16/2～500/2 公支，根据纱支粗细和整理方式不同精纺毛织物的风格也日益多元化，从轻薄柔软的衬衫面料到丰满厚重的大衣面料都可实现。常规精纺光面织物要求纹路清晰，条干均匀，光泽自然柔和，手感滑糯柔软，抗皱性好，耐磨性佳，面料具有一定身骨。精纺绒面织物要求绒面细腻，手感柔和有身骨，织纹隐约，不起球。

（一）华达呢

华达呢（图 7－1）是斜纹精纺毛织物，商业上也称轧别丁，多为匹染产品，为了达到更丰富的色彩和更高的色牢度要求，则采用条染的方式。条染华达呢有混色、经纬异色、花并纱和素色等之分。华达呢要求条干均匀，风格特征是手感滑糯、活络、丰满，有身骨和弹性，呢面光洁平整，纹路清晰细密，贡子挺直饱满，光泽自然柔和，色泽滋润纯净。

图 7－1　全毛华达呢

华达呢品种很多，按原料不同有全毛华达呢和混纺华达呢，混纺华达呢可分毛/涤华达呢、毛/黏华达呢、毛/涤/黏华达呢、丝/毛华达呢等。按所用纱线结构有经、纬纱都用单纱或都用股线，还有经纱为股线，纬纱为单纱，其中经、纬纱均用股纱的较为传统和普遍。纱线线密度通常在 12. 5tex×2～33. 3tex×2（30/2～80/2 公支），多数采用 16. 7tex×2～22. 2tex×2（45/2～60/2 公支）。一般单位面积质量在 200～300g/m^2。按织纹分有双面$\frac{2}{2}$华达呢、单面$\frac{2}{1}$华达呢、缎背（加强缎纹的一种）华达呢等。华达呢均为右斜纹，其经密显著大于纬密，纬、经密度比值为 0. 51～0. 57，斜纹角度为 63°左右，贡子突出。按衣着用途分为男装华达呢和女装华达呢，前者强调紧密、滑挺、结实耐穿，后者则偏重滑糯柔软、悬垂适体，结构可适当松一些。

纯毛华达呢的后整理常规工艺流程如下。

1. 匹染产品

生坯修补→烧毛→洗呢→煮呢→染色→（染后煮→）脱水→烘呢→中间检验→熟坯修补→刷毛→剪呢→给湿→蒸呢

2. 条染产品

生坯修补→烧毛→冲洗→煮呢→洗呢→煮呢→吸水→烘呢→中间检验→熟坯修补→刷毛→剪呢→蒸呢

3. 毛/涤华达呢（35%毛/65%涤）的后整理工艺流程

生坯修补→烧毛→洗呢→单槽煮呢→吸水→烘呢→中间检验→熟坯修补→刷毛→剪呢→热定形→给湿→蒸呢

后整理工艺中应注意烧毛火焰要弱，次数要少，防止手感变糙；由于易产生极光，通常不用电压。浅色号注意去油渍，匹染深色号由于染色时间长需进行染后煮；混纺华达呢需根据各自的原料特点制定工艺条件，如毛/涤华达呢含涤纶在50%以上的需经热定形，毛/黏华达呢煮呢温度不能太高；缎背华达呢由于厚重、紧密需进行两次皂洗等。

华达呢适合制作外衣、风衣、制服和便装，近年来单面华达呢、缎背华达呢有喜好背面为正的趋势。

（二）哔叽

图7-2 全毛高支哔叽

哔叽（图7-2）是斜纹精纺毛织物，常用$\frac{2}{2}\nearrow$斜纹组织（近年也有$\frac{2}{1}$组织，称单面哔叽），斜纹角度为45°~50°，斜纹纹道的距离较宽，正反两面纹路相似，纬、经密度比值为0.80~0.90。通常为匹染，也可用条染，以素色藏青较为普遍，也有灰、蓝、咖啡、驼色等，混色也占一定比例。

哔叽品种很多，按原料分有全毛、混纺和化纤三类。按呢面分有光面哔叽和毛面哔叽，光面哔叽要求光洁平整，不起毛，纹路清晰；毛面哔叽则需经轻缩绒工艺，毛绒浮掩呢面，产生短绒毛，但由于绒毛较短，呢面的斜纹仍明显可见。按织物质量分，有薄哔叽（193g/m^{2}以下）、中厚哔叽（194~315g/m^2）和厚哔叽（315g/m^{2}以上）之分。

哔叽所用纱线线密度范围较广，一般为12.5tex×2~33.3tex×2（30/2~80/2公支），其中17.9tex×2~27.8tex×2（36/2~56/2公支）较多，近年来也常采用12.5tex×2~16.7tex×2（60/2~80/2公支），通常经、纬纱多为股纱，也有用股纱作经、单纱作纬，甚至经、纬纱全部用单纱的。哔叽要求光泽自然柔和，有光亮，无极光，无陈旧感，手感丰厚而有弹性，不板不烂。纱线条干均匀，无雨丝痕，边道平直。

毛面哔叽的后整理工艺流程：

生坯修补→复查→洗缩→煮呢→（染色→染后煮→）吸水→烘呢→中间检验→熟坯修补→刷毛→剪呢→蒸呢

光面哔叽由于纱线捻度稍大一些，后整理主要经过烧毛、煮呢、剪呢、蒸呢等工序，但不缩呢。

混纺哔叽的整理要求与纯毛哔叽相近，手感丰厚，有弹性，不板不烂。含涤纶 50%以上的产品要经过热定形，毛面哔叽需经轻缩绒。

哔叽广泛用于制作中山装、西装、学生装、裙装等。

（三）啥味呢

啥味呢（图 7-3）又称精纺法兰绒，其名来自 Cheviot 的音译，意为"有轻微绒面的后整理"。有斜纹、平纹、变化斜纹（如破斜纹）等组织，单面或双面起绒，较多见的为 $\frac{2}{2}$斜纹组织，正面为右斜纹，斜纹倾斜角约为 50°。

图 7-3　羊绒啥味呢

啥味呢的种类按原料有全毛和混纺之分。啥味呢按呢面有光面和毛面之分，光面啥味呢呢面光洁平整，纹路清晰；毛面啥味呢经缩绒工艺，有轻绒面、重绒面和全绒面等。轻绒面的呢面绒毛轻微，织纹略有隐蔽；重绒面的呢面绒毛密集，织纹模糊不清；全绒面的呢面绒毛黏缩，织纹难以看到，通常以重绒面的啥味呢居多。平纹啥味呢为轻起绒；斜纹及其变化斜纹啥味呢属重起绒。一般啥味呢的纱线线密度范围为 14. 7tex×2～31. 3tex×2（32/2～68/2 公支）。也有用单纱作纬的，像一些带格子或条子的产品，通常线密度范围为 25～33. 3tex（30～40 公支），经纱密度比纬纱密度大 10%～20%。织物单位质量为 180～320g/m²，近年来有逐渐向轻质量发展的趋势。啥味呢常为条染混色，讲究混色均匀，以中浅灰、混色黑、混色蓝居多，此外还有咖色、绿灰、蓝灰、深蓝、米灰色等。啥味呢要求光泽自然柔和，有骠光，颜色新鲜无陈旧感，手感不板不烂，不硬不糙，弹性好，有身骨，无严重雨丝痕，边道平直。

啥味呢用于制作男女西装、两用衫、裤装、裙装、学生装等。

图 7-4　精梳毛丝贡呢

（四）贡呢

贡呢（图 7-4）为紧密细洁的缎纹中厚

型毛织物，是精纺呢绒中经纬密度较大的一个品种，通常采用缎纹组织、缎纹变化组织或急斜纹组织，其中以五枚加强缎纹为主。

贡呢的品种按所用原料有全毛贡呢和混纺贡呢之分。按呢面纹路倾斜角不同有直贡呢（75°以上）、横贡呢（15°左右）、斜贡呢（45°~50°）之分，其中以直贡呢较多。颜色多为素色，以黑色为主，又称礼服呢；还有蓝色、灰色、驼色以及各种闪色和夹色等；混色贡呢也占一定比例。匹染、条染均可，高档品种均采用条染。

贡呢经纬纱常用线密度为 14.3tex×2~20tex×2（50/2~70/2 公支）。如纬纱用单纱时，线密度为 25~33.3tex（30~40 公支），近年也有用更小线密度的单纱作纬纱，甚至经纬纱全部采用单纱的。贡呢经纬密度较大，通常成品经纬密度约为（300~700）根/10cm×（200~400）根/10cm，且采用经浮线较长的织物组织。织物单位质量为 235~350g/m²，如纱的线密度小或经纬均用单纱时，其质量会更轻。

贡呢要求贡路清晰，呢面平整，纱线条干均匀，有身骨，有弹性，手感活络，光泽自然明亮，光线反射好，色泽纯正，边道整齐。为了获得特有风格，近年来有相当一部分制衣厂用织物反面制作服装，因此应注意织物需双面修整。

贡呢适合制作西装、风衣、礼服、鞋面、中式便服等。

（五）女衣呢

精纺女衣呢（图 7-5）是花色变化较多的女装面料，织纹组织繁多，并以松结构、长浮线构成各种花型或凹凸纹样。

图 7-5　女衣呢

女衣呢的品种很多，原料范围非常广泛，有传统的天然纤维，如棉、毛、丝、麻，也有化学纤维，如涤纶、黏胶纤维、腈纶、锦纶，还有各种稀有动物毛、新型化纤和金银丝等。女衣呢呢面风格有光洁平整的，也有绒面的或带枪毛的。织物组织有三原组织，更多的是各种联合组织、变化组织、小提花组织等，较典型的有联合组织中的绉组织、透孔组织、凸条组织等，采用这些组织以构成织物的几何花型，也可采用双层组织、纱罗组织、大提花组织等以构作别致多层次的花纹图案。所用纱线有一般的单纱、双股纱线，也有同向加捻的纱线以及花饰线，如圈圈纱线、波形纱线、结子纱线、竹节纱线、彩点纱线、起毛纱线等。女衣呢质量轻，结构松，手感柔软，色彩艳丽，在原料、纱线、织物组织、染整工艺等方面充分运用各种技术，因此女衣呢整体风格花哨、活泼、随意。

女衣呢适合制作时装、裙装、睡衣、浴衣、窗帘及家具罩等。

（六）巧克丁

巧克丁（图 7-6）的名称来自英文 Tricotine 的音译，原文含有“针织”的意思，其外观呈现针织物那样的明显罗纹条，呢面呈现双根斜纹一组并列的急斜纹条子，也有三根斜纹一组并列的急斜纹条子，斜纹角度约63°左右。每一组内的斜纹线条之间的间距较小，凹度较浅，不同组的斜纹线条之间距离较大，凹度较深。

图7-6 巧克丁

巧克丁按原料有全毛和混纺之分，混纺品种中羊毛占60%~80%，化纤占20%~40%。经纬纱线密度多在15.4tex×2~20tex×2（50/2~65/2公支），用股线织造；也有纬纱用单纱的，单纱纱线密度为22.2~33.3tex（30~45公支）。成品经纬密度约为（400~500）根/10cm×（250~350）根/10cm，采用急斜纹组织，单位面积质量约为267~333g/m²，近年来一些轻质量的巧克丁较为流行，单位面积质量在200~250g/m²。巧克丁有匹染产品和条染产品，颜色多为蓝、军绿、灰色等中深色，以素色为主，也有花纱、混色等。巧克丁要求呢面干净，织纹清晰、顺直，不起毛，光泽自然柔和，手感活络，有身骨，有弹性，抗皱性能好，不松不板，纱线条干均匀、无雨丝痕，边道平直。

巧克丁多用于制作便装、套装、猎装、风衣、女装、西裤等。

（七）马裤呢

马裤呢（图7-7）是一种急斜纹厚型毛织物，其斜纹角度为63°~76°。马裤呢的英文名称为Whipcord，意为“鞭子样的扭捻状”，因马裤呢呢面纹路粗壮，呈圆形弯曲时，呢面像鞭子合股加捻形状，故而得名。马裤呢按原料有纯毛和混纺之分。夹丝马裤呢常用人造丝与毛单纱合捻。按纱线分有经、纬纱都用精纺纱织制的，也有用精纺纱作经纱、粗纺纱作纬纱。有的还在织物背面轻度起毛，使之丰满且保暖。

图7-7 全毛防水马裤呢

马裤呢所用纱线的线密度偏大，一般经、纬纱采用16.7tex×2~31.3tex×2（32/2~60/2公支）精纺股纱，大多采用22.2tex×2（45/2公支）左右的股纱。用单纱作纬纱时，单纱线密度在25~28tex（36~41公支），一般采用较大经密，经密通常大于纬密的两倍，即经密420~650根/10cm，纬密210~300根/10cm。军用马裤呢更为厚重，单位质量在400g/m²以上；民用马裤呢稍轻，一般单位质量也在280g/m²以上。

马裤呢有匹染产品和条染产品，条染色泽质地较好，颜色有黑灰、深咖啡、黄棕、军绿、暗绿等素色或混色，还有各种深浅异色合股花线织成的夹色及闪色、夹丝等品种。马裤呢要求质地厚实坚挺，纹路清晰，有身骨，呢面光洁，纱线条干均匀。

马裤呢适合制作大衣、军装、外套、猎装、便装、马裤等。

(八) 驼丝锦

图 7-8 高级驼丝锦

驼丝锦（图 7-8）为细洁、紧密的厚型素色毛织物，其名称来自英文 Doeskin 的音译，原意是母鹿的皮，用以比喻品质的精美。织物采用缎纹类组织，如四枚纬面变则缎纹、五枚经面缎纹以及其他缎纹组织。

驼丝锦按原料有纯毛和混纺之分；按染色方式有匹染和条染之分，其中条染又分为经纬异色、花并纱和混色、素色几种。驼丝锦的颜色以深色为主，如黑、深藏青、灰、紫红色等。驼丝锦所用纱线的线密度为 12.5tex×2～16.7tex×2（60/2～80/2 公支），成品的经纬密度较大，约为 400 根/10cm×280 根/10cm，成品单位质量为 220～333g/m^2。也有用股纱作经、单纱作纬织制的，质量要轻一些。现在也有一些轻薄驼丝锦，单位质量仅为 200～240g/m^2。精纺驼丝锦呢面平整，织纹细致，光泽滋润，手感柔软、弹性好。为使其手感柔软、呢面有骠光，可经过压光工序。

驼丝锦适合制作礼服、外套、运动服、猎装、大衣等。

(九) 派力司

图 7-9 全毛派力司

派力司（图 7-9）是精纺毛织物中较轻薄的品种之一，其名称来源于英文 Palace，采用平纹组织织造，一般是条染混色。最初是一种绢丝织物，后发展为用天然黑羊毛和白羊毛混色织造的轻薄毛织物。派力司是条染产品，有典雅的混色效果。深浅混色形成的特殊效应，使呢面具有散布匀细而不规则的轻微雨状丝痕条纹。色泽以中灰、浅灰色居多，还有混驼色、浅米色等夏季冷色调。

派力司通常采用经纱用股线，纱线线密度为 14.3tex×2～16.7tex×2（60/2～70/2 公支）；纬纱用单纱，线密度为 22.2～25tex（40～45 公支）。也有经、纬纱均采用股线的。经纬纱的捻度均较大。成品经纬密度为（250～300）根/10cm×（200～260）根/10cm。一般成品质量比凡立丁轻，单位面积质量为 127～170g/m^2。

派力司织物要求光洁平整，不起毛，光泽自然柔和，颜色新鲜，无陈旧感，灰色忌带黄绿色光。手感滋润、滑爽、活络、挺括，轻薄，有弹性，有身骨，纱线条干均匀。

派力司适合制作夏季男女套装、上衣料、西裤和裙装等。

(十) 凡立丁

凡立丁（图 7-10）是薄型平纹织物，是精纺毛织物中质地轻薄的重要品种之一。凡立丁按染色方式分为匹染产品和条染产品，匹染产品颜色鲜艳、漂亮，以浅米、浅灰色等适应夏季穿着特点的颜色为主，要求耐洗、耐晒、耐汗渍，色牢度好；条染产品则分素色、条子、格子、隐条、隐格、纱罗、印花等。

凡立丁采用的纱线线密度稍小，通常为15.4tex×2～20.8tex×2（48/2～65/2公支），大多在20tex×2（50/2公支）左右，经纬多用双股纱，且线密度多相同，纱线捻度较大，也有个别用股线做经纱，单纱做纬纱。成品经纬密不易过大，一般为（220～300）根/10cm×（200～280）根/10cm，单位面积质量为124～248g/m^2。

图7-10　全毛凡立丁

凡立丁呢面条干均匀，织纹清晰，光洁平整，手感柔软、滑爽、活络，有弹性，透气性好，色泽鲜明匀净，骠光足，抗皱性能好，无鸡皮皱，无雨丝痕，边道平直。

凡立丁适合制作夏季的男女各类服装、中山装、裙装、西裤等。

（十一）花呢

花呢是花式毛织物的统称，是精纺呢绒中的重要品种之一。它综合运用各种构作花纹的方法，使织物外观呈现点子、条子、格子以及其他花型图案，花呢多为条染产品。花呢品种繁多，可以按质量、原料、纱线、花型等不同进行分类。

1. 薄花呢、中厚花呢和厚花呢

（1）薄花呢。一般单位质量为150～190g/m^2，不足150g/m^2的为超薄花呢，常用平纹组织织造，采用中浅色，色泽鲜艳，无陈旧感。一般经、纬纱线密度为14.3tex×2～25tex×2（40/2～70/2公支），捻度为420～860捻/m，成品的经纬密度为（160～300）根/10cm，多用作夏季套装、裙装等。其中典型面料薄格花呢应用广泛，平纹组织，同向加捻，颜色清淡素净，格形简约，仿麻风格，轻薄干爽，表面光洁，用于作夏季衬衫面料。

（2）中厚花呢。一般单位质量为191～289g/m^2，多用斜纹或变化斜纹，也有用经重组织织造，常用纱线线密度范围为16.7tex×2～25tex×2（40/2～60/2公支），也有用高支或单纱的。多用于制作西装、套装、青年装等。

（3）厚花呢。一般指单位质量在290g/m^2以上的花呢品种，多用变化组织，颜色中深，有素色、混色和花纱的产品。适合制作夹克、大衣、制服、猎装、军装等。

2. 全毛花呢（图7-11）　全毛花呢要求光泽自然柔和，有骠光，颜色纯正，手感滑糯、活络、不板不烂，弹性和抗皱性能好。

图7-11　全毛花呢

（1）羊绒花呢。羊绒花呢是指用山羊绒

织制的花呢。羊绒价格昂贵，所以纯羊绒面料较少，通常羊绒含量只占10%~30%，品质支数在70支以上细羊毛占30%~50%，其余为70支以下羊毛。一般羊绒花呢的经纬纱线密度数为12.5tex×2~20tex×2（50/2~80/2公支），成品单位质量为213~300g/m^2。羊绒花呢的组织规格比全毛花呢偏松，其花型配色以传统典雅的花型为主。羊绒花呢除了具有一般纯毛花呢的优点外，还具有特别滑糯、光泽滋润、悬垂性好的风格特征，给人以舒适温暖的感觉。为减少羊绒在缩呢中的落毛，可以不采用缩呢，而适当延长洗呢时间。羊绒花呢适合制作各类高档西装、套装等。

（2）马海花呢。马海花呢是指用马海毛作原料的花呢。马海毛主要产于土耳其，毛纤维较长，为10~30cm，纤维较粗，一般直径在40μm左右。由于马海毛纤维表面鳞片比羊毛少，比较平坦，不易毡缩，故洗涤方便。马海花呢多为条染产品，有浅驼、浅灰、黑、灰、咖色等。精纺花呢以细度较好的马海毛为主，一般平均直径在10~40μm，与羊毛混纺时一般比例为马海毛55%、羊毛45%以及马海毛33%、羊毛67%等。薄型的马海毛花呢以平纹组织为主，单位质量在150~200g/m^2。马海毛光亮溜滑，弹性较好。马海花呢呢面平整，手感滑爽挺括，弹性优异，闪现出丝一般的光泽。马海花呢一般用于春、夏季的薄型织物。

（3）纯毛花呢。纯毛花呢是指以纯羊毛作原料织制的各种组织、各种质量、纱线密度范围广泛的花呢，其品种繁多，风格多样，光泽自然，手感柔软。

3. 丝毛花呢 以天然丝和绵羊毛为原料织制的花呢，按制造工艺不同可分为丝/毛交织花呢、丝/毛合股花呢、丝毛混纺花呢三种。丝毛混纺花呢多采用平纹、斜纹或破斜纹组织织造。一般经纬纱线密度为12.5tex×2~20tex×2（50/2~80/2公支）。若丝/毛交织，则选用14.3tex×2~20tex×2（50/2~70/2公支）毛纱和8.3tex×2~13.2tex×2（76/2~120/2公支）绢丝纱，经纬纱排列常常是1根毛纱1根丝纱或2根毛纱1根丝纱间隔排列。若丝毛混纺，一般用70%~90%的羊毛纤维与10%~30%的绢丝纤维混纺。如果丝纤维平均长度与羊毛相仿，成纱光洁匀净，织物手感柔软且细腻。如果用丝纤维平均长度比羊毛短得多的绢落绵，成纱出现“大肚、疙瘩”似花式纱线，织物手感柔糯，外观粗犷朴实。丝毛花纱是在毛纱上再捻上1~2根真丝，丝取本色或浅色，使丝点明朗。丝毛花呢颜色以中深色为主，如深灰、黑灰、藏蓝、咖色等，其中以混色和花纱产品较为多见。丝毛花呢光泽好，手感滑爽，挺括，有身骨，常用于制作男女高档套装与礼服。

4. 混纺花呢 混纺花呢分为毛/涤花呢、毛/黏花呢、毛/麻花呢、毛/棉花呢以及多种纤维混纺花呢。还有如毛/腈花呢、毛/锦花呢及其他成分的混纺花呢。

（1）毛/涤花呢。羊毛与涤纶混纺的花呢，一般毛/涤比例有50%羊毛和50%涤纶，70%羊毛和30%涤纶或倒比例的。毛/涤花呢比全毛花呢具有不易折皱、坚固耐穿、易洗快干、尺寸稳定、免烫性好等优点，但在手感丰满度、舒适度、滋润光泽等方面不及全毛花呢，而且易产生“金属光”。毛/涤花呢适宜制作套装、便装、裤料等。

（2）毛/黏花呢。用羊毛与黏胶纤维混纺纱织制的花呢。产品多为低支平纹织物，一般选用国毛（国产绵羊毛）与黏胶纤维混纺。在混纺中如果羊毛含量在70%以上，织物的手感、光泽、弹性等与全毛花呢近似。低比例毛/黏花呢的羊毛含量在30%以下，织物的光泽较呆滞，弹性、抗皱性、丰满感、缩水率等也稍差，但价格便宜。毛/黏花呢所用原料多以64~66支国毛和3.3dtex（3旦）黏胶纤维混纺，产品要求呢面平整光洁，光泽自然柔和，手感活络，弹性好，毛型感足。毛/粘花呢适合制作西装、便装、两用衫、女装、裙装等。

（3）毛/麻花呢。不仅包含了毛、麻或麻和其他成分混纺的花呢，如毛/麻花呢、丝/麻花呢、麻/黏花呢，还收集了纯麻花呢。麻多为苎麻或亚麻，还有黄麻、洋麻等。毛/麻花呢常见比例有70%毛、30%麻，80%毛、20%麻，毛/麻花呢中麻可占50%左右，一般纱线线密度在25tex以下（40公支以上），织物组织以平纹为主，也有用变化重平组织等，成品单位质量为170~230g/m²。麻混纺花呢是条染产品，颜色有混灰、素蓝、驼、浅蓝、灰色等。麻混纺花呢凉爽，透气性好，散热性强，易吸汗，而且抗皱性强，摺裥性好，抗起球，手感滑爽。麻混纺花呢适合制作男女各类夏装、西装、套装等。

（4）毛/棉花呢。有毛棉混纺或毛棉交织之分，混纺比例、纱线线密度及织物质量均无固定，多属于条染产品。它可以兼得羊毛柔软、保暖和棉舒适、耐穿的优点。毛/棉产品多数颜色较浅，适合制作春夏季男女休闲装、夹克、童装、裤子等。

（5）多种纤维混纺花呢。羊毛与其他任何两种或两种以上纤维混纺制成的混纺花呢。这种花呢有多种含量配比和多种配比规格，多属于条染产品。如果含涤纶、腈纶40%以上的花呢，还要经过热定形处理。多种原料混纺的花呢要求毛感足，光泽自然，有一定的身骨、弹性，颜色以混灰、杂色、花纱为主。

由于化纤原料成本低，因此混纺花呢售价一般比同类纯毛产品低，毛/涤PTT弹力花呢实物如图7-12所示。

图7-12　毛/涤PTT弹力花呢

5. 不同纱线结构花呢　精纺花呢按纱线形式分有多股纱线花呢、花式纱线花呢、强捻纱线花呢、精粗交织花呢、双组分纱花呢以及赛络纺纱织物等。

（1）多股纱花呢。一般精纺呢绒是由双股或单股纱线织制的，有时也会配一些多股纱线。多股纱多为三合股纱或四合股纱，极个别的也有更多股的。多股纱的合股形式根据面料的风格要求而定，有的采用不同纱支、不同成分、不同颜色、不同捻向的单纱并合。多股纱织成的织物有身骨，表面有颗粒感。如果用多种颜色的纱线并合，其织物色彩丰富，层次感强。多股纱花呢面料有类似针织物的感觉，适合制作冬季男女外衣、休闲装等。

（2）花式线花呢。花式线花呢是利用花式线构作织物的花型和配色的花呢，其中花式线有作地组织的经纬纱，也有专门作装饰线。用作精纺花呢装饰嵌线的多为结子纱、竹节纱、彩点纱、大肚纱、雪尼尔纱等。所用花式线的配色、种类、在织物中的作用、比例不同，织物呈现的风格就会不同。花式纱线花呢适合制作套装、便装等。

（3）强捻纱花呢。强捻纱花呢所用纱线是强捻纱，单纱捻系数和股线捻系数均大于正常值，还有的采用单纱和股纱同向加捻的方法。夏季面料多配以透孔组织、平纹组织等，使织物具有干爽、高弹或平滑细腻的手感风格。其中纯毛绉格花呢采用强捻单纱与常规捻度股纱交织，形成起绉效果，精细的单嵌条格形，配色清淡雅致，手感爽洁。

（4）精粗交织花呢。精粗交织花呢是精纺毛纱与粗纺毛纱交织的花呢，外观风格粗犷而不失细腻，手感丰满蓬松，柔糯且有弹性，花型清晰细洁，轻缩绒面。精纺与粗纺的配比根据织物风格的要求进行设计，可以是精经粗纬，也可是精纬粗经，或经纬精纺粗纺纱混用。当精纺纱与粗纺纱细度差异大时，花型显示凹凸不平的立体感，差异小时呢面平整。织物组织以斜纹和变化斜纹为主，颜色以深色、暖色居多。一般单位质量为250~310g/m^2。精纺与粗纺交织花呢适合制作秋冬各季套装、便装等。

（5）双组分纱花呢。赛络菲尔纱属于双组分纱，毛精纺经常用的是羊毛与涤纶长丝、丙纶长丝、锦纶丝等进行包缠或包覆纺纱，采用这种纺纱形式，可以兼顾羊毛和长丝的特点，增强纱线强力，减轻织物质量，并获得高支轻薄、柔软、活络的手感效果。

（6）赛络纺纱花呢。由于赛络纺纱在成纱过程中经过两次加捻，用赛络纺纱线织制的毛织物具有织物外观毛羽少，光泽自然，手感滑糯，悬垂性好，富有弹性等特点。赛络纺纱毛织物多为较轻薄产品，颜色浅淡，适合制作春夏季男女衬衫、休闲装、夹克等。

6. 不同组织结构花呢

（1）牙签呢。牙签呢是利用双层平纹组织构成的中厚花呢，因其按正（S）反（Z）捻的一定规律排列，使呢面呈牙签状细条子花型，故俗称“牙签条”。牙签呢纱线捻度较大，通常单纱为700~900捻/m，股线为800~1200捻/m，纺成正（S）反（Z）捻。一般经密为450~550根/10cm，纬密为350~450根/10cm，单位质量为267~333g/m^2，属于中厚花呢。牙签呢是条染产品，色泽以灰、蓝、咖啡素色为主，常配用各种彩色嵌线起装饰作用。除细条子花型外，有时也可形成各种格子花型，也可与纬二重组织相联合，呢面在组织变换处形成纤细的沟纹，使花型带有立体感。牙签呢花型立体感强，手感丰满蓬松，有身骨，挺括活络，呢面光洁。牙签呢适合制作高档男女西装、礼服、套装、裙装等。

（2）鸟眼花呢（图7-13）。鸟眼花呢是一种小花型中厚花呢，鸟眼花型是用色纱与组织配合构成的，一般经纬用深浅两色纱按一定规律排列，所形成的花型通常以深地配浅点，较流行的有黑地白点、黑地灰点、咖啡地驼点等。鸟眼花呢纱线线密度为14tex×2~20tex×2（50/2~70/2公支），织物常见单位质量为250~300g/m^2。鸟眼花呢手感丰厚，挺括柔糯，外观细洁，弹性良好。根据其花型特征，力求呢面点子匀净，配色典雅，对毛纱条干的均匀度要求较高。鸟眼花呢适合制作男女西套装。

图7-13　鸟眼花呢

(3) 板司呢(图 7-14)。板司呢是用精梳毛纱织制的$\frac{2}{2}$方平组织毛织物，粗支纱也有用平纹组织，细支纱也有用$\frac{3}{3}$方平组织。板司呢一般经纬纱的线密度为 16.7tex×2～33.3tex×2(30/2～60/2 公支)，多数用 25tex×2(40/2 公支)的股线。捻度约为 400～800捻/m，成品经纬密约为 250～550 根/10cm，成品单位质量约为 269～310g/m²。板司呢以混色为主，如中浅灰、蓝灰、驼咖啡的泥色。此外，还常用色纱与组织配合构作花型，如梯子状曲折的"阶梯花"等。板司呢结构坚实，不板不烂，有身骨和弹性，呢面平整，混色均匀。板司呢适于做西装、套装、夹克、运动装、猎装等。

图 7-14 板司呢

(4) 海力蒙(图 7-15)。海力蒙是人字破斜纹花式精纺毛织物，海力蒙的名称来自英语 herringbone 的译音，意为这种花呢的花样像"鲱鱼骨头"。海力蒙多为条染产品，经纬纱异色织造，通常是浅色经纱和深色纬纱相互交织，一深一浅相互衬托，使其山形或人字形斜向纹路更加明显，素色的也有匹染产品，多为灰、蓝、咖啡等色。其经纬纱常用线密度为16.7tex×2～22.2tex×2(30/2～60/2 公支)，经纬纱捻度为 500～800 捻/m，成品经纬密度为25～32 根/cm，海力蒙的经纬密度接近，比哔叽经纬密度大。海力蒙按呢面有光面、毛面之分。光面的要求人字纹路清晰、匀洁，织物紧密，有身骨，弹性好；毛面的要求呢面有均匀的短毛绒覆盖，但人字纹路仍然可见，织物手感柔软活络，有身骨，弹性好。海力蒙多用于西装、套装、运动装、猎装等。

图 7-15 海力蒙

(5) 双层花呢。双层花呢是采用双层组织织制的花呢，双层花呢有两层颜色完全不一样的，有交替成各类花型的。靠接结的双层组织是依靠各种接结方法使互相分离的两层结合成一个整体。还有靠表里换层的双层织物沿花纹轮廓更换表、里两层位置，同时将双层织物连成整体。双层花呢厚实、丰满，适合制作冬季外衣。

三、经典粗纺毛型机织产品

(一) 麦尔登

国外生产的麦尔登种类较多，所用的原料品质不同，既有高档品，也有中低档品。但国内生产的麦尔登，一般采用细支羊毛为原料，经过重缩绒不起毛，成品呢面丰满、细洁、不露底，身骨紧密而挺实，富有弹性，手感光泽好是粗纺呢线中的高档产品之一。

图 7-16 麦尔登

麦尔登（图 7-16）按原料结构不同，分为纯毛麦尔登和混纺麦尔登两种。纯毛产品原料配比常采用品质支数 60～64 支羊毛或一级改良毛 80%以上、精梳短毛 20%以下混纺产品则用品质支数 60～64 支或一级毛 50%～70%、精梳短毛 20%以下、黏胶纤维及合成纤维 20%～30%混纺。纺制纱线线密度范围为 62.5～100tex（10～16 公支）。按成品的单位质量分为薄地麦尔登（205～342g/m^2）与厚地麦尔登（343～518g/m^2）。目前国内生产的麦尔登品种其单位质量多为 450～490g/m^2。按织纹组织的不同，分为平纹麦尔登、斜纹麦尔登、变化组织麦尔登等。目前生产的多为斜纹组织麦尔登。按染色方法不同，分为毛染麦尔登及匹染麦尔登。颜色多为藏青、元色或其他深色。由于麦尔登的原料成分、组织规格以及成品的质量要求各有不同，因此染整工艺也是多种多样的，特别是在洗缩工艺方面变化较大，有一次缩呢法、多次缩呢法、生坯缩法、湿坯缩法等多种工艺流程。

两次缩呢法的工艺流程：

生坯修补→刷毛→洗呢→脱水→缝袋→第一次缩呢→洗呢→脱水→

[第二次缩呢→洗呢→脱水→染色→脱水
染色→脱水→烘干→熟坯修补→刷毛→剪毛→第二次缩呢→洗呢→脱水]→烘干→中间检验→烫边→熟坯修补→刷毛→剪毛→烫呢→预缩→蒸呢

高档麦尔登通常采用两次缩呢法，低档及混纺麦尔登则常用一次缩呢法。

（二）海军呢

海军呢（图 7-17）属重缩绒、不起毛或轻起毛的呢面织物，又称细制服呢。要求质地紧密，身骨挺实，弹性较好，不板不糙，呢面较细洁匀净，基本不露底，光泽自然。纯毛海军呢的原料配比为：品质支数 58 支羊毛或二级以上毛 70%、精梳短毛 30%。混纺海军呢则采用品质支数 58 支羊毛或二级以上毛 50%、精梳短毛 20%～30%、黏胶纤维 20%～30%。常用纱线线密度范围为 83～125tex（8～12 公支），单位质量范围为 390～500g/m^2，用$\frac{2}{2}$斜纹组织织造，颜色以匹染藏青为主色，也有草绿、天蓝

图 7-17 海军呢

等色。由于用毛不同，海军呢的产品风格及质量要求都比麦尔登稍差一些。海军呢是匹染深色产品，因此生产中要特别注意控制一、二级毛的死腔毛含量，以保证成品的外观质量。

（三）制服呢

制服呢（图 7-18）属重缩绒、不起毛或轻起毛、经烫蒸整理的呢面织物，又称粗制服呢。品质要求呢面较匀净平整，无明显露纹或半露纹，不易发毛起球，质地较紧密，手感不糙硬。纯毛制服呢常采用的原料配比为：三、四级毛70%以上，精梳短毛 30%以内。混纺制服呢的原料构成为：三、四级毛 40%以上，精梳短毛30%以下，黏胶纤维 30%左右。纱线线密度为111.1～166.7tex（6～9 公支），单位质量为400～520g/m²，采用$\frac{2}{2}$斜纹组织，颜色以元色、藏青为主。由于制服呢是素色匹染产品，又多为深色，腔毛更易暴露在呢面上，所以必须在选毛或染整工艺上采取适当措施，以提高外观质量。染整工艺流程与海军呢相同。

图 7-18　制服呢

（四）学生呢

学生呢（图 7-19）属于大众呢产品，是利用细支精梳短毛或再生毛为主的重缩绒织物。品质要求呢面细洁、平整均匀，基本不露底，质地紧密有弹性，手感柔软。常用原料配比为品质支数 60 支羊毛或二级以上羊毛 20%～40%，精梳短毛或再生毛 30%～50%，黏胶纤维 20%～30%混纺。一般纱线线密度是 83.3～125tex（8～12 公支），以用 100tex（10 公支）为多。单位质量范围为 400～520g/m²，组织常用$\frac{2}{2}$斜纹或破斜纹，颜色以匹染藏青、墨绿、玫瑰红为主。学生呢以利用再生毛为主，由于再生毛的原料成分较复杂，故多做混纺产品。

图 7-19　学生呢

（五）顺毛大衣呢

顺毛大衣呢（图 7-20）有长顺毛和短顺毛之分，织物表面有浓密的绒毛覆盖，平整均匀，绒毛向一方倒伏，定形好，不脱毛，手感顺滑柔软，不松烂，骠光足。纯毛产品常用原料配比为品质支数 48～64 支羊毛或一至四级毛 80%

图 7-20　顺毛大衣呢

以上，精梳短毛 20%以下。混纺产品则用品质支数 48~64 支或一至四级毛 40%以上，精梳短毛 20%以下，黏胶纤维或腈纶 40%以下。纱线线密度为 71.4~250tex（4~14 公支），单位质量为 380~780g/m^2，组织纹有$\frac{2}{2}$、$\frac{1}{3}$、$\frac{3}{1}$斜纹或破斜纹，也有五枚二飞纬面缎纹及六枚变则缎纹。顺毛大衣呢均采用散毛染色工艺，其丰满的绒面来自缩绒和起毛。原料除采用羊毛外，还常采用特种动物纤维，如山羊绒、兔毛绒、驼绒、牦牛绒等。

（六）立绒大衣呢

立绒大衣呢（图 7-21）是缩绒起毛织物，呢面上有一层耸立的浓密绒毛，要求绒毛密立平齐、丰满匀净，手感柔软丰厚，有弹性，不松烂，光泽柔和。立绒大衣呢纯毛及混纺的常用原料配比与顺毛大衣呢相同。纱线线密度为 71.4~166.7tex（6~14 公支），单位质量范围为 420~780g/m^2，织物组织以五枚二飞纬面缎纹、$\frac{2}{2}$斜纹、$\frac{1}{3}$破斜纹为主。立绒大衣呢可以匹染，也可以毛染，但以毛染的成品质量较好。原料使用范围较广，除羊毛外还可采用兔毛、驼毛、马海毛等特种绒毛及特殊截面化纤等。如配以 5%~10%的马海毛则可做成黑白枪大衣呢。

图 7-21　立绒大衣呢

（七）银枪大衣呢

银枪大衣呢（图 7-22）又称马海毛大衣呢，属于立绒大衣呢品种。其产品风格及质地与立绒大衣呢相同，所不同的是在原料配比中加入了 5%~10%的马海毛。其明亮的光泽点缀于黑色绒毛中，犹如银光闪闪，更显产品的高档感。也可利用三角形截面的有光涤纶替代马海毛，织成彩色仿银枪大衣呢，如墨绿、咖啡等色。

图 7-22　银枪大衣呢

（八）平厚大衣呢

平厚大衣呢（图 7-23）是缩绒或缩绒起毛织物。品质要求呢面平整、匀净、不露底，手感丰满、不板硬，不起球。因使用原料不同，可分为高、中、低三档。高档使用一级以上羊毛为主，中档使用二至三级羊毛

图 7-23　平厚大衣呢

为主，低档使用三至四级羊毛为主，每档中均可掺入适量的精梳短毛、再生毛、化纤。纱线线密度为83.3~250tex（4~12公支）。单位质量为430~700g/m^2。织物组织单层采用$\frac{2}{2}$斜纹或破斜纹，双层采用$\frac{1}{3}$纬二重组织。平厚大衣呢可以是匹染或毛染素色产品，也可以是混色产品。

（九）雪花大衣呢

雪花大衣呢（图7-24）为混色的平厚大衣呢。少量的白毛均匀地分布于黑色呢面中，似雪花散落，俗称雪花呢。

图7-24　雪花大衣呢

（十）拷花大衣呢

拷花大衣呢（图7-25）是粗纺呢绒中的高档产品。这种织物由底布与较长浮长的毛纬组成，毛纬按一定织纹规律分布在织物表面，经起毛拉断后，形成纤维束，再经剪毛机剪至一定高度，然后经搓呢机加工，使纤维束形成凸起耸立的毛绒效应。织物显出有规律的组织沟纹，外观优美，富有立体感。拷花大衣呢分立绒与顺毛两种。立绒型要求绒毛纹路清晰均匀，有立体感，手感丰满，有弹性。顺毛型要求绒毛均匀、密顺整齐，纹路隐晦而不模糊，手感丰厚，有弹性。原料配比常用品质支数为58~64支羊毛或一至二级羊毛及少量羊绒。纱线线密度为62.5~125tex（8~16公支），单位面积质量为580~840g/m^2。织物组织较复杂，有单层、二重、双层等。单层组织的底布常用平纹、$\frac{1}{2}$斜纹或缎纹；二重组织的底布常用$\frac{2}{1}$或$\frac{3}{1}$斜纹；双层组织底布的表层或里层可用平纹、$\frac{2}{1}$斜纹、$\frac{3}{1}$斜纹或$\frac{2}{2}$斜纹。二重组织或双层组织的底布中，毛纬仅与表经相交织。拷花大衣呢采用散毛染色或混色，颜色以元色、藏青、咖啡色为主。

图7-25　全毛双面拷花大衣呢

（十一）花式大衣呢

花式大衣呢（图7-26）分纹面和绒面两

图7-26　花式大衣呢

种。花式纹面大衣呢包括人字、圈点、条格等配色花纹组织，纹面或呢面均匀，色泽协调，花纹清晰，手感不糙硬，有弹性。花式绒面大衣呢包括各类配色花纹的缩绒起毛大衣呢，绒面丰满平整，绒毛整齐，手感柔软，不松烂。纯毛花式大衣呢一般采用品质支数为48~64支羊毛或一至三级羊毛50%以上，精梳短毛在50%以下。混纺花式大衣呢一般采用品质支数为48~64支羊毛或一至四级羊毛20%以上，精梳短毛在50%以下，黏胶纤维在30%以上。纱线线密度为62.5~500tex（2~16公支），单位质量为360~600g/m²，织物组织有$\frac{2}{2}$斜纹、$\frac{3}{3}$斜纹、平纹、$\frac{1}{3}$斜纹构成的纬二重、$\frac{2}{2}$斜纹双层、小花纹等。花式大衣呢也可用花式线、圈圈纱等饰线作表面装饰，以丰富花型样式。

（十二）法兰绒

图7-27　法兰绒

法兰绒（图7-27）是以细支羊毛织成的毛染混色产品，重缩绒不露底。品质要求呢面丰满、细洁平整，混色均匀，色泽大方不起球，手感柔软，有弹性。法兰绒的品种很多，按生产工艺可分为精纺法兰绒（啥味呢）、精经粗纬法兰绒（棉经毛纬）、粗纺法兰绒和弹力法兰绒。按花型颜色可分为素色、花式条格、印花及经纬异色交织的鸳鸯色法兰绒等。粗纺法兰绒有纯毛与混纺两种。纯毛产品多用品质支数60~64支羊毛或二级以上羊毛60%、精梳短毛40%。混纺产品多用品质支数60~64支或二级以上羊毛50%、精梳短毛20%、黏胶纤维30%，为了增加弹性和强力，也可加少量的锦纶或涤纶。纱线线密度为62.5~125tex（8~16公支），单位质量为250~400g/m²，织物组织常用平纹、$\frac{2}{2}$斜纹、$\frac{2}{1}$斜纹等。

（十三）女式呢

女式呢（图7-28）是以匹染为主，色泽鲜艳，手感柔软的一类织物。按其呢面风格分为平素、立绒、顺毛及松结构四种。

纯毛女式呢常用原料配比为品质支数58~64支羊毛或一至二级羊毛50%、精梳短毛50%。混纺女式呢常用原料为品质支数58~60支或一至二级羊毛20%~50%、精梳短毛10%~50%，化纤40%以下。纱线线密度为58.8~125tex（8~17公支），单位质量

图7-28　松结构女式呢

为 180~420g/m²，织物组织常用平纹、$\frac{2}{2}$斜纹、$\frac{1}{3}$破斜纹、小花纹及各种变化组织等。女式呢的染整工艺依产品风格而定，对立绒、顺毛风格可参照立绒、顺毛大衣呢的整理工艺流程，对松结构风格可在平素女式呢的整理工艺基础上采取轻缩绒或不缩绒。

（十四）粗花呢

粗花呢（图 7-29）是粗纺呢绒中的大类产品。它是利用单色纱、混色纱、合股纱、花式纱等与各种花纹组织配合织成的花色织物。包括人字、条格、圈点、小花纹及提花织物。按其呢面风格分为纹面花呢、呢面花呢及绒面花呢。

图 7-29　粗花呢

粗花呢根据使用的原料分为高、中、低三档。纯毛产品高档采用品质支数 60~64 支羊毛或一级羊毛 60%、精梳短毛 40%；中档采用品质支数 56~60 支或二级羊毛 60%、精梳短毛 40%；低档采用三至四级羊毛 70%，精梳短毛 30%。混纺产品则在以上配比基础上加入 20%~30%的黏胶纤维或化纤等。纱线线密度为 71. 4~200tex（5~14 公支），单位质量为 250~420g/m²，织物组织常用平纹、$\frac{2}{2}$斜纹或破斜纹、$\frac{3}{3}$斜纹以及各种变化组织、联合组织、绉组织、平纹表里换层、经纬双层组织等。

（十五）海力斯

海力斯（图 7-30）是苏格兰西北部海力斯岛上居民用手工纺制的一种粗花呢。现国内生产的海力斯是用粗毛低支、混色毛纱或用各种单色毛纱织成的，采用轻缩绒，不起毛，烫蒸呢面的后整理工艺。海力斯分素色及花式两类，要求身骨挺实有弹性，配色以适合做男上装为主。纯毛海力斯常用原料配比为三至四级羊毛 70%以上、中支或粗支短毛 30%以下。混纺产品常用原料配比为三至四级羊毛 40%以上、中支或粗支短毛 30%以下及化纤 30%~50%。纱线线密度为 125~250tex（4~8 公支），单位质量为 300~470g/m²。组织纹常用$\frac{2}{2}$斜纹及破斜纹。混纺海力斯掺用化纤时，因黏胶纤维价格低，染色简便，多采用黏胶纤维。

图 7-30　海力斯

第二节　毛型机织产品的工艺参数

一、精纺毛型机织产品的构成因素设计

（一）原料的选用

1. 纯毛产品　在选用原料时，偏重可纺性，纤维的品质支数越高，其细度越细，长度与细度离散度越小，纤维越均匀，可纺纱线线密度也越小，但纤维价格高，成本大。

为确保纱线的条干均匀和强力，精纺毛纱的截面纤维根数应为30～40根，对于要求条干均匀、呢面洁净、手感柔软、滑糯的薄型高档产品，一般应选用较细的羊毛，可纺20tex以下的高档产品。若要求手感坚挺、滑爽、富有弹性、光泽好的套装面料，则选用中等细度的半细毛（品质支数为50～58）或混用一部分半细毛，可纺25tex×2左右或更高的线密度的纱线，以适合中档产品的要求。对于既要求坚挺又要求外观手感细腻的毛织物，则应选用较细的羊毛纺低线密度毛纱，通过增加捻度和经纬密度的方法，达到坚挺的风格要求。若既要高线密度纱又要松软，则选用较粗的羊毛并通过降低捻系数和经纬密度的措施；或采用粗细羊毛混用的方式；或采用柔软整理的方式来达到要求。

毛纤维的质量以品质支数来进行综合表示，外毛毛条和国毛毛条的品质支数见表7-3和表7-4，羊毛的品质支数与毛纱可纺细度对照表见表7-5。

表7-3　外毛毛条的品质指标

品质支数	平均直径（μm）	品质支数	平均直径（μm）
110	15.1～16.0	66	20.6～21.5
100	16.1～17.0	64	21.6～23.0
90	17.1～18.0	60	23.1～25.0
80	18.1～19.0	58	25.1～28.0
70	19.1～20.5	56	28.1～31.0

表7-4　国毛毛条的品级标准

<table>
<tr><th colspan="2">支数毛</th><th colspan="2">改良毛</th><th colspan="2">土种毛</th></tr>
<tr><th>品质支数</th><th>平均直径（μm）</th><th>级数</th><th>平均直径（μm）</th><th>级数</th><th>平均直径（μm）</th></tr>
<tr><td>70</td><td>18.1～20.0</td><td>一级</td><td>21.5～24.5</td><td rowspan="2">三级</td><td>甲 24～28</td></tr>
<tr><td>66</td><td>20.1～21.5</td><td>二级</td><td>22.0～25.0</td><td>乙 25～29</td></tr>
<tr><td>64</td><td>21.6～23.0</td><td>三级</td><td>23.0～26.0</td><td rowspan="3">四级</td><td>甲 25～30</td></tr>
<tr><td></td><td></td><td>四级</td><td>24.0～28.0</td><td>乙 27～32</td></tr>
<tr><td></td><td></td><td></td><td></td><td>丙 28～34</td></tr>
</table>

表 7-5　羊毛品质支数与毛纱可纺细度对照表

品质支数	可纺直径（tex）		品质支数	可纺直径（tex）	
	最高	一般		最高	一般
80	12.5	14.5~15.5	60	22.0~22.2	22.5~23.3
70	14.3	15.5~16.7	58	22.7~24.7	26.3~30.3
66	15.5~17.0	17.2~19.2	56	28.6~33.3	30.3~50.0
64	17.7~19.2	20.0~22.0			

若需经济用毛，细化配比，降低成本等，可采用以下公式为依据进行原料选择。

羊毛及天然纤维单纱截面根数 N 理论计算公式为：

$$截面根数=\frac{964600(或\ 917000)}{原料直径(\mu m)^2\times 需纺单纱公制支数}$$

理论计算时，用 964600 作为常数，实际计算时，根据羊毛的品种和生产状况一般用 917000 作为常数。

2. 混纺产品　化学纤维部分性能优于羊毛纤维，例如，涤纶的强力好、弹性足、抗皱性、保形性与免烫性都很好；黏胶的吸湿性和染色性较好；腈纶的强力好、卷曲好、保暖性、弹性及染色性均好；锦纶的强力高且耐磨。在纯毛织物中加入 5%~8%的锦纶或涤纶，可提高纱线质量，改善织物品质。特别是利用化学纤维截面形状的改变使得纱线的可纺性及织物的光泽和抗起毛起球性得到改善，如三角形截面光泽强烈、三叶型截面光泽柔和、椭圆截面使织物起毛起球性得到改善。表 7-6 为常用化纤对毛织物性能的影响。

表 7-6　常用化纤对毛织物性能的影响

项目	涤纶	锦纶	腈纶	黏胶纤维	表中符号说明
弹力	A	A	O^+	O^+	A——作用显著 B——作用较大 C——作用较小 O^+——纯纺尚可 O——不可纯纺
折皱回复性	A	C	B	O^+	
洗后稳定性	A	A	A	O	
褶缝持久性	A	A	A	O^+	
蓬松丰厚性	O^+	O^+	A	O^+	
抗热熔性	O^+	C	B	A	
抗起球性	O	O	B	B	
抗静电性	O	O	O	A	
耐磨性	A	A	O^+	O^+	

化纤单纱截面根数 M 理论计算公式为：

$$截面根数=\frac{9000}{原料细度(旦尼尔)\times 需纺单纱公制支数}$$

总体原料理论可纺性：

$$单纱截面根数 = N_1 \times n_1 + N_2 \times n_2 + \cdots + M_1 \times m_1 + M_2 \times m_1 + \cdots$$

式中：N——纱线中天然纤维理论截面根数；

n——该纤维在纱线中占比；

M——纱线中化纤理论截面根数；

m——该纤维在纱线中占比。

为保证细纱的可纺性，一般精纺全毛合股用单纱要求截面根数为35根以上，直接打纬用单纱要求截面根数为45根以上。高强度化纤（涤纶、锦纶等）与羊毛混纺时得益于化纤纤维长，强力高等特点，高支合股用混纺单纱截面根数可以放宽到33根以上，直接打纬用单纱要求截面根数为40根以上。如果原料中含有细度较粗、长度较短、抱合力差或强力低的纤维，极限纺纱单纱截面根数要大于等于40根，打纬用单纱理论截面根数要求大于等于45。

（二）纱线设计

纱线设计主要包括纱线线密度（纱支）设计，纱线捻度设计，纱线捻向设计三要素，纺纱形式有环锭纺、转杯纺、赛络纺、赛络菲尔等，采用不同的纺纱形式和改变纱支、捻度、捻向可以形成不同的手感和外观风格。

1. 纱线线密度的确定 在纺纱设计中，纱支高则呢面细洁，反之呢面粗犷，可以采用改变经纬纱线密度，采用花式纱线与传统纱线相结合、粗细纱间隔、股线与单纱相结合等形成多种风格。目前，我国精纺毛织物多采用股线，少数采用线经纱纬。纱线线密度对成品的外观、平方米质量、手感以及力学性能等均有影响，在织物组织和紧密度相同的条件下，低线密度纱线的织物比高线密度纱线的织物细腻、紧密。

一般地，精纺毛织物所用纱线的线密度主要根据织物的平方米质量确定。通常高线密度纱用于织制厚重织物，但有些高档的厚型织物也采用低线密度纱，通过复杂的多重组织或多层组织而得到表面细腻、紧密、厚重的织物。

2. 捻向的选择 不同捻向纱线的配合对成品的光泽、手感、纹理、弹性、蓬松度等都有影响，例如经纱用Z/S捻即单纱Z捻合股S捻，纬纱采用Z捻单纱，织物手感好、纹路清晰，但会出现织物卷边现象；纬纱采用S捻单纱，则无卷边现象，但手感较差，织纹清晰度也不足。对于中厚型织物，经纬纱采用不同的捻向，织物的表面光泽好，经纬交织点处，纤维排列方向相反，接触不紧密，织物丰厚、柔软。若经纬纱捻向相同，织物表面经纬纱纤维的排列方向不同，织物表面反光趋向散射，织物表面光泽柔和，经纬纱交叉处相互紧密接触，织物较坚牢，手感较坚挺。利用不同捻向对光线反射的不同，采用不同的捻向组合可以形成各种隐条隐格等花型织物。

3. 捻度设计 纱线捻度的大小，对织物的强力、手感、起球性及织物光泽等都有显著影响，捻度高则纱线刚性大，反之纱线柔软。当采用细特纱织造时，适当增加纱线捻度，可以改善织物的强力，使织物手感干爽挺括。单纱和股线捻度的配合，对织物性能有显著的影响，当股线捻度小于单纱的捻度，俗称内紧外松时，织物身骨较软；股线捻度和单纱捻度相接近时，强力好，生产顺利，织物弹性也好；当股线捻度大于单纱捻度，俗称内松外紧，织物显得硬挺，当股线捻度接近单纱捻度的 1.5 倍时，织物手感的硬挺感显著增强。在精纺毛织物中，一般均采用单纱捻系数小于股线捻系数的配置，这样可使纱线结构内松外紧，使产品外观饱满、花型清晰。

（三）精纺毛织物结构设计

1. 布莱里公式密度设计法　利用布莱里公式设计织物的最大上机经纬密后，选择恰当的紧密程度百分率，确定织物的上机工艺参数（可参阅第四章）。

精纺方形织物即经纬纱纱支相同，密度相同的毛织物最大上机经纬密度为：

$$P_{j(max)} = P_{w(max)} = \frac{1350.3F^m}{\sqrt{Tt}} = 42.7\sqrt{N_m}F^m$$

精纺纱线的 C 值为 1350.3。

$P_{j(max)}$，$P_{w(max)}$ 为方形织物的最大上机经纬密度，F 为织物组织的平均浮长，m 为织物组织系数，F、m 的常见取值及 F^m 计算值见表 7-7。

表 7-7　布莱里经验公式参数表

组织		F									
	m	1.0	1.5	2.0	2.5	3.0	3.5	4.0	4.5	5.0	6.0
平纹	0	1.0	—	—	—	—	—	—	—	—	—
斜纹	0.39	—	1.17	1.31	1.43	1.54	1.63	1.72	1.8	1.87	2.0
缎纹	0.42	—	—	1.34	1.46	1.59	1.68	1.78	1.88	1.96	2.12
重平、方平	0.45	—	—	1.37	—	1.64	—	1.87	—	2.06	2.25

经验法说明和修正：

（1）花式斜纹品种按平均浮长计算时，F^m 值可下降 5%；

（2）缎纹组织的 F^m 值可下降 5%~10%；

（3）方平织物的 F^m 值可增加 5%~10%；

（4）破斜纹组织切破点多时 F^m 值应下降 2%~6%；

（5）高经密品种 F^m 值可增加 5%~10%；

（6）超高支品种（110/2 公支以上）F^m 值可增加 5%~10%。

2. 覆盖度设计法　织物的紧度指标在毛织物设计时也常称为覆盖率指标。

$$E_j = 0.04P_j\sqrt{Tt_j}\ ,\ E_w = 0.04P_w\sqrt{Tt_w}$$

令上式中的 $P\sqrt{Tt} = K$，并定义 K 为覆盖度，当细度指标采用公制支数时，$K = \frac{P}{\sqrt{N_m}}$，$K_j = \frac{P_j}{\sqrt{N_{mj}}}$，$K_w = \frac{P_w}{\sqrt{N_{mw}}}$，织物总的覆盖度为 $K_j + K_w$。常用织物的覆盖度结合纬经密度比来进行精纺毛织物的紧度设计，参照同类型织物的覆盖度作为新织物的设计基础，可以得到较好的效果。常见织物的经纬向覆盖度见表 7-8。

表 7-8 常见织物的经纬向覆盖度

织物品种	K_j+K_w	K_j/K_w	织物品种	K_j+K_w	K_j/K_w
粗平花呢	90.0~92.4	1.13~1.30	凡立丁	87.6~90.0	1.17~1.22
华达呢	134.0~142.0	1.78~2.00	毛/涤纶	78.2~84.8	1.03~1.21
单面花呢	152.6	1.39			

注 表中 K_j、K_w 分别表示织物的经、纬向覆盖度。

3. 相似织物设计法 参考第四章第二节。

(四) 后整理设计

1. 织物外观质量要求 毛织物外观质量要求主要是风格、手感、呢面、光泽四个方面，精纺织物质量要求见表 7-9。

表 7-9 精纺织物质量要求

性能	要求	防止
身骨	紧实，有身骨	松烂，无身骨，不挺括
手感	活络，有弹性，滋润丰满，毛/涤织物要求滑、挺、爽	板硬，粗涩，粗糙，滞手，全毛、毛/黏织物防止薄瘦感
呢面	平整，洁净，织纹清晰，边道平直	发毛，不净爽，不平整，织纹模糊
光泽	自然持久，色泽鲜明，有膘光	光泽呆滞，有陈旧感，出现蜡光

2. 产品类别与织物质量要求 不同产品类别与织物质量要求见表 7-10。

表 7-10 产品类别与织物质量要求

类别	要求
薄型织物	薄型织物多用于夏季衣料，要求呢面平整，有光泽，手感滑、挺、爽、糯，既挺又薄
中厚型织物	中厚型织物多用于春、秋季衣料，要求手感滑润、活络，弹性好，光泽自然，呢面平整洁净，抗皱耐磨
厚型织物	厚型织物多用于秋、冬季，要求手感丰满活络，身骨坚实有弹性，光泽自然，有膘光，呢面平整光洁，织纹清晰饱满，手感丰厚挺实，弹性好，耐磨耐用

3. 纺织工艺与后整理工序之间的关系 精纺机织物常规后整理的工艺流程为：

烧毛→洗呢（缩呢）→煮呢→烘呢→定形→柔软（功能性整理）→剪毛→蒸呢

（1）不同纱线结构整理出的织物手感的差异：高线密度纱，捻度小的纱，单纱与股线捻向不同的线，未经蒸纱或只蒸股线（单纱没蒸），定形较弱的纱等织成的织物易洗（缩）出手感。低线密度的纱，捻度大的纱，单纱与股线捻向相同的线，单纱、股线均经蒸纱，定形足的纱等织成的织物较难洗（缩）出手感。

（2）不同组织结构整理出的织物手感的差异：呢坯密度较小，松结构织物，斜纹组织、破斜纹组织、缎纹组织等平均浮长长的织物，在整理中易洗（缩）出手感。呢坯密度较大，结构紧密的织物，平纹等平均浮长短的织物，在整理中不易洗（缩）出手感。

（3）其他工艺：需要考虑条染、匹染在织物洗呢、煮呢、蒸呢等加工中的高温处理对织物色泽的影响，以及织疵、油污状态等，综合这些因素来确定合适的整理工艺。

4. 精纺毛织物整理工艺的关系

（1）洗呢与煮呢的关系。洗呢的作用是洗去织物上的污渍，同时消除纤维、纱线的内应力，使组织点产生合理位移，使织物手感丰满活络，并兼具轻缩绒的作用。煮呢的作用是定形，在一定程度上限制了羊毛的缩绒，使织物表面平整，获得弹性和身骨。两者先后次序对毛织物质量有明显影响。

（2）大张力与小张力的关系。较突出的是煮呢与烘呢张力的大小，薄型织物要适当加大张力，对毛/涤织物、涤/黏等薄织物采用大张力，使烘干定形出来的产品经直纬平，织物弹性好、有光泽。对中厚、厚型织物，纬向张力适当减小，经向可用小张力或超喂，力求保持经过洗呢后获得丰满的手感，但要防止张力过小而起皱。

（3）去湿与给湿的关系。烘呢去湿较剧烈，因此要掌握好烘呢的温度，保持毛织物具有一定的含湿量，防止去湿过度使毛织物手感发糙和失去光泽。

二、精纺毛型机织产品的规格设计与上机计算

（一）精纺毛型机织产品的规格设计

织物规格设计的内容。包括以下几方面：

1. 产品基本信息　包括产品的品名、品号（编号）、风格要求、染整工艺等。

2. 产品原料　包括使用原料及其品质特征。

3. 产品度量　包括产品的幅宽、匹长、织物面密度等。

4. 产品结构　包括织物的组织、织物的上机图（包括色纱排列循环、布边组织）。

5. 产品纱线结构　包括纱线细度、捻度、捻向和合股方式等。

6. 织物规格及参数　包括密度、织造缩率及染整幅缩率、染整重耗率等。

7. 产品工艺　包括各工序的工艺参数。

（二）精纺毛型机织产品的上机工艺计算

当明确了织物成品规格后，可根据工厂实际生产情况计算出织造上机参数，包括上机幅宽、上机经密、钢筘、上机纬密等。一般工厂为方便记忆和计算，纱支以公制支数计算，所有缩率和重耗率数值结合实际情况决定。

上机幅宽、上机经密、钢筘等计算方法参照第四章第四节。上机纬密和坯布纬密之间稍有区别。由于毛织物设计时常先计算上机纬密，上机纬密已经考虑了交织时，经纱的屈曲缩率部分，因此，上机纬密和坯呢纬密之间换算时，仅考虑下机后坯呢的缩率，经纱织缩率包括经纱屈曲的缩率加上下机后坯呢的自然缩率。

下面介绍精纺毛织物质量等工艺参数计算。

1. 计算全幅1m长成品质量

全幅1m长成品质量(g) = 全幅1m长成品经纱质量(g) + 全幅1m长成品纬纱质量(g)

$$\text{全幅1m长成品经纱质量(g)} = \left[\frac{\text{地经根数} \times \text{地经}\ Tt_j}{1000 \times (1-\text{染整长缩率})(1-\text{经纱织缩率})} + \frac{\text{边经根数} \times \text{边经}Tt_j}{1000 \times (1-\text{染整长缩率})(1-\text{经纱织缩率})}\right] \times (1-\text{重耗率})$$

$$= \left[\frac{\text{地经根数}}{\text{地经}\ N_{mj} \times (1-\text{染整长缩率})(1-\text{经纱织缩率})} + \frac{\text{边经根数}}{\text{边经}\ N_{mj} \times (1-\text{染整长缩率})(1-\text{经纱织缩率})}\right] \times (1-\text{重耗率})$$

$$\text{全幅1m长成品纬纱质量(g)} = \frac{\text{成品纬密} \times \text{上机幅宽(cm)} \times Tt_w}{1000 \times 10} \times (1-\text{重耗率})$$

$$= \frac{\text{成品纬密} \times \text{上机幅宽(cm)}}{N_{mw} \times 10} \times (1-\text{重耗率})$$

式中：Tt_j、Tt_w——分别为经、纬纱的线密度；

N_{mj}、N_{mw}——分别为经、纬纱的公制支数。

注：重耗是指织物在整理时的质量变化，包括织物含油减少、烧毛时烧去部分茸毛，以及成品与原料之间的回潮率变化等。染整重耗率值，一般全毛条染织物取4%~5%，全毛匹染织物随染色深浅而变，浅色重耗率大，深色重耗率小，有时可略不计。

2. 计算1m²成品质量

$$1m^2\ \text{成品质量(g)} = \frac{\text{全幅1m长成品质量(g)}}{\text{成品幅宽(cm)}} \times 100$$

3. 计算全幅1m长坯布质量

全幅1m长坯布质量(g) = 全幅1m长坯布经纱质量(g) + 全幅1m长坯布纬纱质量(g)

$$\text{全幅1m长坯布经纱质量(g)} = \frac{\text{地经根数} \times \text{地经}\ Tt_j}{1000 \times (1-\text{经纱织缩率})} + \frac{\text{边经根数} \times \text{边经}\ Tt_j}{1000 \times (1-\text{经纱织缩率})}$$

$$= \frac{\text{地经根数}}{\text{地经}\ N_{mj} \times (1-\text{经纱织缩率})} + \frac{\text{边经根数}}{\text{边经}\ N_{mj} \times (1-\text{经纱织缩率})}$$

$$\text{全幅1m长坯布纬纱质量(g)} = \frac{\text{坯布纬密} \times \text{上机筘幅(cm)} \times Tt_w}{1000 \times 10}$$

$$= \frac{\text{坯布纬密} \times \text{上机筘幅(cm)}}{N_{mw} \times 10}$$

4. 计算1m²坯布质量

$$1m^2\ \text{坯布质量(g)} = \frac{\text{全幅1m长坯布质量(g)}}{\text{坯布幅宽(cm)}} \times 100$$

5. 计算1匹织物用纱量

1匹织物用纱量(kg) = 1匹织物经纱用量(kg) + 1匹织物纬纱用量(kg)

$$1\text{匹织物经纱用量(kg)}=\left[\frac{\text{地经根数}\times\text{整经匹长(m)}\times\text{地经}Tt_j}{1000}+\frac{\text{边经根数}\times\text{整经匹长(m)}\times\text{边经}Tt_j}{1000}\right]\times\frac{1}{1000}$$

$$1\text{匹织物纬纱用量(kg)}=\frac{\text{坯布纬密}\times\text{上机筘幅(cm)}\times T_{tw}}{1000\times 10}\times\text{整经匹长}\times(1-\text{经纱织缩率})\times\frac{1}{1000}$$

三、粗纺毛型机织产品的构成因素设计

（一）原料的选用

粗纺产品的品种多、风格不一，可以使用的原料广泛又复杂。原料的选择与合理搭配，需扬长避短。因此，原料的选择是产品设计中极为重要的环节。

1. 按羊毛纤维的性能和分级选用原料 一般60～66公支羊毛与一级改良毛用于高档产品，高级大衣呢、麦尔登、高级女式呢、薄型法兰绒等；48～56公支羊毛二级改良毛用于起毛大衣呢、圈形大衣呢及部分花式产品；二级、三级改良毛主要用于毛毯，其次是起毛大衣呢、海力斯、粗服呢等产品。

2. 按羊毛纤维的特点选用原料 粗纺产品一般采用的羊毛纤维平均长度为20～65mm，20mm以下的短纤维只能适当掺用，不宜单独纺纱。平均长度大于65mm的长纤维，只在产品特殊要求时采用。

羊毛与化纤混纺，常选用化纤长度为50～75mm。一般来说，长纤维、粗纤维用于拉毛产品；短纤维、细纤维用于缩绒产品；而强力差、不宜纺低线密度或对毛纱强力要求高的产品，如细腰毛、弱节毛、黄线毛等只能在一般产品中搭配使用。

3. 利用副次原料以提高经济效益 副次原料有一定的纺纱性能，可生产价廉物美的呢绒。粗纺产品常用回用毛和回弹毛。回用毛是指毛纺加工落毛下脚，经整理后可在另一批或另一品种中使用，主要有精梳短毛，软回丝、硬回丝等。精梳短毛除长度较短外，其余均与原新毛相同，是粗纺产品的主要原料之一，其绒面比用正常散毛好，如法兰绒、大众呢、大衣呢、粗花呢多用此类原料。软回丝指梳毛机或精梳机下来的副产品，如梳毛、粗纱、精梳回丝等，未加捻可直接与新羊毛混合使用。硬回丝指纺纱过程中的副产品，如果毛纱已加捻，不成纤维形态，则应拣选。回弹毛指从废旧织物中拆出并回收再利用的纤维，又称再生毛，有长弹毛和短弹毛之分。长弹毛是用未经缩绒的织物或针织物，拆开后所得的纤维长度在20mm以上，可制廉价粗纺织物。短弹毛是用缩绒或紧密的旧碎布片，经过强烈开松，多用于廉价的织物或供双层织物的里纬用。

4. 化纤混纺织物 羊毛与化纤混纺的目的在于充分发挥各种纤维的优点，弥补其缺点，改善织物性能，降低纺纱线密度、降低成本等。

毛黏混纺时，黏胶纤维具有生产成本低、强力好、手感柔软、吸湿性好等优点；与羊毛

混纺，特别是与低品质支数羊毛混纺，可以降低混纺纱线密度，提高强力，降低成本，可使织物外观细洁均匀。由于黏胶纤维缩绒性差、易折皱，所以一般粗纺重缩绒产品中只用25%~30%，不缩绒或轻缩绒织物可混用35%~40%。如不影响织物外观的情况下可加入50%或以上，也可用纯黏胶纤生产织制粗花呢、童装大衣呢和毛毯。

毛涤混纺时，织物强力随涤纶含量的提高而增大，折皱恢复性也随之提高。粗纺花呢、法兰绒混用涤纶比例有30%、35%、50%三种。涤纶、羊毛、黏胶纤维三合一花呢中，一般羊毛为20%~30%，涤纶为20%~40%，黏胶纤维为30%~40%。

毛腈混纺时，利用腈纶纤维质轻、蓬松、保暖和染色鲜艳等特点，一般用于织制大衣呢等起毛织物及各种花呢。

近年来较多使用异形断面的涤纶或锦纶。常采用异形纤维混纺，以改善织物的弹性、毛型感、保暖、抗起球等性能。如利用扁丝、三角丝的光学效应，使织物表面有闪光效果。采用腰圆形和扇形断面的纤维，由于纤维的抗弯刚度增大，可使织物减少起球。空心纤维则可提高织物的弹性和手感。目前各种花呢、大衣呢、女式呢、人造毛皮和长毛绒、毛毯等产品中也会混用异形纤维，其比例通常为10%~20%。

5. 其他动物纤维的应用 兔毛、山羊绒、马海毛、驼绒和牦牛绒用在高级毛织物中，使织物手感、外观等品质均有显著改善。山羊绒为高档大衣呢、女式呢原料，质量最好的开司米羊绒具有轻、暖、柔、滑等特点。兔毛是粗纺产品优质的原料，因价格贵，且纤维滑腻，抱合力差，强度较低，生产中静电作用较严重，故一般与羊毛混用，一般混入量不超过50%，在大衣呢、女式呢中为20%~40%。兔毛纤维比羊毛纤维性能差，但保暖性胜于绵羊毛纤维。驼绒纤维长，质地柔软，有光泽，但缩绒性能较差，不易毡并，可与羊毛混纺织制立绒、顺毛大衣呢等。马海毛的长度大，强力大，弹性足，具有强烈光泽，一般用量在10%以内、顺毛大衣呢可用30%~50%。牦牛绒是我国特产纤维，一般与64公支羊毛混纺，用于织造名贵的双层大衣呢等，一般含量为80%~90%。

6. 按照产品风格和质量要求选用原料 粗纺产品品种虽多，但就其风格和工艺特点来划分，基本上分为不缩绒（或轻缩绒）产品、缩绒产品、拉毛产品和缩绒拉毛产品四类。不缩绒的产品多数是花色产品，选用原料可以不强调缩绒性能，也可以选择细度较差的羊毛或部分化纤。缩绒产品必须强调选用缩绒性能好的纤维，在保证纱线强力的条件下可适当掺用精梳短毛和下脚原料，以获得较好的缩绒呢面质量。拉毛产品强调纤维的强力和长度，易于将纤维拉出，在织物表面获得绒毛效果；缩绒拉毛产品则要考虑两者的兼顾。生产高档产品可选用其他动物纤维，如山羊绒、马海毛、驼绒、牦牛毛等。

（二）纱线设计

1. 纱线线密度的确定 粗纺纱较精纺纱含有大量各种不同细度、不同长度的纤维，具有较多的起伏波状的表面，具有较多的自由端纤维，有助于缩绒，单纱有助于起毛，合股线会减弱起毛而多股更增加起毛的阻力。

厚织物设计可以采用两种方式，一种是越厚越用高线密度的纱线，运用不同组织织制单层织物；或选用较低线密度或不同线密度的纱织制多层组织织物。例如，厚重大衣可用高线密度的纱，采用经密小、纬密大的缎纹组织；或采用较低线密度的纱，采用双层组织、纬二重组织等，哪种方法更合理要视具体情况而定。使用珍贵原料如羔绒、兔毛、驼绒等，因成品价格高，一般多为单层或纬二重。要外观细致也可采用双层组织，表层原料好，里层原料差相搭配，使产品价格适当。

2. 纱线的捻度 一般纹面织物用纱的捻系数大于缩绒织物，纯毛纱捻系数大于混纺纱，混纺纱捻系数大于纯化纤纱。短毛含量高的纱的捻系数大于短毛含量低的，纤维短的纱的捻系数大于纤维长的，点子纱的捻系数大于一般混色纱，纱线线密度低的捻系数大于纱线线密度高的，经纱的捻系数大于纬纱的。粗纺毛纱常见捻系数见表 7-11。

表 7-11 粗纺毛纱常见捻系数

品类		捻系数
单纱	纯毛纱	13~15.5
	化纤混纺纱	12~14.5
	纯化纤纱	10~13
	纯毛起毛纬纱	11.5~13.5
	化纤混纺起毛纬纱	11~13
合股线	弱捻纱（起毛大衣呢及女式呢）	8~11
	中捻纱（粗纺花呢等）	12~15
	强捻纱（平纹板司呢）	16~20

纱线捻度与缩绒工艺有关，如果经纬捻度相似，就会增加毡收缩时的阻力；如果经纬纱的捻度不同，它们的摩擦握持较少，则可提升收缩与毡缩量相近的程度。一般纬纱采用松捻纱，使其具有良好的缩绒性，而经纱则常用双股纱或紧捻纱。

3. 纱线的捻向 经纬纱捻向不同时，经纬纱接触处容易相互交错缠结，易于缩绒，合股纱如单纱与股线捻向相同，捻度大，缩绒性差；如单纱与股线捻向相反，捻度小，易于缩绒。合股纱捻度大，缩绒性小；捻度小，缩绒性大。经纬纱捻向不同的织物，起出的毛绒平顺而均匀，捻向相同的织物，起出的毛绒厚而不平顺，但较为丰满。

（三）粗纺毛型机织产品的结构设计

粗纺产品大都经过缩绒及拉毛工艺，成品密度随着缩绒及拉毛程度的变化很大，而产品多数用单股毛纱作经纬纱，断头率较高，因此要合理选择上机密度。

确定上机密度时，不仅要考虑包括整理工艺在内的织物紧密程度，还应考虑呢坯上机的最大密度。呢坯的最大上机密度目前根据布莱里公式来确定。在织物设计时，一般根据品种要求选择紧密程度百分率，紧密程度百分率即上机密度与上机最大密度的比值，可以反映纱线在呢坯中的充满程度，计算出的最大上机密度通过紧密率来求出上机密度。

织物密度影响外观手感，如纹面织物，经密要大，则身骨较好，绒面织物，纬密大些则绒面较好。密度大难以缩绒，长缩过大，手感硬板。羊绒大衣呢要求绒面丰满，整理时采用缩绒后反复对纬纱进行起毛、剪毛，以获得较为丰满的绒面，因此，织物采用较低纱线线密度和较高纬密使产品绒面平整细密。

粗纺织物呢坯紧密程度分为六种。按品种要求，紧密程度百分率选用范围见表 7-12。

表 7-12 粗纺毛织物紧密程度百分率选用范围

<table>
<tr><th colspan="2">织物紧密程度</th><th>紧密程度百分率（%）</th><th>品类</th></tr>
<tr><td colspan="2">特密</td><td>95 以上</td><td>平纹合股花呢、精经粗纬与棉经毛纬产品</td></tr>
<tr><td colspan="2">紧密</td><td>85.1~95</td><td>麦尔登、紧密的海军呢、大众呢与大衣呢、细支平素女式呢、平纹法兰绒与细花呢</td></tr>
<tr><td rowspan="2">适中</td><td>偏紧</td><td>80.1~85</td><td>制服呢、学生呢、海军呢、大众呢、大衣呢、细支平素女式呢、平纹法兰绒与细花呢</td></tr>
<tr><td>偏松</td><td>75.1~80</td><td>制服呢、学生呢、海军呢、大众呢、大衣呢、法兰绒、海力斯、粗花呢、女式呢</td></tr>
<tr><td colspan="2">较松</td><td>65~75</td><td>花式女式呢、花式大衣呢、轻松粗花呢、粗织花呢</td></tr>
<tr><td colspan="2">特松</td><td>65 以下</td><td>松结构女式呢、空松织物</td></tr>
</table>

选择紧密程度百分率时应注意：

大部分粗纺缩绒产品的呢坯上机密度，都在“适中”的范围内。但对于具体品种，海军呢、大众呢、学生呢、大衣呢可取“适中、偏紧”，法兰绒及粗花呢、深色的宜“偏紧”，中浅色可取“偏松”，海力斯、女式呢可取“偏松”。

对于一般缩呢产品，经向紧密程度百分率大于纬向紧密程度百分率 5%~10%较为普遍。但对于轻缩绒急斜纹露纹织物，经向紧密程度百分率大于纬向紧密程度百分率 20%左右。若单层起毛织物，则纬向紧密程度百分率大于经向紧密程度百分率 5%以上为宜。

选择纬向紧密程度百分率时，可先定出经纬平均紧密程度百分率，再分别定出经纬向紧密程度百分率。如海军呢，选定经纬平均紧密程度百分率 82%，然后定出经向紧密程度百分率 85%、纬向紧密程度百分率 79%，两者相差 6%。

（四）后整理设计

1. 洗呢工艺 洗呢工艺的目的是洗净呢坯，使产品保持羊毛固有的优良特性如弹性、光泽，使产品色光鲜艳、染色牢度好。织坯洗呢后，质量损耗为 15%~20%，优质羊毛轻型织物的油剂和杂质较少，一般洗后重耗率仅有 8%~12%，使用长、短回弹毛等纤维时，织坯质量损失率高达 30%左右。洗呢后织坯收缩，纬向收缩多，其收缩程度与所用原料，纱线结构（如捻度大小）、织物组织等不同而有差异，优质原料大于原料较差的相同织物，松结构织物的织坯比紧结构织坯收缩多一些。

2. 缩呢工艺 缩呢是粗纺毛织物整理的基础，它初步奠定了产品的风格。通过缩绒、呢坯质地紧密，厚度增加，强力提高，弹性、保暖性增加，大幅提高了织物的使用价值；缩呢增加了织物的美观，并能获得丰满、柔软的手感；缩呢固定了织物的形状，是控制织物规格的重要工序；缩呢使呢坯上某些轻微的织疵得到掩盖。

（1）针对产品风格选用缩呢工艺。纹面织物中的粗花呢，一般不缩或适当轻缩，应达到预定的身骨和外观，不使花纹模糊和沾色。为了色相良好，混色和花色织物不应重缩。呢面织物中的麦尔登、制服呢类是重缩织物，要缩得紧密，使短密的绒毛覆盖在呢面，制服呢只在缩呢绒面不够丰满的情况下，才轻起毛以改善绒面。其中麦尔登要求呢面细洁耐磨，还应采用缩呢后剪毛再缩呢的工艺。立绒、顺毛、拷花等起毛织物，一般不采用重缩呢，以利于后续的起毛加工。

（2）原料对缩呢的影响。一般来说，羊毛越细，鳞片和卷曲数越多，其缩绒性越强。反之，粗毛较差。羊毛细度相近的情况下，羊毛品种不同，缩绒性也不一样，一般美利奴羊毛大于国毛，改良毛大于土种毛，短毛大于长毛，新羊毛大于再生用毛。加工工艺不同使羊毛性质有差异也会影响缩绒，如炭化毛不如原毛，同种染色毛不如本色毛，酸性染料染的色毛比碱性媒介染色的色毛缩绒性强。

（3）毛纱对缩绒的影响。一般纱特数高的，捻度小的缩绒好；纱中纤维排列较乱、纤维短的粗纺纱比精纺纱缩绒好；单纱与合股相比，如合股捻向与单纱捻向相同，捻度增加，缩绒性就差，如合股纱与单纱捻向相反，捻度减小，缩绒性增强。

（4）织物结构对缩呢的影响。经纬纱线密度相同，经纬密度大的较密度小的难缩绒。织物组织中，交错次数多则经纬浮线短，就比较难缩绒；又如 $\frac{2}{\quad 2}$ 斜纹与 $\frac{1}{\quad 3}$ 破斜纹的经纬交错次数相同，但 $\frac{1}{\quad 3}$ 破斜纹排列较乱，浮线较长，其缩绒率较大。

（5）缩绒工艺参数对缩呢的影响。缩呢时织物含的水分影响羊毛的润湿、膨胀及羊毛的相对运动，所以缩绒的湿度要适当，水分过少，易产生缩呢斑且延长缩呢时间，水分过多，纤维间摩擦减小，减弱缩呢作用。温度也是一项重要的参数，碱性缩绒中高温使羊毛受损伤，酸性缩绒时可随温度的适当提高而增加缩呢率，所以一般碱性温度较低，中性与之相近或略高，酸性温度则偏高。缩呢液的 pH 小于 4 或大于 8 时，羊毛织物缩绒效果较好。当溶液 pH 为 4~8 时，羊毛膨润性最小，羊毛鳞片的定向摩擦效应较差，其面积收缩率较小。在酸性范围内，缩呢率随 pH 的减少而增加，碱性缩绒适宜的 pH 为 9~10，酸性缩绒适宜的 pH 为 2~3。至于缩绒时的压力，以不损伤羊毛品质为原则，一般压力大，缩绒快，纤维缠结也较紧。

（6）前后工序对缩呢的影响。缩呢与洗呢的关系，花呢或高档产品要求色泽鲜艳的织物，应先洗呢后缩呢。呢坯在缩绒前经过起毛，则纤维松开，就易于缩绒。如经过染色或煮呢定形等工艺，纤维受到损伤，缩绒性必将减弱。织物事先是否洗净，缩呢剂的配方也不同，已经洗净的织物，缩呢时不必加碱，缩后再洗呢，甚至可不经过皂洗而直接进行冲洗。但未洗净织物，如用肥皂作缩绒剂时，应加入一定量的纯碱，洗呢时必须经过加碱的皂洗阶段，才能洗净污垢。

3. 起毛工艺

（1）织物风格对起毛的影响。由于使用起毛机械和方法不同，使织物具有不同的外观和风格。例如，钢丝起毛的绒毛散乱，刺果起毛的绒毛顺直，干起毛的绒毛蓬松，湿起毛的绒毛卧伏，通过热水浸渍的刺果水起毛则会产生波浪形。呢面织物改变成绒面可用钢丝轻度干起毛，起出的绒毛松散，还可去除部分草刺杂质。绒面织物如立绒、顺毛、拷花，在起毛达到一定程度时进行剪毛去除绒毛上较长的部分，然后调换上机方向，再进行起毛和剪毛。目前单独使用钢丝起毛的较少，往往将已洗缩的呢坯先经过钢丝湿起毛使绒毛拉毛，再用刺果起出长而柔顺的绒毛。立绒织物中兔毛大衣呢和顺毛织物，用逐步加重的刺果湿起毛，起毛后织物手感柔软，光泽自然，为了提高效率，某些厚重织物也可采用钢丝湿起毛，然后刺果湿起毛。一般粗纺的产品，为了简化工序，提高效益，降低成本，多采用染后干坯起毛。

（2）原料对起毛的影响。羊毛细而短，起出的绒毛浓，反之绒毛较稀，新羊毛比再生毛起毛的绒面要好。羊毛与化纤混纺织物，化纤中涤纶、锦纶不易起毛，黏胶纤维易起毛。毛纱线密度高、捻度小，较易起毛，反之难起毛。合股线难起毛，如并线无捻织物则易起毛；毛纱捻度小，起毛后纬向收缩大，伸长少，织物丰厚，手感柔软；经纬捻向相反，织物起毛后绒毛排列整齐，平顺而均匀。呢坯粗松起毛后，绒毛长而稀。经纬密度大的织物起出的毛绒细而短，较难起毛，经纬交错点少，纬纱浮线长的织物容易起毛。如斜纹比平纹易起毛，同一交错次数的$\frac{3}{1}$与$\frac{2}{2}$斜纹，$\frac{3}{1}$斜纹易起毛。对起毛后要求盖底的产品，可用$\frac{2}{2}$破斜纹代替$\frac{2}{2}$正则斜纹。破斜纹的织纹比较不规律，起毛后不易露底纹，对要求绒毛厚密为主的产品，多采用$\frac{1}{3}$破斜纹，或采用五枚至八枚纬面缎纹，纬浮长有利于纬纱起毛，使毛绒顺直而厚密。

（3）工艺参数与染整助剂对起毛的影响。干起毛的绒毛不齐且落毛多，湿起毛的绒毛长且落毛少，如水温提至50℃左右，降低pH至5~6，比中性低温水起毛容易。毛织物用酸或碱处理后，因纤维发生膨化拉伸纤维易于起毛，在同一pH下，弱酸比强酸处理后的呢坯更易于起毛，因羊毛膨化作用较明显。中性盐类抑制纤维膨化，而且增加纤维间的摩擦力，影响起毛，但用还原性盐类处理呢坯后，因二硫键破坏而易于起毛。毛黏混纺织物的黏胶纤维用原液染色或散纤染色，然后进行匹套染羊毛，对起毛有利，各种染料因其性质不同，起毛难易有所不同。

（4）针布质量对起毛的影响。一般要求针尖光滑，弹性好，新针布使用前要经过研磨使其光滑，使用一定时期后，针布要按要求调换，还可将顺、逆针辊上的针调换使用。

4. 剪毛工艺 麦尔登和一般绒面织物无须过分剪毛，不应使织物表面露底，影响其穿着性能，但表面的浮毛必须剪除，以免穿着后起球，剪前注意蒸刷毛工序，使织物表面的浮毛疏松平顺，便于剪除。不露底的顺毛重缩织物剪成均匀平整的绒头，使织物表面获得均匀、光泽、稠密的绒面。剪毛如过量，织物经纬纱太显露，制成的服装易发亮，影响外观。某些纹面或色纱组成花纹的织物使织物表面有良好的外观，其起毛目的是剪毛作准备，利用干起毛起出疏松状态和挑起贴伏在织物表面的散乱纤维，然后在剪毛过程中剪去。反之，如织坯在缩绒和拉幅烘干后直接进行剪毛，就会得到比较粗糙而有绒面的整理效果，即使重复剪毛，也不能达到织纹清晰的纹面。

5. 定形工艺　定形整理可消除织物内应力，增强织物尺寸稳定性，提高织物的光泽、手感，使织物丰满、平整、抗皱性好。此外，在整理过程中定形，还可调节和制约前后工艺的关系，恰当控制织物的缩率，以获得独特的风格。生产上常用的定形方式有煮呢、蒸呢和热定形等。烫呢和烘呢也有定形作用。一般来说，湿热处理的煮呢，其定形的效果要比干热处理的蒸呢为强。确定定形工艺要针对织物的风格、色泽、结构松紧、薄厚等具体要求而定。如薄型全毛松结构织物，为防止加工过程中各种应力应变，要经过全定形工艺，但对于要求蓬松丰满、手感软糯、活络的织物，则最好采用半定形或免定形。

四、粗纺毛型机织产品的规格设计与上机计算

（一）粗纺毛型机织产品的规格设计

粗纺毛织物规格设计内容与精纺毛织物类似。正确的品种规格设计既要符合使用要求，又要达到预期效果，但实际生产中，往往成品的物理指标（如幅宽、经纬密、面密度）与原设计出入较大，织物手感风格达不到要求，影响交货合同的完成。造成实际与设计不符合的主要原因是设计参数掌握不好，因为影响参数的因素太多、太灵活。因此，在实际生产的应用中，以理论计算为基础，以生产经验为辅，以取得较适当的工艺参数。

（二）粗纺毛型机织产品的上机计算

1. 织物的缩率　缩率包括织造缩率、坯呢下机缩率、染整缩率等。影响织造缩率的因素有很多，如织造中的经纱张力大，则织造幅缩较大，长缩相对减小。当经纱的线密度低于纬纱时，则长缩较大，织物组织中交织点多的比交织点少的缩率要大。此外，原料的性能也会影响织缩的大小，一般粗纺织物的织缩率为3%~10%。

影响染整缩率的因素除坯布的原料、织物组织以外，主要取决于染整工艺。粗纺产品经过重缩绒的幅缩和长缩都大，如经过一般缩呢的织物，通常其染整幅缩率为15%~20%，轻缩呢织物在15%以下，拉毛产品为5%~6%，棉经毛纬的交织物只有幅缩甚至长度还有所伸长。

2. 染整重耗　染整重耗率主要由染整过程中拉毛、剪毛等产生的落毛损耗所致，也与和毛油及其他杂质的清除有关。染整重耗率按下式计算：

$$染整重耗率 = \frac{坯布匹重 - 成品匹重}{坯布匹重} \times 100\%$$

影响染整重耗率的因素有加工工艺和原料性能等，如匹染比条染损耗大，匹染重耗率又视颜色深浅而异，深色损耗少，浅色损耗多，化纤织物比纯毛织物损耗少。粗纺织物为8%左右，一般经缩绒而不拉毛的织物为5%~6%，重拉毛且轻剪呢的织物为12%~16%，重拉毛且重剪绒的织物高达20%左右。

总之，影响缩率和重耗率的因素很多，而且各因素间相互影响。确定时，应从产品风格

要求和加工工艺等方面综合加以考虑。例如，织物幅宽有严格要求，而其变化又大，故确定上机幅宽时，要考虑原料粗细、织物组织和织机条件等多方面，避免由于用毛较粗，缩率较小或织物组织较紧密而在湿整理过程中发生幅宽缩不进的情况。又如，织造中纬纱因络纱和引纬而张力较大，增加了坯布下机幅宽，因之湿整理时，幅缩也相应增加，因而不得不加大烘呢拉幅，影响成品手感和弹性。初步设计时，一般参照本厂以往生产过的类似产品选定，并在试织过程中加以修正。

3. 织物的密度

$$\text{上机经密(根/10cm)} = \text{最大上机经密} \times \text{经向紧密率} = \text{筘号} \times \text{每筘穿入数}$$

$$\text{上机纬密(根/10cm)} = \text{最大上机纬密} \times \text{纬向紧密率}$$

$$\text{坯呢经密(根/10cm)} = \frac{\text{总经根数}}{\text{坯呢幅宽(cm)}} \times 10 = \frac{\text{上机经密}}{1-\text{纬纱织缩率}} = \frac{\text{成品经密(根/10cm)} \times \text{成品幅宽(cm)}}{\text{坯呢幅宽(cm)}} = \text{成品经密} \times (1-\text{染整幅缩率})$$

$$\text{坯呢纬密(根/10cm)} = \text{成品纬密(根/10cm)} \times (1-\text{染整长缩率}) = \frac{\text{上机纬密(根/10cm)}}{1-\text{下机坯呢缩率}}$$

由于毛织物设计时常先计算上机纬密，上机纬密已经考虑了交织时，经纱的屈曲缩率部分，因此，上机纬密和坯呢纬密之间换算时，仅考虑下机后坯呢的缩率，经纱织缩率包括经纱屈曲的缩率加上下机后坯呢的自然缩率。

$$\text{成品经密(根/10cm)} = \frac{\text{坯呢经密(根/10cm)}}{1-\text{染整幅缩率}} = \frac{\text{总经根数}}{\text{成品幅宽(cm)}} \times 10$$

$$\text{成品纬密(根/10cm)} = \frac{\text{坯呢纬密(根/10cm)}}{1-\text{染整长缩率}}$$

4. 织物匹长 呢绒成品的每匹长度，主要根据订货部门的要求，以及织物厚度、每匹质量、织物的卷装容量等因素确定。目前较普遍的成品每匹长度是 40~60m（或码），或大匹 60~70m（或码），小匹 30~40m（或码）。

实际生产时，对大匹和厚重的产品，成品的每匹长度在交货允许的范围内，要考虑搬运方便及设备条件等问题。一般每匹质量掌握在 40kg 以下［如脱水机直径为 91.44cm（36 英寸），要控制在 35kg 以下］；同时也要考虑织机卷装长度，或对大匹适当减少长度，对厚重产品不能采用双匹织制，只能单匹开剪。

5. 幅宽 成品幅宽主要根据订货部门的要求，以及设备条件（织机筘宽、拉、剪、烫、蒸的机幅）等来确定。一般粗纺产品成品幅宽为 143cm、145cm（或不低于 56 英寸）及 150cm（不低于 58 英寸）三种。在产品设计时，要根据成品幅宽换算成坯呢幅宽及上机筘幅。

6. 总经根数 参照第四章第四节。

7. 1m成品质量

$$1\text{m 成品质量(g)} = \frac{1\ \text{m}^2\ \text{成品质量(g)} \times \text{成品幅宽(cm)}}{100}$$

$$= \frac{\text{每米坯呢质量(g)} \times (1 - \text{染整重耗率})}{1 - \text{染整长缩率}}$$

$$= \frac{\text{每匹成品质量(kg)} \times 1000}{\text{每匹成品长度(m)}}$$

$$1\ \text{匹成品质量(kg)} = \frac{1\text{m 成品质量(g)} \times 1\ \text{匹成品长度(m)}}{1000}$$

8. 1m坯呢质量

$$1\text{m 坯呢经纱质量(g)} = \frac{\text{总经根数} \times \text{Tt}_j}{(1 - \text{经纱织缩率}) \times 1000} = \frac{\text{每匹坯呢经纱质量(kg)} \times 1000}{\text{坯呢匹长(m)}}$$

$$1\text{m 坯呢纬纱质量(g)} = \text{坯呢纬密} \times \text{Tt}_w \times \text{上机筘幅(cm)} \times 10^{-4}$$

$$= \frac{\text{每匹坯呢纬纱质量(kg)} \times 1000}{\text{坯呢匹长(m)}}$$

$$1\text{m 坯呢质量(g)} = 1\text{m 坯呢经纱质量} + 1\text{m 坯呢纬纱质量}$$

$$= \frac{\text{每匹坯呢质量(kg)}}{\text{坯呢匹长}} \times 1000$$

$$= \frac{\text{每米成品质量(g)} \times (1 - \text{染整长缩率})}{1 - \text{染整重耗率}}$$

$$1\text{m 坯呢经纱质量(kg)} = \frac{\text{总经根数} \times \text{整经匹长(m)} \times \text{Tt}_j}{1000 \times 1000} = \frac{\text{总经根数} \times \text{整经匹长(m)}}{N_{mj} \times 1000}$$

$$1\text{m 坯呢纬纱质量(kg)} = \text{坯呢纬密} \times \text{上机筘幅(cm)} \times \text{坯呢匹长(m)} \times \text{Tt}_w \times 10^{-7}$$

$$= \frac{\text{坯布纬密} \times \text{上机筘幅(cm)} \times \text{坯呢匹长(m)}}{N_{mj}} \times 10^{-4}$$

$$1\ \text{匹坯呢质量(kg)} = 1\ \text{匹坯呢经纱质量(kg)} + 1\ \text{匹坯呢纬纱质量(kg)}$$

第三节 毛型机织产品设计实例

一、毛型机织产品仿样设计实例

某客户来样衣一件，面料为男士大衣呢，5cm×7cm 小布样一片，客户要求按原样仿制，试进行上机工艺参数设计。

（一）来样分析

1. 对小布样进行测试分析 测试数据见表 7-13。

表 7-13　小样测试数据

原料	经纱			纬纱			经密（根/10cm）	纬密（根/10cm）	平方米克重（g/m^2）
	公制支数	捻度（捻/m）	捻向	公制支数	捻度（捻/m）	捻向			
18.61μm 羊毛 100%	40.7/2	552	Z/S	41.6/2	628	Z/S	360	324	370

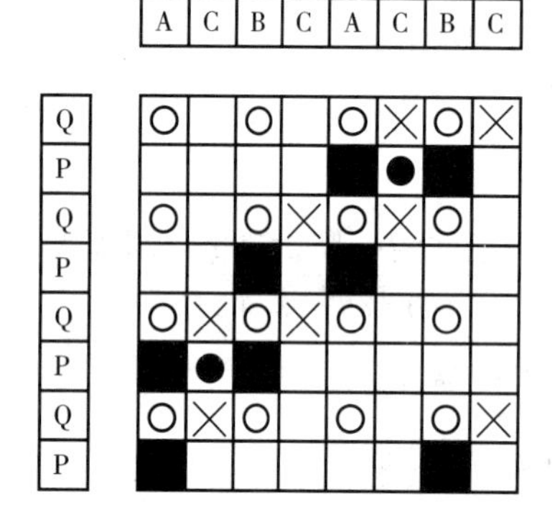

图 7-31　织物组织与色纱排列

2. 配色模纹分析

经纱：A 为黑白夹花、B 为浅混灰、C 为咖色夹花。

纬纱：P 为深混灰、Q 为咖色夹花。

经纱排列：1A1C1B1C。

纬纱排列：1P1Q。

织物组织为双层组织，表组织和里组织均为$\frac{2}{2}\nearrow$斜纹，织物组织图和纱线排列及定位如图 7-31 所示。

3. 风格分析　样衣是一件男式大衣，双层，正面灰色，反面咖色，重绒面，触感细腻，握持手感活络丰厚。

（二）工艺制定

1. 初定成品规格　根据小样测试数据，确定纤维原料及织物成品规格，原料及规格见表 7-14。

表 7-14　原料与成品规格表

原料	经纱			纬纱			成品经密（根/10cm）	成品纬密（根/10cm）	成品幅宽（cm）	成品平方米克重（g/m^2）
	公制支数	捻度（捻/m）	捻向	公制支数	捻度（捻/m）	捻向				
18.61μm 羊毛 100%	42/2	560	Z/S	42/2	630	Z/S	360	324	150	370

由于织物是重缩绒品种，考虑到织物后整理收缩程度高，纱线的收缩程度也较大，故纱线实测支数会略偏粗，故将经纱和纬纱统一纱支为 42/2 公支。

2. 上机工艺制订　上机工艺可以根据成品规格和工厂制作该类产品的经验缩率进行确定。

（1）计算织物覆盖度。

$$经向覆盖度\ K_j = \frac{成品经密}{\sqrt{经纱纱支}} = \frac{360}{\sqrt{21}} = 78.6$$

$$纬向覆盖度\ K_w = \frac{成品纬密}{\sqrt{纬纱纱支}} = \frac{324}{\sqrt{21}} = 70.7$$

$$总覆盖度 = K_j + K_w = 78.6 + 70.7 = 149.3$$

$$纬经紧度系数比 = \frac{纬向紧度系数}{经向紧度系数} = \frac{70.7}{78.6} = 0.9$$

从织物紧度和纬经紧度比数值进行分析，作为$\frac{2}{2}$双层织物，织物总紧度系数值通常为160~185，本织物总紧度系数值为149.3，该值偏低，织物染整收缩较大，纬经比为0.9，织物经纬向缩率接近。从风格分析，该产品绒面重，面料丰厚，手感活络，后整理需要使用重缩绒工艺，染整加工中经纬向收缩都比较大。

根据以上分析和生产经验，上机幅宽定为185cm左右，纬纱织缩率定为7%，经纱织缩率定为7%，下机坯布长缩率定为6%，染整长缩率定为15%。精纺织物的缩率与材质、组织结构、织物紧度、风格等有关，常规纯毛非弹力品种的织缩率差异不大，染整缩率则与织物风格有很大关系，光面品种的染整缩率为2%~5%，绒面品种的染整缩率为5%~10%，重绒面品种的染整缩率为8%~16%。

（2）总经根数计算。地经、边经每筘穿入数均为4根，边经根数取36×2=72根。

$$总经根数 = 成品幅宽(cm) \times \frac{成品经密}{10} + 边纱根数\left(1 - \frac{布身每筘穿入数}{布边每筘穿入数}\right)$$

$$= \frac{150 \times 360}{10} + 72 \times \left(1 - \frac{4}{4}\right) = 5400(根)$$

（3）上机经密。

$$上机经密 = \frac{总经根数 \times 10}{上机幅宽} = \frac{5400 \times 10}{185} = 292(根/10cm)$$

（4）筘号。

$$筘号 = \frac{上机经密}{每筘穿入数} = \frac{292}{4} = 73(筘齿/10cm)$$

（5）坯布幅宽。

$$坯布幅宽 = 上机筘幅 \times (1 - 纬纱织缩率)$$
$$= 185 \times (1 - 7\%) = 172.05(cm)$$

（6）坯布经密。

$$坯布经密 = \frac{上机经密}{1 - 纬纱织缩率} = \frac{292}{1 - 7\%} = 314(根/10cm)$$

（7）染整幅缩率。

$$染整幅缩率 = \left(1 - \frac{成品幅宽}{坯布幅宽}\right) \times 100\%$$
$$= \left(1 - \frac{150}{172.05}\right) \times 100\% = 12.8\%$$

（8）坯布纬密。

$$坯布纬密 = 成品纬密 \times (1 - 染整长缩率)$$
$$= 324 \times (1 - 15\%) = 275.4(根/10cm)$$

（9）上机纬密。

$$上机纬密=坯布纬密\times(1-下机坯布长缩率)$$
$$=275.4\times(1-6\%)=258.9(根/10cm)$$

（10）坯布长度。每匹整经长度按70m计算。

$$坯布长度=整经长度\times(1-经纱织缩率)$$
$$=70\times(1-7\%)=65.1(m)$$

（11）1匹坯布用纱量计算。

$$1匹坯布经纱用量=\frac{总经根数\times整经长度}{经纱纱支\times1000}$$
$$=\frac{5400\times70}{21\times1000}=18(kg)$$

按经纱排列1A1C1B1C=4（A：1，B：1，C：2），A、B、C各色经纱1匹布的用纱量分别为4.5kg、4.5kg、9kg。

$$1匹坯布纬纱用量=\frac{坯布纬密\times上机筘幅\times坯布长度}{纬纱纱支\times10000}$$
$$=\frac{275.4\times185\times65.1}{21\times10000}=15.8(kg)$$

按纬纱排列1P1Q=2，P、Q各色纬纱匹用量分别为7.9kg、7.9kg。

（12）全幅1m长坯布质量。

$$全幅1m长坯布质量=\frac{1000\times(1匹坯布经纱用量+1匹坯布纬纱用量)}{坯布长度}$$
$$=\frac{1000\times(18+15.8)}{65.1}=519(g/m)$$

（13）全幅1m长成品质量。此类品种，按生产经验，预设其染整重耗率为7%~10%。

$$全幅1m长成品质量=\frac{全幅1m长坯布质量}{1-染整长缩率}\times(1-染整重耗率)$$
$$=\frac{519}{1-15\%}\times[1-(7\%\sim10\%)]$$
$$=550\sim568(g/m)$$

因此，全幅1m长成品质量取560g/m。

（14）$1m^2$成品质量。

$$1m^2成品质量=\frac{全幅1m成品质量\times100}{成品幅宽}$$
$$=\frac{560\times100}{150}=373(g/m^2)$$

（15）染整重耗率。

$$染整重耗率(\%)=1-\frac{全幅1m成品质量\times(1-染整长缩率)}{全幅1m坯布质量}$$

$$= 1 - \frac{1\text{m}^2\ 成品质量 \times 成品幅宽 \times (1 - 染整长缩率)}{全幅\ 1\text{m}\ 坯布质量 \times 100}$$

$$= 1 - \frac{373 \times 150 \times (1 - 15\%)}{519 \times 100} = 8.4\%$$

将上述工艺规格参数见表 7-15。

表 7-15 工艺规格参数

工艺规格	数值	工艺规格	数值	工艺规格	数值
总经根数	5400	下机幅宽（cm）	172.05	成品幅宽（cm）	150
上机幅宽（cm）	185	下机经密（根/10cm）	314	成品经密（根/10cm）	360
筘号	73	下机纬密（根/10cm）	275.4	成品纬密（根/10cm）	324
每筘穿入数（根）	4	整经长度（m）	70	成品米重（g/m）	560
上机经密（根/10cm）	292	坯布长度（m）	65.1	成品平方米克重（g/m^2）	373
上机纬密（根/10cm）	258.9	织造长缩（%）	7	染整长缩率（%）	15
织造幅缩（%）	7	每匹坯布纱线用量（kg）	A：4.5，B：4.5 C：9 O：7.9，P：7.9	染整幅缩率（%）	12.8
坯布长缩率（%）	6	坯布米重（g/m）	319	重耗率（%）	8.4

（三）生产和工艺调整

根据表 7-15 的工艺规格进行生产，成品设计和实测数据见表 7-16。

表 7-16 成品设计与实测数据

项目	成品经密（根/10cm）	成品纬密（根/10cm）	成品幅宽（cm）	成品平方米克重（g/m^2）
设计	360	324	150	370
实测	370	335	146	403

成品实测幅宽偏窄，质量偏重，面料手感略偏板偏紧，绒面大小与来样相当，反面的咖色略钻到正面，分析原因是后整理缩呢程度稍重了些，故不更改设计规格，大货时调整后整理工艺，减弱缩呢以改善手感和控制质量，增加轻拉绒以保持绒面并提高丰厚度，同时也降低了正反面钻绒。

调整后的成品设计和实测数据见表 7-17。

表 7-17 调整后的成品设计与实测数据

项目	成品经密（根/10cm）	成品纬密（根/10cm）	成品幅宽（cm）	成品平方米克重（g/m²）
设计	360	324	150	370
实测	358	326	151	374

调整后面料外观和测试等各方面情况都与来样一致，织物如图 7-32 所示。

二、色织精纺花呢设计实例

某色织精纺织物，其花型如图 7-33 所示，原料为全毛，$\frac{2}{1}$斜纹组织，经纬纱线密度为 15. 2tex×2（66/2 公支），经密为 304 根/10cm，纬密为 266 根/10cm，质量为 184g/m²，幅宽 152cm。客户要求降低成本，成分调整为羊毛 70/涤纶 30，质量调整为 168g/m²，身骨、手感与原织物相仿，花型保持不变。

图 7-32 织物实物图

图 7-33 色织精纺花呢

（一）新织物密度及纱线线密度的确定

为保持手感风格，新织物与原织物的几何空间关系不变，为相似织物。相似织物所对应纱线的线密度、密度、紧度、缩率、织物厚度和单位面积等方面都存在比例关系。

$$\frac{G'}{G}=\frac{G'_j}{G_j}=\frac{G'_w}{G_w}=\frac{P_j}{P'_j}=\frac{P_w}{P'_w}=\frac{\sqrt{Tt'_j}}{\sqrt{Tt_j}}=\frac{\sqrt{Tt'_w}}{\sqrt{Tt_w}}$$

$$\frac{\text{新织物平方米克重}}{\text{原织物平方米克重}}=\frac{\sqrt{\text{新织物的纱线线密度}}}{\sqrt{\text{原织物的纱线线密度}}}=\frac{\text{原织物的经、纬密度}}{\text{新织物的经、纬密度}}$$

$$\text{新织物的纱线线密度}=\frac{(\text{新织物平方米克重})^2\times\text{原织物的纱线线密度}}{(\text{原织物平方米克重})^2}$$

$$=\frac{168^2 \times 15.2 \times 2}{1842}=12.6 \times 2(\text{tex}，80/2\text{ 公支})$$

$$\text{新织物的经纱密度}=\frac{\text{原织物的经密} \times \text{原织物平方米克重}}{\text{新织物平方米克重}}$$

$$=\frac{304 \times 184}{168}=334(\text{根}/10\text{cm})$$

$$\text{新织物的纬纱密度}=\frac{\text{原织物的纬密} \times \text{原织物平方米克重}}{\text{新织物平方米克重}}$$

$$=\frac{266 \times 184}{168}=292(\text{根}/10\text{cm})$$

通过计算可以得出新织物的纱线线密度为 12.6tex×2（80/2 公支），经纱密度为 334 根/10cm，纬纱密度为 292 根/10cm。

（二）原料的选择及搭配

客户要求降低成本，原料成分更改为羊毛 70/涤纶 30，在保证可纺性的情况下尽可能经济用毛。在选择纤维的品质支数时，主要要考虑毛纱的可纺细度。单纱横截面内的纤维应在 35~45 根，一般在 36 根时较为经济实用，纺纱可正常进行。混合原料的可纺细度是建立在各单一原料可纺细度的经验基础上的，其计算公式如下：

$$n=\frac{964600}{N_m \times d^2} \times \text{羊毛比例}+\frac{9000}{N_m \times D} \times \text{化纤比例}$$

式中：n——纱线横截面纤维根数；

N_m——纱线公制支数；

d——羊毛直径；

D——化纤旦尼尔数。

选用平均直径为 21μm 的羊毛纤维，2 旦细度的涤纶，纱线横截面的纤维根数为：

$$n=\frac{964600}{80 \times 212} \times 70+\frac{9000}{80 \times 2} \times 30$$

$$=19.14+16.88=36.02(\text{根})$$

纱线横截面纤维根数为 36.02 根，符合经济性和可纺性。

（三）组织与花型图案的改进

根据客户要求花型大小保持不变，需计算现织物的纱线排列。原织物纱线排列如下：

经纱：A 为黑色、B 为浅混灰、C 为黄色。

纬纱：P 为黑色、Q 为浅混灰、R 为黄色。

经纱排列：

(3B3A3B3A3C)[10 × (3A3B)](3A3C)[3 × (3A3B)][21 × (1A1B)](1A1C)[21 × (1A1B)]1A = 186，其中 A 为 92，B 为 87，C 为 7。

纬纱排列：

(3Q3P3Q3P3R)[10 × (3P3Q)](3P3R)[3 × (3P3Q)](1P1Q)[21 × (1P1Q)]

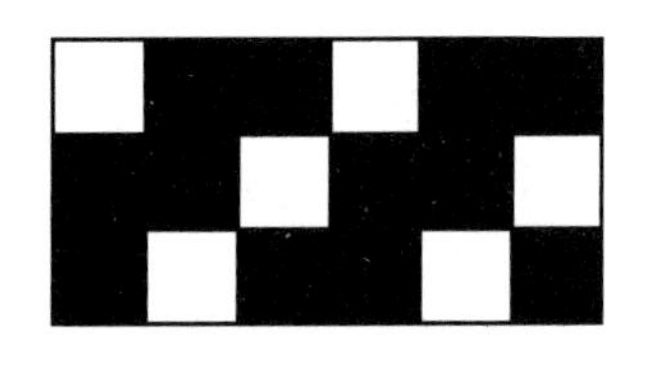

图 7-34 织物组织图

(1P1R)[21 ×(1P1Q)]1P = 188，其中 P 为 93，Q 为 88，R 为 7。

织物组织为$\frac{2}{1}\nearrow$斜纹，其组织图如图 7-34 所示。

根据原织物经纱密度可以得出：

$$原织物经向花型一个循环大小 = \frac{经纱排列根数}{经纱密度} = \frac{186 \times 10}{304} = 6.1(\text{cm})$$

根据原织物纬纱密度可以得出：

$$原织物纬向花型一个循环大小 = \frac{纬纱排列根数}{纬纱密度} = \frac{188 \times 10}{266} = 7.1(\text{cm})$$

$$新织物经向排列根数 = \frac{原织物经向花型一个循环大小 \times 新织物经密}{10} = \frac{6.1 \times 334}{10} = 204(根)$$

$$新织物纬向排列根数 = \frac{原织物纬向花型一个循环大小 \times 新织物纬密}{10} = \frac{7.1 \times 292}{10} = 208(根)$$

得出新织物的经、纬向排列。

经纱排列：

3B3A3B3A3C[11 × (3A3B)](3A3C)[3 × (3A3B)][24 × (1A1B)](1A1C)[24 × (1A1B)]1A = 204，其中 A 为 101，B 为 96，C 为 7。

纬纱排列：

3Q3P3Q3P3R[12 × (3P3Q)](3P3R)[3 × (3P3Q)](1P1Q)[23 × (1P1Q)](1P1R)[23 × (1P1Q)]1P = 208，其中 P 为 103，Q 为 98，R 为 7。

（四）上机工艺制订

上机工艺根据成品设计数据和工厂制作该类产品的经验缩率进行推算。

1. 通过纱支和密度计算织物紧度系数

$$经向覆盖度K_j = \frac{成品经密}{\sqrt{经纱纱支}} = \frac{334}{\sqrt{40}} = 52.8$$

$$纬向覆盖度K_w = \frac{成品纬密}{\sqrt{纬纱纱支}} = \frac{292}{\sqrt{40}} = 46.2$$

$$总覆盖度\ K = K_j + K_w = 52.8 + 46.2 = 99$$

$$纬经覆盖度比 = \frac{纬向覆盖度}{经向覆盖度} = \frac{46.2}{52.8} = 0.875$$

根据以上分析和生产经验，上机幅宽定为 171cm，经纱织缩率定为 7%，纬纱织缩率定为 6%，下机坯布长缩率定为 5%，染整长缩率定为 3%。

2. 总经根数 织物组织为$\frac{2}{1}$斜纹，地经、边经每筘穿入数均为 3 根，边经根数取 36×2=72 根，成品幅宽按 152cm。

$$总经根数 = 成品幅宽(\text{cm}) \times \frac{成品经密}{10} + 边纱根数\left(1 - \frac{布身每筘穿入数}{布边每筘穿入数}\right)$$

$$= \frac{152 \times 334}{10} + 72 \times \left(1 - \frac{3}{3}\right) = 5076(根)$$

3. 上机经密

$$上机经密 = \frac{总经根数 \times 10}{上机幅宽} = \frac{5076 \times 10}{171} = 297(根/10cm)$$

4. 钢筘筘号

$$筘号 = \frac{上机经密}{每筘穿入数} = \frac{297}{3} = 99(筘齿/10cm)$$

5. 坯布幅宽

$$坯布幅宽 = 上机筘幅 \times (1 - 纬纱织缩率)$$
$$= 171 \times (1 - 6\%) = 160.7(cm)$$

6. 坯布经密

$$坯布经密 = \frac{上机经密}{1 - 纬纱织缩率} = \frac{297}{1 - 6\%} = 316(根/10cm)$$

7. 染整幅缩率

$$染整幅缩率(\%) = \left(1 - \frac{成品幅宽}{坯布幅宽}\right) \times 100\% = \left(1 - \frac{152}{160.7}\right) \times 100 = 5.4\%$$

8. 坯布纬密

$$坯布纬密 = 成品纬密 \times (1 - 染整长缩率)$$
$$= 292 \times (1 - 3\%) = 283(根/10cm)$$
$$上机纬密 = 坯布纬密 \times (1 - 下机坯布长缩率)$$
$$= 283 \times (1 - 5\%) = 269(根/10cm)$$

9. 坯布长度　每匹整经长度按 70 米计算。

$$坯布长度 = 整经长度 \times (1 - 经纱织缩率)$$
$$= 70 \times (1 - 7\%) = 65.1(m)$$

10. 1 匹坯布用纱量计算

$$1 匹坯布经纱用量 = \frac{总经根数 \times 整经长度}{经纱纱支 \times 1000} = \frac{5076 \times 70}{40 \times 1000} = 8.883(kg)$$

按照经纱排列，其中 A 为 101，B 为 96，C 为 7。

计算 1 匹坯布 A、B、C 各颜色经纱用量分别为 4.398kg、4.180kg、0.305kg

$$1 匹坯布纬纱用量 = \frac{下机纬密 \times 上机幅宽 \times 坯布长度}{纬纱纱支 \times 10000}$$
$$= \frac{283 \times 171 \times 65.1}{40 \times 10000} = 7.876(kg)$$

按照纬纱排列，其中 P 为 103，Q 为 98，R 为 7。

计算 1 匹坯布 P、Q、R 各颜色纬纱用量分别为 3.9kg、3.711kg、0.265kg。

11. 全幅 1m 长坯布质量

$$全幅1m长坯布质量=\frac{1000\times(每匹坯布经纱用量+每匹坯布纬纱用量)}{坯布长度}$$

$$=\frac{1000\times(8.883+7.876)}{65.1}=257.5(g/m)$$

12. 全幅 1m 长成品质量 此类品种，按生产经验，预设其染整重耗率为3%~5%。

$$全幅1m长成品质量=\frac{全幅1m长坯布质量}{1-染整长缩率}\times(1-染整重耗率)$$

$$=\frac{257.5}{1-3\%}\times[1-(3\%\sim5\%)]=257.5\sim568(g/m)$$

因此，全幅 1m 长成品质量取 560g/m。

13. 1m² 成品质量

$$1\,m^2成品质量=\frac{全幅1m长成品质量\times100}{成品幅宽}$$

$$=\frac{560\times100}{150}=373(g/m^2)$$

14. 染整重耗率

$$染整重耗率=1-\frac{全幅1m长成品质量\times(1-染整长缩率)}{全幅1m长坯布质量}$$

$$=1-\frac{每平方米成品质量\times成品幅宽\times(1-染整长缩率)}{全幅1m长坯布质量\times100}$$

$$=1-\frac{167.8\times152\times97\%}{257.4\times100}=4\%$$

从以上计算结果得出，采用平均直径为 21μm 的羊毛 70%，2 旦涤纶 30%，经纬纱支变更为 12.6tex×2（80/2 公支），经密为 334 根/10cm，纬密为 292 根/10cm，每米克重为 255g/m，格子大小和原花型保持不变，得到客户希望的新织物。

三、全毛高档西服设计实例

现需要设计一款全毛高档西服男装面料，市场调研结果表明男装西服最常用面料为哔叽，按照服装定位，初步确定经纬纱支均为 10tex×2（100/2 公支），织物组织为$\frac{2}{2}\nearrow$斜纹，双面混深蓝色哔叽产品，成品幅宽为 150cm，边经根数取 36×2＝72（根），试进行工艺参数设计。

（一）织物经纬密设计

根据布莱里经验公式法设计经纬密。

$\frac{2}{2}\nearrow$斜纹精纺毛织物，因此，$C=1350.3$，$F=2$，$m=0.39$。

当 $P_j\neq P_w$，$Tt_j=Tt_w$ 时，$P_w=K'P_j^{-0.67}$，其中 $K'=M_{实}^{1.67}$。

由于 $M_m=\dfrac{CF^m}{\sqrt{Tt}}=\dfrac{1350.3\times 2^{0.39}}{\sqrt{10\times 2}}=395.54$，哔叽要求手感丰满，弹性好，身骨挺括，应选用较大的紧密率，按成品最大经纬向紧度的96%取值。

因此，$M_{实}=M_m\times 96\%=395.54\times 96\%=379.72$，哔叽的斜纹线倾斜角为45°~50°，一般纬经比为0.8~0.9，取纬经比 $B=0.85$。

$P_w=0.85P_j$，$0.85P_j=K'P_j^{-0.67}=M_{实}^{1.67}\times P_j^{-0.67}$，$P_j^{1.67}=\dfrac{M_{实}^{1.67}}{0.85}=\dfrac{379.72^{1.67}}{0.85}$，则，$P_j=418$（根/10cm），$P_w=355$（根/10cm）。

（二）缩率确定

根据工厂类似品种，确定产品纬纱织缩率为6%，染整幅缩率为6.5%，经纱织缩率为6%，染整长缩率为3%，染整重耗率为5.8%。

（三）上机工艺确定

1. 总经根数　考虑组织结构为 $\dfrac{2}{2}\nearrow$ 斜纹，组织完全循环数为4，每筘穿入数以4根为宜，采用光边，边组织为 $\dfrac{3}{3}$ 方平组织，地经、边经每筘穿入数均为4根。

$$总经根数=成品幅宽\times\frac{成品经密}{10}+边纱根数\left(1-\frac{布身每筘穿入数}{布边每筘穿入数}\right)$$

$$=\frac{150\times 446}{10}+72\times\left(1-\frac{4}{4}\right)=6690(根)$$

考虑穿筘和组织完整，总经根数调整为6692根。

2. 坯布幅宽

$$坯布幅宽=\frac{成品幅宽}{1-染整幅缩率}=\frac{150}{1-6.5\%}=160.5(cm)$$

3. 上机幅宽

$$上机幅宽=\frac{坯布幅宽}{1-纬纱织缩率}=\frac{160.5}{1-6\%}=170.7(cm)$$

4. 上机经密

$$上机经密=\frac{总经根数\times 10}{上机幅宽}=\frac{6692\times 10}{170.7}=392(根/10cm)$$

5. 钢筘筘号

$$筘号=\frac{上机经密}{每筘穿入数}=\frac{392}{4}=98(筘齿/10cm)$$

6. 下机经密

$$下机经密=\frac{上机经密}{1-纬纱织缩率}=\frac{392}{1-6\%}=417(根/10cm)$$

7. 下机纬密

$$下机纬密=成品纬密\times(1-染整长缩率)$$

$$= 379 \times (1 - 3\%) = 367.6(\text{根}/10\text{cm})$$

8. 上机纬密

$$\text{上机纬密} = \text{下机纬密} \times (1 - \text{经纱织缩率})$$
$$= 367.6 \times (1 - 6\%) = 346(\text{根}/10\text{cm})$$

9. 1 匹坯布用纱量 假设每匹整经长度按80m计算。

$$\text{坯布长度} = \text{整经长度} \times (1 - \text{经纱织缩率})$$
$$= 80 \times (1 - 6\%) = 75.2(\text{m})$$

$$1\text{ 匹坯布经纱用量} = \frac{\text{总经根数} \times \text{整经长度}}{\text{经纱纱支} \times 1000} = \frac{6692 \times 80}{50 \times 1000} = 10.707(\text{kg/匹})$$

$$1\text{ 匹坯布纬纱用量} = \frac{\text{下机纬密} \times \text{上机幅宽} \times \text{坯布长度}}{\text{纬纱纱支} \times 10000}$$
$$= \frac{367.4 \times 170.7 \times 75.2}{50 \times 10000} = 9.432(\text{kg/匹})$$

10. 1m 坯布质量

$$1\text{m 坯布质量} = \frac{1000 \times (1\text{ 匹坯布经纱用量} + 1\text{ 匹坯布纬纱用量})}{\text{坯布长度}}$$
$$= \frac{1000 \times (10.707 + 9.432)}{75.2} = 267.8(\text{g/m})$$

11. 全幅 1m 长成品质量

$$\text{全幅 1m 长成品质量} = \frac{\text{全幅 1m 长坯布质量}}{1 - \text{染整长缩率}} \times (1 - \text{染整重耗率})$$
$$= \frac{267.8}{1 - 3\%} \times (1 - 5.8\%) = 260(\text{g/m})$$

12. 1m² 成品质量

$$1\text{ m}^2\text{ 成品质量} = \frac{\text{全幅 1m 长成品质量} \times 100}{\text{成品幅宽}} = \frac{260 \times 100}{150} = 173.3(\text{g/m}^2)$$

产品的工艺规格参数见表7-18。

表7-18 工艺规格参数

工艺规格	数值	工艺规格	数值	工艺规格	数值
总经根数	6692	下机幅宽（cm）	160.5	成品幅宽（cm）	150
上机幅宽（cm）	170.7	下机经密（根/10cm）	417	成品经密（根/10cm）	446
筘号	98	下机纬密（根/10cm）	367.6	成品纬密（根/10cm）	379
每筘穿入数（根）	4	整经长度（m）	80	成品米重（g/m）	260

续表

工艺规格	数值	工艺规格	数值	工艺规格	数值
上机经密（根/10cm）	392	坯布长度（m）	75.2	成品平方米克重（g/m^2）	173.3
上机纬密（根/10cm）	346	经纱织缩率（%）	6	染整长缩率（%）	3
纬纱织缩率（%）	6	每匹坯布纱线用量（kg）	A：10.707 O：9.432	染整幅缩率（%）	6.5
坯布长缩率（%）	5	坯布米重（g/m）	267.8	重耗率（%）	5.8

双面混深蓝色哔叽产品如图7-35所示。

四、粗纺毛型机织产品设计实例

某客户来样为20cm×20cm布样一片，如图7-36所示，客户要求按原样进行仿制。

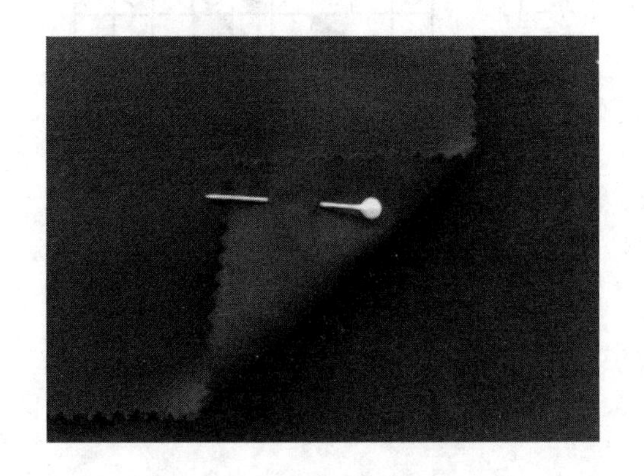

图7-35　双面混深蓝色哔叽产品

图7-36　客户来样

（一）来样分析

1. 测试分析　对布样进行测试分析，测试数据见表7-19。

表7-19　小样测试数据

经纱			纬纱			经密（根/10cm）	纬密（根/10cm）	平方米克重（g/m^2）
原料	公制支数	捻度及捻向	原料	公制支数	捻度及捻向	335	273	399
18.04μm	15.5/1	512Z	18.04μm	15.2/1	495Z			
19.72μm	69.2/2	707Z/780S						

2. 织纹分析

经纱（16/1）：A 为深灰、B 为藏青、C 为驼色、D 为炭灰。

接结经纱（70/2）：E 为黑色。

纬纱（16/1）：P 为深灰、Q 为藏青、R 为驼色、S 为炭灰。

经纱排列：

[2×(1C1A)]1E[2×(1C1A)][2×(1D1A)]1E1D1A1B1A1C1A1B1A1E[2×(1C1A)][18×(1B1A1C1A1E1C1A1B1A)]1C1A1E1B1A1C1A1B1A1D1A1E[2×(1D1A)][2×(1C1A)]1E[2×(1C1A)][2×(1B1A)1E[2×(1B1A)] 5×{[2×(1C1A)]1E[2×(1C1A)][2×(1B1A)]1E[2×(1B1A)]1E}[2×(1C1A)]1E[2×(1C1A)]=324。

式中：A 为 144；B 为 64；C 为 74；D 为 6；E 为 36。

纬纱排列：

19×{[2×(1Q1P)][2×(1R1P)]}[2×(1Q1P)][4×(1R1P)]1Q1P1R1P1Q1P[3×(1S1P)][3×(1R1P)][2×(1Q1P)] 5×{[4×(1R1P)][4×(1Q1P)]}[4×(1R1P)][2×(1Q1P)][4×(1R1P)][3×(1S1P)]1Q1P1R1P1Q1P[3×(1R1P)]=304。

式中：P 为 152；Q 为 68；R 为 78；S 为 6。

织物组织为$\frac{2}{2}$斜纹双层组织，织物组织图如图 7-37 所示，经纬色纱依次排列，其中 E 纱为上下层的接结纱。

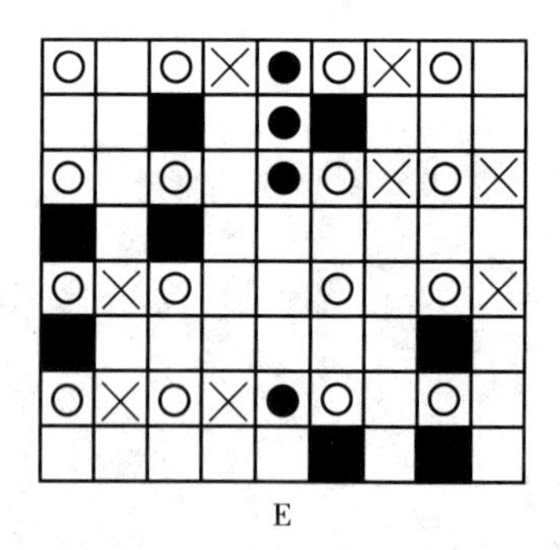

图 7-37　织物组织和色纱排列

3. 风格分析　来样是一块双面呢，正面格子，藏青与驼色为底，嵌线炭灰，反面素色深灰，重绒面，触感细腻，握持手感丰厚柔软。

（二）上机工艺制订

1. 初定成品规格　根据小样测试数据，制订原料和成品规格见表 7-20。

表 7-20　原料与成品规格

项目	羊毛细度（μm）	纱支（公支）	捻度及捻向	成品经密（根/10cm）	成品纬密（根/10cm）	成品幅宽（cm）	平方米克重（g/m²）
经纱	18.61	16/1	500Z	338	273	150	400
接结经纱	19.85	70/2	720Z/800S				
纬纱	18.61	16/1	500Z				

由于织物是绒面品种，考虑到织物后整理收缩程度较高，纱线的收缩程度也较大，故纱线实测支数会略偏粗，故将经纱和纬纱统一纱支为 16 公支。

2. 计算织物紧度系数　经纱由 16 公支和 70 公支/2 两种纱线组成，经纱排列总计 324 根，其中 16 公支占 288 根，70 公支/2 占 36 根，故经向紧度系数是两个纱线的紧度之和。

$$经向覆盖度K_j = \frac{成品经密}{\sqrt{经纱纱支}} = \frac{338}{\sqrt{16}} \times \frac{288}{324} + \frac{338}{\sqrt{35}} \times \frac{36}{324} = 81.46$$

$$纬向覆盖度K_w = \frac{成品纬密}{\sqrt{纬纱纱支}} = \frac{273}{\sqrt{16}} = 68.25$$

$$总覆盖度 = K_j + K_w = 81.46 + 68.25 = 149.71$$

$$纬经覆盖度比 = \frac{纬向紧度系数}{经向紧度系数} = \frac{68.25}{81.46} = 0.84$$

从织物紧度和纬经比数值进行分析，作为$\frac{2}{2}$斜纹双层织物，织物总覆盖度值通常为160~185，该处总紧度系数值为149.8偏低，故织物染整收缩较大，纬经紧度系数比为0.84，故织物的纬向缩率稍微大于经向缩率。从风格分析，该品种绒面重，面料丰厚，手感柔软，后整理需要使用缩绒及拉绒工艺相结合，染整经纬向收缩都比较大。

3. 确定幅宽和缩率　根据以上分析和生产经验，上机幅宽定为188cm左右，纬纱织缩率定为6%，经纱织缩率定为5%，下机坯布长缩率定为4%，染整长缩率定为7%。

4. 总经根数

$$总经根数 = \frac{成品幅宽 \times 成品经密}{10} = \frac{150 \times 338.4}{10} = 5076(根)$$

其中，16公支为4512根，70公支/2为564根。

5. 上机经密

$$上机经密 = \frac{总经根数 \times 10}{上机幅宽} = \frac{5076 \times 10}{188} = 270(根/10cm)$$

6. 筘号　穿筘方式为4入/筘+5入/筘。

$$筘号 = \frac{上机经密}{每筘穿入数} = \frac{270}{4.5} = 60(齿/10cm)$$

因此，筘号取$60^{\#}$。

7. 坯布幅宽

$$\begin{aligned}坯布幅宽 &= 上机幅宽 \times (1 - 纬纱织缩率)\\ &= 188 \times (1 - 5\%) = 178.6(cm)\end{aligned}$$

8. 坯布经密

$$坯布经密 = \frac{上机经密}{1 - 纬纱织缩率} = \frac{270}{1 - 5\%} = 284.2(根/10cm)$$

9. 染整幅缩率

$$\begin{aligned}染整幅缩率 &= 1 - \frac{成品幅宽}{坯布幅宽} \times 100\%\\ &= 1 - \frac{150}{178.6} \times 100\% = 16.0\%\end{aligned}$$

10. 坯布纬密

$$坯布纬密 = 成品纬密 \times (1 - 染整长缩率) = 273 \times (1 - 7\%) = 253.9(根/10cm)$$

$$上机纬密 = 下机纬密 \times (1 - 下机坯布长缩率) = 253.9 \times (1 - 4\%) = 243.7(根/10cm)$$

11. 1匹坯布用纱量计算 1匹整经长度按65m计算。

$$坯布长度 = 整经长度 \times (1 - 经纱织造缩率) = 65 \times (1 - 5\%) = 61.8(m)$$

$$1匹坯布经纱用量 = \frac{16公支经纱根数 \times 整经长度}{经纱公制支数 \times 1000} + \frac{70/2公支经纱根数 \times 整经长度}{经纱公制支数 \times 1000} = \frac{4512 \times 65}{16 \times 1000} + \frac{564 \times 65}{35 \times 1000} = 19.377(kg/匹)$$

按经纱排列，A、B、C、D、E各个经纱匹用量分别为9.165kg、4.073kg、4.710kg、0.38kg、1.047kg。

$$1匹坯布纬纱用量 = \frac{下机纬密 \times 织造筘幅 \times 坯布长度}{纬纱公制支数 \times 10000} = \frac{253.9 \times 188 \times 61.75}{16 \times 10000} = 18.422(kg/匹)$$

按纬纱排列，P、Q、R、S各个纬纱匹用量分别为9.211kg、4.12kg、4.727kg、0.364kg。

12. 全幅1m长坯布质量

$$全幅1m长坯布质量 = \frac{1000 \times (每匹坯布经纱用量 + 每匹坯布纬纱用量)}{坯布长度} = \frac{1000 \times (19.378 + 18.419)}{61.8} = 612(g)$$

13. 染整重耗 按初定的质量400g/m^{2}计算重耗率。

$$染整重耗率 = 1 - \frac{全幅1m长成品质量 \times (1 - 染整幅缩率)}{全幅1m长坯布质量} = 1 - \frac{每平方米克重 \times 成品幅宽 \times (1 - 染整幅缩率)}{全幅1m长坯布质量 \times 100} = 1 - \frac{400 \times 150 \times (1 - 7\%)}{612 \times 100} = 8.8\%$$

此类品种，按生产经验其重耗为8%~9%，所以8.8%属于正常范围。

14. 全幅1m长成品质量 也可根据重耗率经验值计算产品质量。

$$全幅1m长成品质量 = \frac{全幅1m长坯布质量}{1 - 染整长缩率} \times (1 - 染整重耗率) = \frac{612}{1 - 7\%} \times [1 - (8\% \sim 9\%)] = 598 \sim 605(g)$$

将上述工艺规格参数整理见表7-21。

表7-21　工艺规格参数

工艺规格	数值	工艺规格	数值	工艺规格	数值
总经根数	5076	下机幅宽（cm）	178.7	成品幅宽（cm）	150
上机幅宽（cm）	188	下机经密（根/10cm）	284.2	成品经密（根/10cm）	339
筘号	60	下机纬密（根/10cm）	253.9	成品纬密（根/10cm）	273
每筘穿入数（根）	4.5	整经长度（m）	65	成品米重（g/m）	600
上机经密（根/10cm）	270	坯布长度（m）	61.8	成品平方米克重（g/m^2）	400
上机纬密（根/10cm）	243.7	织造长缩率（%）	5	染整长缩率（%）	7
织造幅缩率（%）	6	每匹坯布纱线用量（kg）	A：9.165，B：4.073 C：4.710，D：0.38 E：1.047 P：9.211，Q：4.12 R：4.727，S：0.364	染整幅缩率（%）	16
坯布长缩率（%）	4	坯布米重（g/m）	612	重耗率（%）	8.8

（三）生产和工艺调整

根据上述的工艺规格进行生产，成品设计和实测数据见表7-22。

表7-22　成品设计和实测数据

项目	成品经密（根/10cm）	成品纬密（根/10cm）	成品幅宽（cm）	成品质量（g/m^2）
设计	339	273	150	400
实测	336	270	151	393

面料外观和测试等各方面情况都与来样非常一致。

思考题与习题

1. 精纺毛织物的风格特征有哪些？

2. 粗纺毛织物的风格特征有哪些？

3. 精纺毛织物与粗纺毛织物有哪些区别？

4. 精纺毛织物的密度如何确定？

5. 对于精纺毛织物，如何确定纱线的捻度和捻向？

6. 粗纺毛织物的原料混用应该注意什么？

7. 如何在毛织物中正确使用化学纤维？

8. 粗纺毛织物的密度如何确定？

9. 粗纺毛织物影响洗呢效果的因素有哪些？

10. 生产混纺维罗尼织物的原料选用一级改良毛 35%、15.6tex 国毛 36%、0.56tex 黏胶纤维 29%，求其可纺纱线的线密度。

11. 设计自接结 $\frac{2}{2}$ 双层面料，正面为黑白犬牙（4A4B），反面是黑色，请进行织物组织、纱线排列及定位设计。

12. 某精纺全毛织物，$\frac{2}{2}$ 方平组织，经纬纱线密度分别为 10tex×2（100/2 公支）和 16.7tex（60 公支），经密 452 根/10cm，纬密 425 根/10cm，每米克重 245g/m。客户要求改为四季款，每米克重调整为 280g/m，身骨与原织物相仿，花型保持不变，经济用毛，请进行纱支和原料设计。

13. 某精纺面料，$\frac{1}{1}$ 平纹组织，经纬纱线密度为 17.8tex×2（56/2 公支），紧度为 85，织物密度纬经比为 0.8，成品幅宽定为 150cm，经纬纱织缩率定为 5%，染整长缩率定为 4%，染整幅缩率定为 7%，试进行上机工艺设计。

第八章　绸类机织产品设计

本章目标

1. 理解绸类机织物的概念、特点及分类。
2. 掌握绸类经典机织产品常见品种、风格特征、结构特点、主要规格参数。
3. 熟知绸类经典机织产品的主要应用。
4. 掌握绸类毛型机织产品规格设计及上机工艺参数设计方法。
5. 制订绸类机织产品的上机工艺与上机参数设计方案。

中国是世界上最早饲养家蚕和缫丝织绸的国家，蚕丝产量占世界总产量的75%。中国丝织品生产工艺以历史悠久、技术先进、制作精美而著称于世。“丝绸之路”使得蚕丝在经济上、艺术上及文化上均散发出灿烂光芒，进而使丝绸衣披天下。绸类机织物指用蚕丝（真丝）、人造丝、合纤丝等原料织成的各类织物。蚕丝被誉为“纤维皇后”，绸类织物具有光滑柔软的手感，珍珠般柔和的光泽，纹理细腻，色彩鲜艳，华贵富丽，穿着舒适、透气，既飘逸又有悬垂感。全真丝绸类织物呈幽雅的珍珠光泽，手感柔和飘逸。化纤绸类织物光泽明亮，无珍珠光泽，部分还具有极光感，手感较真丝织物硬挺。

第一节　绸类机织产品概述

绸类织物传统意义上是指蚕丝织物，属于高档纺织面料，是以天然蚕线为主要原材料织制而成，也称为丝织物。蚕丝织物具有手感柔软、外观华丽、光泽优雅、优良的吸湿性、穿着舒适、独特的丝鸣感等特点，但蚕丝织物价格较高，抗折皱性能和耐光性能一般。随着科技发展，绸类织物所用原料种类逐渐增加，除蚕丝和化纤长丝外，还有其他类纤维材料。绸类机织物常用的原料有：桑蚕丝、柞蚕丝、绢丝、黏胶人丝、醋酸人丝、铜氨人丝、锦纶丝、桑蚕丝包覆丝、抱合线（在缫线时桑蚕线与氨纶并合）、石墨烯人丝、石墨烯锦纶丝等。原材料和设计的多样化，使绸类织物花色品种更加丰富多彩。

一、绸类机织产品的分类

（一）按原料分类

1. 真丝

（1）桑蚕丝。桑蚕丝是人工饲养的家蚕所结的茧通过缫制而成的蚕丝，如白厂丝，土丝，双宫丝等。

（2）野蚕丝。野蚕丝是野生的蚕茧通过缫制而成的蚕丝，如柞蚕丝，蓖麻蚕丝等。除柞蚕丝能够作为天然丝的原料之外，一般其他几种野蚕丝仅作绢纺原料，数量不多。柞蚕茧的保暖性、耐水性、强力、湿强、耐光性、耐酸、耐碱性等性能优良，但光泽、色泽、柔软、细腻、光洁度等不如桑蚕丝，而且柞蚕丝织物易产生水渍。

（3）绢丝。以蚕丝的废丝、废茧、茧衣等为原料，加工成短纤维后再纺成长纱。光泽优良，粗细均匀，强力与伸长率较好，保暖性、吸湿性好。缺点是多次洗涤后易发毛。

2. 人造丝

（1）黏胶纤维。黏胶纤维是以天然纤维素为原料，通过纺丝制备而成的再生纤维素纤维，黏胶纤维是仿真丝绸的主要原料。黏胶纤维透气柔软，具有良好的染色性和色牢度，透气性、亲肤性、舒适性都非常好。

（2）莫代尔纤维。莫代尔纤维是一种高湿模量的黏胶纤维，莫代尔纤维分子的聚合度高于普通黏胶纤维，因此，相比黏胶纤维其强度尤其是湿强有了很大的提升。

（3）莱赛尔纤维。莱赛尔纤维不仅具有黏胶纤维所具有的舒适性、手感好、易染色等特点，还具有传统黏胶纤维所不具备的环保优点。

（4）铜氨纤维。铜氨纤维是用上等木浆、棉短绒浆粕等纤维素为原料，将纤维素溶解在氢氧化铜或碱性铜盐的浓氨溶液中，加工成纺丝溶液，通过纺丝制备而成。铜氨纤维在一般大气环境下的回潮率可以达到12%～13%，具有吸湿、放湿、呼吸、清爽为一体的优良性能。铜氨纤维制作过程环保，在土壤里可自然降解，是一种绿色环保的生态纺织原料。

（5）醋酸纤维。纤维素被乙酸酐或乙酸盐类酯化后的纤维素酯，称为醋酸纤维素，经纺丝而成纤维素醋酸酯纤维，简称醋酸纤维。根据在酯化后加水进行水解的程度及酯化度可得到二醋酸纤维素为主或三醋酸纤维素为主的产品。二醋酸纤维的超分子结构中无定形区较大，三醋酸纤维具有一定的结晶结构，而且纤维大分子的对称性、规整性、结晶度均比二醋酸纤维高。醋酸纤维素纤维具有一种天然柔和的光泽，它能完美地吸收各种颜色的染料，从而赋予织物华美的外观品质。

3. 合成纤维类

（1）锦纶。锦纶纤维具有高强度、高弹性和高回弹性等优点，其耐反复形变性好，能承受数万次，甚至百万次的折挠作用，耐疲劳性极佳。锦纶的初始模量低，小负荷下容易变形，所以织物保形性和硬挺性不及涤纶织物，抗皱性不高。

（2）涤纶。涤纶是一种具有高强度、高模量和低吸水性的合成纤维。涤纶短纤维既可以纯纺，也适合与其他纤维混纺使用，涤纶长丝主要用于织造仿丝绸织物，也可与蚕丝或其他纤维纱线交织。

此外，随着经济的快速发展，人们对于面料的质量和手感，以及功能性有了更高的追求。桑蚕丝、包覆丝、石墨烯人丝、石墨烯锦纶等也被应用到了绸类机织物中。

（二）按组织结构分类

1. 普通型丝织物 普通型丝织物即由一般织物组织构成的丝织物。从简单组织到复杂组织均属此类，如电力纺、塔夫绸、织锦缎等。

2. 起绒型丝织物 起绒型丝织物即由一组经丝或纬丝在织物表面形成毛绒或毛圈的丝织物，如乔其绒、天鹅绒等。

3. 纱罗型丝织物 经线与纬线交织时互相扭绞而形成纱孔的丝织物称纱罗型丝织物，如杭罗、莨纱等。

（三）按染整加工分类

1. 生织物 生织物指未经染色的经纬丝线先加工成丝织物，而后再经染整加工的织物称生织物。

2. 熟织物 熟织物指经纬丝线先染色后再织造，即丝织物中的色织物，如塔夫绸、织锦缎等。

3. 半熟织物 半熟织物指部分经纬丝线先经过染色，织成织物后再经练染或整理加工所形成的丝织物称半熟织物，如天香绢、绣花绢等。

二、经典绸类机织产品

绸类机织产品根据其组织结构及制造工艺、外观特征及风格效果的不同，通常将其分为14大类，分别是纺、绉、绫、罗、绸、缎、纱、绡、葛、绒、绨、绢、锦、呢。

（一）纺类

纺类织物是一种质地比较轻薄的丝绸面料，采用平纹组织，一般经纬丝不加捻或加弱捻，平经平纬织造。生织后再经练、染等后处理或采用半色织工艺，纺类织物为外观平整细密的素、花丝织物。纺类织物适宜作普通夏季服装面料及高级套装的里料和胆料。

1. 电力纺（图8-1） 电力纺是平经平纬（即经纬丝均不加捻）的桑蚕丝生织绸，织后再经练染整理，是平纹组织的素织物。按织物原料不同，可分为真丝电力纺、黏胶丝电力纺和真丝黏胶丝交织电力纺等。电力纺的规格较多，一般经纱采用2根22.2dtex/24.4dtex的生丝，纬纱可以采用2根、3根或4根22.2dtex/24.4dtex生丝并合。电力纺的质地平整细密，无正反面之分，比绸类轻薄，柔软飘逸，光泽柔和，穿着滑爽舒适。较一般丝织物轻薄透凉，但比纱类丝织物细密，能充分体现桑蚕丝织物的独有特点。

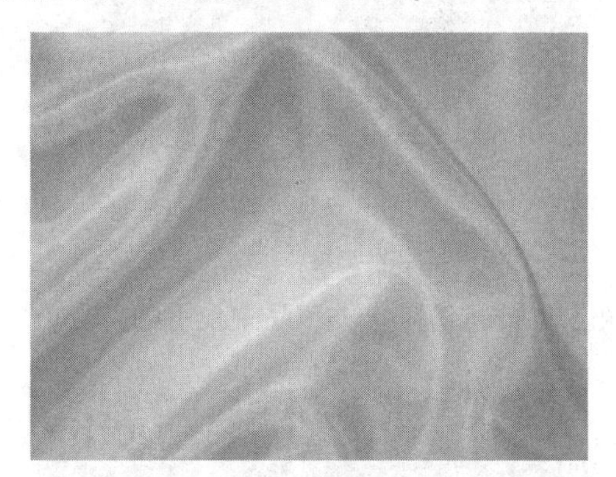

图8-1 电力纺

电力纺有厚型与薄型之分。厚型的平方米克重在40g/m^{2}以上，可达到70g/m^2，用于衣着；薄型平方米的克重在40g/m^{2}以下，一般为20~25g/m^2，适用于头巾、绢花及高档毛料和丝绸服装的里料。

2. 尼丝纺（图8-2） 尼丝纺是以锦纶长丝为原料制成的合成纤维面料，类似的以涤纶长丝为原料称为涤平纺，是使用量非常大的一种合纤长丝机织物。一般尼丝纺为平纹组织，

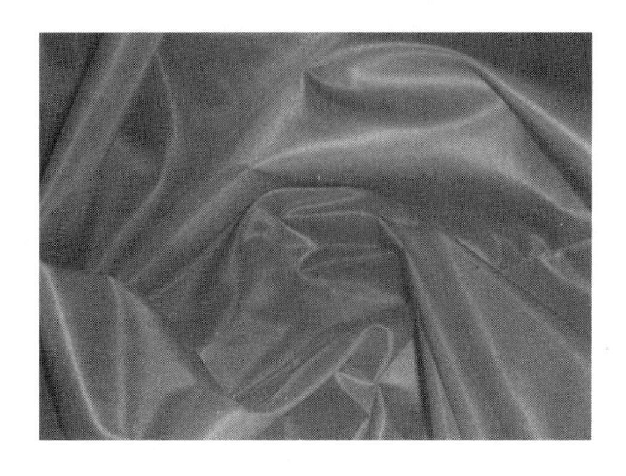

图 8-2 尼丝纺

也有采用变化组织的尼丝纺。坯绸的后加工有多种方式，有的可经精练、染色或印花；有的可轧光或轧纹；有的可涂层。随着各种低线密度锦纶长丝织制的技术难点被攻克，尼丝纺的经纬原料也从原来的 77.7dtex（70 旦）发展到 16.5dtex（15 旦）、22.2dtex（20 旦）、33.3dtex（30 旦）、44.4dtex（40 旦）、55.5dtex（50 旦）等多种规格的锦纶长丝。尼丝纺的绸面平挺光滑，细腻光洁，质地轻而坚牢耐磨，强力高，弹性好，不缩水，易洗快干。

尼丝纺的品种规格有数十种之多，一般来说，尼丝纺分为中厚型（$80g/m^2$）和薄型（$40g/m^2$）。中厚型尼丝纺面料可作服装、商品包装、箱包用料等；薄型尼丝纺可作滑雪衫、羽绒服、防晒衣、服装里料、轻便包袋等；尼丝纺经过涂层处理以及防水、防风等处理后，可做雨衣、雨伞、冲锋衣、睡袋、帐篷以及其他户外用品等。

图 8-3 绢丝纺

3. 绢丝纺（图 8-3） 一般绢丝纺用 4.8tex 或 7tex 的双股绢丝线作原料，采用平纹组织。面料外观平整，质地坚牢，绸身黏柔垂重。但因绢丝纺所用的原料是天然蚕丝短纤纱，所以它的绸面不如以天然长丝为原料的电力纺光滑，细看之下其表面有一层细小的绒毛，手感比电力纺等纺类产品更丰满。

4. 杭纺（图 8-4） 杭纺又称素大绸，它主要以杭州为产地，所以称为杭纺。经、纬纱均采用 55.0/77.0dtex×3 的桑蚕丝作原料，采用平纹组织，属于生织绸。因所用丝线粗，因此杭纺是纺类产品中最重的一种。杭纺绸面光洁平整，织纹颗粒清晰，质地紧密厚实，坚牢耐穿，富有弹性，色泽柔和自然，手感滑爽挺括，穿着舒适凉爽。杭纺大多为匹染，色彩较为单调，一般有本白、藏青和灰色。

图 8-4 杭纺

5. 富春纺（图 8-5） 富春纺是黏胶丝（人造丝）与棉型黏胶短纤纱交织的纺类丝织物，织物经密大于纬密。经线采用 133.3dtex 的无光或有光黏胶纤维丝，纬线采用 55.6tex 的黏胶纤维，以平纹组织织造而成。由于纬线较粗，所以它的外观呈现出横向的细条纹。织物绸面光洁，手感柔软滑爽，色泽鲜艳，光泽柔和，吸湿性好，穿着舒适，主要用作夏季衬衫、裙子面料或儿童服装，杂色富春纺也可作冬季棉衣的面料等。富春纺的缺点是易皱，湿强度低。但因其价格比真丝便宜很多，所以不失为物美价廉的夏季面料。

图 8-5　富春纺

6. 无光纺　无光纺也属于黏胶纤维丝绸类产品。经纬均采用 133.3dtex 的无光黏胶纤维丝，采用平纹组织，组织结构与电力纺相似。其绸面平挺、洁白，手感柔软、爽滑而不沾体肤。有光纺除将原料换成 133.3dtex 的有光黏胶纤维丝外，其组织结构均与无光纺相同。

（二）绉类

绉类织物是采用平纹组织、绉组织或其他组织，运用组织结构和各种加工工艺共同作用（如经纬均加强捻，或经加弱捻、纬加强捻，或经不加捻、纬加强捻，以及利用张力大小，或原料强伸强缩的特性等）进行生织，织成后再经练、染等后处理，使织物呈现绉纹效应的丝绸织物。绉类织物具有光泽柔和，手感柔软、糯爽而富有弹性，抗折皱性和悬垂性好的特点，是理想的夏季服装面料，同时也可以用于制作丝巾、女式时装等。

1. 双绉（图 8-6）　双绉是常见、典型的绉类丝织物。双绉主要是真丝双绉，也有人丝（黏胶长丝）双绉、涤纶长丝仿真丝双绉等。双绉采用平纹组织，经纱用 2 根或 3 根 22.2/24.4dtex 的生丝并合线，纬纱用 3 根或 4 根 22.2dtex/24.4dtex 的生丝强捻线，由于平经绉纬（经线不加捻或仅加弱捻，纬线加强捻）并且织造时纬线又以 2 根左捻、2 根右捻的次序投纬，因此经练染后，面料表面呈现隐约可见的细小绉纹。成品平方米克重为 35～78g/m²。除染色和印花双绉外，还有小提花双绉，小提花双绉织物外观呈现彩色条格、空格或散点小花。主要用作男女衬衫及夏季裙装、丝巾等。

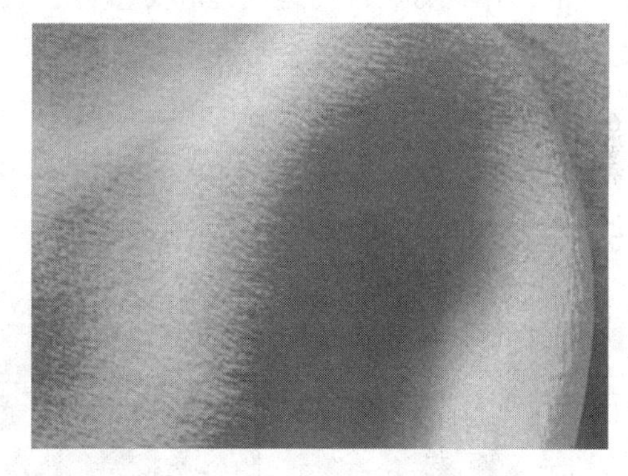

图 8-6　双绉

2. 碧绉（图 8-7）　碧绉又称单绉，属于中薄型绉类丝绸织物。根据所使用的原料分为真丝碧绉、桑蚕丝和尼龙丝或人造丝交织的交织碧绉。是采用平纹组织的生织绸，也是平经绉纬的结构。与双绉所不同的是碧绉纬线的结构不相同，双绉采用二左二右的纬线织入，而碧绉的纬

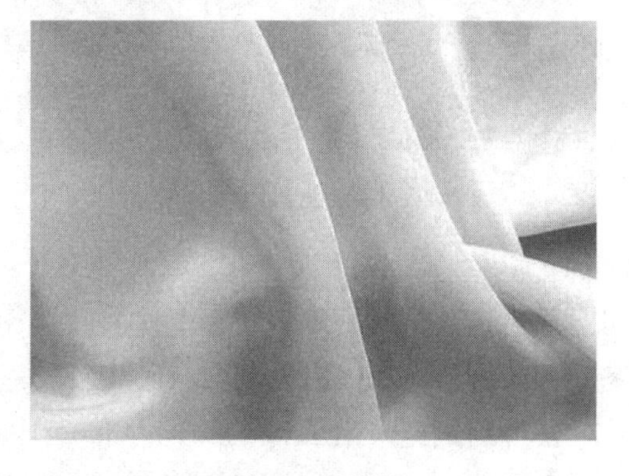

图 8-7　碧绉

线是用三根 22. 2dtex/24. 4dtex 的生丝捻合线再加上一根单丝回捻成一根单向强捻的螺旋线（也称碧绉纬）织入。经炼染后纬线收缩成波曲状，使织物表面形成水浪波纹。碧绉的经练染后绸面呈现比双绉略明显的绉纹，绸身比双绉略厚，光泽柔和，透气性好，手感挺爽，弹性好，不易起皱，外观别致等，大多用作夏季男女衬衫、各式裙装、长裤等。

和合绉也是与碧绉相似的品种，两者的主要区别是和合绉的纬线是用一根无光黏胶纤维丝加捻和一根生丝加捻的并合线。

3. 乔其绉（图 8-8） 乔其绉是用加强捻的丝采用平纹组织织成的极其轻薄稀疏、透明起绉的丝织物。乔其绉的经线和纬线都采用两种不同捻向的丝线，捻度为 20~30 捻/cm，织造时经纬向均为两根 S 捻和两根 Z 捻丝线相间排列，并配置稀松的经纬密度，坯绸经精练，致使强捻丝线收缩，在绸面上形成微微凸起的微小颗粒和大量细小的孔洞，获得结构松软的特殊效果。乔其绉还可以在透明的乔其绉上利用外加经丝或纬丝织出缎花，也有的织入金银线加以点缀。乔其绉质地轻薄透明，手感柔爽而富有弹性，外观清淡雅洁，并具有良好的透气性和悬垂性，宜作衬衫、衣裙、高级晚礼服和丝巾等，是理想的夏季服装面料。

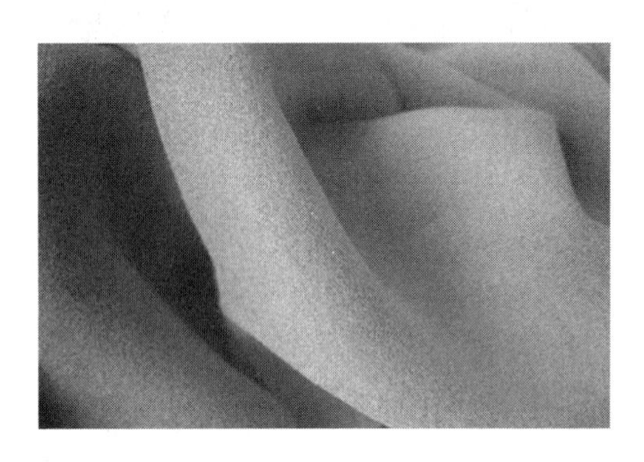

图 8-8　乔其绉

乔其绉的主要品种有经线和纬线均为 22. 2dtex/24. 4dtex×2，30 捻/cm 桑蚕丝，质量 35g/m²。采用 22. 2dtex/24. 4dtex×3，26 捻/cm 桑蚕丝作经线和纬线，质量 52g/m²。经纬线均为 22. 2~24. 4dtex，30 捻/cm 桑蚕丝，平方米克重 20g/m²。

4. 留香绉（图 8-9） 留香绉是我国的传统丝织物，属于中厚型类丝绸织物。经线由主经与副经组成，主经是由 2 根生丝并合成的股线，副经是有光黏纤丝，在织物中起提花作用；纬线是由 3 根生丝捻合成的复捻丝，用于形成绉纹。起皱方法属于单绉方式，即利用螺旋强捻纬丝起皱。留香绉的特点是平纹绉底，经向缎纹提花，由黏纤丝提花所形成的花纹显得特别明亮，质地柔软，色彩艳丽。由于织物中有两种原料，染色后可显双色。其主要用途是做春、秋季妇女各类服装，如衬衫、女装、裙装、旗袍，也常用作冬季服装面料，如夹衣、袄面、民族装及飘带、镶边等装饰用绸。

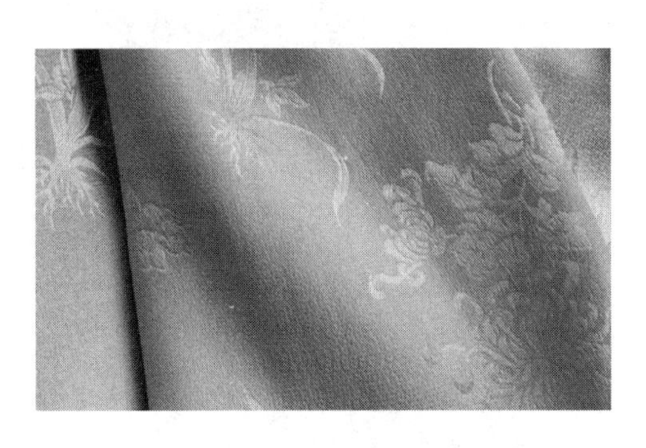

图 8-9　留香绉

留香绉地经采用 22. 2dtex/24. 4dtex×2 桑蚕丝并合，花经采用 82. 5~132dtex 有光人造丝，纬丝用 22. 2dtex/24. 4dtex×3 桑蚕丝，加强捻。

（三）绫类

绫类织物指采用斜纹或变化斜纹为基础组织，表面具有明显的斜纹纹路，或以不同斜向组成的山形、条格形、阶梯形等花纹的花、素丝织物。素绫采用单一的斜纹或变化斜纹组织；花绫的花样繁多，在斜纹地组织上常织有盘龙、对凤、环花、麒麟、孔雀、仙鹤、万字、寿团等民族传统纹样。一般采用单经单纬，且均不加捻或加弱捻。绫类织物具有质地轻薄、手感柔软、光泽柔和，穿着舒适的特点。中厚型绫织物适宜作衬衫、头巾、连衣裙；轻薄型宜作服装里料等。常见品种有真丝斜纹绸、美丽绸、羽纱等。

1. 真丝斜纹绸（图 8-10） 真丝斜纹绸为纯桑蚕丝白织绫类丝织物，又称桑丝绫，分为练白、素色及印花三类。绸面有明显的斜纹纹路，质地柔软光滑，光泽柔和，花色丰富多彩，轻薄，滑润、具有飘逸感，适合制作夏季裙衫及围巾等，也可用于高档呢绒及真丝服装的里料。经纬线采用 22.22dtex/24.42dtex × 2 或 22.22dtex/24.42dtex × 3、22.22dtex/24.42dtex×4（2/20 旦/22 旦或 3/20 旦/22 旦~4/20 旦/22 旦）桑蚕丝，一般为$\frac{2}{2}$斜纹组织。质量为 35~88g/m^2。

图 8-10　真丝斜纹绸

19005 真丝斜纹绸经密 760 根/10cm，纬密 450 根/10cm，质量 44g/m^2。坯绸经练、印或染。用作衬衫、连衣裙、睡衣以及方巾、长巾等。

2. 美丽绸（图 8-11） 美丽绸又称美丽绫，纯黏胶丝绫类丝织物。绸面光亮平滑，斜纹纹路清晰，手感滑润，是较好的服装里料。如 51101 美丽绸经纬均采用 133dtex（120 旦）有光黏胶丝，组织$\frac{3}{1}$斜纹。用黏胶丝作经，棉线 13.9tex×2（42/2 英支）作纬交织的称棉线绫。

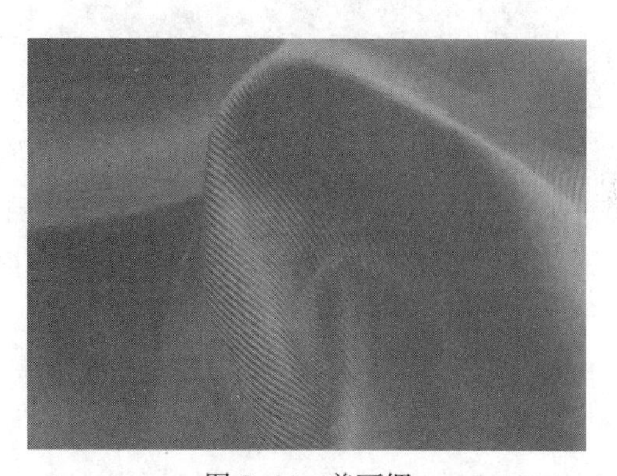
图 8-11　美丽绸

3. 羽纱（图 8-12） 羽纱属黏胶纤维丝绸类，为黏胶纤维丝与棉的交织产品。经纱用 133.3dtex 的有光黏胶纤维丝，纬纱用 28tex 的棉纱，采用三枚或四枚斜纹组织织造而成。绸面外观呈斜向纹路，正面富有光

图 8-12　羽纱

泽，反面无光，手感滑爽，斜纹纹路清晰，质地柔软。一般用于秋、冬季服装的里料。

4. 广绫 广绫为真丝绸类产品。经线为 22.2detx/24.4dtex 的生丝，纬线用 2 根 22.2dtex/24.4dtex 生丝的并合线，丝线都不加捻。广绫有素广绫和花广绫之分，前者为素织，后者为花织。花广绫在斜纹地上，显示缎纹亮花，绸身手感略硬。

(四) 罗类

罗类织物是全部或部分采用罗组织，即绞经在每织 3 梭或 3 梭以上奇数纬绞转 1 次，从而构成等距或不等距的条状纱孔的花、素织物。根据罗纹排列的现状分为罗纹呈横条（即与布边垂直）的“横罗”，罗纹呈直条（与布边平行）的“直罗”。根据是否采用提花工艺分为“素罗”和“花罗”。罗类面料紧密结实，身骨平挺爽滑，透气性好，花纹雅致，原料大多采用桑蚕丝，也少量采用锦纶丝或涤纶丝。用桑蚕丝织成的常见产品有杭罗、纹罗、帘锦罗、四经绞罗等。

罗类织物中最具代表性的是杭罗，属真丝绸类产品，经、纬丝均采用纯桑蚕丝，以平纹组织和罗组织交替织造而成。杭罗的绸面排列着整齐的纱孔。杭罗有七梭罗、十三梭罗、十五梭罗等（即经纱每平织七次、十三次或十五次后扭绞一次形成纱孔），使得杭罗罗纹的宽窄有所不同。

图 8-13 杭罗

杭罗（图 8-13）为生织绸，虽然轻薄并有大量孔眼，但由于采用平纹组织与绞纱组织相结合，因此织物结构稳定，纱线间不易产生滑移，手感糯爽柔软，透气透湿性好。以练白、灰、藏青等素色为多。面料风格雅致、质地紧密、结实、纱孔通风、透凉、穿着舒适、凉爽，主要用于制作各类夏季服装，以及高档女式时装、旗袍等。

(五) 绸类

绸类织物指无其他类丝织物特征的各种花、素丝绸织物。一般采用平纹或各种变化组织，可以有多组不同的纬纱，甚至可以用多组的经纱织造，重量与密度大于纺类织物。绸类织物的原料除了桑蚕丝、黏胶长丝、涤纶丝、锦纶丝等长丝纱外，还可以采用棉纱、毛纱、麻纱等短纤纱与蚕丝等交织制成绸类织物。但其品种轻重、厚薄差异较大，轻薄型的绸类织物质地柔软，富有弹性，常用作衬衫、裙料等；中厚型绸面层次丰富，质地平挺厚实，适宜作各种高级服装，如西服、礼服或供室内装饰之用。常见品种有双宫绸、绵绸、大同绸、四季料、塔夫绸、花线春等。

图 8-14 塔夫绸

1. 塔夫绸（图 8-14） 塔夫绸是丝绸传统的高档产品，为全真丝熟织绸。采用平纹组织和高于一般绸类织物密度织成的高档绸。具有质地紧密、绸面细结光滑、平挺美观、光泽柔和自然、不易脏污等特点，缺点是易折皱、折叠重压后折痕不易恢复，适用于夏季服装面料及服饰配件头巾、伞布之类用料。

真丝塔夫绸属全桑蚕丝熟织物，以平纹组织为基础，经纬纱都采用高等级生丝，先经过脱胶、染色后再织造，织物密度大，经密达 790 根/10cm 以上，纬密 450 根/10cm，是绸类织物中密度最大的品种之一。

2. 双宫绸（图 8-15） 双宫绸是用普通桑蚕丝作经纬，双宫桑蚕丝作纬丝的绸类平纹丝织物。因纬粗经细，双宫丝丝条上不规则地分布着疙瘩状竹节，因此，织物别具风格，绸面呈现均匀而不规则的粗节，质地紧密挺括、色光柔和，有色织与白织之分。根据染整加工情况，可分成生织匹染和熟染两种。熟织中又有经纬互为对比色的闪色双宫绸和格子双宫绸等。

图 8-15　双宫绸

双宫绸品种有桑蚕丝经、双宫丝纬织物，单位面积质量为 46～98g/m^2；也有全双宫丝织物，单位面积质量为 102～168g/m^2；还有绢丝经、双宫纬织物，单位面积质量为 95～155g/m^2。适合制作服装面料和装饰用绸。

3. 花线春（图 8-16） 花线春又称“花大绸”，主要产地以浙江杭州、绍兴为主，也有部分产自山东。真丝花线春是经丝用厂丝，纬丝用 71.4dtex×2 或 83.3dtex×2 的绢纺线；交织花线春则以棉纱作纬纱，均为平纹小提花组织。其风格特征是布面以满地小花或图案为多，质地厚实比塔夫绸稍稀疏，绸面均匀紧密，光泽柔和丰润、坚牢耐用。适用于少数民族外衣和礼服、男女便服等。

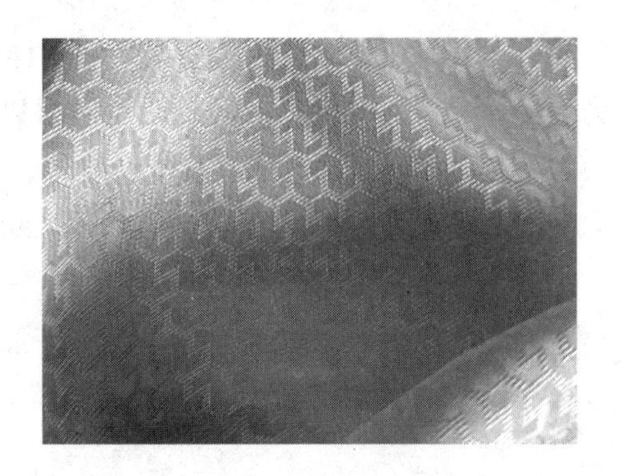

图 8-16　花线春

4. 四季料（图 8-17） 四季料是采用柞蚕丝与柞绢丝交织而成的绸类平纹丝织物。其特点是质地轻薄柔软，光泽柔和，既有丝的珠宝光泽，又酷似羊毛手感，同时具有良好的吸湿性和透气性。其产品多为染色绸和练白绸，适合制作各式男女服装，尤其适合制作连衣裙、领带和高级内衣用料。

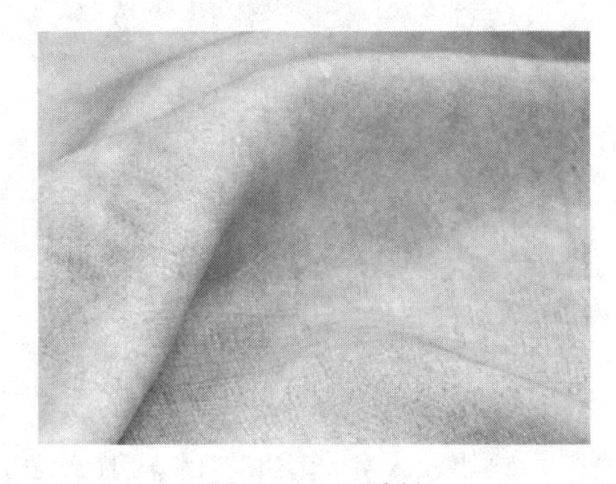

图 8-17　四季料

（六）缎类

缎类织物是以缎纹组织为基础的丝织物，根据加工工艺不同有素织物和提花织物，缎类织物光滑、柔软、光泽柔和，具有优雅、富贵华丽之感。缎类织物的品种很多，其用途也因品种而异，可作衬衣、裙子、头巾、戏剧服装、西服，以及高级家纺用品等。

图 8-18 织锦缎

1. 织锦缎（图 8-18） 织锦缎是在经面缎上起三色以上纬花的中国传统高档丝织物。织锦缎属重纬织物，由一组经线与三组纬线交织，甲纬是一种颜色的线，乙纬是另一种颜色的线，丙纬可以有各种不同的色彩，并根据图案的色彩有规律地进行变化调换，从而形成 5 彩、7 彩、9 彩织锦缎等。织物表面光泽柔和细腻，手感厚实挺括，质地细致紧密，花纹清晰，花型丰满富有立体感，色彩丰富，鲜艳夺目，为传统的高档丝织品。织锦缎主要用于制作高级男女中式服装、旗袍、女式礼服与时装，也可作为领带用绸以及高级家纺用品。织锦缎按原料可分为真丝织锦缎、人丝织锦缎，以及交织织锦缎（经丝为桑蚕丝、纬丝为人造丝）、金银织锦缎（经丝用桑蚕丝，甲、丙纬用人造丝，乙纬用聚酯金银线）等。除了原料外，色彩配置和花样设计也是织锦缎织物设计的重要内容。传统织锦缎为地部显示缎面的高贵细腻，花型题材以具有民族风格的传统纹样居多，如梅、兰、竹、菊、写实花卉、寿字、八仙、百子、凤凰、孔雀等纹样；现代织锦缎为迎合国际潮流趋势，采取艳丽的满地大花纹样及各种现代风格的图案。

2. 软缎 软缎是以桑蚕生丝为经纱、黏胶丝为纬纱的缎类丝织物。由于桑蚕丝与黏胶丝的染色性能不同，匹染后经、纬纱形成异色效果，在经密不太大时具有闪色效应。软缎分为花软缎和素软缎。

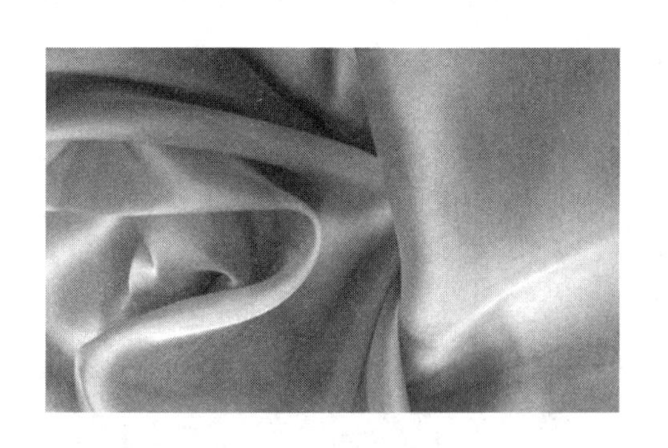

图 8-19 素软缎

（1）素软缎（图 8-19）。采用八枚经面缎纹组织织造而成，是真丝与黏胶丝交织的绸类产品。生织产品，平经平纬（经纬线均不加捻），通常软缎的经纱为单根 22.2dtex/24.4dtex 的桑蚕丝或 2 根 22.2dtex/24.4dtex 的桑蚕丝，经密为 900～1200 根/10cm；纬纱为 132dtex 的有光黏胶人造丝，纬密为 480～600 根/10cm。素软缎由于真丝作经大多在织物正面，黏胶丝作纬线沉于织物背面，因此其正面手感柔软且平滑光亮，而反面则手感粗硬，光泽柔和。素软缎素净无花，适合制作舞台服装和刺绣、印花等艺术加工的基布。

（2）花软缎（图 8-20）。花软缎在单层八枚缎纹地组织上显纬花和平纹暗花。纬花是纬二重组织，在每两根纬线之中，一根在绸缎正面起纬花，一根在纬花下衬平纹。花软缎纹样多取材于牡丹、月季、菊花等自然花卉，经密小的品种适宜用较粗壮的大型花纹，经密大的品种则可配以小型散点花纹。花软缎一般用作旗袍、晚礼服、儿童斗篷和披风的面料。软缎被面和三闪花软缎是花软缎的变化品种，基本特征与花软缎相同，其中软缎被面的幅宽和纹样的循环大，需采用纹针数较多的提花机织造，三闪花软缎的部分纬丝在织造前进行染色，用双面双梭箱提花机织造。

图 8-20　花软缎

3. 绉缎（图 8-21）　绉缎是以桑蚕生丝织造而成的缎类丝织物，属于全真丝绸面料中的常规品种。经纱常用 2 根或 3 根 22.2dtex/24.4dtex 并合的无捻桑蚕丝，纬纱采用 2 根以上 22.2/24.4dtex 并合加强捻的桑蚕丝，捻度达到 2600 捻/m，高捻度的纬纱以 2S2Z 的方式排列，绉缎织物组织常采用五枚或者八枚经面缎纹组织。绉缎的经密较高，一般在 1000 根/10cm 以上，平方米克重为 130g/m^2（合 30 姆米）左右。绉缎的最大特点是织物的两面从外观上相差很大。一面是不加捻的经丝，十分柔滑、光亮；另一面是加强捻的纬丝光泽暗淡，经练染后有细小的绉纹。

图 8-21　绉缎

绉缎的手感比软缎更滑爽，光泽更自然柔和，手感丰满厚实，富有弹性，并具有良好的飘逸感和悬垂性，是非常理想的夏季服装面料，适合制作连衣裙、礼服、旗袍、衬衣、休闲长裤、睡衣等。

4. 库缎　库缎是纯桑蚕丝色织缎类丝织物，又称摹本缎、贡缎，分花库缎（图 8-22）、素库缎两类。素库缎以八枚缎纹组织制织，花库缎是在缎底上提花织出本色或其他颜色的花纹，并分为亮花和暗花两种，亮花是明显的纬浮于缎面，暗花是平板不发光。库缎的纹样以传统风的团花为主，用作服装面料和其他装饰用绸。以前花库缎采用正反八枚缎纹组织，经线采用线密度较小的加弱捻或不加捻的染色熟

图 8-22　花库缎

丝，纬线采用线密度较大的无捻染色熟丝。现在花库缎花部改用变则八枚纬缎，经丝采用双股加捻熟丝，纬丝采用染色生丝或半练的染色桑蚕丝。花、地异色的库缎又称为彩库缎。库缎经、纬紧度较大，成品质地紧密，厚实挺括，缎面平整光滑。

5. 九霞缎 九霞缎与留香绉一样也是具有民族特色的传统产品。它属全真丝提花生织绸，平经绉纬。地组织采用纬面缎纹或纬面斜纹，因此经练染后织物的地部有绉纹，光泽较暗；而花部采用经面缎纹，由于经丝不加捻，因此花纹特别明亮。九霞缎绸身柔软，花纹鲜明，色泽光亮柔和，主要作少数民族服饰用绸。

（七）纱类

纱类织物是在地纹或花纹的全部或一部分有纱孔的花、素织物，采用绞纱组织，每织 1 梭纬线，绞经绞转 1 次而形成。经纬丝大多采用桑蚕丝、锦纶丝、涤纶丝，纬丝还可用人造丝、金银丝及低线密度的棉纱等。纱织物分素纱和提花的花纱两类。花纱中在平纹地组织上起绞经花组织的称为实地纱；在绞经地组织上起平纹花组织的称为亮地纱，如图 8-23 所示。纱类面料质地轻薄透明，具有飘逸感，透气性好，织物结构稳定。

（a）实地纱

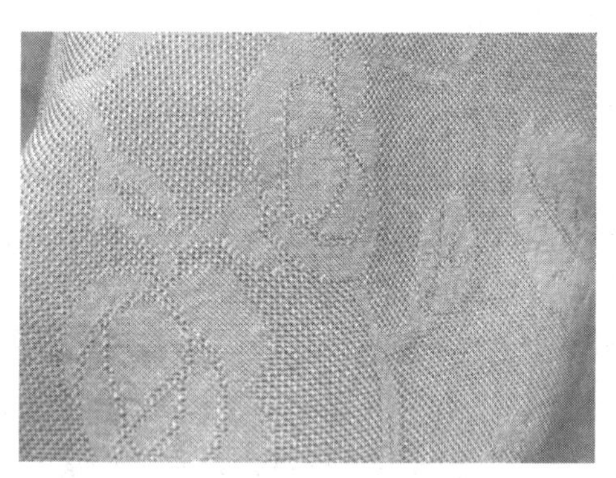

（b）亮地纱

图 8-23　实地纱和亮地纱

1. 莨纱（图 8-24） 莨纱又名香云纱，主要产地是广东省佛山市南海区一带，已有近百年的生产历史，采用传统手工浸晒，是我国特有的丝绸夏季面料。

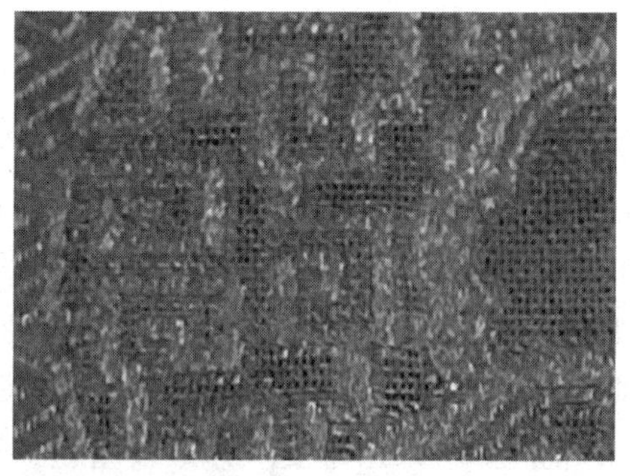

图 8-24　莨纱

莨纱是在平纹地上以绞纱组织提出满地小花纹，并有均匀细密小孔眼的丝织物，经茨莨液浸渍处理再上胶晒制而成的绞纱类丝织物。先将坯绸精练、水洗、晒干后，再在茨莨液中浸渍，经过反复晒和浸（36~40 次），再将河泥覆盖在织物表面过乌。因河泥中含有铁盐的物质附着在绸面上，使覆河泥的一面呈现油亮的黑褐色，未覆河泥的一面仍是一薄层胶状物质呈黄棕色。

莨纱的制作工艺独特，时间较长，手感凉爽、滑润，挺括不皱且有弹性，穿着爽滑，透凉、舒适，散湿性能好。可用于制作衬衣、裙装、裤装以及其他夏季服装、女式时装和中式服装等。

2. 庐山纱　庐山纱是桑蚕丝生织提花绞纱类丝织物，中国传统纱类织物的代表品种。表面隐约可见细直条纹和满地细暗花纹，纱孔清晰透气，手感轻薄挺爽，视物有如透过庐山烟云，因此得名。由于是绞纱织物，经纬线相互锁定性好，织纹细洁，弹性好。

3. 锦玉纱　锦玉纱为色织提花绞纱类丝织物，表面具有透孔的纱地上呈现出光亮的金银皮纬花及隐约的平纹花，花地分明，外观华丽。如 63012 锦玉纱经线采用［22. 20dtex/24. 42dtex（20/22 旦）×2，8 捻/cm（S）］、6. 8 捻/cm（Z）桑蚕丝，纬线有两组，甲纬为 133. 2dtex（120 旦）有光黏胶丝（染色）；乙纬为 303. 03dtex（273 旦）铝皮，地部结构为二绞二对称绞纱组织，每一个绞孔中织入 3 梭，利用重纬组织原理，使乙纬金银皮重叠而隐蔽在 2 根甲纬之下，形成地部，花部为金银皮浮纬花及黏胶丝、金银皮与纬线组成的共口平纹花。成品单位面积质量 101g/m^2。宜作女式高档衣料、晚礼服、宴会服及装饰用。

（八）绡类

采用桑蚕丝、人造丝、合纤丝等织制的低密度平纹或透孔组织织物，具有质地爽挺轻薄、透明、孔眼方正、清晰等特点。绡类品种按加工方法不同，可分为平素绡、条格绡、提花绡、烂花绡和绣花绡等。

图 8-25　真丝绡

1. 真丝绡（图 8-25）　真丝绡又称素绡，是以桑蚕丝为原料的绡织物，以平纹组织织制，经、纬丝均加一定的捻度，经、纬密均较稀疏。织坯经半精练（仅脱去部分丝胶）后再染成杂色或印花。也有色织的。绸面起绉而透明，手感平挺略带硬性，织物孔眼清晰，主要用作女式晚礼服、结婚礼服兜纱、戏装等。

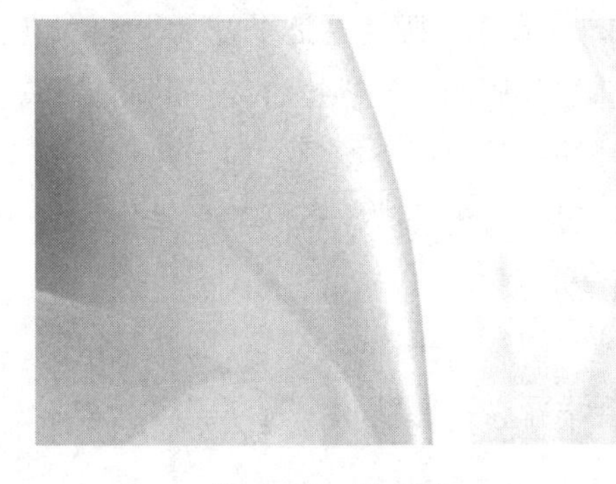

图 8-26　尼巾绡

2. 尼巾绡（图 8-26）　尼巾绡又称锦丝绡，是单纤锦纶丝作经纬纱的平纹组织丝织物，经练染成各种鲜艳的色泽，有些在经向有规律掺入金丝或银丝。成品质量 55g/m^2。产品通过染色或印花后整理，具有质地细腻、轻薄透明、轻盈飘逸、平挺细洁、光泽柔和、透气性好、风格别致等特点。主要用作妇女头巾、围巾、结婚礼服披纱等。尼巾绡实物如图 8-26 所示。

3. 烂花绡（图 8-27） 烂花绡是真丝与黏胶丝进行交织的面料。利用桑蚕丝比较耐酸而黏胶丝不耐酸的特性，用一定比例的酸制成的印花浆料通过丝网印在坯布上，经过烘干，黏胶丝被酸腐蚀掉剩下桑蚕丝。烂花绡主要用于高档时装女裙、丝巾。锦纶烂花绡是一种采用锦纶丝和有光黏胶丝交织的经起花烂花绡类丝织物。由于锦纶丝和黏胶丝具有不同的耐酸性能，经烂花后，花、地分明，织物具有绡地透明、花纹光泽明亮、质地轻薄爽挺的特点，主要用作窗纱、披纱、裙料等。

图 8-27　烂花绡

（九）葛类

葛类织物是采用平纹组织、经重平组织或急斜纹组织，经细纬粗，经密纬疏，外观有明显均匀的横向凸条纹，质地厚实、紧密的素、花丝织物。经纬原料可以相同，一般不加捻。

1. 明华葛（图 8-28） 明华葛是采用纯黏胶丝织成的经细纬粗、经密纬疏的平纹地经起花葛类织物。其绸面具有明显的横凸纹效应，且呈现隐约花明地暗的效果，质地较柔软。主要用作春、秋季服装或冬季棉袄面料。

图 8-28　明华葛

2. 文尚葛 文尚葛是经纬用两种原料交织的丝织物。经纱用真丝、纬纱用棉纱的为真丝文尚葛；经纱用黏胶丝、纬纱用棉纱的纬黏胶丝文尚葛。绸面上有明显的细罗纹，质地厚实，色泽柔和结实耐用。主要用作春、秋、冬季服装面料、沙发面料、窗帘等。

3. 特号葛 特号葛是平纹地上起缎花的全真丝丝织物。经线通常采有两根生丝的并合线，纬线采用四生丝的捻合线。绸面平整，质地柔软，坚韧耐穿，平纹地上的缎花古朴、美观。经纬虽然都用桑蚕丝，但因两者粗细、密度及纵横向对光反射能力的不同，所以在织成绸缎的表面，仍反映出不同的光泽。

（十）绒类

绒类织物是采用经起绒或纬起绒组织，表面全部或局部有明显绒毛或毛圈的丝织物。它们外观华丽，手感糯软，光泽美丽、耀眼，是丝绸中的高档产品。属于生织练熟织物，悬垂感很强。

1. 乔其立绒（图 8-29） 乔其立绒用桑蚕丝和黏胶人造丝交织的双层分割法经起绒丝织

物。用加强捻（24 捻/cm）的蚕丝作地经和地纬（2/20 旦/22 旦），经和纬都以两根 S 捻、两根 Z 捻相间排列，经纬密较高（经密 80 根/cm，纬密 45 根×2/cm），两层织物各以平纹交织，绒经用有光黏胶人造丝以 W 形固结在上、下底绸上。双层绒坯经割绒后成为两块织物，经剪绒、练染或印花立绒等加工而成产品。乔其立绒正面绒毛丛密，短且平整，竖立不倒。面料质地柔软，光泽柔和，富丽堂皇，手感滑糯，富有弹性。面料多以深色为主，如宝蓝、深红、纯黑等。主要用于女式服装、帷幕、靠垫、沙发面料和装饰、工艺美术品等。

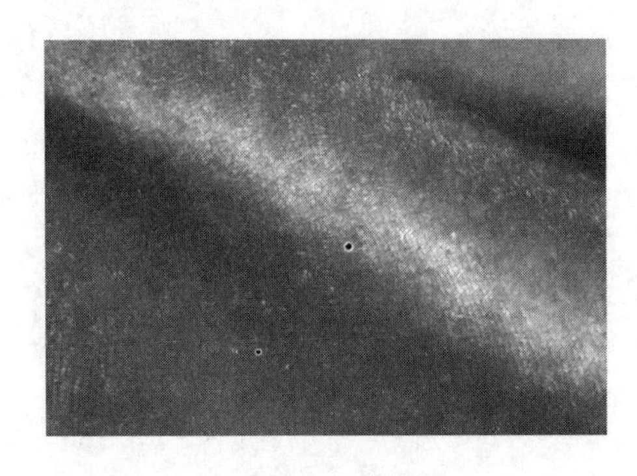

图 8-29 乔其立绒

2. 烂花乔其绒（图 8-30） 烂花乔其绒是以乔其绒为绸坯，根据桑蚕丝与黏胶丝的耐酸碱性不同，利用黏胶丝怕酸的特点，将乔其绒绸坯经特殊印酸处理，焙烘后，将部分黏胶丝绒毛烂去，剩下平纹地部，呈现以乔其纱为底、绒毛为花纹的镂空丝绒组织。烂花乔其绒花纹凸出，立体感强，是中式女装的极佳面料。

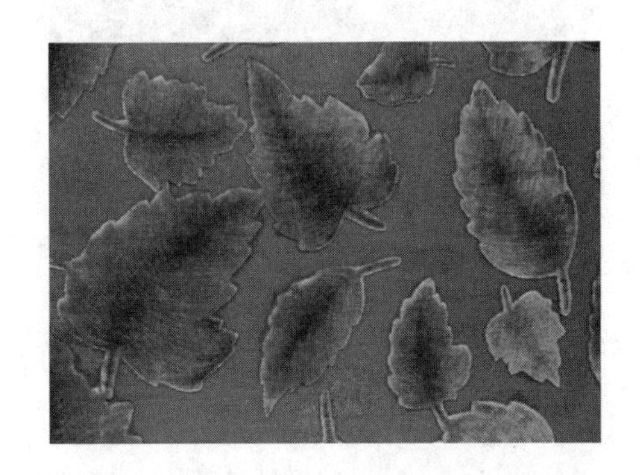

图 8-30 烂花乔其绒

3. 金丝绒（图 8-31） 金丝绒与乔其立绒类似，也是双层起绒组织。以平纹组织为地，地经采用桑蚕丝，绒经采用有光黏胶丝；纬丝采用桑蚕丝，也有用黏胶丝的。绒经以 W 形固结，并以一定浮长浮于织物表面，织成的坯绒似普通经面缎纹织物。用割绒刀把织物表面的经浮线割断，使每一根绒经呈断续状的卧线，然后经过精练、染色、刷绒等加工。金丝绒绒毛的密度和高度，取决于绒经的旦尼尔数、密度、浮长以及绒经和地经的排列比等。金丝绒的绒毛浓密且长度较长，因此绒毛有顺向倾斜，不如乔其立绒那么平整。面料质地滑糯、柔软而富有弹性。多用于女装、家居窗帘布、汽车装饰布、沙发套布、行李箱内衬及坐垫等。

图 8-31 金丝绒

4. 漳绒（图 8-32） 漳绒是我国的传统面料，起源于福建省漳州地区，属于彩色缎面起绒的熟织产品。经纬线均采用染色桑蚕丝，地经线选用生染色桑蚕丝，以使质地挺括，其规格为（1/20/22″8T/S×2）6T/Z。绒经线采用熟染色桑蚕丝，以使绒毛柔软细腻，富有光泽，其规格为（1/20/22″T/S×2）6T/Z×3。主经织成缎面地纹，副经织成起绒提花，经割绒后，

图 8-32 漳绒

图 8-33 线绨

绒毛花纹美丽而清晰地耸立在缎面上，立体感强，光泽柔和，特别适合制作礼服。

（十一）绨类

绨类织物是采用平纹组织作地，以各种长丝作经，棉纱、蜡线或其他较低级原料作纬交织的质地比较粗厚的素、花丝织物。绨质地厚实坚牢，宜作秋冬季服装面料或被面等。常见品种为线绨、一号绨、素绨等。

1. 线绨（图 8-33） 线绨属于交织产品，是由黏胶丝作经线，蜡棉纱线作纬线的交织织物。根据织物提花与否可分为素线绨与花线绨，前者素织，表面无提花纹样，后者花织，绸面以平纹地提亮点的小花图案较多。线绨质地厚实，经密大约为纬密的两倍。具有绸面光洁、手感滑爽、物廉价美的特点，多用作秋、冬季服装或被面等。

2. 一号绨 采用黏胶丝作经，丝光棉纱作纬交织成平纹地经起花绨类织物，其经密约为纬密的三倍，是线绨类织物中最坚牢耐穿的一种。质地坚实丰厚、地纹光泽柔和，适宜制作秋、冬季服装和装饰绸料。如 66105 一号绨经线采用 133. 2dtex（120 旦）的有光黏胶丝，纬线为 138. 8dtex×2（42/2 英支）的丝光棉纱，在平纹地上显现出经花，大、中型花纹可用八枚缎纹，小型花纹则用$\frac{1}{3}$斜纹，成品质量 150g/m^2。

3. 素绨 采用铜氨丝作经，蜡光棉纱作纬交织成平素绨类织物，其经密大约为纬密的两倍，平纹组织制造。具有质地粗厚缜密、丝纹简洁清晰、光泽柔和的特点，常以元色、藏青、酱红、咖啡色居多，是制作男女棉袄的适宜面料。

（十二）绢类

绢类织物是采用平纹或平纹变化组织织成的桑蚕丝、人造丝纯织或交织物，具有先染后织的特点。经丝加弱捻，纬丝不加捻或加弱捻。绢类织物的特点是绸面细密、平整、挺括、光泽柔和，既可用作服装，又可作装饰物。主要品种有塔夫绸、天香绢、迎春绢、挖花绢等。

1. 塔夫绸（图 8-34） 塔夫绸是丝织物中的高档品种，为全真丝熟织绸。通常以 22. 2dtex/24. 4dtex 的生丝为原料，采用平纹组织织造而成。根据色相不同或组织变化可分为素塔夫绸、闪色塔夫绸、格塔夫绸、花塔夫绸等。素塔夫绸虽然绸面颜色是一种，但其是先将桑蚕丝脱胶染色形成熟丝后再进行织造，所以它是一色的、由熟经熟纬织成的熟织绸，虽然在外观上与染成一色的生织绸无明显差别，但形成过程大不相同。格塔夫绸与色织的格棉布类似，经纬线都配用深浅两色形成格效应。

图 8-34　塔夫绸

2. 天香绢　天香绢是以真丝与黏胶丝为原料，平纹地提花的熟织绸。因有两组纬纱，故又称双纬花绸。经线用 22.2dtex/24.4dtex 的生丝，纬线为 133.3dtex 的有光黏胶丝，花纹为八枚纬缎花，纬线有 2~3 种颜色，花型为满地中小散花。天香绢的绸面平整，绸面色彩丰富，正面平纹地上起有闪光亮花，反面花纹晦暗无光。大多用作春、秋、冬季妇女服装、儿童斗篷和装饰。如 61502 天香绢经线采用 22.20dtex/24.42dtex（20 旦/22 旦）的桑蚕丝；纬线有两组，甲、乙纬均为 133.2dtex（120 旦）的有光黏胶丝，其中甲纬在织前需先染成中深色，如大红、咖色等，使绸面色彩更丰富，绸匹在套染时不受沾色的影响。地部组织为平纹，花部组织为八枚经缎纹花、纬花和平纹暗花。成品质量 103g/m^2。

3. 挖花绢　挖花绢是以桑蚕丝和黏胶丝交织的平纹地提花的熟织绸。经丝用两根生丝的加捻线，纬丝用 133.3dtex 的有光黏胶丝。挖花绢是在缎纹的花纹中还嵌有突出的彩色小花，此花是用特殊的小竹梭精细地用手工挖绕而成，使绸面花纹图案立体感大幅增强，更为生动美观，具有苏绣的风格。其缺点是不耐洗涤。

（十三）锦类

锦类面料是采用斜纹、缎纹等组织，经、纬无捻或加弱捻，绸面精致绚丽的多彩色织提花丝织物。采用精练、染色的桑蚕丝为主要原料，还常与彩色人造丝、金银丝交织，经纬组织紧密、结实，色彩变化繁多，艺术性很强，是结构最复杂的熟织物之一。中国传统经典名锦有宋锦、云锦、蜀锦、壮锦。

1. 宋锦（图 8-35）　宋锦，是宋代发展起来的以经丝和彩色纬丝同时显花，具有宋代艺术风格的织锦。宋锦分为大锦、匣锦、小锦。

图 8-35　宋锦

（1）大锦包括重锦和细锦。重锦是宋锦中最贵重的品种之一，常以精练染色蚕丝和捻金线或片金为纬纱，在三枚经斜纹的地组织上起纬花。重锦的质地厚实、纹路精致、色彩绚丽、层次丰富、造型多样。细锦是宋锦中较基本和常见的代表性品种，与重锦相比，细锦所用经纬纱线较细，长梭重数较少，地经和面经的配置比例及组织结构多有变化，所用原料除桑蚕丝外，也有桑蚕丝与人造丝的交织物。

（2）匣锦是宋锦中变化出的一种中档产品，用真丝与少量棉纱线等混合织成，织物图案花纹大多为盒形或对称连续横条形。

（3）小锦是以彩色精练蚕丝为经线，以生丝为纬线，通过配以不同的色彩纱线织造而成，质地有厚实和轻薄两种，花纹以几何纹和对称小花纹为主。

随着现代织造技术的发展，目前已经出现由全自动的剑杆织机和喷气织机织造而成的新宋锦，并用于制作箱包、手袋、高档服装与礼服、丝巾以及床上用品、装饰用品等。

图 8-36　云锦

2. 云锦（图 8-36）　云锦是中国传统的丝织工艺品，有“寸锦寸金”之称。云锦是以桑蚕丝与金银皮、黏胶丝色织的提花锦类丝织物，质地紧密厚重，风格豪放饱满，典雅雄浑。云锦因其色泽光丽灿烂，图案中配以祥云飞霞，美如天上云彩而得名，其用料考究，织造精细、图案精美、锦纹绚丽、格调高雅，是在继承历代织锦的优秀传统基础上发展而来，浓缩了中国丝织技艺的精华，是中国丝绸文化的璀璨结晶。可用于制作高档礼服、领带、手袋和装饰用品等。

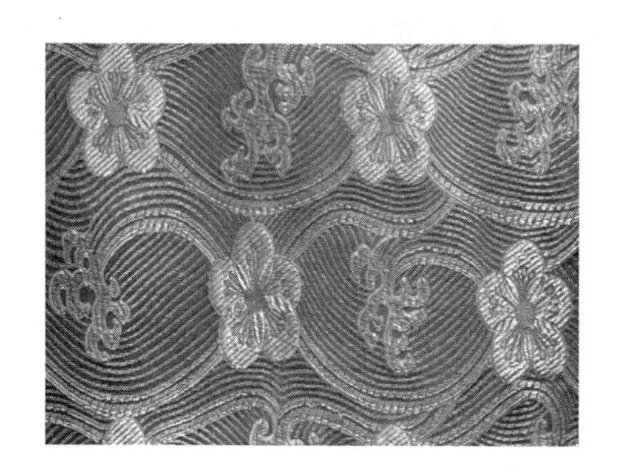

图 8-37　蜀锦

3. 蜀锦（图 8-37）　蜀锦，是四川成都生产的具有民族特色和地方风格的多彩织锦。蜀锦起源于战国时期，有两千年的历史，常以经向彩条为基础，提花织造出五彩缤纷的花纹图案。蜀锦质地坚韧丰满，纹样风格秀丽，配色典雅，常作为高级服饰和其他装饰用料。分为方方锦、雨丝锦、月华锦、浣花锦、铺地锦等。方方锦表面有纵向或横向色经色纬交织或提花彩条相交成的方格，方格内有图案花纹；雨丝锦用白色和其他色彩的经丝组成，色经由粗渐细，白经由细渐粗，形成色、白相间，呈现明亮对比的丝丝雨条状，雨条上再饰以各种花纹图案；月华锦以经线彩条的深浅层次变化为特点；浣花锦的特点是以曲水纹、浪花纹与落花组合图案；铺地锦的图案为多种单色或复色纹饰，且带有一定的民族风格和地方色彩。

4. 壮锦（图 8-38）　壮锦又称僮锦、绒花被，是广西民族文化瑰宝。它是以棉纱为经线，以各种彩色丝线为纬，采用通经断纬的方法交织而成的色织提花锦类丝织物，在织物正面和背面形成对称花纹，质地较厚实，图案生动，结构严谨，色彩斑斓，是我国壮族传统的手工织锦，所用的原料主要是蚕丝和棉纱。色彩具有明显的民族特征，色彩的演变由单色到多色，图案题材选择主要有几何纹、大万字、小万字、回形纹、井字纹、锯齿纹等几何图案以及民间传说、民族风情等。

图 8-38 壮锦

（十四）呢类

呢类丝织物采用绉组织、平纹、斜纹组织或其他短浮纹联合组织，应用较粗的经纬丝线制织，质地丰厚，具有毛型感的丝织物。一般以长丝和短纤纱交织为主，也有采用加中捻度的桑蚕丝和黏胶丝交织而成。根据外观特征，可将呢分为毛型呢和丝型呢两类，其主要品种为大伟呢、四维呢、新华呢、纱士呢等。

1. 大伟呢 大伟呢为仿呢织物，属于平经绉纬小提花类。正面织成不规则呢地，反面为斜纹变化组织，具有呢身紧密、手感厚实、光泽柔和、绸面暗花纹隐约可见犹如雕花效果的特征。大纬呢的特点是绸身严密丰盛，手感柔软，活络，有膘光，毛型感足，绸面有正反捻构成的暗斑纹，隐约如牙签状或罗纹状绉纹，呢绸背面较亮光，经密大于纬密一倍左右，缩水率通常不大，较美观大方。主要用于男女秋冬季服装、中式便装、民族服装、家具装饰用布等。

2. 四维呢（图 8-39） 四维呢采用平经结纬白织的呢类丝织物，有平素和提花之分，是经重混合组织。其经丝通常用 2 根 22. 2dtex/24. 2dtex（20 旦/22 旦）的桑蚕丝，纬丝用 4～6 根 22. 2dtex/24. 2dtex（20 旦/22 旦）的桑蚕丝并合加捻，捻度为 1500～1600 捻/m。四维呢要求绸身手感柔软，光泽天然柔软，通常背面光泽润亮，呢绸平整，多起均匀的凸型罗纹条。四维呢用于女装、中式便装、民族服装、棉袄面等。

图 8-39 四维呢

3. 新华呢 新华呢是绉组织，其经丝通常用 132dtex（120 旦）半光人造丝，纬丝用 138. 8dtex×2 人造棉股线。织物的经丝密度为 460～490 根/10cm，纬丝密度为 270～290 根/10cm。新华呢绸面呈绉面，光泽柔和，手感柔软，质地厚薄适中，类似呢绒的薄花呢风格。新华呢首要是用于制作女装、中式便装和睡衣等。

第二节 绸类机织产品的工艺设计

一、线型设计

根据织物设计的构想而合理确定经纬线加工工艺的设计，称为线型设计。线型设计的主要方法是并丝、捻丝工艺。经纬线是采用一种还是多种原料搭配，丝线是否上浆或加捻，丝线的结构等，都会影响产品的外观和内在质量。

（一）并丝

并丝是将单根丝并合成为股线，分为有捻并丝和无捻并丝。并丝可设计成需要的丝线线密度，增强牢度，改善丝线的均匀度，提升织物的品质。

通常并丝工艺安排在整个准备工序的前部，为防止纬线染色不匀，避免织物色档，可将并丝工艺安排在丝线染色工艺之后进行。有捻并丝机的并合根数一次最多 6 根，6 根以上应分两次并捻，一般并丝捻度为 40～200 捻/m。

丝线并合根数、工艺流程的表示方法：生织绸可以表示为纤维细度×丝线根数、原料名称或表示为丝线根数/纤维细度、原料名称，22. 2dtex/24. 4dtex×2（或 2/20 旦/22 旦）厂丝；色织绸可以表示为纤维细度×丝线根数、原料名称、色名、并丝根数或表示为丝线根数/纤维细度、原料名称、色名×并丝根数，其中丝线根数与并丝根数，分别反映了工艺流程的先后顺序，例如，133. 3dtex×1（1/120 旦）有光人造丝（洋红）×3。而 22. 2dtex/24. 4dtex×2（2/20 旦/22 旦）厂丝+33. 3dtex/35. 6dtex×1（1/30 旦/32 旦）厂丝，则表示不同属性、不同规格或色泽的原料并合，每种原料均包括丝线根数、纤维细度、原料名称等。

（二）捻丝

捻丝是将单丝或股线、生丝或熟丝、桑蚕丝、人造丝或合纤丝等进行加捻。丝线加捻后，可使织物性能有较大的提升。

1. 捻丝的作用

（1）增加丝线的强力和耐磨性。加捻使丝线的强力增加，减少了织造时与机器摩擦造成的断裂。

（2）增强绉效应。用加有中、强捻的丝线分别作经、纬纱，织后经精练处理，使捻线本身的扭曲张力有所消除，丝线沿不同方向收缩，使经纬线交织点发生轻微不规则的位移，织物表面产生均匀且凹凸不平的绉效应。

（3）减弱织物的表面光泽，加捻后丝线表面的光泽呈漫反射状，有些原料，如有光黏胶丝、涤纶丝、锦纶丝等光泽太亮，欲取得柔和的光泽，可将其加上适当的捻度；

（4）改善织物的弹性与手感，对于中厚型丝织物，为了获得良好的弹性、抗皱性与柔软的手感，常将丝线进行多次反复并捻，以减轻和消除因不加捻而带来的松弛和弹性、抗皱性差的缺点；

（5）减少织物的劈裂现象，某些光滑长丝作经纬时，由于交织点处摩擦力小，织物易产生披裂，利用加捻后丝纤维的扭曲可增加经纬丝间摩擦力的特点，可克服劈裂病疵。

2. 捻丝的表示方法 捻（线）丝的表示方法和并丝一样，有时需和并丝放在一起，应按加工工艺的前后次序正确地表达。其表达方式为原料规格、原料名称、捻回数/cm、捻向。例如，133.3dtex×1 有光黏胶纤维，4S 捻/cm；22.2dtex/24.4dtex×3 桑蚕丝，26 捻/cm，2S2Z；复捻丝的表示，例如，30dtex/32.2dtex 桑蚕丝，8S 捻/cm×2，6Z 捻/cm。对于复杂的并捻丝线，按照加工过程前后次序加上各种括号来表示，先加工的用小括号，后加工的用中括号，以此类推。例如，（22.2dtex/24.4dtex×4 桑蚕丝，20S 捻/cm+22.2dtex/24.4dtex 桑蚕丝）18Z 捻/cm，表示的是 4 股 22.2dtex/24.4dtex 的桑蚕丝并合后每厘米加 20 个 S 捻，再将此捻线与单股的 22.2dtex/24.4dtex 桑蚕丝并合，加 18Z 捻/cm。

3. 捻度和捻向 丝线加捻程度与捻向对织物的手感（如柔软度）、外观（如光泽、绉效应）、内在质量（如强度）等都有密切影响，设计时需要恰当选择丝线的加捻方法。如果按加捻程度分，一般分平丝（无捻丝）、弱捻丝（10 捻/cm 以内）、中捻丝（10~20 捻/cm）和强捻丝（20~30 捻/cm）四种线型类别。有时丝织厂也用捻数/m 来表示捻度。弱捻丝可增强丝线的强度，避免精练、染色等加工时擦毛断裂；削弱丝线光泽，使织物柔和滑润；增加经纬丝线间的摩擦力，便于打紧纬线，满足纬密要求。中捻丝是一种较为特殊的线型，其织物表面特点不明显，生产中常改变其线型。如碧绉线：［22.4dtex/24.4dtex×3（3/20 旦/22 旦）厂丝，17.5S 捻/cm +22.2dtex/24.4dtex×1（1/20 旦/22 旦）厂丝］16Z 捻/cm，它由一根加捻的粗丝（一般数根丝并合）与一根较细的无捻（或弱捻）丝合并，再反向加捻而成，较细的无捻丝成芯线，较粗的丝环绕在芯线周围而成抱线，抱线单独加捻产生捻缩，再与无捻芯线并合反向加捻，则抱线的捻缩将逐渐消失，而无捻芯线却因加捻产生捻缩，因此，抱线均匀自然地环绕在芯线上。用该线制织的织物表面呈现水浪形绉纹。强捻丝可使织物表面皱缩，形成绉效应；增加织物的强度，提高织物的弹性；强捻丝的回缩力，可使织物表面凸起；强捻丝具有较强的扭应力。丝线的捻向有 Z 捻与 S 捻。经、纬丝用 2S、2Z 排列时，织物绉效应好。如乔其纱的经纬丝均用 2S、2Z 的强捻丝，密度小，经纬丝线充分收缩，织物薄而透明，绉效应特佳。如平纹双绉、斜纹九霞缎、万寿缎；缎纹桑花缎、花绉缎等，经为无捻丝，纬用 2S、2Z 的强捻丝线，织物绉效应显著，弹性优良，质地柔软。

4. 纤度 纤度又称条份、旦尼尔（denier）数，旦数较多地用于真丝和化纤长丝中，是指 9000m 长的纤维在公定回潮率时的质量克数。

$$\text{纤度(旦)} = \frac{\text{织物质量(g)}}{\text{织物长度(m)}} \times 9000$$

由于所需测算的纤维一般都从成品面料上取得，从纱线到织布再到染色（印花），需要经过许多道工序，而每道工序对原料的质量都会有影响，如织造有织缩，染色有染缩，加捻有捻缩，这些都会使单位长度内的纱线变粗（重）。有些工序又会使纤维变细（轻），如织物经过精练会去除纤维中的丝胶、油脂等杂质；在织造、染色的过程中会使部分短纤维脱落；为了使涤纶织物的手感变得柔软，用烧碱将面料进行减量处理等。因此，对于纱（丝）的条份，一定要经过对面料工艺的推断对数据加以综合调整，才能得到一个比较正确的纤度。

二、经纬密度设计

经纬密度设计涉及原料的特性、经纬线的结构与性能、织物的组织结构、织物的性能、用途、质量与厚度要求等因素。

经纬密度设计时，可利用紧度法、经验估算法、选择同类相似织物密度作参考等方法确定织物的经纬密度（参考第四章第二节）。经纬粗细相近的平纹织物，一般纬密小于经密或基本接近，织物平整光洁。一般经面缎纹组织的经密为纬密的 2~3 倍，缎面丰满肥亮。经纬密度比可根据经纬丝的纤度、组织结构和织物的使用特点而定。如乔其纱的经纬密度之比接近 1∶1。一般平纹织物纬密比经密小 20%~30%，斜纹小 30%~40%，而缎纹小 50%左右。利用经纬密度比，可确定经纬密度的范围。纬密的确定还与品种、原料、工艺和用途有关，如桑蚕丝织物精练后要脱胶，加捻的涤仿真丝织物要进行碱减量处理，为防止发疲，纬密要适当增加。

三、绸类机织产品的上机计算

（一）织物缩率

经纬纱织缩率和染整缩率直接决定着织物穿筘幅度、墨印长度等的确定，以及经纬丝线原料用量的计算和织物结构状态与外观风格。织造过程中影响经纬丝织缩率的因素有很多，如原料成分、丝线细度、捻度、织物组织、织物密度、织造工艺、上浆率及车间温湿度环境等均对织物的织缩率有一定的影响。

丝绸织物经常以练漂后的练白绸出售，练白绸为下机坯绸经过练漂后的素白色产品，练漂过程中也会产生缩率，生坯到练白加工过程中产生的缩率称为练缩率。如果是熟织产品，则不须考虑练缩率。

在原料、密度、组织结构不变时，捻度与缩率成正比，丝线捻度增加，缩率也增加。而同捻度、不同捻向排列，对缩率也有影响。同一属性的短纤纱线缩率大于长丝。此外，不同后整理工艺，不同原料，其缩率也不相同。设计中通常参考同类型相似绸缎的规格，综合确定初定缩率。

（二）加捻后丝线的纤度（旦）

绸类织物经常要对丝线加强捻，丝线加强捻细度会有些变化，因此，要重新进行细度计算。

$$加捻后丝线的纤度 = \frac{加捻前生丝纤度(旦)}{1 - 捻缩率}$$

（三）织物幅宽

幅宽是面料的实际宽度，织物横向两边最外缘经纱之间的距离。根据产品销售市场、地区、用途及裁剪方式确定成品的合理幅宽。幅宽有内幅、外幅、边幅之分，外幅等于内幅与边幅之和。幅宽以 cm 为单位，取整数或小数点后第一位数（一般以 0.5cm 为宜）。生织绸类织物的幅宽包括成品幅宽、练白绸幅宽、下机幅宽和上机幅宽之分。

$$练白绸幅宽 = \frac{成品幅宽}{1 - 染整幅缩率}$$

$$上机幅宽=\frac{练白绸幅宽}{(1-纬丝织缩率)\times(1-练缩率)}$$

$$=\frac{成品幅宽}{(1-纬丝织缩率)\times(1-练缩率)\times(1-染整幅缩率)}$$

一般丝巾面料的成品幅宽有95cm、114cm、140cm等，服装面料的成品幅宽有114cm，140cm，家纺面料的成品幅宽有235~280cm。

（四）匹长

是根据织物用途、织物单位长度质量、织物厚度、织轴卷装容量、后处理、裁剪、运输等要求确定匹长，合理选择匹长有利下道工序的正常生产、运输便捷及减少生产过程中的面料浪费。

$$练白绸匹长=\frac{成品匹长}{1-染整长缩率}$$

$$上机经线匹长=\frac{练白绸匹长}{(1-经丝织缩率)\times(1-练缩率)}$$

$$=\frac{成品匹长}{(1-经丝织缩率)\times(1-练缩率)\times(1-染整幅缩率)}$$

（五）筘穿入数设计

通常情况下筘齿的穿入数既要能保证织造工艺的正常进行，又需要考虑穿入数对织物外观和质量的影响。原则上经丝筘齿穿入数以少为好。通常根据组织、经丝密度、经丝原料条份等方面考虑来确定筘穿入数。

筘穿入数应选择基础组织的组织循环数的倍数或约数，但不能与所采用的缎纹组织的飞数相等，以免产生明显的斜纹路。

筘穿入数随织物经丝密度的增加而增多，在同一筘齿内的穿入数又受丝线本身纤度的限制，经丝越粗，穿入数越少。

桑蚕丝纤度较细，相对强力较高，蚕丝表面有一层丝胶保护，不易起毛、断头，允许采用最大筘号39齿/cm，取2~4穿入，最大上机经密可达（155±5）根/cm；黏胶丝纤度较粗，强力偏低，允许采用的最大筘号为36齿/cm，一般穿入数在6以内；合成纤维易产生静电，为减少丝线和钢筘间的摩擦，最大筘号不应超过30齿/cm，可选用2~4穿入。

（六）筘幅设计

筘幅由成品幅宽决定，成品幅宽确定后，应根据织物所用原料、密度、结构、织造工艺、后整理工艺等情况，制订上机筘幅。

筘幅由筘内幅和绸边筘幅两部分组成。绸边与绸身在原料、经丝密度、结构等方面都不相同，因此，应分别设计、计算筘内幅和外幅。

$$筘外幅=筘内幅+一侧边筘幅\times 2$$

（七）筘号设计

根据产品经密、筘穿入数及上机幅宽来确定。高经密、低纤度织物，宜选用较大筘号；粗厚型丝织物选用小筘号；质地细密、平整的丝织物选用大筘号。熟织筘号大些，生织筘号小些。内经筘号应根据经密、织物组织、织幅及外观效应与织造生产率来确定。

$$\text{内经筘号(齿/cm)} = \frac{\text{内经根数}}{\text{筘内幅} \times \text{每筘穿入数}}$$

$$\text{边经筘号(齿/cm)} = \frac{\text{一侧边经数}}{\text{一侧边幅} \times \text{每筘穿入数}}$$

(八) 总经根数设计

总经根数指绸缎整个幅宽（内幅+两边幅）内的经丝根数，是根据产品经密、幅宽及边经数来确定。

$$\text{总经根数} = \text{成品经密} \times \text{成品内幅} + \text{一边经丝数} \times 2$$

(九) 1m 坯绸用丝量

$$\text{1m 坯绸经丝用丝量} = \frac{\text{总经根数} \times \text{经丝纤度}}{9000 \times (1 - \text{经丝织缩率}) \times (1 - \text{经丝标准回丝率})}$$

$$\text{1m 坯绸纬丝用丝量} = \frac{\text{纬丝旦尼} \times (\text{上机外幅} + \text{废边长}) \times \text{坯绸纬密}}{9000 \times (1 - \text{纬丝标准回丝率})}$$

(十) 坯绸质量

$$\text{1m 坯绸经丝质量(g/m)} = \frac{\text{总经根数} \times \text{经丝纤度}}{9000 \times (1 - \text{经丝织缩率})}$$

$$\text{1m 坯绸纬丝质量(g/m)} = \frac{\text{纬丝纤度} \times \text{坯绸外幅} \times \text{坯绸纬密}}{9000 \times (1 - \text{纬丝织缩率})}$$

$$\text{1m 坯绸质量(g/m)} = \text{1m 坯绸经丝质量} + \text{1m 坯绸纬丝质量}$$

$$\text{1m}^2\ \text{坯绸质量(g/m}^2\text{)} = \frac{\text{1m 坯绸质量}}{\text{坯绸外幅}}$$

$$\text{1 匹坯绸质量(kg/m)} = \frac{\text{1m 坯绸质量} \times \text{匹长}}{1000}$$

(十一) 练白绸重质量

$$\text{1m 练白绸经丝质量(g/m)} = \frac{\text{1m 坯绸经丝质量} \times (1 - \text{脱胶率})}{1 - \text{经丝练缩率}}$$

$$\text{1m 练白绸纬丝质量(g/m)} = \frac{\text{1m 坯绸纬丝质量} \times (1 - \text{脱胶率})}{1 - \text{纬丝练缩率}}$$

$$\text{1m 练白绸质量(g/m)} = \text{1m 练白绸经丝质量} + \text{1m 练白绸纬丝质量}$$

$$\text{1m}^2\ \text{练白绸质量(g/m}^2\text{)} = \frac{\text{1m 练白绸质量}}{\text{练白绸外幅}}$$

$$\text{练白绸姆米数(m/m)} = \frac{\text{1m}^2\ \text{练白绸质量}}{4.3056}$$

丝绸织物在交易时，通常也采用姆米的计量单位，1 姆米（m/m）$= 4.3056\text{g/m}^2$。

(十二) 成品绸重量

$$\text{1m 成品绸质量(g/m)} = \frac{\text{1m 练白绸质量}}{1 - \text{染整长缩率}}$$

$$1m^2\text{成品绸质量}(g/m^2)=\frac{1m\text{成品绸质量}}{\text{成品绸外幅}}$$

$$\text{成品绸姆米数}(m/m)=\frac{1m^2\text{成品绸质量}}{4.3056}$$

四、绸类机织物工艺流程

品种不同、机器型号不同所采用的工艺流程也不同。

（一）纺类

11386电力纺（前道的机器设备是GD型大卷装设备，织机选用剑杆织机、片梭织机）的工艺流程：

经向：原料检测→浸泡→晾干→络丝→无捻并丝→加弱捻→扦经→上机织造

纬向：原料检测→浸泡→晾干→络丝→无捻并丝→加弱捻→成筒→上机织造

织成的生坯面料：检验→精练定形→练白检验→染色→印花

（二）绉类

1. 12102双绉　前道的机器设备是GD型大卷装设备，织机选用剑杆织机、片梭织机的工艺流程：

经向：原料检测→浸泡→晾干→络丝→无捻并丝→加弱捻→扦经→上机织造

纬向：原料检测→浸泡→晾干→络丝→无捻并丝→加捻（强捻）→定形→成筒→自然定形→上机织造

织成的生坯面料：检验→精练定形→练白检验

2. 弹力双绉　前道的机器设备是GD型大卷装设备，织机选用剑杆织机、片梭织机的工艺流程：

经向：原料检测→浸泡→晾干→络丝→无捻并丝→加弱捻→扦经→穿综或接头→上机织造

纬向：原料检测→浸泡→晾干→络丝→无捻并丝→加捻（弱捻）→倒筒→包覆→定形→成筒→自然定形→上机织造

织成的生坯面料：检验→精练高温定形→练白检验

（三）色织

色织塔夫（前道的机器设备是GD型大卷装设备，织机选用剑杆织机、片梭织机）的工艺流程：

经向：原料检测→浸泡→晾干→络丝→加捻→无捻并丝→加捻→定形→成筒或成绞→脱胶染色→倒筒或络丝→扦经→穿综或接头→上机织造

纬向：原料检测→浸泡→晾干→络丝→加捻→无捻并丝→加捻扦经→定形→成筒或成绞→脱胶染色→倒筒或络丝→无捻并丝→加捻（弱捻）成筒→上机织造

织成的生坯面料：检验及整修→出水整理或喷雾拉幅定形→成品检验

第三节　绸类机织产品设计实例

一、素织绸类仿样设计实例

某真线素绉缎色布来样，外幅为 112cm，内幅为 110.6cm，经密为 1330 根/10cm，纬密为 536 根/10cm，经丝为 2/20 旦/22 旦厂丝 3T/S，纬丝为 2/20 旦/22 旦厂丝 26T/2S2Z，染色后匹长 45.9m，织物组织为五枚缎纹，筘齿穿入数为 5 入/筘，边组织为 $\frac{2}{2}$ 经重平。

（一）工艺参数

根据同类产品选择经丝染整长缩率为 1.1%，经丝练缩率为 1.5%，经丝织缩率为 5.8%，经丝标准回丝率为 1.2%；选择纬丝染整幅缩率为 3.2%，纬丝练缩率为 6.8%，纬丝织缩率忽略不计（0），纬丝加强捻其捻缩率为 11.69%，纬丝标准回丝率为 2.5%，废边长（按剑杆机单幅机计）5cm（进剑侧）+7cm（接剑侧），桑蚕丝实际脱胶率为 26%。

（二）匹长

$$1\text{ 匹练白绸长度} = \frac{\text{成品匹长}}{1-\text{染整长缩率}} = \frac{45.9}{1-1.1\%} = 46.4(\text{m})$$

$$1\text{ 匹坯绸长度} = \frac{\text{成品匹长}}{(1-\text{染整长缩率})\times(1-\text{经丝练缩率})} = \frac{45.9}{(1-1.1\%)\times(1-1.5\%)} = 47.1(\text{m})$$

$$1\text{ 匹经丝长度} = \frac{\text{成品匹长}}{(1-\text{经丝织缩率})\times(1-\text{染整长缩率})\times(1-\text{经丝练缩率})} = \frac{45.9}{(1-5.8\%)\times(1-1.1\%)\times(1-1.5\%)} = 50(\text{m})$$

（三）幅宽

$$\text{练白绸外幅} = \frac{\text{成品外幅}}{1-\text{染整幅缩率}} = \frac{112}{1-3.2\%} = 115.58(\text{cm})$$

$$\text{坯绸外幅} = \frac{\text{练白绸外幅}}{1-\text{纬丝练缩率}} = \frac{115.58}{1-6.8\%} = 124(\text{cm})$$

上机外幅 = 坯绸外幅（由于纬丝织缩率忽略不计）= 124(cm)

$$\text{练白绸内幅} = \frac{\text{成品内幅}}{1-\text{染整长缩率}} = \frac{110.6}{1-3.2\%} = 114.25(\text{cm})$$

$$\text{上机内幅} = \frac{\text{练白绸内幅}}{(1-\text{纬丝练缩率})\times(1-\text{纬纱织缩率})} = \frac{114.25}{1-6.8\%} = 122.6(\text{cm})$$

$$上机每边宽度 = \frac{上机外幅 - 上机内幅}{2} = \frac{124 - 122.6}{2} = 0.7(cm)$$

（四）筘号与经丝根数

$$内经丝数 = 成品经密 \times 成品内幅 = 133 \times 110.6 = 14710(根)$$

$$筘号 = \frac{内经丝数}{上机内幅 \times 每筘穿入数} = \frac{14710}{122.6 \times 5} = 24(号)$$

$$每边筘齿数 = 筘号 \times 边幅 = 24 \times 0.7 = 17（齿）$$

边经穿法为穿入1根经丝/综，4综入/筘，共穿入16筘；小边线是穿入2根经丝/综，2综入/筘，共穿1筘。共计穿入16×4+4=68（根）。

$$总经根数 = 内经根数 + 边经根数 \times 2$$
$$= 14710 + 68 \times 2 = 14846(根)$$

（五）织物纬密

$$练白绸纬密 = 成品纬密 \times (1 - 染整长缩率)$$
$$= 536 \times (1 - 1.1\%) = 530(根/10cm)$$

$$坯绸纬密 = 练白绸纬密 \times (1 - 经丝练缩率)$$
$$= 530 \times (1 - 1.5\%) = 522(根/10cm)$$

（六）纬丝纤度

$$纬丝纤度 = \frac{生丝纤度}{1 - 捻缩率} = \frac{21 \times 2}{1 - 11.69\%} = 47.56(旦)$$

（七）1m坯绸用丝量

$$1m坯绸经丝用丝量 = \frac{总经根数 \times 经丝纤度}{9000 \times (1 - 经丝织缩率) \times (1 - 经丝标准回丝率)}$$
$$= \frac{14846 \times 21 \times 2}{9000 \times (1 - 5.8\%) \times (1 - 1.2\%)} = 74.18(g/m)$$

$$1m坯绸纬丝用丝量 = \frac{纬丝纤度 \times (上机外幅 + 废边长) \times 坯绸纬密}{9000 \times (1 - 纬丝标准回丝率)}$$
$$= \frac{47.56 \times (124 + 12) \times 52.2}{9000 \times (1 - 2.5\%)} = 38.48(g/m)$$

（八）坯绸质量

$$1m坯绸经丝质量 = \frac{总经根数 \times 经丝纤度}{9000 \times (1 - 经丝织缩率)}$$
$$= \frac{14846 \times 21 \times 2}{9000 \times (1 - 5.8\%)} = 73.5(g/m)$$

$$1m坯绸纬丝质量 = \frac{纬丝纤度 \times 坯绸外幅 \times 坯绸纬密}{9000 \times (1 - 纬丝织缩率)}$$

$$= \frac{47.56 \times 124 \times 52.2}{9000} = 34.2(\text{g/m})$$

1m 坯绸质量 = 1m 坯绸经丝质量 + 1m 坯绸纬丝质量 = 73.3 + 34.2 = 107.5(g/m)

$$1\text{m}^2 \text{ 坯绸质量} = \frac{1\text{m 坯绸质量}}{\text{坯绸外幅}} = \frac{107.5}{1.24} = 86.69(\text{g/m}^2)$$

$$1 \text{ 匹坯绸重质量} = \frac{1\text{m 坯绸质量} \times \text{匹长}}{1000} = \frac{107.5 \times 47.1}{1000} = 5.06(\text{kg/匹})$$

（九）练白绸质量

$$1\text{m 练白绸经丝质量} = \frac{1\text{m 坯绸经丝质量} \times (1 - \text{脱胶率})}{1 - \text{经丝练缩率}} = \frac{73.3 \times (1 - 26\%)}{1 - 1.5\%} = 55.06(\text{g})$$

$$1\text{m 练白绸纬丝质量} = \frac{1\text{m 坯绸纬丝质量} \times (1 - \text{脱胶率})}{1 - \text{纬丝练缩率}} = \frac{34.2 \times (1 - 26\%)}{1 - 6.8\%} = 27.15(\text{g})$$

1m 练白绸质量 = 1m 练白绸经丝质量 + 1m 练白绸纬丝质量 = 55.06 + 27.15 = 82.21(g)

$$1\text{m}^2 \text{ 练白绸质量} = \frac{1\text{m 练白绸质量}}{\text{练白绸外幅}} = \frac{82.21}{1.1558} = 71.13(\text{g/m}^2)$$

$$\text{练白绸姆米数} = \frac{1\text{m}^2 \text{ 练白绸质量}}{4.3056} = \frac{71.13}{4.3056} = 16.5(\text{m/m})$$

（十）染色绸质量

$$1\text{m 染色绸质量} = \frac{1\text{m 练白绸质量}}{1 - \text{染整长缩率}} = \frac{82.21}{1 - 1.1\%} = 83.12(\text{g/m})$$

$$1\text{m}^2 \text{ 染色绸质量} = \frac{1\text{m 染色绸质量}}{\text{染色绸外幅}} = \frac{83.12}{1.12} = 74.21(\text{g/m}^2)$$

$$\text{染色绸姆米数} = \frac{1\text{m}^2 \text{ 染色绸质量}}{4.3056} = \frac{74.21}{4.3056} = 17.2(\text{m/m})$$

（十一）上机图

上机图如图 8-40 所示。

（十二）经丝纬丝准备

织物分析得出经丝原料规格为 2/20 旦/22 旦桑蚕丝 3T/S。

经丝准备：原料检测→浸泡→晾干→络丝→无捻并丝（2/20 旦/22 旦桑蚕丝）→加弱捻（2/20 旦/22 旦桑蚕丝 3T/S）→整经→穿综或接头→上机织造

织物分析得出纬丝原料规格 2/20 旦/22 旦桑蚕丝 26T/2S2Z。

纬丝准备：原料检测→浸泡→晾干→络丝→无捻并丝（2/20 旦/22 旦桑蚕丝）→加捻

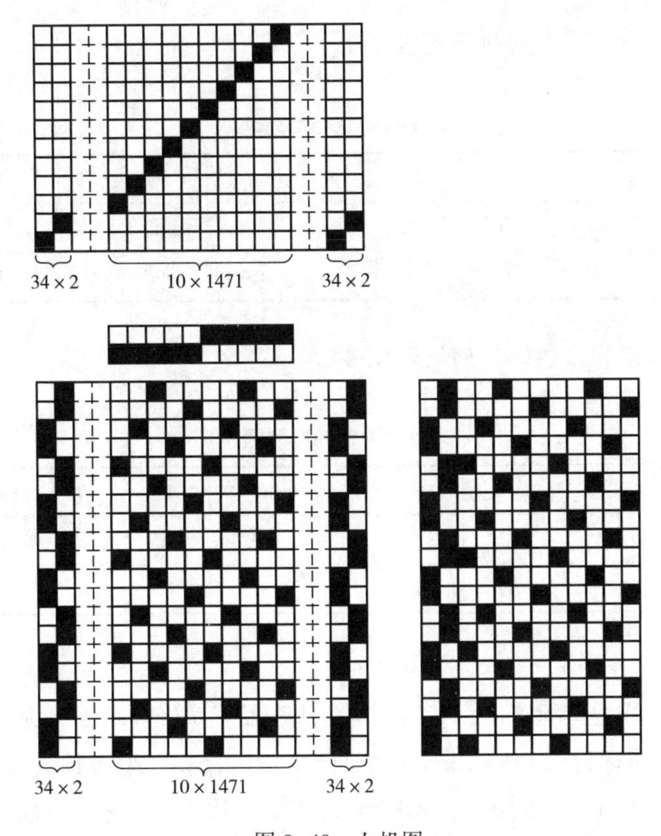

图 8-40　上机图

(强捻 26T，总纬丝数的一半为左捻，另一半为右捻）→蒸箱定形→成筒→自然定形→上机织造

(十三）后整理工艺

后整理工艺流程：

坯绸圈码→钉襻→浸泡→初练→复练→精练→氧漂→清水漂练→打卷→拉幅定形整理→打卷检验

二、色织塔夫格子织物设计实例

色织塔夫格子（LD052228301 塔夫格子）织物来样仿样设计，实物如图 8-41 所示。织物分析得出经丝原料为（2/20 旦/22 旦桑蚕丝 8T/S×2）6T/Z，纬丝原料为（2/20 旦/22 旦桑蚕丝 8T/S×2）6T/Z，成品经密为 493 根/10cm，成品纬密为 430 根/10cm，成品外幅为 115. 5cm，成品内幅为 114cm，织物组

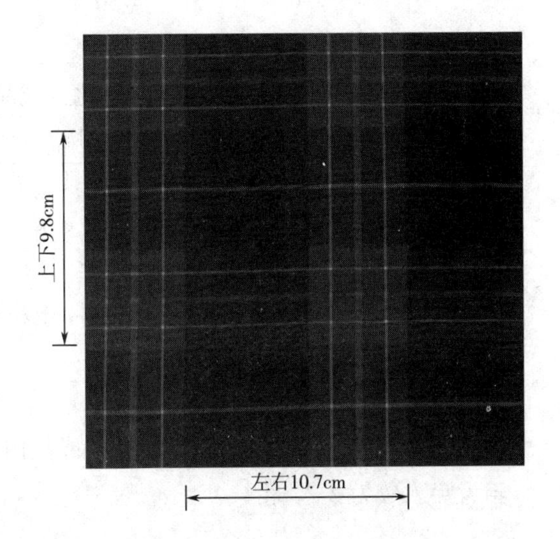

图 8-41　格子塔夫绸实物

织为平纹，边组织为平纹。

一花经丝数为528根，色经排列见表8-1。

表8-1 色经排列顺序

顺序	1	2	3	4	5	6	7	8	9	10	11	12
颜色	大红	白	大红	草绿	大红	白	大红	宝蓝	黑	宝蓝	黑	宝蓝
根数	50	6	50	18	50	6	50	60	84	10	84	60

一花纬丝数为422根，色纬排列见表8-2。

表8-2 色纬排列顺序

顺序	1	2	3	4	5	6	7	8	9	10	11	12
颜色	大红	白	大红	草绿	大红	白	大红	宝蓝	黑	黄	黑	宝蓝
梭数	42	5	42	12	42	5	42	42	70	8	70	42

（一）工艺参数

色织塔夫格子织物为熟织产品，参考同类色织产品确定经丝织缩率为6.8%；经丝标准回丝率为2%；纬丝织缩率为2.6%；纬丝标准回丝率为2.5%；废边长（按剑杆机单幅机计）为5cm（进剑侧）+7cm（接剑侧）；经纬丝的捻缩率均为1.8%；纱线染色实际脱胶率为30%；色纱织造，不考虑染整缩率。

（二）匹长

确定织物的整经匹长为50m。

$$成品匹长 = 整经匹长 \times (1 - 经丝织缩率) = 50 \times (1 - 6.8\%) = 46.6(\text{m})$$

（三）幅宽

色纱织造，没有考虑染整缩率，因此，成品幅宽和坯绸幅宽相同。

$$上机外幅 = \frac{坯绸外幅}{1 - 纬丝织缩率} = \frac{115.5}{1 - 2.6\%} = 118.6(\text{cm})$$

$$上机内幅 = \frac{坯绸内幅}{1 - 纬丝织缩率} = \frac{114}{1 - 2.6\%} = 117(\text{cm})$$

$$上机每边宽度 = \frac{上机外幅 - 上机内幅}{2} = \frac{118.6 - 117}{2} = 0.8(\text{cm})$$

（四）筘号与经丝根数

$$内经丝数 = 成品经密 \times 成品内幅 = 493 \times 11.4 = 5620(根)$$

筘齿穿入数为2入/筘。

$$筘号 = \frac{内经丝数}{上机内幅 \times 每筘穿入数} = \frac{5620}{117 \times 2} = 24(号)$$

$$每边筘齿数 = 筘号 \times 边宽 = 24 \times 0.8 = 19(齿)$$

边经穿法为穿入 1 根经丝/综，2 综入/筘，共穿入 18 筘；小边线是穿入 2 根经丝/综，2 综入/筘，共穿 1 筘。共计每边穿入 18×2+4=40（根）。

$$\begin{aligned}总经根数 &= 内经根数 + 边经根数 \times 2 \\ &= 5620 + 40 \times 2 = 5700(根)\end{aligned}$$

（五）丝线纤度

$$经丝纤度 = \frac{原丝纤度}{1 - 捻缩率} = \frac{21 \times 2 \times 2}{1 - 1.8\%} = 85.54(旦)$$

$$纬丝纤度 = \frac{原丝纤度}{1 - 捻缩率} = \frac{21 \times 2 \times 2}{1 - 1.8\%} = 85.54(旦)$$

（六）坯绸纬密

$$坯绸纬密 = \frac{成品纬密}{1 - 染整长缩率} = \frac{430}{1 + 0} = 430(根/10\text{cm})$$

（七）1m 坯绸用丝量

$$\begin{aligned}1\text{m} 坯绸经丝用丝量 &= \frac{总经数 \times 经丝纤度}{9000 \times (1 - 经丝织缩率) \times (1 - 经丝标准回丝率)} \\ &= \frac{5700 \times 85.54}{9000 \times (1 - 6.8\%) \times (1 - 2\%)} = 59.31(\text{g/m})\end{aligned}$$

$$\begin{aligned}1\text{m} 坯绸纬丝用丝量 &= \frac{纬丝纤度 \times (上机外幅 + 废边长) \times 坯绸纬密}{9000 \times (1 - 纬丝标准回丝率)} \\ &= \frac{85.54 \times (118.6 + 12) \times 43}{9000 \times (1 - 2.5\%)} = 50.55(\text{g/m})\end{aligned}$$

（八）坯绸质量

$$\begin{aligned}1\text{m} 坯绸经丝质量 &= \frac{总经根数 \times 经丝纤度 \times (1 - 脱胶率)}{9000 \times (1 - 经丝织缩率)} \\ &= \frac{5700 \times 85.54 \times (1 - 30\%)}{9000 \times (1 - 5.8\%)} = 40.26(\text{g/m})\end{aligned}$$

$$\begin{aligned}1\text{m} 坯绸纬丝质量 &= \frac{纬丝纤度 \times 坯绸外幅 \times 坯绸纬密 \times (1 - 脱胶率)}{9000 \times (1 - 纬丝织缩率)} \\ &= \frac{85.54 \times 115.5 \times 43 \times (1 - 30\%)}{9000 \times (1 - 2.6\%)} = 33.92(\text{g/m})\end{aligned}$$

$$\begin{aligned}1\text{m} 坯绸质量 &= 1\text{m} 坯绸经丝质量 + 1\text{m} 坯绸纬丝质量 \\ &= 40.26 + 33.92 = 74.18(\text{g/m})\end{aligned}$$

（九）成品绸质量

由于色纱织造，1m 成品绸质量与 1m 坯绸质量相同，1m 成品绸质量为 74.18g。

$$1\text{m}^2 成品绸质量 = \frac{1\text{m} 成品绸质量}{成品外幅} = \frac{74.18}{1.155} = 64.2(\text{g/m}^2)$$

$$成品绸姆米数 = \frac{1m^2\ 成品绸质量}{4.3056} = \frac{64.2}{4.3056} = 15(m/m)$$

$$1\ 匹成品绸质量 = \frac{1m\ 成品绸质量 \times 成品匹长}{1000}$$

$$= \frac{74.18 \times 46.6}{1000} = 3.45(kg/匹)$$

（十）劈花

一花经丝数为 528 根，内经丝数为 5620 根。

$$全幅花数 = \frac{内经丝数}{一花经丝数} = \frac{5620}{528} = 10\ 花 + 340\ 根$$

在宝蓝 60 的地方进行劈花，劈花后的色经排列顺序如表 8-3 所示，花型基本对称。全幅 10 花，加头 340 根。

表 8-3　劈花后的色经排列顺序

顺序	1	2	3	4	5	6	7	8	9	10	11	12	13
颜色	宝蓝	大红	白	大红	草绿	大红	白	大红	宝蓝	黑	宝蓝	黑	宝蓝
根数（共计 528）	56	50	6	50	18	50	6	50	60	84	10	84	4
加头（共计 340）	56	50	6	50	18	50	6	50	54				

（十一）经丝纬丝准备

织物分析得出经丝原料规格为（2/20 旦/22 旦桑蚕丝 8T/S×2）6T/Z。

经丝准备：原料检测→浸泡→晾干→络丝→无捻并丝（2/20 旦/22 旦桑蚕丝）→加捻（2/20 旦/22 旦桑蚕丝 8T/S）→定形→倒筒→并丝→加捻→定形→成筒（筒子染色用）或成绞（绞装染色用）→染色→倒筒或络丝→扦经→穿综或接头→上机织造

织物分析得出纬丝原料规格为（2/20 旦/22 旦桑蚕线 8T/S×2）6T/Z。

纬丝准备：原料检测→浸泡→晾干→络丝→无捻并丝（2/20 旦/22 旦桑蚕丝）→加捻（2/20 旦/22 旦桑蚕丝 8T/S）→定形→倒筒→并丝→加捻→定形→成筒（筒子染色用）或成绞（绞装染色用）→染色→倒筒或络丝→上机织造

（十二）后整理工艺

打卷→出水整理（或喷雾拉幅定形）→打卷→检验

三、真丝缎条绡设计实例

来样为色织真丝缎条绡织物，织物分析得出成品外幅为 137.5cm，成品内幅为 135.8cm。缎纹区甲经为 2/20 旦/22 旦厂丝 3T/S，平纹区乙经为 1/27 旦/29 旦厂丝 15T/Z，纬丝为 2/20 旦/22 旦厂丝 20T/2S2Z。经丝排列为 20 根（平纹）+45 根（缎纹）依次循环排列，经丝排列共 7 个循环，宽度为 5.4cm。纬密为 455 根/10cm。根据来样筘路分析可知，缎纹区为

5 入/筘；平纹区为 2 入/筘。

（一）缩率确定

1. 纬丝缩率确定 根据同类产品确定纬丝练缩率加染整幅缩率为 6.4%。

来样测试：

$$\text{纬丝总缩率（织缩率+练缩率+染色缩率）}=\frac{\text{布面纬丝长度}-\text{布面幅宽}}{\text{布面纬丝长度}}$$

测得其缩率为 6.5%，因此，纬向织缩率=6.5%−6.4%=0.1%。

2. 经丝缩率确定 根据同类产品确定经丝练缩率 1.2%；经丝染整长缩率 1.3%。因经向有两个不同组织区域，所以要分两个区。

来样测试（甲经缎纹区）：

$$\text{经向总缩率（织缩率+练缩率+染整长缩率）}=\frac{\text{缎纹区经丝长度}-\text{布面经向长度}}{\text{缎纹区经线长度}}$$

测得其缩率为 5.3%，因此，甲经织缩率=5.3%−2.5%=2.8%。

来样测试（乙经平纹区）：

$$\text{经向总缩率（织缩率+练缩率+染整长缩率）}=\frac{\text{平纹区经丝长度}-\text{布面经向长度}}{\text{平纹区经丝长度}}$$

测得其缩率为 7.2%，因此，乙经织缩率=7.2%−2.5%=4.7%。

经向标准回丝率为 2%，纬向标准回丝率为 2.5%，废边长（按剑杆机单幅机计算）为 5cm（进剑侧）+7cm（接剑侧）。

（二）每匹布整经长度

1. 甲经（缎纹区） 成品匹长为 50m/匹。

$$\text{整经长度}=\frac{\text{成品长度}}{1-\text{经纱总缩率}}=\frac{50}{1-5.3\%}=52.8(\text{m})$$

2. 乙经（平纹区）

$$\text{整经长度}=\frac{\text{成品长度}}{1-\text{经纱总缩率}}=\frac{50}{1-7.2\%}=53.9(\text{m})$$

（三）上机幅宽

$$\text{上机外幅}=\frac{\text{成品外幅}}{1-\text{纬纱总缩率}}=\frac{137.5}{1-6.5\%}=147.06(\text{cm})$$

$$\text{上机内幅}=\frac{\text{成品内幅}}{1-\text{纬纱总缩率}}=\frac{135.8}{1-6.5\%}=145.24(\text{cm})$$

$$\text{上机每边宽度}=\frac{\text{上机外幅}-\text{上机内幅}}{2}$$

$$=\frac{147.06-145.24}{2}=0.91(\text{cm})$$

（四）坯绸纬密

$$\text{坯绸纬密}=\text{成品纬密}\times(1-\text{经丝练缩率与经丝染色缩率})$$

$$= 455 \times (1 - 2.5\%) = 444(\text{根}/10\text{cm})$$

（五）筘号

由经线排列共7个循环，测试的宽度为5.4cm。

$$\text{每条的上机宽度} = \frac{\text{每条成品宽度}}{1 - \text{纬纱总缩率}} = \frac{5.4}{1 - 6.5\%} = 5.775(\text{cm})$$

$$7\text{个循环筘齿数} = \left(\frac{20}{2} + \frac{45}{5}\right) \times 7 = 133(\text{齿})$$

$$\text{筘号} = \frac{133}{5.775} \times 10 = 230(\text{齿}/10\text{cm})$$

$$\text{内幅总筘齿数} = \text{筘号} \times \text{上机内幅} = 23 \times 145.24 = 3340(\text{齿})$$

$$\text{每个循环所用筘齿数} = \frac{20}{2} + \frac{45}{5} = 19(\text{齿})$$

$$\text{内幅筘齿数分配} = \frac{\text{内幅总筘齿数}}{\text{每个循环筘齿数}} = \frac{3340}{19} = 175(\text{齿})\text{余}15\text{筘}$$

3齿（平纹）+9齿（缎纹）+（10齿平纹+9齿缎纹）×175+3齿（平纹）=3340齿

$$\text{每边筘号齿数} = 23 \times 0.91 = 21(\text{齿})$$

边经每边穿法为2根/综，2综/筘、共穿入20筘，小边丝2根/综，2综/筘，共穿1筘，共计每边穿入84根，用乙经丝作边经。

（六）总经根数

$$\text{内经丝数} = \text{甲经} + \text{乙经}$$

$$\text{甲经内经丝数} = \text{缎纹总筘齿数} \times \text{每筘穿入数}$$
$$= (9 + 9 \times 175) \times 5 = 7920(\text{根})$$

$$\text{乙经内经数数} = \text{平纹总筘齿数} \times \text{每筘穿入数}$$
$$= (3 + 10 \times 175 + 3) \times 2 + 84 \times 2 = 3680(\text{根})$$

$$\text{总内经丝数} = \text{甲经总内经} + \text{乙经总内经} = 7920 + 3512 = 11432(\text{根})$$

$$\text{总经根数数} = \text{甲经总经} + \text{乙经总经} = 7920 + 3680 = 11600(\text{根})$$

（七）丝线条份

根据同类品种甲经捻缩率取0.15%，乙经捻缩率取2.6%，纬丝捻缩率取6.9%。

$$\text{甲经经丝条份} = \frac{\text{生丝纤度}}{1 - \text{捻缩率}} = \frac{21 \times 2}{1 - 0.15\%} = 42.64(\text{旦})$$

$$\text{乙经经丝条份} = \frac{\text{生丝纤度}}{1 - \text{捻缩率}} = \frac{28}{1 - 2.6\%} = 28.75(\text{旦})$$

$$\text{纬丝条份} = \frac{\text{生丝纤度}}{1 - \text{捻缩率}} = \frac{21 \times 2}{1 - 6.9\%} = 45.11(\text{旦})$$

（八）1m坯绸用丝量

$$1\text{m坯绸甲经用丝量} = \frac{\text{甲经根数} \times \text{甲经条份}}{9000 \times (1 - \text{甲经织缩率}) \times (1 - \text{经纱回丝率})}$$

$$= \frac{7920 \times 42.64}{9000 \times (1 - 2.8\%) \times (1 - 2\%)} = 39.39(\text{g/m})$$

$$1\text{m 坯绸乙经用丝量} = \frac{\text{乙经根数} \times \text{乙经条份}}{9000 \times (1 - \text{乙经织缩率}) \times (1 - \text{经纱回丝率})}$$

$$= \frac{3680 \times 28.75}{9000 \times (1 - 4.7\%) \times (1 - 2\%)} = 12.58(\text{g/m})$$

$$1\text{m 坯绸纬丝用丝量} = \frac{\text{纬丝条份} \times (\text{上机外幅} + \text{废边长}) \times \text{坯绸纬密}}{9000 \times (1 - \text{纬丝回丝率})}$$

$$= \frac{45.11 \times (147.06 + 12) \times 44.4}{9000 \times (1 - 2.5\%)} = 36.31(\text{g/m})$$

（九）1m 坯绸质量

$$1\text{m 坯绸经丝质量} = \frac{\text{甲经根数} \times \text{甲经条份}}{9000 \times (1 - \text{甲经织缩率})} + \frac{\text{乙经根数} \times \text{乙经条份}}{9000 \times (1 - \text{乙经织缩率})}$$

$$= \frac{7920 \times 42.64}{9000 \times (1 - 2.8\%)} + \frac{3680 \times 28.75}{9000 \times (1 - 4.7\%)} = 50.94(\text{g/m})$$

$$1\text{m 坯绸纬丝质量} = \frac{\text{纬丝条份} \times \text{上机外幅} \times \text{坯绸纬密}}{9000}$$

$$= \frac{45.11 \times 147.06 \times 44.4}{9000} = 32.72(\text{g/m})$$

$$1\text{m 坯绸质量} = 1\text{m 坯绸经丝质量} + 1\text{m 坯绸纬丝质量}$$

$$= 50.94 + 32.72 = 83.66(\text{g/m})$$

（十）1m 练白绸质量

$$1\text{m 练白绸经丝质量} = \frac{1\text{m 坯绸经丝质量} \times (1 - \text{经丝脱胶率})}{1 - \text{经丝练缩率}}$$

$$= \frac{50.94 \times (1 - 26\%)}{1 - 1.2\%} = 38.18(\text{g})$$

$$1\text{m 练白绸纬丝质量} = \frac{1\text{m 坯绸纬丝质量} \times (1 - 26\%)}{1 - \text{经丝练缩率}}$$

$$= \frac{32.72 \times (1 - 26\%)}{1 - 1.2\%} = 24.51(\text{g})$$

$$1\text{m 练白绸质量} = 1\text{m 练白绸经丝质量} + 1\text{m 练白绸纬丝质量}$$

$$= 38.18 + 24.51 = 62.69(\text{g})$$

（十一）1m 成品绸质量

$$1\text{m 成品绸质量} = \frac{1\text{m 练白绸质量}}{1 - \text{染整长缩率}} = \frac{62.69}{1 - 1.3\%} = 63.52(\text{g/m})$$

（十二）1m² 成品绸质量

$$1\text{m}^2\text{ 成品绸质量} = \frac{1\text{m 成品绸质量}}{\text{成品外幅}} = \frac{63.52}{1.375} = 46.2(\text{g/m}^2)$$

$$成品绸姆米数 = \frac{1m^2 成品绸质量}{4.3056} = \frac{46.2}{4.3056} = 10.5(m/m)$$

姆米数小数点后 1、2 舍零；3、4 进 5；6、7 舍 5；8、9 进 1。

（十三）经丝纬丝准备

甲经工艺流程：

原料检测→浸泡→晾干→络丝→无捻并丝（2/20 旦/22 旦桑蚕丝）→加弱捻（2/20 旦/22 旦桑蚕丝 3T/S）→扦经→穿综或接头→上机织造

乙经工艺流程：

原料检测→浸泡→晾干→络丝→加捻（15T/S）→蒸箱定形→成筒→自然定形→扦经→穿综或接头→上机织造

本产品常用双经轴织造。

纬丝工艺流程：

原料检测→浸泡→晾干→络丝→无捻并丝（2/20 旦/22 旦桑蚕丝）→加捻（强捻 20T 左、右捻向各占总用丝量的一半），→蒸箱定形→成筒→自然定形→上机织造

（十四）后整理工艺

坯绸精练工艺：

坯绸圈码→钉襻→浸泡→初练→复练→精练→氧漂→清水漂练→打卷→拉幅定形整理→打卷检验

思考题与习题

1. 绸类机织物根据其外观特征及风格效果分为哪几类？
2. 简述纺类机织物的风格特点。
3. 简述缎类机织物的风格特点。
4. 绸类面料工艺设计的影响因素有哪些？
5. 捻度和捻向对绸类面料会产生哪些影响？
6. 绸类机织物的规格设计包括哪些内容？

7. 设计一电力纺织物，内幅为 112cm，边幅为 0.5cm×2，边组织为$\frac{2}{2}$纬重平，经密 495 根/10cm，纬密 420 根/10cm，经线组合：2/20 旦/22 旦桑蚕丝，纬线组合：2/20 旦/22 旦桑蚕丝，染色后匹长 29.7m。试进行规格设计和上机计算。

8. 某真丝绉组织色布来样，外幅为 112cm，边幅为 0.75cm×2，经密 698 根/10cm，纬密 478 根/10cm，经丝为 1/20 旦/22 旦桑蚕丝，纬丝为 2/20 旦/22 旦桑蚕丝 26T/2S2Z，染色后匹长 28.7m，织物组织为平纹，边组织为$\frac{2}{2}$经重平。试进行工艺参数设计。

第九章　麻型机织产品设计

本章目标

1. 理解麻型机织物的概念、特点及分类。
2. 掌握麻型经典机织产品常见品种、风格特征、结构特点、主要规格参数。
3. 熟知麻型经典机织产品的主要应用。
4. 掌握麻型机织产品规格设计及上机工艺参数设计方法。
5. 制订麻型机织产品的上机工艺与上机参数设计方案。

麻织物包括苎麻、亚麻、大麻、罗布麻、黄麻等麻纤维的纯纺产品及其混纺或交织产品。麻纤维属于纤维素纤维，可降解，天然环保；麻织物具有强度高、吸湿散湿性好、导热强、有较好的光泽、亮度等特性，其纤维强度居天然纤维之首。麻织物对碱、酸都不太敏感，在烧碱中可发生丝光作用，使强度、光泽增强；麻织物抗霉菌性好，不易受潮发霉，具有抗菌除臭的功能。

第一节　麻型机织产品概述

一、麻型机织产品的分类编号

苎麻织物和亚麻织物生产时间较长，形成了较为完整和规范的编号。其他的新型麻织物品种由于生产时间较短，采用的生产工艺也多为苎麻纤维的改进，因此多仿照苎麻织物的分类编号。

（一）苎麻织物的分类编号

苎麻织物的编号由“原料代码（大写英文字母）+四位数字”组成，如 R1101。原料代码中，R 表示纯苎麻，RC 表示苎麻与棉混纺，TR 表示苎麻与涤纶混纺。第一位数字表示加工类别，1 为漂白布，2 为染色布，3 为印花布，4 为色织布；第二位数字表示品种类别，1 为单纱平纹织物，2 为股线平纹织物，3 为单纱提花布，4 为股线提花布，5 为单纱交织布，6 为股线交织布，7 为单纱色织布，8 为股线色织布；最后两位数字表示生产序号。

（二）亚麻织物的分类编号

亚麻织物的编号由“三位数字-两位数字”组成，如 101-01。第一位数字表示品种类别，1 为纯亚麻酸洗平布，2 为纯亚麻漂白平布，3 为亚麻交织布，4 为亚麻绿帆布，5 为棉麻交织帆布，6 为亚麻原色布，7 为斜纹亚麻布，8 为提花亚麻布；第二、三位数字表示生产序号；横线后两位数字表示加工工艺，01 为丝光工艺，21 为色织工艺，41 为染色工艺，61 为化学整理工艺，81 为印花工艺。

二、经典麻型机织产品

（一）苎麻机织产品

苎麻纤维刚性大，抱合力小，有较好的光泽、亮度、吸湿排汗性，因此苎麻产品具有粗犷、挺括、自然、有稀疏感，高支的苎麻产品具有典雅、高档、轻盈的风格，纯苎麻产品干爽透气，光泽柔亮，色泽温和、雅致，穿着不沾身，凉爽宜人，适合作高端的夏季面料。苎麻产品多为染色、印花产品。苎麻混纺或交织产品，相比纯苎麻产品的手感，在织物折皱性、刺痒感，悬垂性、服用性能等方面有很大的改善。苎麻混纺产品既体现了麻的外观风格又融合了其他纤维的特性。

1. 纯苎麻布 纯苎麻布是苎麻原麻经脱胶、梳理，取其精梳长纤维纺制成的苎麻纱线，再用纯苎麻纱线织制而成。纯苎麻布多为中、细号纱的单纱织物，常见纯苎麻布主要品种规格见表 9-1。纯苎麻布具有强度高、手感挺爽、透气性好、吸湿性好等特点，但是易起皱，不耐曲磨。一般用作床上用品、台布、餐巾等工艺美术抽绣品及夏季服装。

表 9-1 常见纯苎麻布主要品种规格

品类	幅宽（cm）	原纱线密度（tex）		密度（根/10cm）		无浆干燥质量（g/m^2）	断裂强力（N）		织物组织
		经	纬	经	纬		经向	纬向	
苎麻细布	107	18.5	18.5	275	309	105	333.2	490	平纹
苎麻细布	81	27.8	27.8	205	232	116	509.6	588	平纹
苎麻细布	85	27.8	27.8	205	232	116	509.6	588	平纹
苎麻细布	97	27.8	27.8	205	232	116	509.6	588	平纹
苎麻细布	107	27.8	27.8	205	232	116	509.6	588	平纹
特阔纯苎麻布	261.5	27.8	27.8	214.5	242	124.8	529.2	607.6	平纹
纯麻单纱提花布	97	27.8	27.8	205	232	116	509.6	588	提花

图 9-1 爽丽纱（60 公支×60 公支，苎麻 55/天丝 45）

2. 爽丽纱（图 9-1） 爽丽纱是纯苎麻细薄型织物，具有苎麻织物的丝样光泽和挺爽感，又是细号单纱织成的薄型织物，略呈透明状，薄如蝉翼，相当华丽，故取名“爽丽纱”。

爽丽纱经纬向都是由苎麻精梳长纤维纺制成的 10~16.7tex（60~100 公支）的单纱。由于苎麻纤维的刚性大，细纱表面的毛羽多而长，延伸度和耐磨性较差，导致织造困难，尤其是单纱织物，因此多采取单纱烧毛、单纱上浆和大幅度降低织机速度等方法进行织造，生产效率很低。爽丽纱是用于制作高档衬衣、裙料、装饰用手帕和工艺抽绣制品的高档面料。为了提高织造效率，现在通常使用水溶性维纶和苎麻长纤维混纺，混纺后纱线可用一般织造方法织成坯布，漂白时溶解掉维纶，获得纯麻细号薄型织物。这种生产工艺维纶用量较多，成本较高。爽丽纱的主要品种规格见表 9-2。

表 9-2　爽丽纱的主要品种规格

品类		16. 7tex×16. 7tex（60 公支×60 公支）	10tex×10tex（100 公支×100 公支）
织物组织		平纹	平纹
脱维前单纱线密度（tex）	经	22. 2	15. 2
	纬	22. 2	15. 2
脱维后单纱线密度（tex）	经	16. 7	10
	纬	16. 7	10
坯布设计密度（根/10cm）	经	273	335. 5
	纬	264. 4	314. 5
成品布密度（根/10cm）	经	315. 5	368
	纬	238. 5	287

3. 涤/麻（麻/涤）织物　以涤纶短纤维和苎麻精梳长纤维混纺纱线织制的织物，混纺比例中涤纶含量大于麻纤维的称为涤/麻布，麻纤维含量大于涤纶的称为麻/涤布。涤/麻（麻/涤）织物，既保持了麻织物的挺爽感，又克服了麻织物折皱回复性差的缺点，是夏季衬衫、上衣及春秋季外衣等的高档衣料，成衣穿着舒适，易洗快干，也称其为麻的确良。涤/麻布多以涤纶 65%、苎麻 35%混纺纱织制而成，麻/涤布一般以麻 55%、涤纶 45%或麻 60%、涤纶 40%混纺纱织制而成。

涤/麻（麻/涤）混纺织物是高档麻织品，原麻一般要求纤维粗细在 0. 63tex（1600 公支）以下，必要时还要采取切除原麻根部的方法以改善纤维的粗细。苎麻脱胶除按照常规二级碱煮外，还需增加精练或一漂一练等工艺。梳麻采取提高纤维长度、改善整齐度、去除麻粒杂质等工艺；也可采用复精梳的方法，进一步提高纤维品质。涤纶短纤维常用 3. 3dtex（3 旦）×89~102mm 的毛型涤纶，也可用 1. 7dtex（1. 5 旦）×102mm。织造工艺针对纱身毛羽较多的特点，上浆以被覆为主。涤/麻（麻/涤）布的主要品种规格见表 9-3。

表 9-3　涤/麻（麻/涤）布的主要品种规格

织物名称	幅宽（cm）	原纱线密度（tex）		密度（根/10cm）		断裂强力（N）		织物组织	混纺比（涤/麻）
		经	纬	经	纬	经	纬		
涤/麻细布	96. 5	18. 5	18. 5	303	286	352. 8	313. 6	平纹	65∶35

续表

织物名称	幅宽(cm)	原纱线密度(tex)		密度(根/10cm)		断裂强力(N)		织物组织	混纺比(涤/麻)
		经	纬	经	纬	经	纬		
涤/麻细布	96.5	20.8	20.8	276	264	392	392	平纹	65：35
涤/麻半细布	93.5	10×2	20	272	260	441	392	平纹	70：30
涤/麻全线布	97	13.9×2	13.9×2	302	252	588	490	平纹	65：35
涤/麻全线布	97	18.5×2	18.5×2	236	206	637	529.2	平纹	65：35
涤/麻全线布	97	20.8×2	20.8×2	228	201	607.6	548.8	平纹	65：35
涤/麻全线布	93.5	10×2	10×2	272	260	441	441	平纹	70：30
涤/麻单纱提花布	96.5	18.5	18.5	303	286	313.6	313.6	提花	65：35
涤/麻半线提花布	93.5	10×2	20	272	260	392	392	提花	70：30
涤/麻全线提花布	91.5	10×2	10×2	327	300	656.6	480.2	提花	70：30

4. 涤/麻（麻/涤）花呢 涤/麻（麻/涤）花呢指以苎麻精梳落麻或中长型精干麻等苎麻纤维与涤纶短纤维混纺的纱线织制的中厚型织物。产品多设计成隐条、明条、色织、提花，染整后具有仿毛型花呢风格，故命名“花呢”。涤/麻（麻/涤）花呢外观类似毛织物花呢，但具有苎麻织物的挺爽感，又有“洗可穿”、免烫的特点，成品缩水率在0.5%~0.8%。适宜作春、秋季男女服装的面料，单纱织物也可作为衬衫面料。

混纺用的苎麻纤维，一般采取苎麻精梳落麻和中长型苎麻纤维（长90~110mm）两种，一般涤纶规格为2.8~3.3dtex（2.5~3旦）×65mm的中长型散纤维。涤/麻（麻/涤）花呢的主要品种规格见表9-4。

表9-4 涤/麻（麻/涤）花呢的主要品种规格

名称	幅宽(cm)	原纱线密度(tex)		密度(根/10cm)		织物组织	混纺比(涤/麻)
		经	纬	经	纬		
涤/麻隐条呢	92	18.5×2	37	223	206	平纹隐条	65：35
涤/麻隐条呢	92	18.5×2	18.5×2	225	212	平纹隐条	65：35
涤/麻明条呢	92	18.5×2	18.5×2	220	205	平纹明条	65：35
涤/麻条花呢	92	18.5×2	18.5×2	228	212	平纹色织	65：35
涤/麻格子花呢	91.4	18.5×2	18.5×2	242	235	色织提花	65：35
涤/麻单纱布	91.4	18.5	18.5	303	286	平纹	65：35
涤/麻板司呢	92	20.8×2	20.8×2	244	236	色织提花	65：35
涤/麻锦花呢	92	20.8×2	20.8×2	244	236	色织提花	65：35
麻/涤树皮绉	92	20.8×2	20.8×2	220.5	205	色织提花	50：50
麻/涤菱花呢	92	20.8×2	20.8×2	220.5	205	色织提花	50：50
麻/涤影格呢	91.4	20.8×2	20.8×2	220	197	色织提花	50：50

5. 涤/麻派力司 涤/麻派力司是一种按照毛织物“派力司”风格设计的涤/麻色织物，布面具有疏密不规则的浅灰或浅棕（红棕）色夹花条纹，采用平纹组织，形成了派力司特有的色调风格。有纱织物、半线及全线织物等。涤/麻派力司既有苎麻织物吸湿放湿快、手感挺爽的特点，又有快干易洗及免烫的特点，改善了一般化纤织物的闷热感。适宜作春末、秋初及夏季男女服装用面料。

采用的苎麻纤维为精梳长纤维，涤纶为3.3dtex（3旦）×89～102mm的毛型纤维。混色方法可按照产品色泽深浅要求，以有色涤纶和本白涤纶混成条，再和苎麻精梳条按额定混纺比进行条混，纺成夹花有色纱线后进行织造。也可采用纱线扎染方法，染成间断条纹状色纱线后进行织造。涤/麻派力司的主要品种规格见表9-5。

表9-5 涤/麻派力司的主要品种规格

幅宽（cm）	原纱线密度（tex）		密度（根/10cm）		混纺比（涤/麻）
	经	纬	经	纬	
92	25	25	224	216	75：25
96.5	13.9×2	25	232	223	80：20
92	12.5×2	18.5	245	226	65：35
92	16.7×2	16.7×2	250	206	65：35

6. 麻交布 麻交布泛指麻纱线与其他纱线交织而成的织物，现在专指苎麻精梳长纤维纺制的纱线（长麻纱线）与棉纱线交织而成的织物。我国最早的麻交布始于明代，当时从破旧的渔网中拆取苎麻纱线，以棉为经纱，麻为纬纱交织而成。明末清初，我国苎麻纺织开始进入工业化生产，并进行苎麻脱胶后制取其长纤维纺纱，以18.5tex（32/2英支）双股棉纱为经，50tex（20公支）纯苎麻纱为纬，交织的中厚型细帆布状的本白色平纹布，布面纬向突出纯麻风格，适作夏季西服面料。

现在一般生产的麻交布，大多加工成抽绣工艺品，以外销为主，为有别于传统的麻交布品种，改称为棉麻交织布。此外，还有迄今最薄的麻交布，是用10tex（100公支）纯苎麻纱与棉纱交织，制成手帕，在国际市场上作为高档装饰用巾，但细号纯麻纱的生产难度较大。麻交布的主要品种规格见表9-6。

表9-6 麻交布主要品种规格

幅宽（cm）	原纱线密度（tex）		密度（根/10cm）		无浆干燥质量（g/m^2）	断裂强力（N）		织物组织
	棉经	麻纬	经	纬		经	纬	
98	27.8	31.3	203	230	123	333.2	588	平纹
107	27.8	31.3	203	230	123	333.2	588	平纹
80	27.8	31.3	196	224	119	333.2	588	平纹
82.5	27.8	31.3	196	224	119	333.2	588	平纹
98	27.8	31.3	196	224	119	333.2	588	平纹

7. 夏布 夏布是对手工织制的苎麻布的统称。用手工将半脱胶的苎麻韧皮撕劈成细丝状，头尾捻绩成纱，织成的狭幅苎麻布。夏布是我国传统纺织品之一，用作夏季服装和蚊帐，因此得名夏布，有透气散热、挺爽凉快的特点。夏布历史悠久，品种繁多，以平纹组织为主，有细纱支的，也有粗纱支的，有淡草黄本色或漂白的，也有染色和印花的。

（二）亚麻机织产品

纯亚麻产品外观粗犷、古朴，亚麻纤维的自然竹节风格明显，色泽平和稳重，有较好的亲和感，手感干爽温和，吸湿排汗功能优良，服用性能良好。面料采用涂层、石磨、水洗、机械柔软加工后更显休闲风格。面料穿着时间越长，越光洁舒适且亲肤感越好。亚麻织物适用于各类型花型图案的印花和各种后整理加工，能获得较为多样化和丰富的花色品种。亚麻与其他纤维混纺或交织的织物，布面竹节效果明显，风格粗犷，自然、古朴。手感厚实、紧密，有骨感。穿着不起静电、耐洗涤，多次洗涤后更显怀旧风格。亚麻纤维比例高，面料的麻质感更强，吸湿排汗功能功能好。手感干爽，穿着舒适宜人。

1. 亚麻细布 亚麻细布一般泛指细特、中特亚麻纱织制的麻织物，是相对于厚重的亚麻帆布而言，包括棉麻交织布和麻涤混纺布。外观具有竹节纱形成的麻织物的特殊风格，吸湿散湿快，光泽柔和，不易吸附灰尘，易洗易烫。主要用于服装用布、抽绣工艺用布、装饰用布、巾类用布等，可以是亚麻原色，也有半白原色、漂白、印花、染色的。紧度中等，一般坯布经纬向紧度为50%左右，以平纹为主，部分外衣织物可用变化组织，家用装饰织物可用提花组织。

2. 亚麻交织布 亚麻交织布指亚麻纱线与其他纤维纱线交织的织物。常用棉纱作经纱，亚麻纱作纬纱。产品仍具有亚麻的特点，且加工过程较纯亚麻布方便，成本低，所以几乎每类产品中都有棉麻交织产品。所用棉经纱比亚麻纬纱细或相近。棉约占40%，麻占60%，以便更好地发挥出亚麻的特点。也有与化学纤维交捻成纱或化纤与亚麻纱交织的产品。

3. 亚麻混纺布 亚麻混纺布指用亚麻混纺纱织制的织物，可与天然纤维的棉、毛、丝混纺，也可与化学纤维混纺。混纺用的亚麻，要先经练漂脱胶，制成与其混纺纤维类似的纤维长度后，才能进行混纺。混纺产品主要有以下三类：

（1）在亚麻设备上与涤纶混纺。一般混纺比为麻65%、涤35%，线密度为23.8~27.8tex，织物有27.8tex（36公支）和23.8tex（42公支）单纱织成的内衣织物，也有合股后织成的外衣织物。

图9-2 亚麻/黏胶混纺布（亚麻55%/黏胶45%，10英支×10英支）

（2）在棉纺设备上混纺。麻棉混纺比为55∶45，线密度为53.7tex，织制5147布号为主（每英寸经密为51，每英寸纬密为47）；与涤纶混纺，亚麻占35%，可把纱染色后织成类似粗梳毛织物的条格花呢，也可织成麻棉混纺的5147类织物。亚麻/黏胶布实物如图9-2所示。

（3）在毛纺设备上混纺。采用化学脱胶的亚麻纤维与毛纤维混纺能增强毛织物的透气性，一般亚麻纤维混纺比为20%左右，在精梳毛纺和粗梳毛纺中均有应用。

4. 苎亚麻格呢　苎亚麻格呢用苎麻与亚麻混纺纱织成的织物，采用平纹变化组织，布面上呈现隐隐约约的小格效应，较好地掩盖了苎亚麻混纺纱条干不匀的缺陷，织物光洁、平整、挺括而滑爽，又保持了苎麻、亚麻的良好风格，具有一定的特色。在后整理时印上与麻纤维天然颜色同色系的深色格型图案，更增添了织物粗犷、豪放及较强的色织感。适用于春、夏、秋季服装面料。

苎亚麻混纺纱的混纺比为苎麻65%、亚麻35%，织物组织为平纹，经密185根/10cm，纬密162根/10cm，经向紧度54.4%，纬向紧度47.4%，总紧度76%，幅宽97cm。

（三）大麻机织产品

大麻纤维是各种麻纤维中最细软的一种，细度仅为苎麻的三分之一，与棉纤维相当。大麻纤维顶端呈钝圆形，没有苎麻、亚麻那样尖锐的顶端，因此大麻纺织品柔软舒适，没有其他麻纺织品的刺痒感和粗糙感，不需要进行特别处理。大麻产品具有天然抑菌、卫生健康、吸湿透气、抗静电、防紫外线的功能。大麻产品还耐热、耐晒、耐腐蚀，其耐热性能较好，可耐370℃的高温；耐日晒牢度好；耐海水腐蚀性能好，因此大麻纺织品特别适宜作防晒服装及各种特殊需要的工作服。

1. 纯大麻细布　纯大麻细布的坯布幅宽80~107cm，以27.8tex（36公支）的棉纱为经，27.8~33.3tex（30~36公支）的纯大麻纱为纬，交织成平纹组织的细布。一般经密为195~205根/10cm，纬密为225~232根/10cm。

2. 涤毛大麻精纺呢绒类　一般涤毛大麻精纺呢绒类的混纺比例为涤纶45%~65%、羊毛25%~45%、大麻15%~25%，纺纱规格为20~25tex（40~50公支），幅宽140~145cm，经密为220~240根/10cm，纬密为180~200根/10cm，组织多为平纹。

3. 毛黏锦大麻粗纺呢绒类　毛黏锦大麻粗纺呢绒类主要用作春、秋西服面料的女士呢和各种花呢。女士呢的混纺比例为羊毛65%~78%、大麻12%~25%、锦纶10%，线密度为100~125tex（8~10公支），幅宽为143cm，经密为114~150根/10cm，纬密为109~144根/10cm，有平纹的杂色女士呢和$\frac{2}{2}$斜纹女士呢、人字呢和星点呢等。此外还有47%羊毛、30%黏胶纤维、15%大麻、8%锦纶混纺的板司呢、条纹呢、条花法兰绒等。

4. 大麻棉混纺织物类　大麻棉混纺织物类的混纺比例为大麻55%、棉45%，包括大麻棉混纺平布和斜纹布。经纬纱均为55.6tex（18公支），坯布幅宽为98~123cm。平布的经密为200~206根/10cm，纬密为185~187根/10cm。斜纹布为$\frac{3}{1}$斜纹或$\frac{2}{2}$斜纹组织，经密为293~299根/10cm，纬密为155根/10cm左右。

（四）罗布麻机织产品

罗布麻纤维比苎麻细，单纤维强力比棉大，较其他麻纤维柔软，它所含纤维素也比其他麻类高，因此是一种优良的纺织纤维材料。罗布麻纤维可以与棉、毛或丝混纺，织成各种混纺棉布、呢绒、绢纺绸类。与毛混纺品种，有华达呢、哔叽、凡立丁等；与棉混纺品种有哔叽、华达呢、麻纱等；与绢丝混纺品种有罗绢等。罗布麻织物比一般织物的耐磨性、耐腐性好，其吸湿性大，缩水小，是麻织物中很有发展前途的品种。罗布麻服装作为一种保健服饰，也日益为人们所认识和接受。

（五）黄麻机织产品

黄麻纤维粗且硬，一般只能纺制粗支纱，黄麻面料的手感粗糙甚至还会有扎人感，因此这种面料更多的用来生产各种用途的包装袋，并不适合用来制作贴身衣物。黄麻面料耐磨性非常好，织物不易破损，也具备很强的吸湿透气性，还有优秀的抗菌、抑菌性，产品不易发霉和虫蛀，也常常用作床垫、沙发垫之类的产品。黄麻纤维还可以用于制作麻绳等产品。

（六）剑麻机织产品

剑麻纤维和黄麻纤维一样，粗且硬，而且剑麻具有纤维长，色泽洁白，质地坚韧，富有弹性、拉力强、耐海水浸、耐摩擦、耐酸碱、耐腐蚀、不易打滑等特点，因此广泛应用于渔业、航海、工矿、油田、运输用绳索，帆布和防水布等原料。剑麻纤维可制作一般用的绳索、鞋垫、缰绳及手提袋等日常用品，也可用作家具的填充物，还可与塑料混合压成硬板，制成家具。

第二节　麻型机织产品工艺设计

一、纤维材料

（一）麻纤维

纯麻产品的纤维材料主要有苎麻纤维、亚麻纤维、大麻纤维，罗布麻纤维、黄麻纤维、剑麻纤维等。

（二）麻与其他纤维混纺交织

混纺和交织产品的纤维材料主要有苎麻纤维、亚麻纤维、大麻纤维，罗布麻纤维、黄麻纤维、剑麻纤维、棉纤维、天丝纤维、黏胶纤维、天竹纤维、羊毛纤维、绢丝、舒弹丝、氨纶、黏胶长丝、涤纶长丝、天竹长丝、涤纶、锦纶、维纶等，将麻纤维和其他纤维进行混纺或交织，纤维材料搭配合理的产品可以充分发挥各自纤维的优点，扬长避短，使产品特性得到最好的展现。

二、纤维材料组合

（一）纯苎麻

纯苎麻织物是指苎麻含量在90%以上的织物，包括变性与不变性苎麻长织物，主要用于服装面料和抽绣工艺品。按照纱线细度，分为轻薄型、中厚型和厚型纯麻布。我国规定纱线线密度小于18.5tex为轻薄型纯麻布。轻薄型和中厚型纯麻布采用长麻纺工艺，厚型织物采用短麻纺工艺。

（二）苎麻与化纤组合

苎麻与化纤混纺织物以苎麻与涤纶的混纺织物为主，花色也最丰富，透气吸汗、洗可穿性能优良，用于作夏季衣料。

国外市场过去一般要求涤纶65%、苎麻35%的混纺比例，随着人们对天然纤维的追求逐渐增加，混纺比例调整为涤纶45%、苎麻55%。国内市场的涤麻织物一般要求挺括滑爽、易洗快干、弹性好和免烫等特点，因此多采用涤纶65%、苎麻35%的混纺比例。

苎麻纤维经过脱胶后梳理成长麻和短麻，生产时根据设备特点和纺、织、染的现有技术来制定工艺。首先按照织物要求选择符合细度要求的生苎麻，根据细度和质量制定脱胶、梳纺、混并工艺，并选择合适规格的涤纶。

在涤麻混纺织物中，一般采用长麻纺系统。混并方式包括：

（1）苎麻经梳理成条，在并条机上与涤纶条进行条混；

（2）涤纶散纤单独梳理并精梳成条后再与苎麻条混，涤纶散纤的规格一般采用0.33tex×100mm或0.17tex×100mm。如果采用0.17tex涤纶混纺，由于成纱内的纤维根数增加，纺纱顺利，但纱线较软，织物有丝绸感，但麻风格较差；

（3）苎麻与绢丝型涤纶散纤维混合梳理，这种方式比两种纤维单独梳理制成率高，能够降低成本，混梳不但能顺利通过梳纺过程，而且从梳理开始混合，两种纤维混合效果好，经合股而成的股线织物，其布面疵点大部分为苎麻疵点，在工艺上有一定的优势。

落麻或切段呈中长型的精干麻，可采用化纤中长型纺纱的工艺和设备，与2.7~3.3dtex×65mm的涤纶散纤维混纺，效果较好，色织物具有毛型感。

（三）苎麻与棉纤维组合

梳理后的长麻纤维平均长度在85~100mm，与棉纤维的长度差异很大，几乎不能混纺，因此多采用长麻纺所纺制的纯麻纱和棉纱交织。以棉纱作经纱，既能避免苎麻纱细节多、织造开口不清晰和断头率高等缺点，又能用低线密度棉纱与麻纱制成轻薄织物。

经精梳毛纺式梳理后的精梳落麻平均长度约为25mm，单独纯纺难度较大，由于其平均长度与棉接近，与长度整齐度较好的棉纤维在棉纺设备上进行混纺，织制成麻棉混纺纱织物。目前设计的麻棉混纺或交织织物中所含苎麻比例都超过了50%。麻棉混纺交织织物布面毛羽多而长，且大部分为苎麻毛羽，经过印染加工后，表面毛羽去除，苎麻含量会降低。因此，在设计时要相应提高苎麻原料配比，才能保证成品中的苎麻比例。

（四）苎麻与绢丝组合

绢丝（长纤维纱）和䌷丝（短䌷丝纱）具有细度细、光泽好、手感柔软等特点，与毛纤维混纺后可改善麻织物的手感，增加织物的伸长率及弹性，提高苎麻纤维的可纺性，有利于降低纱线线密度，改善织物悬垂性。但是国内绢丝纤维的成本高于苎麻，此类产品应用较少。

绢麻交织物多以低线密度（5tex×2~8.3tex×2）绢丝股线作经纱，16.7~18.5tex的苎麻单纱作纬纱。由于绢丝经过丝烧毛，成纱光洁均匀、弹性好、伸长大，作为经纱时断头少，浆纱只需要骨胶上浆，工艺简单成本低，制造效率高。纬纱采用低密度的麻纱，在织物上产生粗细不匀和不规则的大小节，有麻织物风格。若需要织物更轻薄，可用桑蚕丝作经纱，14~16.7tex 的麻纱作纬纱，但需采用丝织机织造，产量少，仅用作高级时装面料。

绢丝与苎麻长纤维混纺，由于苎麻纤维较粗，加入丝纤维可以在一定程度上改善其可纺性，但是细度上仍然受到限制。采用绢麻混纺单纱织造，可以改善纯麻织物的刺痒感，达到轻薄、滑爽的目的，而且绢丝纤维伸长大、弹性好，绢麻混纺织物在织造、生产效率、布面质量上都比纯苎麻织物有明显提高。混纺比例的选择以突出纤维特点为准则，如果要突出麻织物的风格，苎麻采用高于50%的比例，如果要突出丝绸感，则绢丝的比例可超过50%。目前常用的是绢丝含量在35%~45%的混纺比例。

（五）苎麻与毛纤维组合

毛纺设备可作为苎麻纺设备，能纺低线密度纱线，成纱条干均匀度好，适宜作高档织物，也为苎麻与羊毛混纺创造了良好条件。不论苎麻和羊毛纤维长短，都可采用混纺、合捻、交织等方法制成中高档织物。

麻毛混纺织物在长麻纺系统中主要用来织制低线密度薄型单纱或股线织物，由于苎麻纤维挺爽的手感，使麻毛织物在穿着时不黏身、吸湿性好，织物经特殊整理后可使织物挺而不皱、爽而不黏、轻薄滑软、透气舒适。用合股线制成的织物，其布面平整、疵点少、挺括、耐折皱、光泽柔和自然，能体现和突出麻、毛两种纤维的优点。

麻/毛制品的混纺比例根据销售市场而决定。由于两种纤维原料价格高、加工工艺复杂，成本较高，主要用于外销。一般采用麻55%、毛45%或麻60%、毛40%。羊毛纤维含量一般不低于30%，否则织物的毛型感较差。

麻毛混纺低线密度单纱薄型织物应选用细度较细的麻纤维，目前多采用3.2dtex以下的麻纤维与品质支数为70支的羊毛混纺，纺制15.6~16.7tex 单纱进行织造。外衣面料可用合股线织制，一般采用品质支数64支或66支的羊毛纺制16.7tex×2~20.8tex×2的股线。

三、织物结构设计

（一）纯苎麻织物

目前，中厚型纯苎麻布的经纬纱线密度为36tex×36tex，主要作衬衣面料；也可采用纯麻股线，经纬纱线密度为20.83tex×2~41.67tex×2，作为夏季外衣面料。采用平纹组织，经向紧度为55%~60%，纬向紧度为55%~65%。也可采用变化平纹组织，经向紧度为60%~70%。

（二）麻棉织物

麻棉交织布作为夏季衬衣面料，既要轻薄平整，又要有一定的挺括度。一般经向紧度为45%~55%，纬向紧度为50%~60%。作为裙衫面料时要求线密度较小，织物密度较稀，一般经向紧度为30%~35%，纬向紧度为35%~40%。

麻棉混纺布可作为外衣及裤料，经纬紧度要求较大，但是由于麻棉混纺纱毛羽长，织造困难，经密不宜过大，一般经向紧度为50%~55%。

（三）绢麻织物

绢麻交织物的紧度，长麻纺织物经向紧度为55%~65%，纬向由于是苎麻单纱，耐磨及强力比经纱低，纬向紧度为50%~60%。短麻与绢混纺织物作为衬衣和裙衫料，与长麻纺紧度设计相同，作外衣衣料时，紧度可略增加，以保证织物良好的挺括度，但是经向紧度最多不能超过70%。绢麻织物组织根据产品风格进行设计，若以突出麻风格为主，多采用平纹、重平组织、绉组织等；若以突出丝绸风格为主，可采用平纹地小提花组织。

（四）麻毛织物

麻毛混纺单纱薄型织物以春夏衣物面料为主，织物要求轻薄滑爽，布面丰满。单纱捻系数要较大，一般采用90~110公制支数。织物的密度不宜过大，经向紧度一般和纬向紧度接近或稍大，经向紧度多为50%~55%。

麻毛混纺外衣面料的单纱公支捻系数为80~90，股线公制捻系数为100~120，织物有良好的急弹性。经向紧度为55%~70%，纬向紧度为50%~60%，布面紧密挺括。

第三节　麻型机织产品设计实例

一、本色麻织物设计实例

设计灵感来源于手工生产的夏布，外观具有原始麻质感，产品具有生态、自然、环保等特点（图9-3）。设计方法是把原色亚麻束纤维与苎麻单纤维组合起来，在苎麻长麻纺纱设备上按一定的比例将两种原料进行搭配、混并，通过设备改造、工艺创新及工艺改进，充分利用亚麻纤维天然的色彩，让混纺的纱线产生亚麻本色的色纺效果。该产品缩短了后整理的加工工序，无需后续的染色，节能降耗，减少环境污染，后续上浆后外观、手感很像手工夏布，亚麻原色迎合了现代人回归自然、崇尚绿色，追求环保和生态的潮流。

图9-3　苎亚麻原色布

（一）工艺流程

1. 纺部工艺流程

外购原色亚麻条与苎麻条→预并→混并Ⅰ→混并Ⅱ→混Ⅲ→混并Ⅳ→混并Ⅴ→粗纱Ⅰ→粗纱Ⅱ→细纱→槽筒

2. 织部工艺流程

经纱络筒→整经→浆纱→穿综筘┐
　　　　　　　　　　　　　　├→织造→验布→码布→修布→分等→质检→打包
　　　　　　　　　　　　纬纱┘

3. 染整工艺流程

翻布缝头→烧毛→退浆煮炼→烘干→丝光→上柔→拉幅定形→验布→打卷→入库

（二）织物规格设计

经纬纱均采用41.7tex（24公支）苎麻91%、亚麻9%的纱线，坯布经密228根/10cm，坯布纬密221根/10cm，坯布幅宽157cm，织物组织为$\frac{3}{1}\nearrow$和$\frac{2}{2}$方平组成纵条纹组织，每条纵条纹中有16根斜纹组织和16根方平组织，一花经纱数为32根。

（三）布边设计

苎麻亚麻混纺纱线的毛羽较长，弹性小，在织造过程中，布边经纱所受到的张力大于布身部分，所以麻类机织产品的布边一般采用棉线。选用14.7tex×2（68公支/2）的棉线，以减少生产过程中布边经纱的断头率。由于布边的原料成分和布身不一样，纱线的弹性也不一样，为防止染整加工中出现卷边或荷叶边的现象，布边组织设计为纬重平。布边宽度设计为1cm左右，设计布边每边棉线根数为48根，布边总根数为48根×2。

（四）确定缩率与回丝率

根据生产经验，选定经纱织缩率为10%，纬纱织缩率为3.31%，边经纱捻缩率为2%（因为边经纱为股线，考虑捻缩率），经纱回丝率为0.27%，纬纱回丝率为0.65%。

（五）总经根数

设计穿筘数为地组织2入/筘，边组织4入/筘。

$$总经根数=\frac{坯布经密}{10}\times 坯布幅宽+边经根数\times\left(1-\frac{地组织每筘穿入数}{边组织每筘穿入数}\right)$$

$$=\frac{228}{10}\times 157+96\times(1-\frac{2}{4})=3627.6(根)$$

因此，修正为整数3628根。

（六）花数

织物每花经纱数为32根

$$全幅花数=\frac{布身经纱数}{每花经纱数}=\frac{3628-96}{32}=110(花)+12(根)$$

（七）筘号

$$公制筘号=\frac{坯布经密}{地组织每筘穿入数}\times(1-纬纱织缩率)$$

$$=\frac{228}{2}\times(1-3.31\%)=110.2(齿/10cm)$$

因此，取筘号为$110^{\#}$。

（八）筘幅

$$筘幅=\frac{总经根数-边纱根数\times\left(1-\frac{布身每筘穿入数}{布边每筘穿入数}\right)}{布身每筘穿入数\times 筘号}\times 10$$

$$=\frac{3628-96\times\left(1-\frac{2}{4}\right)}{2\times 110}\times 10=162.73(cm)$$

（九）紧度

$$经向紧度E_j(\%) = P_j \times k_d \sqrt{Tt} = 228 \times 0.038 \sqrt{41.7} = 55.95\%$$

$$纬向紧度E_w(\%) = P_w \times k_d \sqrt{Tt} = 221 \times 0.038 \sqrt{41.7} = 54.23\%$$

（十）百米用纱量

经纱回丝率取0.27%，纬纱回丝率取0.65%，经纱捻缩率取2%。

$$经纱用量 = \frac{(总经根数 - 边纱根数) \times 100}{纱线公支 \times (1 - 经纱织缩率)(1 - 经纱回丝率)}$$

$$= \frac{(3628 - 96) \times 100}{1000 \times 24 \times (1 - 10\%) \times (1 - 0.27\%)} = 16.4(kg)$$

$$纬纱用量 = \frac{纬密 \times 10 \times 幅宽}{纱线公支 \times (1 - 纬纱织缩率) \times (1 - 纬纱回丝率)}$$

$$= \frac{221 \times 10 \times 157}{1000 \times 24 \times (1 - 3.31\%) \times (1 - 0.65\%)} = 15.05(kg)$$

$$边纱用量 = \frac{边纱根数 \times 100}{边纱公支 \times (1 - 经纱织缩率) \times (1 - 经纱回丝率) \times (1 - 经纱捻缩率)}$$

$$= \frac{96 \times 100}{1000 \times 34 \times (1 - 10\%) \times (1 - 0.27\%) \times (1 - 2\%)} = 0.32(kg)$$

剑杆布机还要计算废边纱的经纬纱用量，经纱废边纱采用68公支/2涤棉线，一般每边用12根。

$$经纱废边纱用量 = \frac{废边纱根数 \times 100}{废边经纱公制支数 \times (1 - 经纱织缩率) \times (1 - 经纱回丝率) \times (1 - 经纱捻缩率)}$$

$$= \frac{24 \times 100}{34 \times (1 - 10\%) \times (1 - 0.27\%) \times (1 - 2\%)} = 80.28(g) \approx 0.08(kg)$$

纬纱废边纱用量，一般按照10cm的长度计算。

$$纬纱废边纱用量 = \frac{纬密 \times 10 \times 0.1}{纬纱公制支数 \times (1 - 纬纱织缩率) \times (1 - 纬纱回丝率)} \times 100$$

$$= \frac{221 \times 100}{24 \times (1 - 3.31\%) \times (1 - 0.65\%)} = 958.59(g) \approx 0.96(kg)$$

因此，24公支苎麻/亚麻纱总的用纱量为：

经纱布身用纱量+纬纱用纱量+废边纬纱=16.40+15.05+0.96=32.41(kg)

68公支/2棉线总的用纱量为0.32kg。

68公支/2涤棉线总的用纱量为0.08kg。

（十一）上机设计

1. 穿综穿筘

（1）边组织。（1.2.）×12次，2入/综（表示一根综丝里穿2根边纱），4入/筘（一筘齿里穿入4根边纱）。

（2）地组织。（3.4.5.6.）×4次+（7.8.9.10.）×4次，1入/综（表示一根综丝里穿1

根经纱)，2 入/筘（一筘齿里穿入 2 根经纱），32 根/循环。

2. 上机图 织物上机图如图 9-4 所示。

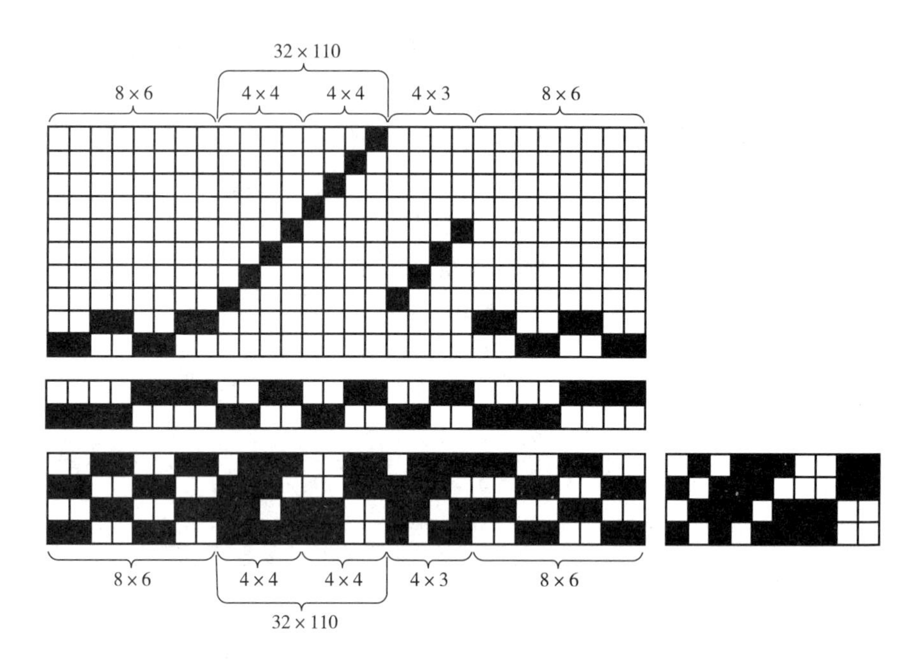

图 9-4 本色麻织物上机图

二、麻色织物设计实例

本例的经纬纱均为两种不同颜色的纱线，织物组织为$\frac{2}{2}$斜纹组织，色纱与织物组织配合，面料外观形成千鸟格的图案（图 9-5）。相比于染色布的单调，色织布具有色彩丰富、立体感强、色牢度高等特点，面料更具灵动性。色织产品后续无须再染色，缩短了后整理加工环节的生产周期。苎麻/棉千鸟格纹布，既有苎麻的吸湿透气、抗菌除臭等特性，也有棉的柔软手感，迎合了现代人回归自然、崇尚绿色，追求环保和生态的潮流。

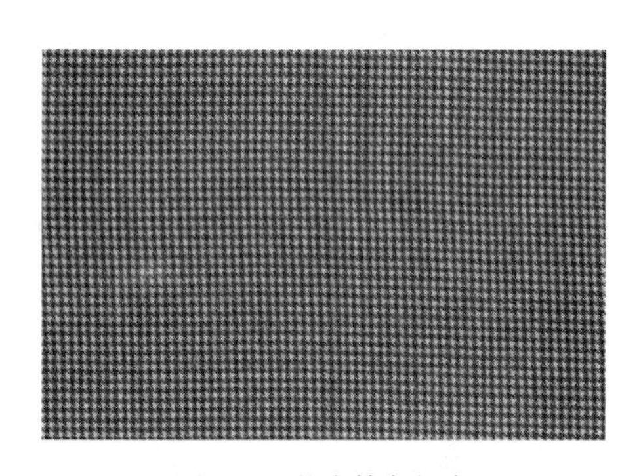

图 9-5 苎麻棉色织布

（一）工艺流程

1. 纺部工艺流程

苎麻条→预并→混并Ⅰ→混并Ⅱ→混并Ⅲ→混并Ⅳ→粗纱Ⅰ→粗纱Ⅱ
棉粗纱
→细纱→槽筒→并纱→捻线

2. 纱线染色工艺流程

股线松式络筒→装纱→纱线前处理→纱线染色→后处理→卸纱→脱水→烘干→倒筒→

打包

3. 织部工艺流程

经纱→整经→浆纱→穿综穿筘─┐
　　　　　　　　　　　　　├→织造→坯布整理→打包
　　　　　　　　　　纬纱─┘

4. 染整工艺流程

翻布缝头→烧毛→退浆煮练→烘干→上柔→拉幅→定形→验布→打卷

（二）织物规格设计

经纱和纬纱均采用（72 公支苎麻/棉+68 公支棉）/2 本白和黑色纱线，其中苎麻/棉的混纺比例为 50/50。经密为 221 根/10cm，纬密为 266 根/10cm，坯布幅宽为 157cm，织物组织为$\frac{2}{2}$↗斜纹。

（三）布边设计

布边采用 68 公支/2 的棉纱，边组织采用$\frac{2}{2}$纬重平组织，设计布边每边 48 根，布边总根数为 48 根×2。

（四）确定缩率与回丝率

根据生产经验，选定经纱织缩率为 14%，纬纱织缩率为 4.19%，经纱捻缩率为 2%（股线需考虑捻缩率），经纱回丝率为 0.27%，纬纱回丝率为 0.65%。

（五）色纱排列

色经循环：

白	黑	
4 根	4 根	每花 8 根经纱

色纬循环：

白	黑	
4 根	4 根	每花 8 根纬纱

（六）总经根数

设计穿筘数为地组织 2 入/筘，边组织 4 入/筘。

$$总经根数 = \frac{坯布密度}{10} \times 坯布幅宽 + 边经根数 \times \left(1 - \frac{地组织每筘穿入数}{边组织每筘穿入数}\right)$$

$$= \frac{221}{10} \times 157 + 96 \times \left(1 - \frac{2}{4}\right) = 3517.7(根)$$

取整数 3518 根，其中布身经纱根数为 3518−96＝3422（根），因为织物组织经纱循环根数为 4，修正为 3420 根，总经根数为 3420+96＝3516（根）。

（七）筘号

$$公制筘号 = \frac{机上经纱密度}{地组织每筘穿入数} \times (1 - 纬纱织缩率)$$

$$= \frac{221}{2} \times (1 - 4.19\%) = 105.9(\text{齿}/10\text{cm})$$

因此，取筘号为 106#。

（八）筘幅

$$\text{筘幅} = \frac{\text{总经根数} - \text{边纱根数} \times \left(1 - \frac{\text{布身每筘穿入数}}{\text{布边每筘穿入数}}\right)}{\text{布身每筘穿入数} \times \text{筘号}} \times 10$$

$$= \frac{3516 - 96\left(1 - \frac{2}{4}\right)}{2 \times 106} \times 10 = 163.58(\text{cm})$$

（九）紧度

内经纱数中（72 公支苎麻/棉）/2 和 68 公支棉/2 各占一半，经纱的平均公制支数为 70 公支/2。

$$\text{Tt} = \frac{1000}{70} \times 2 = 14.29 \times 2$$

$$\text{经向紧度}E_j(\%) = P_j \times k_d\sqrt{\text{Tt}} = 221 \times 0.038\sqrt{28.6} = 44.91\%$$

$$\text{纬向紧度}E_w(\%) = P_w \times k_d\sqrt{\text{Tt}} = 266 \times 0.038\sqrt{28.6} = 54.06\%$$

（十）百米用纱量

首先确定两种经纱的根数，地组织总经根数是 3516−96=3420，每花经纱循环数是 8，所以总花数为 3420÷8=427.5（个）。设计为白色经纱开始，白色经纱结束，则地组织白色经纱根数为 428×4=1712（根），黑色经纱根数为 427×4=1708（根）。

$$\text{白色经纱百米用纱量} = \frac{\text{白色经纱根数} \times 100}{1000 \times \text{公制支数} \times (1 - \text{经纱总缩率}) \times (1 - \text{经纱回丝率}) \times (1 - \text{经纱捻缩率})}$$

$$= \frac{1712 \times 100}{1000 \times 35 \times (1 - 14\%) \times (1 - 0.27\%) \times (1 - 2\%)} = 5.82(\text{kg})$$

$$\text{黑色经纱百米用纱量} = \frac{\text{黑色经纱根数} \times 100}{1000 \times \text{公制支数} \times (1 - \text{经纱总缩率}) \times (1 - \text{经纱回丝率}) \times (1 - \text{经纱捻缩率})}$$

$$= \frac{1708 \times 100}{1000 \times 35 \times (1 - 14\%) \times (1 - 0.27\%) \times (1 - 2\%)} = 5.81(\text{kg})$$

$$\text{白色纬纱用量} = \frac{\frac{\text{织物纬密}}{2} \times 10 \times \text{上机幅宽}}{1000 \times \text{公制支数} \times (1 - \text{纬纱织缩率}) \times (1 - \text{纬纱回丝率}) \times (1 - \text{纬纱捻缩率})}$$

$$= \frac{\frac{266}{2} \times 10 \times 157}{1000 \times 35 \times (1 - 4.19\%) \times (1 - 0.65\%) \times (1 - 2\%)} = 6.40(\text{kg})$$

因为纬纱排花两种纱线的根数是一样的，所以百米布黑色纱线的用量和白色一样的，为 6.40kg。

$$\text{边经纱用量}=\frac{\text{边经纱根数}\times 100}{1000\times\text{公制支数}\times(1-\text{经纱织缩率})\times(1-\text{经纱回丝率})\times(1-\text{经纱捻缩率})}$$

$$=\frac{96\times 100}{1000\times 35\times(1-14\%)\times(1-0.27\%)\times(1-2\%)}=0.33(\text{kg})$$

剑杆布机还要计算废边纱的经纬纱用量，经纱废边纱采用 68 公支/2 涤棉线，每边一般用 12 根。经纱废边纱用量计算方法和计算结果与上例相同为 0.08kg。纬纱废边纱用量，一般左右两边的废边纱合计长度按照 10cm 计算。

$$\text{纬纱废边纱用量}=\frac{\text{纬密}\times 10\times 0.1}{\text{纬纱公制支数}\times(1-\text{纬纱织缩率})\times(1-\text{纬纱回丝率})\times(1-\text{纬纱捻缩率})}\times 100$$

$$=\frac{266\times 100}{35\times(1-4.19\%)\times(1-0.65\%)\times(1-2\%)}=814.72(\text{g})\approx 0.815(\text{kg})$$

黑白两种颜色的各 0.41kg。

（72 公支苎麻/棉+68 公支棉）/2 本白纱线总用纱量：5.82+6.40+0.41=12.63(kg)。

（72 公支苎麻/棉+68 公支棉）/2 黑色纱线总用纱量：5.81+6.40+0.41=12.62(kg)。

68 公支/2 棉线总用纱量：0.33kg

68 公支/2 涤棉线总用纱量：0.08kg

（十一）上机图

织物上机图如图 9-6 所示。

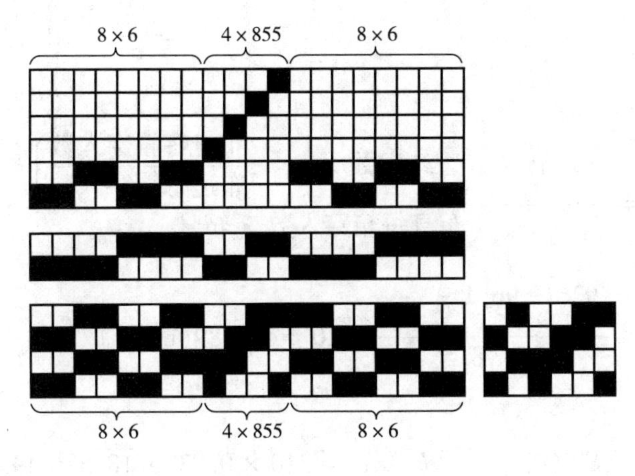

图 9-6　织物上机图

三、苎麻/黏胶织物设计实例

赛络纺高支苎麻/黏胶面料的开发是在广泛收集、汇总，分析了市场信息后设计开发出来的。该产品技术含量高，实现了技术创新、风格创新。产品附加值也大幅提高。

（一）织物规格设计

经纬纱均采用 54 公支（18.5tex）苎麻黏胶混纺纱（苎麻 30%/黏胶 70%），坯布经密 310 根/10cm，坯布纬密 299 根/10cm，坯布幅宽为 158cm，织物组织为 $\frac{2}{1}\nearrow$ 斜纹。

（二）布边设计

布边采用68公支/2的棉纱，$\frac{2}{2}$纬重平组织，布边设计为每边48根，布边总根数为48根×2。

（三）确定缩率与回丝率

根据生产经验，选定经纱织缩率为12%，纬纱织缩率为4.82%，边经纱捻缩率为2%，经纱回丝率为0.27%，纬纱回丝率为0.65%

（四）总经根数

设计穿筘数为地组织3入/筘，边组织4入/筘。

$$总经根数 = \frac{坯布密度}{10} \times 坯布幅宽 + 边经根数 \times \left(1 - \frac{地组织每筘穿入数}{边组织每筘穿入数}\right)$$

$$= \frac{310}{10} \times 158 + 96 \times \left(1 - \frac{3}{4}\right) = 4925.2(根)$$

因此，总经根数修正为4926根。

（五）筘号

$$公制筘号 = \frac{经纱密度}{地组织每筘穿入数} \times (1 - 纬纱织缩率)$$

$$= \frac{310}{3} \times (1 - 4.82\%) = 98.4(齿/10cm)$$

取筘号为$98.5^{\#}$。

（六）筘幅

$$筘幅 = \frac{总经根数 - 边纱根数 \times \left(1 - \frac{布身每筘穿入数}{布边每筘穿入数}\right)}{布身每筘穿入数 \times 筘号} \times 10$$

$$= \frac{4926 - 96\left(1 - \frac{3}{4}\right)}{3 \times 98.5} \times 10 = 165.89(cm)$$

（七）紧度

$$经向紧度E_j(\%) = P_j \times k_d\sqrt{Tt} = 310 \times 0.037\sqrt{18.5} = 49.33\%$$

$$纬向紧度E_w(\%) = P_w \times k_d\sqrt{Tt} = 299 \times 0.037\sqrt{18.5} = 47.58\%$$

（八）百米用纱量

$$布身经纱用量 = \frac{(总经根数 - 边纱根数) \times 100}{纱线公支 \times (1 - 经纱缩率) \times (1 - 经纱回丝率)}$$

$$= \frac{(4923 - 96) \times 100}{54 \times (1 - 12\%) \times (1 - 0.27\%)} = 10185(g) \approx 10.19(kg)$$

$$布身纬纱用量 = \frac{纬密 \times 10 \times 幅宽}{纱线公支 \times (1 - 纬纱缩率) \times (1 - 纬纱回丝率)}$$

$$= \frac{299 \times 10 \times 158}{54 \times (1 - 4.82\%) \times (1 - 0.65\%)} = 9251.69(\text{g}) \approx 9.25(\text{kg})$$

$$\text{边纱用量} = \frac{\text{边纱根数} \times 100}{\text{边纱公支} \times (1 - \text{经纱缩率}) \times (1 - \text{经纱回丝率}) \times (1 - \text{经纱捻缩率})}$$

$$= \frac{96 \times 100}{34 \times (1 - 12\%) \times (1 - 0.27\%) \times (1 - 2\%)} = 328.29(\text{g}) \approx 0.33(\text{kg})$$

废边纱计算过程省略，经纱废边纱用量为 0.08kg，纬纱废边纱用量为 0.59kg。

经纱总用纱量：54 公支（苎麻 30/黏胶 70）为 10.19kg。

纬纱总用纱量：54 公支（苎麻 30/黏胶 70）为 9.25+0.59=9.84(kg)。

棉边纱 68 公支/2 棉线总用纱量：0.33kg。

68 公支/2 涤棉线总用纱量：0.08kg。

（九）上机图

织物上机图如图 9-7 所示。

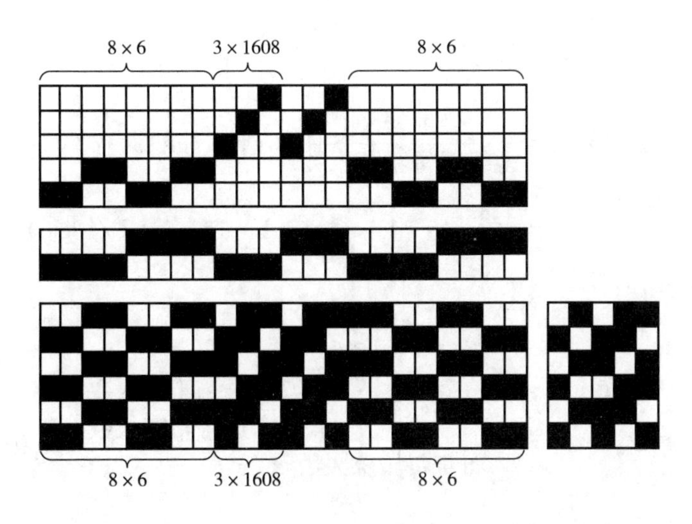

图 9-7　织物上机图

四、苎麻/棉交织物设计实例

纯麻面料的不足之处就是手感硬挺，穿着后容易起皱，为了解决面料的手感和起皱的问题，同时保证面料的干爽透气等效果，设计开发高支苎麻与棉交织布（图 9-8），通过苎麻与棉交织充分发挥两种纤维的优点，面料既有麻的干爽透气功能，又有棉的柔软手感，织物不易起皱，很适合国内市场。

图 9-8　苎麻/棉交织布

（一）织物规格设计

经纱用 60 公支（16.67tex）苎麻 60%/维

纶40%的混纺纱线，纬纱用100公支（10tex）棉纱，坯布经密328.7根/10cm，坯布纬密258根/10cm，坯布幅宽157cm，织物组织为平纹。

（二）布边设计

布边采用68公支/2棉纱，平纹组织，布边经纱为每边36根。

（三）确定缩率和回丝率

根据生产经验，选定经纱织缩率为8.5%，纬纱织缩率为6.56%，边经纱捻缩率为2%，经纱回丝率为0.27%，纬纱回丝率为0.65%。

（四）总经根数

设计穿筘数为地组织和边组织均选用2入/筘。

$$总经根数=\frac{坯布密度}{10}\times 坯布幅宽+边经根数\times\left(1-\frac{地组织每筘穿入数}{边组织每筘穿入数}\right)$$

$$=\frac{328.7}{10}\times 157+72\times\left(1-\frac{2}{2}\right)=5160.6(根)$$

修正为整数5160根。

（五）筘号

$$公制筘号=\frac{经纱密度}{地组织每筘穿入数}\times(1-纬纱织缩率)$$

$$=\frac{328.5}{2}\times(1-6.56\%)=153.5(齿/10cm)$$

因此，取筘号为153.5#。

（六）筘幅

$$筘幅=\frac{总经根数-边纱根数\times\left(1-\frac{布身每筘穿入数}{布边每筘穿入数}\right)}{布身每筘穿入数\times 筘号}\times 10$$

$$=\frac{5160-72\times\left(1-\frac{2}{2}\right)}{2\times 153.5}\times 10=168.08(cm)$$

（七）紧度

$$经向紧度E_j(\%)=P_j\times k_d\sqrt{Tt}=328.5\times 0.037\sqrt{16.67}=49.63\%$$

$$纬向紧度E_w(\%)=P_w\times k_d\sqrt{Tt}=258\times 0.037\sqrt{10}=30.17\%$$

（八）百米用纱量

$$百米布身经纱用量=\frac{(总经根数-边纱根数)\times 100}{纱线公支\times(1-经纱缩率)\times(1-经纱回丝率)}$$

$$=\frac{(5158-72)\times 100}{60\times(1-8.5\%)\times(1-0.27\%)}=9289.2(g)\approx 9.29(kg)$$

$$百米布身纬纱用量=\frac{纬密\times 10\times 幅宽}{纱线公支\times(1-纬纱缩率)\times(1-纬纱回丝率)}$$

$$= \frac{258 \times 10 \times 157}{100 \times (1 - 6.56\%) \times (1 - 0.65\%)} = 4363.33(g) \approx 4.36(kg)$$

$$边纱用量 = \frac{边纱根数 \times 100}{边纱公支 \times (1 - 经纱缩率) \times (1 - 经纱回丝率) \times (1 - 经纱捻缩率)}$$

$$= \frac{72 \times 100}{34 \times (1 - 8.5\%) \times (1 - 0.27\%) \times (1 - 2\%)} = 236.8(g) \approx 0.24(kg)$$

废边纱计算过程省略，经纱废边纱用量为 0.08kg，纬纱废边纱用量为 0.33kg。

60 公支苎麻/维纶混纺纱线总用纱量：9.29kg。

100 公支棉纱线总用纱量：4.36kg + 0.33kg = 4.69(kg)。

68 公支/2 棉纱线总用纱量：0.24kg。

68 公支/2 涤棉纱线总用纱量：0.08kg。

（九）上机图

织物上机图如图 9-9 所示。

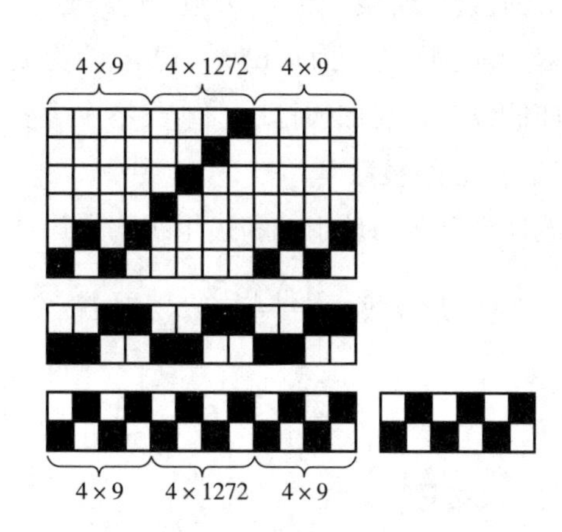

图 9-9　织物上机图

五、高支纯苎麻绉布设计实例

从树皮褶皱的外观得到的灵感，将面料外观设计成经向不规则的褶皱外观（图 9-10）。产品纬纱采用苎麻与水溶性维纶混纺的强捻纱，纱线捻度在 1600 捻/m 以上，纱线加捻后具有一定的扭力，在印染后加工时会使纱线形成扭缩，从而在布面形成树皮状的褶皱效应。面料轻透、细薄、外观立体感强，天然环保，吸湿透气，飘逸时尚，是很好的女装面料。用于夏季女装类产品，如连衣裙、披肩、空调围巾等。也被高档服装品牌选用，以日本、韩国、欧美市场为主。

图 9-10　纯苎麻绉布

（一）纤维选择

选用优质的高支苎麻纤维与水溶性维尼纶纤维混纺，后整理利用减量加工的工艺去除纱线中的水溶性纤维，松式染色、烘干，得到高支纯苎麻绉布面料。纤维支数要求在 2500 公支以上，支数偏差要小、细度不匀率低、含胶率低、脱胶品质好的优质苎麻纤维。可溶性维尼纶纤维规格为 1.5 旦×88mm，并丝率低于 0.01%；小白点每克少于 5 个，平方米克重不匀率 2%以下 。

（二）织物规格设计

经纬纱均采用 60 公支苎麻 60%/维纶 40%混纺纱线，其中纬纱采用捻系数在 210 以上的强捻纱。坯布经密为 286 根/10cm，坯布纬密为 268 根/10cm，坯布幅宽 160cm，织物组织为平纹。

（三）布边设计

布边采用 68 公支/2 的棉线，平纹组织，布边设计为每边 32 根。

（四）确定缩率和回丝率

根据生产经验，选定经纱织缩率为 11.5%，纬纱织缩率为 5.02%，经纱回丝率为 0.27%，纬纱回丝率为 0.65%，边经纱捻缩率为 2%，纬纱不考虑捻缩率（由于纺纱时，加大了牵伸倍数，纱线加强捻后，纱支不发生变化）。

（五）总经根数

设计穿筘数为地组织和边组织均采用 2 入/筘。

$$总经根数=\frac{坯布密度}{10}\times 坯布幅宽+边经根数\times\left(1-\frac{地组织每筘穿入数}{边组织每筘穿入数}\right)$$

$$=\frac{286}{10}\times 160+64\times(1-\frac{2}{2})=4576(根)$$

（六）筘号

$$公制筘号=\frac{经纱密度}{地组织每筘穿入数}\times(1-纬纱织缩率)$$

$$=\frac{286}{2}\times(1-5.02\%)=135.8(齿/10cm)$$

因此，取筘号为 136#。

（七）筘幅

$$筘幅=\frac{总经根数-边纱根数\times\left(1-\frac{布身每筘穿入数}{布边每筘穿入数}\right)}{布身每筘穿入数\times 筘号}\times 10$$

$$=\frac{4576-64\times\left(1-\frac{2}{2}\right)}{2\times 136}\times 10=168.24(cm)$$

（八）紧度

$$经向紧度E_j(\%)=P_j\times k_d\sqrt{Tt}=286\times 0.038\sqrt{16.67}=44.37\%$$

$$纬向紧度E_w(\%)=P_w\times k_d\sqrt{Tt}=268\times 0.038\sqrt{16.67}=41.58\%$$

（九）百米用纱量

$$布身经纱用量=\frac{(总经根数-边纱根数)\times 100}{纱线公支\times(1-经纱织缩率)\times(1-经纱回丝率)}$$

$$=\frac{(4576-64)\times 100}{60\times(1-11.5\%)\times(1-0.27\%)}=8520.18(g)\approx 8.52(kg)$$

$$布身纬纱用量=\frac{纬密\times 10\times 幅宽}{纱线公支\times(1-纬纱织缩率)\times(1-纬纱回丝率)}$$

$$= \frac{268 \times 10 \times 160}{60 \times (1 - 5.02\%)(1 - 0.65\%)} = 7573.62(\text{g}) \approx 7.57(\text{kg})$$

$$\text{边纱用量} = \frac{\text{边纱根数} \times 100}{\text{边纱公支} \times (1 - \text{经纱缩率}) \times (1 - \text{经纱回丝率}) \times (1 - \text{经纱捻缩率})}$$

$$= \frac{64 \times 100}{34 \times (1 - 11.5\%) \times (1 - 0.27\%) \times (1 - 2\%)} = 217.62(\text{g}) \approx 0.22(\text{kg})$$

废边纱计算过程省略，经纱废边纱用量为 0.08kg，纬纱废边纱用量为 0.57kg。

60 公支苎麻/水溶性维纶混纺纱总用纱量：8.52kg。

60 公支苎麻/水溶性维纶混纺强捻纱总用纱量：7.57kg+0.57kg=8.14(kg)。

68 公支/2 棉纱线总用纱量：0.22kg。

68 公支/2 涤/棉纱线总用纱量：0.08kg。

（十）上机图

织物上机图如图 9-11 所示。

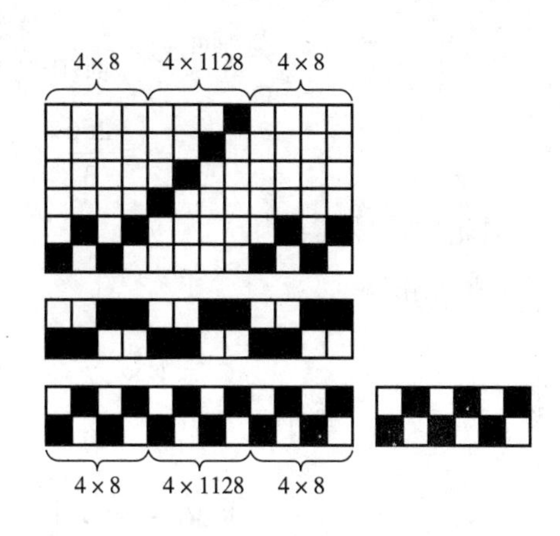

图 9-11　织物上机图

六、纯苎麻牛仔布设计实例

传统的牛仔布主要采用纯棉纱加工，极少有纯苎麻面料的产品，而苎麻纤维具有吸湿透气、质地坚实、挺括、手感粗爽、耐洗涤、耐摩擦的特性，非常适用于加工成牛仔服装的面料，特别是适合于制作轻薄型夏季牛仔面料。因此，采用苎麻来设计开发牛仔布（图 9-12），增加苎麻织物的新品种，满足现代牛仔产品具有舒适、随意、耐用，洗旧风格特征的要求。

图 9-12　纯苎麻牛仔布

（一）织物规格设计

经纱选用 60 公支/2 靛蓝色苎麻纱线，纬纱选用 48 公支白色苎麻纱线。坯布经密和纬密均为 256 根/10cm，坯布幅宽为 157cm，织物组织为 $\frac{2}{1}\nearrow$ 斜纹。

（二）布边设计

布边采用 68 公支/2 的棉纱线，纬重平组织，布边设计为每边 32 根。

（三）确定缩率和回丝率

根据生产经验，选定经向织缩率为 10%，纬向织缩率为 2.98%，经纱捻缩率为 2%，经纱回丝率为 0.27%，纬纱回丝率为 0.65%。

（四）总经根数

设计穿筘数为地组织 3 入/筘，边组织 4 入/筘。

$$总经根数=\frac{坯布密度}{10}\times 坯布幅宽+边经根数\times\left(1-\frac{地组织每筘穿入数}{边组织每筘穿入数}\right)$$

$$=\frac{256}{10}\times 157+64\times\left(1-\frac{3}{4}\right)=4035.2$$

修正为整数 4036 根。

（五）筘号

$$公制筘号=\frac{经纱密度}{地组织每筘穿入数}\times(1-纬纱织缩率)$$

$$=\frac{256}{3}\times(1-2.98\%)=82.8\approx 83(齿/10cm)$$

因此，筘号取 83#。

（六）筘幅

$$筘幅=\frac{总经根数-边纱根数\times\left(1-\frac{布身每筘穿入数}{布边每筘穿入数}\right)}{布身每筘穿入数\times 筘号}\times 10$$

$$=\frac{4036-64\times\left(1-\frac{3}{4}\right)}{3\times 83}\times 10=161.45(cm)$$

（七）紧度

$$经向紧度E_j(\%)=P_j\times k_d\sqrt{Tt}=256\times 0.037\sqrt{33.3}=54.65\%$$

$$纬向紧度E_w(\%)=P_w\times k_d\sqrt{Tt}=258\times 0.037\sqrt{20.8}=43.19\%$$

（八）百米用纱量

$$布身经纱用量=\frac{(总经根数-边纱根数)\times 100}{公支\times(1-经纱缩率)\times(1-经纱回丝率)\times(1-经纱捻缩率)}$$

$$=\frac{(4036-64)\times 100}{30\times(1-10\%)\times(1-0.27\%)\times(1-2\%)}=15051.98(g)$$

$$\approx 15.05(kg)$$

$$布身纬纱用量=\frac{纬密\times 10\times 幅宽}{纱线公支\times(1-纬纱缩率)\times(1-纬纱回丝率)}$$

$$=\frac{256\times 10\times 157}{48\times(1-2.98\%)\times(1-0.65\%)}=8686.99(g)\approx 8.69(kg)$$

$$边纱用量=\frac{边纱根数\times 100}{边纱公支\times(1-经纱缩率)\times(1-经纱回丝率)\times(1-经纱捻缩率)}$$

$$=\frac{64\times 100}{34\times(1-10\%)\times(1-0.27\%)\times(1-2\%)}=214(g)\approx 0.21(kg)$$

废边纱计算过程省略，经纱废边纱用量为 0.08kg，纬纱废边纱用量为 0.55kg。

60 公支/2 靛蓝色苎麻纱线总用纱量：15.05kg。

24 公支白色苎麻纱线总用纱量：8.69kg+0.55kg=9.24(kg)。

68 公支/2 棉纱线总用纱量：0. 21kg。

68 公支/2 涤棉线总用纱量：0. 08kg。

（九）上机图

织物上机图如图 9-13 所示。

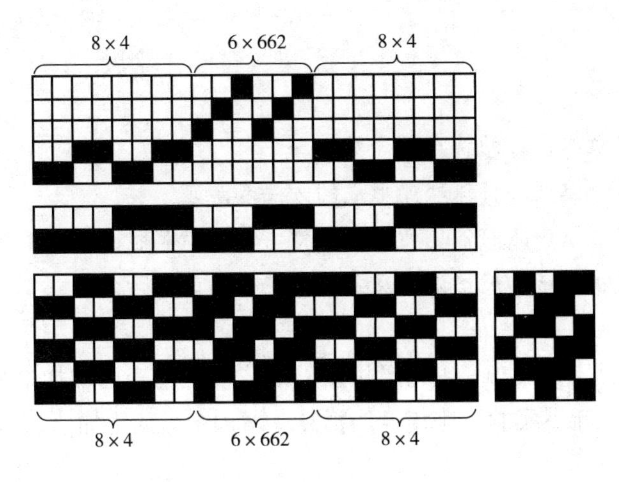

图 9-13　织物上机图

思考题与习题

1. 麻类纤维主要包括哪几类？
2. 简述苎麻织物的风格特点。
3. 简述亚麻织物的风格特点。
4. 麻类面料的设计需要考虑哪些因素？
5. 面料试织后需要收集哪些技术资料，以便于完善设计？
6. 欲设计一个平纹地、缎纹条子色织布，织物平均经密为 400 根/10cm。花型为：蓝色缎条 5mm，平纹条宽 15mm（白 6mm、黄 3mm、白 6mm），红色缎条 8mm，平纹条宽 27mm（白 11mm、黄 5mm、白 11mm），求平纹（2 入）的经密和缎纹（4 入）的经密，并计算一个花型循环内的色经排列。
7. 某客户来样（15cm×15cm）的织物一块，测出面料的规格为：经、纬纱纱支为 21 公支；密度为 234. 8 根/10cm×216 根/10cm；平纹组织；原料分析得知，经纬纱为纯苎麻纤维。请根据来样进行坯布工艺参数设计。（经向织缩率为 8. 5%，纬向织缩率为 4. 02%，染整幅缩率为 12. 5%，染整长缩率为-5. 3%，经纱回丝率为 0. 27%，纬纱回丝率为 0. 65%）

第十章　起毛起绒机织产品设计

本章目标

1. 了解起毛起绒机织产品的特点及分类。
2. 掌握起毛起绒机织产品特殊外观形成的方法和原理。
3. 掌握起毛起绒机织产品的常见品种、风格特征、结构特点及主要规格参数。
4. 掌握起毛起绒机织产品规格设计及上机工艺参数的设计方法。

起毛起绒机织产品不但改善了织物风格及外观，使织物表面增加毛型感和保暖性，而且使织物变得蓬松厚实，手感柔软，服用性能提高，增加产品的附加值。

第一节　起毛起绒机织产品概述

一、起毛起绒机织产品的常用纤维

起毛起绒机织产品可以使用棉、天然彩色棉、有机棉、木棉、毛等天然纤维，也可以采用黏胶、天丝、莫代尔、聚乳酸纤维、甲壳素纤维、蚕蛹蛋白纤维等再生纤维和涤纶、腈纶、氨纶等合成纤维。

二、起毛起绒机织产品的风格特征

（一）灯芯绒

灯芯绒（图 10-1）原料以棉为主，也有和涤纶、腈纶、氨纶等纤维混纺或交织的。灯芯绒由绒组织和地组织两部分组成。通过割绒、刷绒等加工处理后，织物表面呈现形似灯芯状明显隆起的绒条。灯芯绒组织采用两组纬纱与一组经纱交织的纬二重组织，一组纬纱（称地纬）与经纱交织成固结绒毛的地布，另一组纬纱（称绒纬）与经纱交织构成有规律的浮纬，割断后形成绒毛，地组织有平纹、斜纹等。

图 10-1　灯芯绒

灯芯绒织物手感弹滑柔软、绒条清晰圆润、光泽柔和均匀、厚实且耐磨，但较易撕裂，尤其是沿着绒条方向的撕裂强力较低。灯芯绒织物在穿着过程中，绒毛部分与外界接触，尤其是服装的肘部、领口、袖口、膝部等部位长期受到外界摩擦，绒毛容易脱落。

（二）平绒

平绒（图 10-2）是采用起绒组织织制再经割绒整理，平绒绒毛丰满平整，质地厚实，手感柔软，光泽柔和，耐磨耐用，保暖性好，富有弹性，不易起皱。平绒织物耐磨性较之一般织物要高 4~5 倍。因为平绒织物的表面是纤维截面与外界接触，避免了布底产生摩擦；平绒表面密布着耸立的绒毛，故手感柔软且弹性好、光泽柔和，表面不易起皱；布身厚实，且表面绒毛能形成空气层，因而保暖性好。

图 10-2　平绒

根据起绒纱线不同，分为经平绒（割经平绒）和纬平绒（割纬平绒）。经平绒是以经纱起绒，由两组经纱（地经和绒经）和一组纬纱交织成双层组织的织物，经割绒后成为两幅有平整绒毛的单层经平绒，经平绒地组织一般采用平纹，绒经固结以 V 形团结法为主，地经与绒经的排列比有 2∶1 和 1∶1 两种。经平绒按绒毛长短不同，分为火车平绒和丝光平绒。火车平绒绒毛较长，常用作火车坐垫；丝光平绒绒毛较短，经丝光处理，布面光亮，常用作服装、军领章和装饰。纬平绒是以纬纱起绒，由一组经纱与两组纬纱（地纬与绒纬）交织而成，与灯芯绒类似。纬平绒地组织多用平纹，也可采用斜纹。绒毛固结一般用 V 形固结法，地纬与绒纬的排列比为 1∶3。它与灯芯绒的区别是绒纬的组织点以一定的规律均匀排列，经浮点彼此错开。因此纬密比灯芯绒大，织物紧密，绒毛丰满。纬平绒主要用作服装和装饰。平绒洗涤时不宜用力搓洗，以免影响绒毛的丰满、平整。近年来，平绒织物主要应用于高档汽车内饰。

（三）长毛绒

长毛绒织物（图 10-3）是经起毛组织的一种，普通长毛绒织物一般地布均用棉经、棉纬，而毛绒采用羊毛。近年来，由于化纤原料发展很快，所以毛绒使用的纤维不仅是羊毛、马海毛，而且还使用化纤原料腈纶、黏胶纤维、氯纶等，尤其是氯纶，因具有热缩性能，故成为制造人造毛皮的常用原料。

长毛绒织物是双层织制法，其上下两层地布一般可采用平纹、$\frac{2}{2}$纬重平及$\frac{2}{1}$变化纬重平等。毛经固结组织应根据产品的使用性能和设计要求来确定。如要求质地厚实、绒面丰满、立毛挺、弹性好的织物，多数采用四梭固结组织。如要求质地松软轻薄，则可采用组织点较多的固结组织。若要求绒毛较短且密、弹性好、耐压耐磨时，多采用二

图 10-3　长毛绒织物

梭、三梭固结组织。毛绒高度随产品的要求而定，一般绒毛高度为3～20mm。地经与毛经的排列比一般多采用2∶1、3∶1及4∶1等。

长毛绒织物是布面起毛、状似裘皮的立绒毛织物，俗称“海虎绒”。正面有密集的毛纤维均匀覆盖，绒面丰满平整，富于膘光、弹性，保暖性能良好。机织长毛绒地经、地纬均用棉纱，起毛经纱用精纺毛纱或化纤纱。地经、地纬以平纹交织形成上、下两幅底布，起毛纱联结于上、下两幅底布之间，织制成双层绒坯。双层绒坯经剖绒机刀片割开，就成两幅长毛绒坯布，再经长毛绒梳毛机将毛丛纱线捻度梳解成蓬松的单纤维，经剪毛机将毛丛纤维表面剪平，即成素色长毛绒。素色长毛绒还可经网印、汽蒸固色、洗绒脱浆、脱水烘干等加工工艺，制成有各种兽皮花型的印花长毛绒。也有利用不同粗细、不同截面和不同收缩性能的化纤，在后整理上增加热收缩、烫光或滚球、刷花等工艺，制成由粗刚毛和细绒毛长短相结合的各类兽皮型或羔皮型长毛绒。长毛绒织物主要用于制作大衣、衣领、冬帽、绒毛玩具，也可用于室内装饰和工业领域。

三、灯芯绒机织产品的工艺设计

（一）工艺流程

经纱：络筒→整经→浆纱
纬纱：筒子
→织造→坯布检验→翻布、打印、缝头→单面轧碱烘干（单面烘干机）→割绒→通绒、复验→修绒→松捻（热水去碱或退浆）→烘干→顺毛前刷毛→烧毛→
顺毛泡焦→卷染→顺毛烘干→顺毛后刷毛
顺毛平幅汽蒸、煮练、漂白、印花、蒸、洗→烘干
→拉幅整理→顺毛验码→成包

（二）特征指标

1. 绒毛高度 h 它是指割绒后直立于织物表面上单根绒毛的平均高度。绒毛高度高，虽然绒面较直立，弹性较差，但绒面比较丰满。因此，在设计时应偏高一点，一般以不低于1mm为宜。绒毛的高度可根据它与经密、绒纬浮长的关系进行计算。

$$h = \frac{C}{2 \times \frac{P_j}{10}} \times 10 = \frac{50C}{P_j}$$

式中：C——绒纬的浮长所跨越的经纱数（根）；

P_j——经纱密度（根/10cm）。

2. 绒毛覆盖率 M 它是绒毛截面积的总和与地布总面积的百分比。绒毛截面覆盖率高，表示绒面的丰满程度好。一般中条灯芯绒的绒毛截面覆盖率以不低于10%为宜。其计算公式为：

$$M = \frac{P_j \times P_w \times 3.14156 \times S \times d_w}{2 \times R_j \times R_w \times 10000}$$

式中：M——绒毛截面覆盖率；

P_j，P_w——经、纬纱密度（根/10cm）；

R_j，R_w——组织循环中的经、纬纱根数；

d_j，d_w——经、纬纱直径（mm）；

K——组织循环中绒纬数与完全纬纱数的比值；

S——组织循环中绒纬数。

3. 绒毛丰满度 B 它的单位定为“密”，是指单位面积地布上绒毛的体积。它包含了绒毛的覆盖率与绒毛高度两个因素，其计算公式为：

$$B = M \times h$$

“密”数越高则绒面越丰满，一般以不低于10密为宜。

4. 绒毛固结紧度 G 它是表示绒纱在织物组织中受地经纱和压绒经纱排列挤压的程度。固结紧度越大，则绒毛固结坚牢度越好，越不容易脱毛。它是用绒纬纱方向的组织紧度来表示的，其值等于织物经向紧度加上绒纬纱与经纱交织点f6度的和，计算公式为：

$$G = E_j + \frac{P_j J_w \times 2d_{Rw}}{R_j}$$

式中：G——绒毛固结紧度,%；

E_j——经向紧度,%；

P_j——织物的经纱密度，根/10cm；

d_{Rw}——绒纬纱直径，mm；

R_j——组织循环经纱根数；

J_w——在一个组织循环中，一根绒纬与经纱的交叉次数。

不论是单压线经或双压线经，只要是一次固结的，固结紧度以不低于60%为宜。

（三）地组织选择

地组织是织物的基础，关系到织物的力学性质，也影响到织物的外观特征与手感，还影响到毛绒的固结牢度和纬密大小，以及割绒顺利与否。常用的地组织有平纹、斜纹、纬重平及其平纹、纬重平变化组织等。

（四）绒纬组织

绒纬组织由纬浮长与绒根交织点所组成，它关系到绒根固结牢度、绒条宽度及外观丰满程度。确定绒纬组织主要考虑以下三个方面。

1. 绒根固结方式 绒根固结方式是指绒纬与压绒经的交织规律，V形固结，纬密适当高些；W固结，纬密适当低些；联合固结，可密性在二者之间。

2. 绒纬浮长 它在一定的经密下决定了绒毛的长短和绒条的宽窄。增加绒纬的浮长，则能增加绒毛的高度，线条宽度也较阔。但浮长过长，割绒后，地组织易于露底，所以绒毛高度应有一定限制，一般绒纬浮长以不超过7个组织点为宜。织物组织不变，减少经纱密度，也可增加绒毛高度和绒条宽度。但减少经密后如经纱的细度不变，则织物的强力和绒毛的固结牢度就会受到影响。因此这时必须注意选用较粗些的经纱。

织制粗、阔条灯芯绒时，单是增加绒纬浮长，割绒后，容易露底，因此，必须注意合理安排绒根的分布。

3. 绒根分布 绒根组织点散开布置的，如图 10-4（a）所示。这种布置方法，割绒后，每束绒毛长短差异小，绒根分布比较均匀、整个绒条平坦，对阔条灯芯绒较为适宜。绒根分布中间多，两边少的，如图 10-4（b）所示。各束绒毛长短参差，形成细条的绒毛中间高，两边矮。

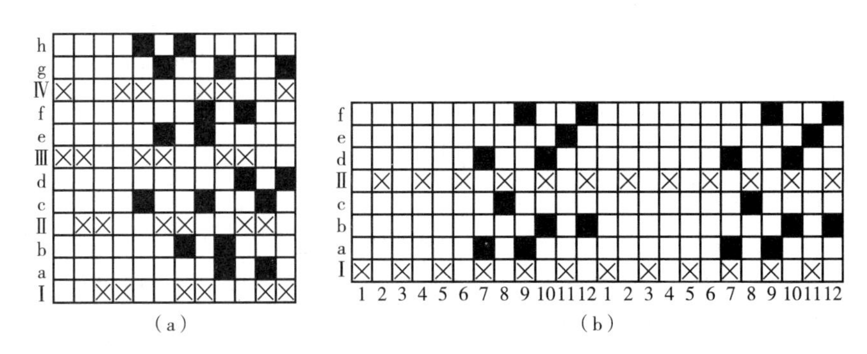

图 10-4　绒根分布示意图

（五）地纬绒纬之比

地纬绒纬排列比的大小与绒毛密度、织物的柔软性、保暖性及坚牢度均有关系。地纬绒纬的排列比一般为 1∶2、1∶3、1∶4、1∶5，个别也有 1∶6、1∶8、2∶1、2∶2 的，其中常用的是 1∶2 和 1∶3。

当排列比较大时，织物的绒毛密度相应增加，织物的柔软性和保温性均能得到改善，但这种情况下，绒毛的固结牢度差，绒毛容易脱落，并且织物的坚牢度会降低，同时增加了用纱量。所以地纬与绒纬的排列比，应根据织物要求来决定，一般不要超过 1∶5。

（六）合理配置经纬密度

织物的经纬纱密度与毛绒高度、密度以及织物坚牢度有关，纬密大、绒毛稠密；经密大，在组织不变的条件下，毛绒短而固结坚牢，织物紧密，但手感较硬，通常灯芯绒织物的纬向紧度高达 140%~180%，经向紧度为 50%~60%，约为纬向紧度的 1/3，经向紧度小、纬向紧度大是灯芯绒织物结构的一大特点。一般来说绒根多，纬密应小；反之，纬密可高些。地组织为平纹组织，纬纱不易打紧，紧度应该低一些；地组织点为斜纹或重平组织时，紧度可以高一些。

（七）布边设计

由于灯芯绒织物纬密高，纬纱缩率较大，在织造时边部经纱容易断头。为减少边经纱断头，可以提高边经纱质量。此外，还应考虑钢筘以及边组织的穿综、穿筘。

灯芯绒的边组织，是在布身组织的基础上，改变其穿综方法而形成的间隙纬结构的边组织，有利于减少边部经纱的断头，同时也能得到平整良好的布边。

四、平绒机织产品的工艺设计

（一）工艺流程

经纱：络筒→整经→浆纱┐
　　　　　　　　　　　　├→织造→坯布检验→翻布、打印、缝头→单面轧碱烘干（单
纬纱：筒子────────┘

面烘干机）→割绒→通绒、复验→修绒→松捻（热水去碱或退浆）→烘干→顺毛前刷毛→

烧毛→┌顺毛泡焦→卷染→顺毛烘干→顺毛后刷毛──────┐→拉幅整理→顺毛验码→成包
　　　└顺毛平幅汽蒸→煮练、漂白、印花、蒸、洗→烘干┘

（二）工艺参数设计

1. 绒毛截面覆盖率　它是指绒毛截面积的总和与地布总面积的百分数。绒毛截面覆盖率高，表示绒面的丰满程度好。

2. 绒面绒毛高度　它是指割绒后直立于织物表面上单根绒毛的平均高度。绒毛的高度较高时，绒面较直，弹性较差，但绒面比较丰满。

3. 绒面丰满度　它是指单位面积地布上的绒毛体积。它包含了绒毛的覆盖率与绒毛高度两个因素。绒面丰满度的单位为“密”，“密”数越高，则绒面越丰满。常见的纬平绒的绒面丰满度在 11 密左右，经平绒的绒面丰满度在 15 密左右。

4. 绒毛固结紧度　它是表示绒纱在织物组织中受地经纱和压绒经纱排列挤压的程度。固结紧度越大，则绒毛固结牢度越好，越不容易脱毛。纬平绒的固结紧度用绒纬纱方向的组织紧度来表示，其值等于织物经向紧度加上绒纱与经纱交织点紧度的和。经平绒的绒毛固结紧度则表示绒经纱在织物组织中受纬纱排列挤压的程度。

5. 绒面覆盖均匀度　用绒面绒毛经纬向间距的比值来表示。它是能否获得良好平绒风格的一个重要指标。绒毛覆盖均匀度以越接近 100%越好。该指标等于 100%时，表示绒毛经纬向的间距相等，这时绒面绒毛分布均匀、丰满、无条影，具有良好的平绒风格。

第二节　灯芯绒机织产品设计实例

灯芯绒是棉织物中的一个大类产品，由于其特有的绒条外观和优异的耐磨性能而深受消费者喜爱。但由于传统条绒的生产工艺路线一般是本色纱线织成本色绒坯布，割绒后经印染整理得到成品，所以在很长一个时期，产品单一，时代感较差，应用领域较窄。随着纺织技术的发展，灯芯绒产品的设计开发也有了新发展，下面介绍两例新型灯芯绒产品的开发实例。

一、设计思路

拟设计一款 16W 纯棉方格提花灯芯绒，灯芯绒选用色纱作为经纬纱，通过灯芯绒绒纬浮长的长短变化和排列次序不同来改变绒条粗细的变化，用纬起绒组织结构展示灯芯绒的点、线、面等花样结构变化，丰富灯芯绒织物设计。将原料的染色特性、组织的变化、割绒工艺多变性（间割、偏割）及其他后整理工艺等结合利用，得到风格各异的灯芯绒面料，以满足人们对灯芯绒面料的不同需求。割绒后无需印染，直接形成色织灯芯绒，解决了传统灯芯绒面料因绒感与厚实，使得印染加工有一定难度的问题，节约了成本，达到节能环保的目的。织物具有传统灯芯绒保暖、手感柔软等特点，还具有挺括、花型别致、富有很强的立体感等特点。

二、工艺流程与上机计算

（一）工艺流程

纬纱：筒子

经纱：络筒→整经→浆纱→穿综→织造→轧碱→烘干→割绒→退浆→烘干→刷绒→烧毛→练漂→印染→汽蒸、水洗等后处理→烘干柔软处理→拉幅→刷绒上光→成品

（二）织物规格设计

纱支：经纱均为16英支纱线，纬纱中紫色、灰色为16英支纱线，白色为21英支纱线。

经纬密度：经密为173根/10cm，纬密为527.5根/10cm。

织物幅宽：146cm。

地纬绒纬排列比：地纬与绒纬的排列比为1∶2。

固结方式：采用V形+W形联合固结方式。

地组织：采用大提花组织，组织图如图10-5所示。

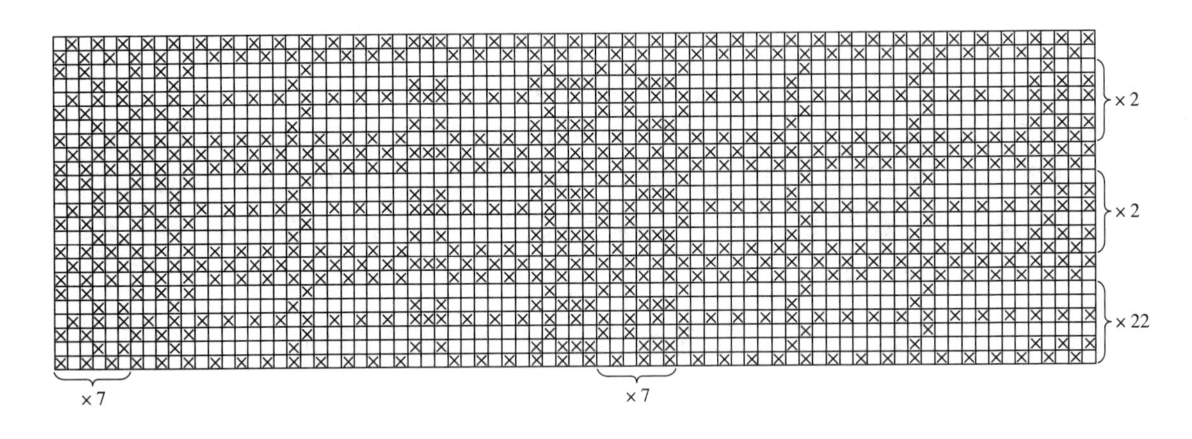

图10-5　16W纯棉方格灯芯绒组织图

边组织：选用小提花组织，可将边经固结住，左侧布边组织如图10-6（a）所示，右侧布边组织如图10-6（b）所示。

（三）织物上机设计

在一个花纹循环中，经纱180根和纬纱546根，一花宽度为10.40cm，一花高度为10.35cm，为使灯芯绒凸条更加明显，地组织采用花穿法，在凸条部位增加每筘穿入数，地组织穿筘方法依次为：2入×25次，3入×10次，2入×30次，3入×10次，2入×5次，边组织为4入/筘。为确保布边与地布交织松紧程度一致，避免织造困难，同时为减少用综数，左侧边组织的穿综方法为2、1、3、4，右侧边组织的穿综方法为

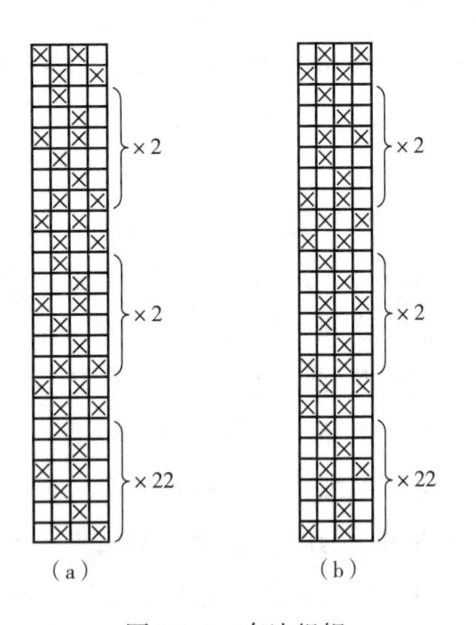

图10-6　布边组织

4、6、5、2。上机图如图 10-7（没包括边组织）所示。

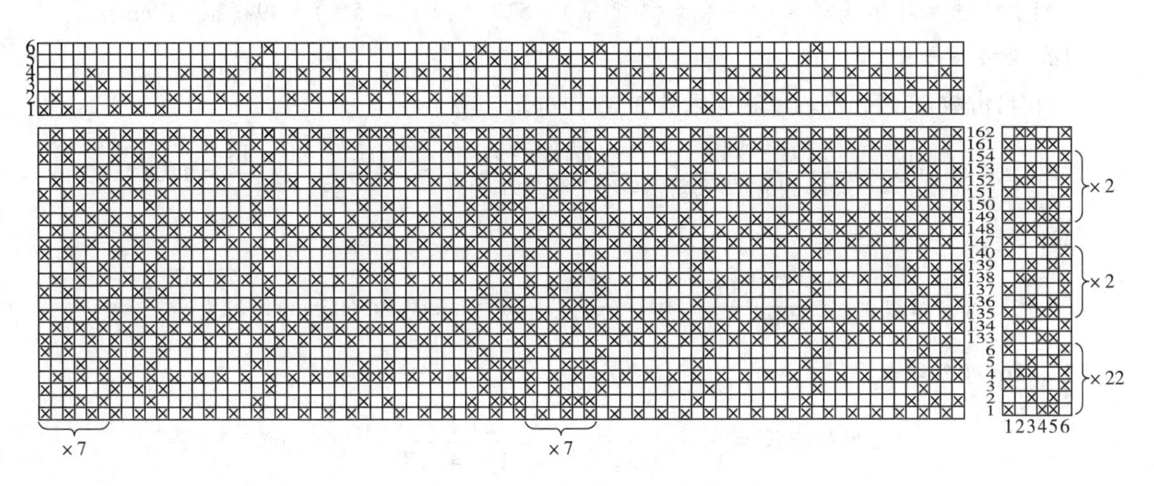

图 10-7　16W 纯棉方格灯芯绒上机图

（四）上机计算

1. 确定缩率　根据同类产品，确定经纱织缩率为 4.5%，纬纱织缩率为 7.5%，染整长缩率为 2%，染整幅缩率为 8.7%。

2. 平均每筘穿入数　一花经纱根数为 180 根，一花筘齿数 80 齿，平均每筘穿入数 2.25 根/齿。

3. 总经根数

$$总经根数 = 经密 \times 幅宽 + 边经纱根数 \times \left(1 - \frac{地组织每筘穿入数}{边组织每筘穿入数}\right)$$

$$= 17.3 \times 146 + 24 \times 2 \times \left(1 - \frac{2.25}{4}\right) = 2546(根)$$

根据企业生产实际，修正总经根数为 2512 根，其中边经纱 24×2 根。

4. 坯布幅宽

$$坯布幅宽 = \frac{成品幅宽}{1 - 染整幅缩率} = \frac{146}{1 - 8.7\%} = 160(\text{cm})$$

5. 上机筘幅

$$上机筘幅 = \frac{坯布幅宽}{1 - 纬纱织缩率} = \frac{160}{1 - 7.5\%} = 173(\text{cm})$$

6. 坯布经密

坯布经密 = 成品经密 ×（1 − 染整幅缩率）= 173 ×（1 − 8.7%）= 158（根/10cm）

7. 坯布纬密

坯布纬密 = 成品纬密 ×（1 − 染整长缩率）= 527.5 ×（1 − 2%）= 517（根/10cm）

8. 机上经密

机上经密 = 坯布经密 ×（1 − 纬纱织缩率）= 158 ×（1 − 7.5%）= 147（根/10cm）

9. 机上纬密

机上纬密 = 坯布纬密 × (1 − 经纱织缩率) = 517 × (1 − 4.5%) = 494(根/10cm)

10. 全幅筘齿数

一花筘齿数 68 齿，平均每筘穿入数 2.65 根/齿。

$$全幅筘齿数 = \frac{地经纱数}{地经每筘穿入数} + \frac{边经纱数}{边经每筘穿入数} = \frac{2512 - 48}{2.25} + \frac{48}{4} = 1108$$

11. 筘号

$$公制筘号 = \frac{全幅筘齿数}{筘幅} \times 10 = \frac{1108}{173} \times 10 = 64.0(齿/10cm)，取 64^{\#}$$

12. 1m 布经纱长

$$1m 布经纱长 = \frac{1}{1 - 经纱织缩率} = \frac{1}{1 - 4.5\%} = 1.05(m)$$

13. 各色纱数 一花经纱根数为 180 根，其中紫色 36 根、白色 114 根、灰色 30 根。全幅 13 花+124 根，全幅紫色经纱 504 根，白色经纱 1540 根，灰色经纱 420 根。

一花纬纱循环数 546 根，其中白色 348 根、灰色 90 根、紫色 108 根。

14. 用纱量计算（表 10-1）

表 10-1 用纱量计算常数

原料类型	漂染股线	漂染单纱	原色纱线	染色花式线
棉纱线	0.060834	0.060533	0.059916	0.062394
涤棉纱线	0.061363	0.061059	0.060542	0.062280
中长、化纤纱线	0.063260	0.062954	0.062313	0.065563

经纱均为 16 英支纱线，紫色纬纱、灰色纬纱是 16 英支纱线，白色纬纱为 21 英支纱线。

$$紫色经纱用量 = \frac{紫色经纱根数}{1 - 经纱织缩率} \times \frac{用纱量计算常数}{紫色经纱英制支数}$$

$$= \frac{504}{1 - 4.5\%} \times \frac{0.060533}{16} = 1.9966(kg/100m)$$

$$白色经纱用量 = \frac{白色经纱根数}{1 - 经纱织缩率} \times \frac{用纱量计算常数}{白色经纱英制支数}$$

$$= \frac{1540}{1 - 4.5\%} \times \frac{0.060533}{16} = 6.1008(kg/100m)$$

$$灰色经纱用量 = \frac{灰色经纱根数}{1 - 经纱织缩率} \times \frac{用纱量计算常数}{灰色经纱英制支数}$$

$$= \frac{420}{1 - 4.5\%} \times \frac{0.060533}{16} = 1.6639(kg/100m)$$

边纱采用废纱，不计用纱量。

$$紫色纬纱用量=\frac{\frac{一花中紫色纬纱根数}{一花纬纱根数}\times 纬密(根/英寸)\times 筘幅(英寸)}{紫色纬纱英制支数}\times 用纱量计算常数$$

$$=\frac{\frac{108}{546}\times 134\times 67.43}{16}\times 0.060533=6.7738(kg/100m)$$

$$白色纬纱用量=\frac{\frac{一花中白色纬纱根数}{一花纬纱根数}\times 纬密(根/英寸)\times 筘幅(英寸)}{白色纬纱英制支数}\times 用纱量计算常数$$

$$=\frac{\frac{348}{546}\times 134\times 67.43}{21}\times 0.060834=16.7126(kg/100m)$$

$$灰色纬纱用量=\frac{\frac{一花中灰色纬纱根数}{一花纬纱根数}\times 纬密(根/英寸)\times 筘幅(英寸)}{灰色纬纱英制支数}\times 用纱量计算常数$$

$$=\frac{\frac{90}{546}\times 134\times 67.43}{16}\times 0.060533=5.6448(kg/100m)$$

（五）织物实物图

织物实物图如图 10-8 所示。

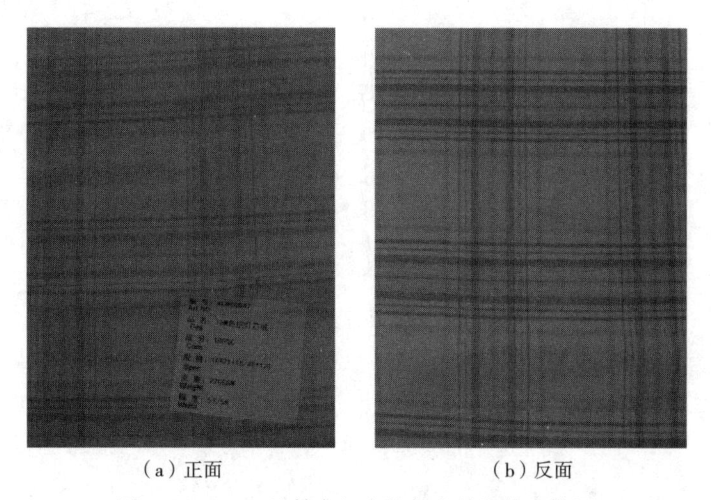

（a）正面　　（b）反面

图 10-8　16W 纯棉色织方格灯芯绒织物实物图

思考题与习题

1. 已知某灯芯绒织物的地组织为$\frac{2}{1}$右斜纹，地纬：绒纬=1：2，$R_j=12$，绒根为 V 形固结，试作该织物组织图。

2. 已知某灯芯绒织物的地组织为平纹，地纬：绒纬＝1：2，$R_j=12$，绒根为 V 形固结，试作该织物组织图。为了克服绒根在反面凸出易脱落，地组织改变为平纹变化组织，$R_j=14$，再作新的组织图。

3. 某长毛绒织物，以$\frac{2}{2}$纬重平为地组织；绒经 W 形固结，绒经与地经排列比为 1：2，每个组织循环中有 2 根绒经纱，绒经均匀固结，上下层投梭比为 4：4，采用双层单梭口全起毛织造方法，试作该织物的上机图及经向截面图。

第十一章　纱罗机织产品设计

本章目标

1. 了解纱罗机织产品的风格特征和类型。
2. 熟悉纱罗机织产品设计流程和工艺参数计算方法。
3. 掌握不同类型纱罗机织产品设计原理和设计关键要素。
4. 能够创新性设计出新颖外观风格的纱罗织物。

纱罗织物表面有清晰匀布的纱孔，纱罗织物中仅纬纱是相互平行排列的，而经纱则由两个系统的纱线（绞经和地经）相互扭绞，即织制时，地经纱的位置不动，而绞经纱有时在地经纱右侧、有时在地经纱左侧与纬纱进行交织，纱孔就是由于绞经作左右绞转，并在其绞转处的纬纱之间有较大的空隙而形成的。纱罗织物的经纬密度较小，织物较为轻薄、结构稳定，透气性良好。适用于作夏季衣料、窗帘、蚊帐、筛绢以及产业用织物等。此外，还可用作阔幅织机织制数幅织物的中间边或无梭织机织制织物的布边。

第一节　纱罗机织产品概述

一、纱罗机织产品的纱线要求

纱罗织物的特点是轻薄凉爽、透气性好。由于织造时经纱之间摩擦严重，对经纱的强度和耐磨性能要求较高。绞经纱比地经纱受到更多的摩擦和屈曲，应选择优质、强力好、耐磨的纱线，纱线的条干要均匀、杂质少。普通棉型纱罗织物，地经纱可选择 13~28tex 的纯棉或涤/棉单纱，绞经纱一般以 2 根股纱或 2 根粗特的单纱为 1 组，也可以多根单纱为一组，便于绞经花纹凸出，富于立体感。

二、纱罗机织产品的风格特征

纱罗组织是纱组织和罗组织的总称，指由地经和绞经两个系统的经纱与一个系统纬纱构成的地经纱与绞经纱之间相互扭绞的织物组织。

在纱罗组织中，根据绞经与地经绞转方向的不同可分为两种。绞经与地经之间绞向一致的纱罗组织称为一顺绞，简称顺绞，如图 11-1（a）所示；绞经与地经之间绞转方向相对称的纱罗组织称为对称绞，简称对绞，如图 11-1（b）所示。在其他条件相同的情况下，对称绞所形成的纱孔比一顺绞更加清晰。

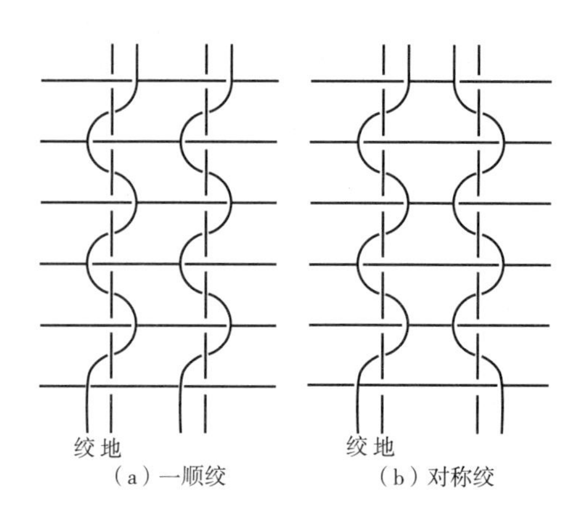

图 11-1　纱组织顺绞与对绞

形成一个纱孔所需要的绞经和地经，称为一个绞组。一个绞组中的地经根数与绞经根数可以相等，也可以不相等，图 11-2 为几种常用的绞组，其中图 11-2（a）的绞经：地经为 1：1，即一个绞组中由 1 根地经和 1 根绞经组成，称为一绞一；图 11-2（b）的绞经：地经为 1：2，称为一绞二；图 11-2（c）的绞经：地经为 2：2，称为二绞二。一个绞组中的经纱根数，决定了孔隙的大小，绞组内经纱根数少，纱孔小而密；绞组内的经纱根数多，纱孔大而稀。

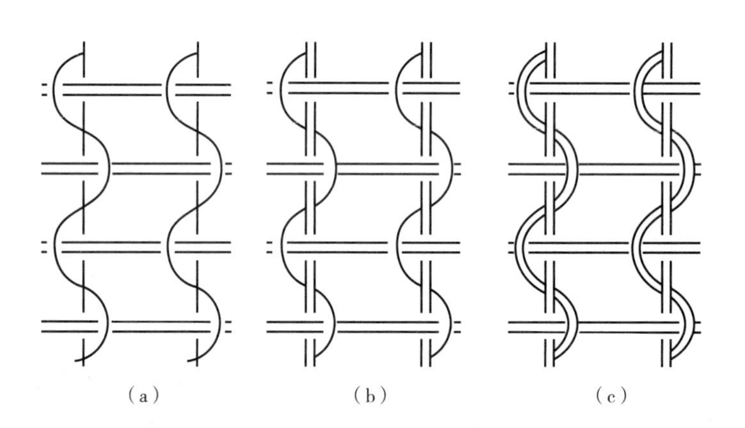

图 11-2　常用绞组

每织入一根纬纱，绞经都会改变左右位置，这种每次引入纬纱绞经都左右交换位置的组织，称为纱组织。纱组织有顺绞纱组织和对绞纱组织两类，纱组织的织物表面呈现均匀分布的沙孔。

每引入三根或三根以上奇数根纬纱，绞经改变一次左右位置的组织，称为罗组织。罗组织的构成与纱组织相同，区别是每次绞经交换位置，织入的纬纱根数为 3 根或 3 根的以上的奇数根纬纱。罗组织如每织入三纬，绞经交换一次位置，称为三纬罗组织；每织入五纬，交换一次位置，称为五纬罗组织，依此类推。图 11-3（a）为三纬罗组织，图 11-3（b）为五纬罗组织，通常将这种排列结构的称为横罗；将平纹与对称绞纵向排列结构的称为直罗，如

图 11-3（c）所示。一个绞组中有一根绞经（可以多根纱线并在一起）和奇数根地经，如三根地经称为一绞三；五根地经称为一绞五，依此类推。罗组织的织物表面呈现均匀分布的纱孔条。

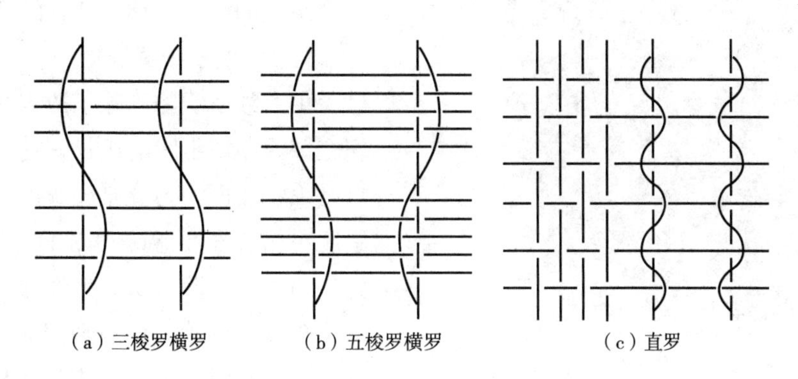

（a）三梭罗横罗　　（b）五梭罗横罗　　（c）直罗

图 11-3　罗组织交织示意图

近年来，随着纺织新技术的不断呈现，纱罗组织织物的产品范围日益扩大，花样不断翻新，纱罗组织的扭绞方法也有了很大改变，往往将几种不同的扭绞方法联合在一起织造，这些方法所构成的纱罗组织统称为花式纱罗组织（图 11-4）。花式纱罗组织不再局限于每次扭绞只织入奇数根纬纱的限制。

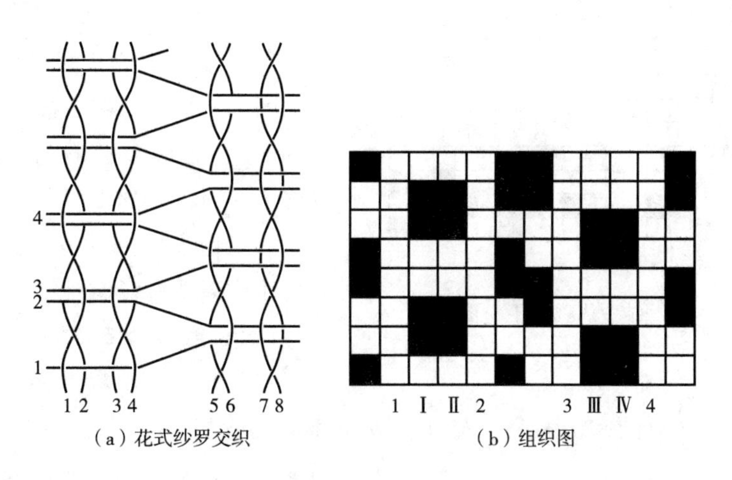

（a）花式纱罗交织　　（b）组织图

图 11-4　花式纱罗组织

在花式纱罗织物中，因其绞经围绕地经与纬纱交织，所以在表示其组织时，一般也采用分数形式，但其概念与斜纹、缎纹不同。在花式纱罗织物中，其分数线代表地经，分子与分母分别表示绞经在地经的左侧和右侧与纬纱交织的根数。例如$\frac{1}{3}$罗组织，其分数线代表地经，分子 1 表示绞经在地经左侧与 1 根纬纱发生交织，分母 3 表示绞经在地经的右侧与 3 根纬纱发生交织，分子与分母的和就是完全纬纱循环数。此外还有个别组织，因为其扭绞方法不同，用简单的分数形式还不能完全表示出来。

三、经典纱罗机织产品

单独由纱组织或罗组织制成的面料，称作为单一纱罗织物；由其他组织和纱罗组织联合组成的面料，称为联合纱罗组织。

（一）单一纱罗织物

单一纱罗织物，除了边组织以外，地组织全部为纱罗组织的织物。这一类织物的特点是织物表面均匀分布大量的孔隙，织物的紧度小，透气性能好。图 11-5 所示的织物为二纬二绞一罗组织，色经纬纱均为卡其色的 100 英支棉纱，成品经密为 118 根/英寸，成品纬密 69 根/英寸，成品规格为 57/58 英寸。绞经、地经的泡比为 1.40（绞组中绞经纱的用纱量与地经纱的用纱量之比为 1.4），绞经与地经的排列比为 2∶1，由于地经和绞经颜色相同，为了区分绞经轴和地经轴，在经纱上浆时，地经轴使用色粉，以示区别。

图 11-5　单一纱罗织物

单一纱罗织物上机图如图 11-6 所示。组织图中，绞经纱有 2 根，因此左穿法的左边占用了 2 纵格，右穿法的右边占用 2 纵格。

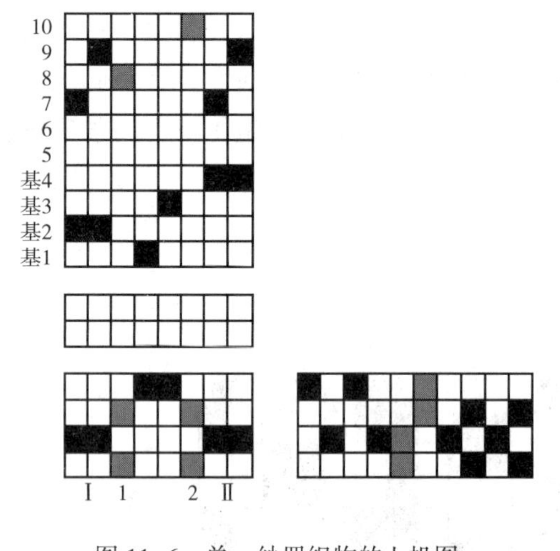

图 11-6　单一纱罗织物的上机图

该织物为单一纱罗组织，透气性能好，主要用作夏季衬衫面料。

（二）联合纱罗织物

某联合纱罗织物（图 11-7）其成品经密为 80 根/英寸，成品纬密为 80 根/英寸，成品幅宽为 145.5cm（57.3 英寸），坯布经密为 74 根/英寸，坯布纬密为 78 根/英寸，坯布幅宽为 158（62.1cm 英寸），织物进行小整理。

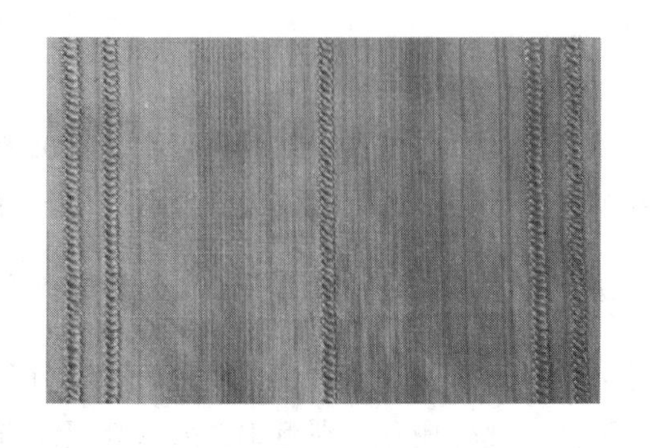

图 11-7　联合纱罗织物

色经排列为 A 表示淡黄色 80 英支/2（地平纹组织），B 表示浅橘黄 80 英支/2（地平纹组织），C 表示深橘黄 80 英支/2（绞组纱），D 表示橘红 80 英支/2（绞组纱），E 表示金丝。

一花中 A 纱 44 根，B 纱 116 根，C 纱

115 根，D 纱 61 根，E 纱 12 根，一花经纱根数为 348 根，全幅 13 花，减头 4 根，减头纱为 4 根 E 纱。边纱 40×2 根，全幅 A 纱 572 根，B 纱 1508 根，C 纱 1495 根，D 纱 798 根，E 纱 152 根。

纬纱为 40 英支淡黄色。

四、纱罗机织产品工艺设计

（一）单一纱罗组织工艺设计

1. 地经织缩率 单一纱罗织物的地经织缩率，一般要大于普通的平纹织物，尽管纱线的屈曲度远大于平纹织物，但由于纱罗织物的经、纬密度比较小，地经织缩率稍大于平纹织物；绞组中的地经织缩率一般在 10%左右。

2. 纬纱织缩率 纬纱没有参加绞织，织缩率一般都在 5%左右。

3. 绞经织缩率 绞经的织缩率与绞转梭口的次数有关，绞经的扭绞次数越多，绞经的浮长短、屈曲率大，绞经的织缩率比较大；绞转梭口次数少，绞经的织缩率也就小。绞经织缩率可在地经的基础上，增加 15%~40%。如果使用格罗茨-贝克特高速纱罗织造系统，绞经和地经的缩率相近，绞经、地经可以使用同一个织轴生产，不需要后综，这有利于简化织机的机构，提高生产效率。

4. 平均每筘穿入数 纱罗织物常使用空筘工艺，需要计算一花经纱使用的筘齿数和空筘数。

$$平均每筘穿入数 = \frac{一花经纱根数}{一花经纱使用的筘齿数 + 空筘数}$$

5. 确定总经根数 大部分织物的经密都是固定的，但对于纱罗织物而言，由于一个绞组的经纱要穿入同一个筘齿中，因此织物的经密是有变化的，计算总经根数时要用平均经密。

$$织物的平均经密 = \frac{织物的一花经纱根数}{一花宽度}$$

$$织物的总经根数 = 织物的平均经密 \times 织物的幅宽$$

6. 确定筘号 花式纱罗织物每一组绞经和地经必须穿入同一个筘齿内便于绞经在地经左右扭绞，当一个绞组绞经和地经数量较多时，花式纱罗织物需要特制的花筘，即拔去部分普通钢筘的筘齿，如图 11-8 所示。拔去的筘齿也要计入使用的筘齿数内。

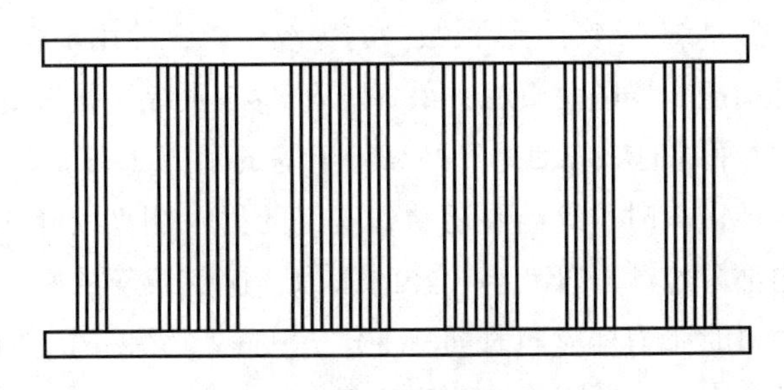

图 11-8 花筘

为了突出纱罗效应，必要时相邻绞组之间可空一筘齿。花筘的计算如下：

全幅筘齿数=每花筘齿数（包括拔去的筘齿）×全幅花数+加减头筘齿数+边纱筘齿数

$$\text{公制筘号}=\frac{\text{全幅筘齿数}}{\text{筘幅(cm)}}\times 10\text{，英制筘号}=\frac{\text{全幅筘齿数}\times 2}{\text{筘幅(英寸)}}$$

如果已知坯布的平均经密、纬纱织缩率和平均每筘穿入数，也可用以下公式计算：

$$\text{英制筘号}=\frac{\text{坯布的英制平均经密}\times(1-\text{纬纱织缩率})\times 2}{\text{平均每筘穿入数}}$$

$$\text{公制筘号}=\frac{\text{坯布的平均公制经密}\times(1-\text{纬纱织缩率})}{\text{平均每筘穿入数}}$$

7. 计算上机筘幅

$$\text{上机英制筘幅(英寸)}=\frac{\text{总经根数}\times 2}{\text{平均每筘穿入数}\times\text{英制筘号}}$$

$$\text{上机公制筘幅(cm)}=\frac{\text{总经根数}\times 10}{\text{平均每筘穿入数}\times\text{公制筘号}}$$

8. 计算织物紧度 计算纱罗织物的纬向紧度，纱罗织物与普通织物的纬向紧度类似。但是纱罗织物的经向紧度与普通织物不同，纱罗织物的地经纱常用的是单纱，而绞经常用的是股线，两种纱线的细度常常是不同的，因此计算纱罗织物紧度时，需要先计算经纱的平均线密度，然后再计算经向紧度。经纱的平均线密度用下面的公式计算：

$$\text{经纱平均线密度}=\frac{\text{地经线密度}\times\text{一花地经根数}+\text{绞经线密度}\times\text{一花绞经根数}}{\text{一花根数}}$$

9. 整经 因纱罗织物绞组中的绞经，织缩率常达20%以上，与地组织经纱的织缩率相差很大，绞经与地组织经纱，必须分别整经绕到不同的轴上，采用双经轴织造。

10. 浆纱 纱罗织物绞经、地经之间摩擦严重，所以对浆纱的要求很高，被覆和浸透的比例要合适，浆料应有较好的亲和力和成膜性。棉纱罗织物推荐使用以 PVA1799、PVA-205MB、磷酸酯淀粉等为主的浆料。PVA1799 的浆膜强度、耐磨性很好，对棉纤维的黏附性也好；PVA-205MB、磷酸酯淀粉对涤纶、棉纤维和其他许多纤维的黏附性都较好，浆液的黏度低。各成分的混合比例和浆液浓度可根据纱线的品种、线密度调整。纱罗织物上浆率应高于普通织物，地经和绞经可分别上浆，这样上浆效果比较好。

11. 穿经 单一纱罗织物的绞综数量比较多，一般需要使用两组基综。绞经纱根数多的为绞组一，使用基综 1 和基综 2；绞经纱根数少的为绞组二，使用基综 3 和基综 4，后综、地综在最后，后综与基综间至少要隔两页综，最好隔开 4~5 页综，梭口更容易清晰。

12. 织造 纱罗织物平综时，应使地经稍高于半综的顶部 2~3mm，以便绞经纱在地经之下左右绞转。当形成绞转梭口时，绞经要运动到地经的另一侧，绞经纱的张力很大，此时张力杆应及时向梭口送出部分经纱，以减小绞经的张力，避免绞经的断头和绞经、地经之间的过度摩擦。形成绞转梭口时张力杆应同时前移 50~70mm，基综 1 复位的同时张力杆也复位，改变钢丝绳在提综杆的位置可控制张力杆前移的距离。

为便于梭口开清后再引纬，织机的车速不宜快，取 160~170r/min；绞经的上机张力应小于地经；开口时间以早为宜；由于使用下半综起绞，地综综框的吊综位置应略高些，以加大地经高于绞经的距离，便于绞经从地经下方顺利通过起绞。

（二）联合纱罗组织工艺设计

1. 地经织缩 联合纱罗织物中，经纱最少可以分成三个部分，其他组织的经纱、绞组中的地经纱及绞组中的绞经纱。其他组织的经纱织缩率，可以参考类似组织的产品，确定其他组织的经纱织缩率。绞组中的地经纱，如果纱罗组织的绞转次数比较少，其他组织为平纹，其经向织缩率和平纹组织相近，可以将绞组中的地经纱和平纹组织的经纱，一起整经。如果织缩差异大，需要单独整经。由于绞组经纱根数少，其他组织的经纱根数多，设计绞组经纱织缩率时，一般会偏大控制，确保不会造成绞组经纱已经用完，而其他组织的纱线还有盈余，造成较大的浪费。综上所述，绞组中的地经织缩率一般会偏大控制在10%左右。当其他组织的经纱用完，绞组中的经纱还略有剩余。

2. 纬纱织缩率 纱罗组织以外的其他组织，占绝大部分，纱罗组织只占一小部分，因此纱罗组织对纬纱的织缩率影响较小，一般按照联合组织中的类似组织确定缩率即可。

3. 绞经织缩率 联合纱罗织物中的纱罗组织多为变化纱罗组织，与单一纱罗组织相比较，孔隙较大，绞经绞转的次数相对较少，开放梭口相对较多，因此绞经的织缩率小于单一纱罗织物。根据品种的不同，绞经与绞组中地经的泡比（绞组中绞经纱的用纱量与地经纱的用纱量之比），一般控制为1. 15~1. 30。绞经的织缩率要根据绞转梭口的频率确定，绞转梭口出现的频率越高，绞经织缩率越大。

4. 确定总经根数 计算总经根数时，先要求出织物的平均经密，再用平均经密和织物的幅宽，求出织物的总经根数。

$$织物的平均经密=\frac{织物的一花经纱根数}{一花宽度}$$

5. 穿综 根据上机图。对绞组内经纱而言，首先地经穿入地综，根据地经、绞经的相对位置从两基综之间穿过。然后绞经穿入后综，并从半综的综眼之间穿过。绞经纱不多时，只需前2页综框安装绞综；绞经纱数量多时，需要前4页综框安装绞综，相邻的绞经纱不应穿入相同的综框内，以减少绞组经纱的摩擦。绞组以外的地经纱安排在绞综综框与后综之间，穿综同普通织物一样。

第二节 纱罗机织产品设计实例

一、单一纱罗组织全棉色织布设计实例

某纱罗织物为全棉色织布，织物规格为：成品经密为90根/英寸，成品纬密为64根/英寸，成品幅宽57/58英寸，织物组织为三纬二绞三罗组织，对称绞，经纱规格为60英支和40英支，布边为平纹。

（一）设计步骤

1. 设定绞经、地经的纱支 经纱规格为60英支和40英支两种，二绞三罗组织，确定绞

经、地经的原则为：

（1）相互扭绞的两种经纱根数不同，则根数多的一种为地经，根数少的一种为绞经；

（2）两种经纱粗细不同时，粗的是绞经，粗绞经会使网目效应较为显著；

（3）纱和线相绞时，则绞经一定是股线，因股线起绞立体感较强。由此可以推断出，地经纱有三根为 60 英支，绞经纱有两根为 40 英支，绞经的合股纱和地经的合股纱刚好相同。

2. 设定织物的经向一花循环数和一花穿筘数 绞经 2 根纱，占用一个综框，但由于要左右扭绞，需要占用纵向两个纵格，地经纱有 3 根，需要占用纵向 3 个纵格，一个绞组的经纱需要占用 5 个纵格，如图 11－9 所示。

织物组织为对称绞，有两组，共需要占用纵格数为 10 个纵格。

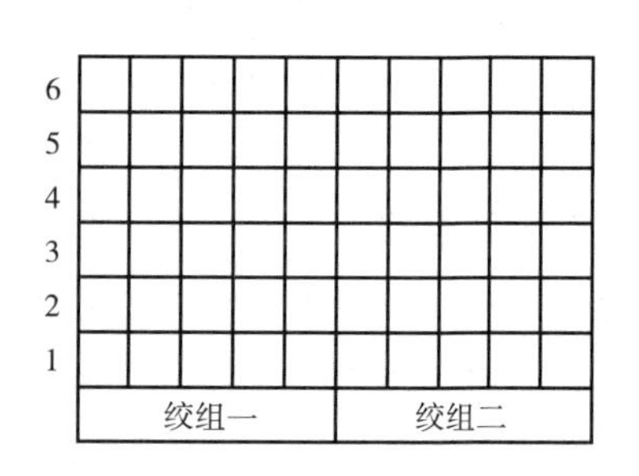

图 11－9　织物组织的经纬向循环数

3. 设定纬向循环数 织物为三纬罗组织，也就是说绞经在地经左右各需要织入三根纬纱，纬向总循环数为 6，如图 11－9 所示。

4. 穿筘图 为使对称绞织物的孔隙较大，穿筘时对称绞间空一筘。图 11－10 中空白处表示空筘，一个绞组 5 根纱，穿入同一筘齿中，绞组穿完后空一筘，平均每筘穿入数为 2. 5 根/筘。

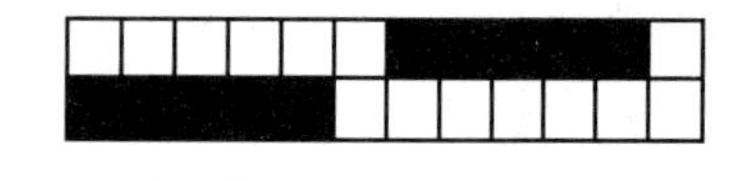

图 11－10　穿筘图

5. 穿综图 由于该组织为单一纱罗组织，因而绞综数量比较多，为减少每页综上的绞综数量，提高梭口的清晰度，共使用了 4 页基综。1～2 页综为第一组，3～4 页综为第二组。

该织物为对称绞，第一组采用右穿法，基 1 在左前，基 2 在右后，绞经在地经右边穿过；第二组采用左穿法，基 3 在右前，基 4 在左后，绞经在地经左边穿过。

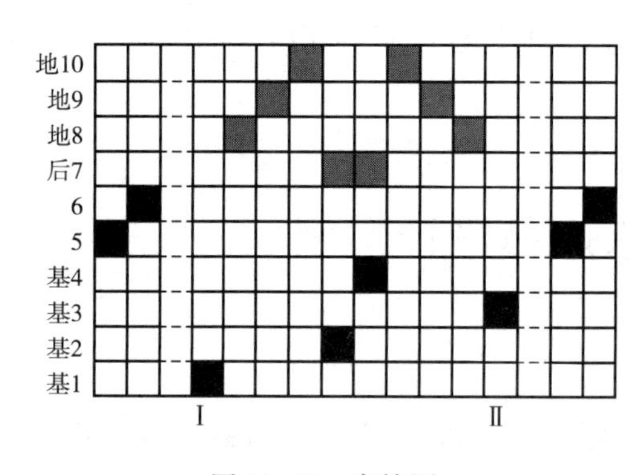

图 11－11　穿综图

图 11－11 中，第 5～第 6 综织制边组织，边组织为平纹。第 7 页综是后综，由于绞经为 2 根，图中后综 7 上的每个组织点，实际表示 2 根绞经纱。

如图 11－11 所示，绞组一采用右穿法，后综 7 上的纱线，穿在地经纱线的右边。注意：图 11－9 中，绞组一上的后综 7，每组有 2 根绞经纱，一个纵格表示的是 2 根经纱。绞组二采用左穿法，后综 7 上的纱线，穿在了地经的左侧。同样需要注意的是，绞组二中的后综 7，每组有 2 根绞经纱，一个纵格表示的是 2 根经纱。

6. 组织图 织物为三纬罗组织，绞经在地经的每一边都是织制三纬，形成的梭口顺序为：开放梭口—普通梭口—开放梭口，绞转梭口—普通梭口—绞转梭口。第一纬的起始点，对织物的生产没有影响。只需要左右两组对称，即满足要求。对于三根地经纱之间的组织，采用平纹组织。

7. 上机图　织物上机图如图 11-12 所示。

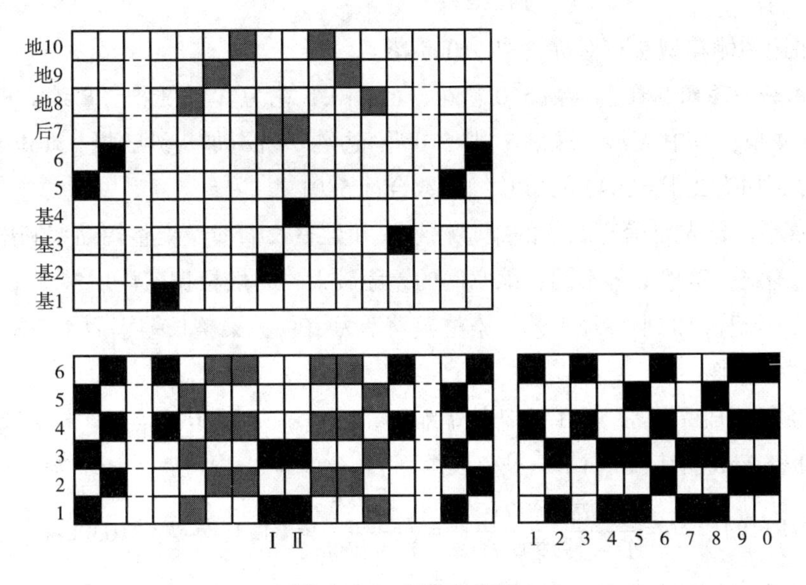

图 11-12　织物上机图

（二）上机工艺设计

1. 确定地经缩率　纱罗织物织机的地经轴安装在织机下方的送经机构上，织缩率与绞经相比，相对较小，而绞经由于要形成绞转梭口，绞经的上机张力要远小于地经，因此绞经的缩率要远大于地经，由于纱罗织物的缩率差异较大，与绞转梭口的次数关系密切，目前还没有形成详细的经验数据。工厂确定纱罗织物的织缩率时，一般先进行小样试织，再用拆纱的方法，测量地经和绞经的织缩率。一般纱罗织物，地经的织缩率要大于普通平纹织物的织缩率。根据绞转梭口的多少，单一纱罗织物的地经和绞经的泡比为 1. 15~1. 4。

本织物经过小样试织后，确定地经织缩率为 10%，地经和绞经的泡比为 1∶1. 32。

2. 确定匹长　织物的匹长是根据织物的原料、织物的用途、织物的厚度或平方米克重、织机的卷装容量以及后整理等因素确定。本设计中的纱罗织物用于服饰，有良好的透气性，而且属于轻薄织物，一般匹长在 27~40m，可三联匹生产。

3. 确定织物的幅宽　织物的幅宽要根据织物的用途和机型确定，一般织物的英制幅宽为 145~147cm（57~58 英寸），公制筘幅为 145~147cm。本织物实际宽度为 146. 7cm。

4. 估算织物的总经根数　一个绞组有 5 根经纱，对称绞，一花共 10 根经纱。

织物幅宽为 146. 7cm ，成品平均经密为 90 根/英寸，由穿筘图中可知地组织平均每筘穿入数为 2. 5，边组织每筘穿入数为 2 入。

$$总经根数 = 英制经密 \times 英制幅宽 = \frac{90 \times 146.7}{2.54} = 5198(根)$$

5. 计算全幅花数 每花10根经纱，边经纱96根，

$$全幅花数 = \frac{总经根数 - 边纱根数}{每花根数} = \frac{5198 - 96}{10} = 510.2(花)$$

考虑到布边两侧花型左右对称，取510.5花。

6. 修正织物的总经根数 全幅510整花，加头0.5花为A纱3根，B纱2根，一花中A纱6根，B纱4根，其中A纱=每花6根×510花+边纱96根+加头纱3根=3159根，B纱=每花4根×510花+加头2根=2042根。总经根数合计5201根。

7. 确定缩率 首先要确定织物的染整幅缩率和染整长缩率。染整幅缩率和染整长缩率由后整理的工艺确定，整理工艺不同，缩率间的差距较大，一般根据工厂后整理实际经验确定。本产品使用工艺流程短的小整理工艺，染整幅缩率为10%，染整长缩率为4.7%。

8. 确定坯布规格

$$坯布经密 = 成品经密 \times (1 - 染整幅缩率) = 90 \times (1 - 10\%) = 81(根/英寸)$$

$$坯布纬密 = 成品纬密 \times (1 - 染整长缩率) = 64 \times (1 - 4.7\%) = 61(根/英寸)$$

$$坯布的幅宽 = \frac{成品幅宽}{1 - 整理幅缩率} = \frac{57.8}{1 - 10\%} = 64.2(英寸)(163.0cm)$$

9. 确定筘号 小样试织后，通过拆纱法得到纬纱织缩为9.04%，平均每筘穿入数为5根/2齿=2.5根/齿，坯布平均经密为81根/英寸。

$$英制筘号 = \frac{坯布经密 \times (1 - 纬纱织缩率) \times 2}{平均每筘穿入数}$$

$$= \frac{81 \times (1 - 9.04\%) \times 2}{2.5} = 58.94(齿/2英寸)$$

取59齿/2英寸。

10. 确定上机筘幅 已知坯布幅宽为163cm（64.2英寸），纬纱织缩率为9.04%。

$$上机筘幅 = \frac{坯布幅宽}{1 - 纬纱织缩率} = \frac{64.2}{1 - 9.04\%} = 70.6(英寸)(179.3cm)$$

实际生产过程中，上机筘幅为179.9cm。

11. 计算经、纬向紧度 本织物经纱有绞经和地经两种，地经60英支相当于9.72tex，绞经40英支相当于14.58tex，一花色纱循环中，地经纱6根，绞经纱4根。

$$经纱平均线密度 = \frac{地经线密度 \times 一花地经根数 + 绞经线密度 \times 一花绞经根数}{一花根数}$$

$$= \frac{9.72 \times 3 + 14.58 \times 2}{5} = 11.7(tex)$$

纬纱为7.3tex（80英支）。

英制经密为90根/英寸，相当于公制经密354根/10cm。

英制纬密为64根/英寸，相当于公制纬密252根/10cm。

$$织物经向紧度(\%) = 0.037 \times 经纱密度 \times \sqrt{经纱平均线密度}$$
$$= 0.037 \times 354 \times 3.42 = 44.8\%$$

$$织物纬向紧度(\%) = 0.037 \times 纬纱密度 \times \sqrt{纬纱平均线密度}$$
$$= 0.037 \times 252 \times 2.7 = 25.2\%$$

(三) 织物的生产工艺

边纱 96 根 A 纱，每边各 48 根，A 表示 60 英支加白纱，用作地经和边纱，A 纱共计 3159 根；B 表示 40 英支加白纱，用作绞经纱，B 纱共计 2042 根；筘号为 59 齿/2 英寸，上机筘幅为 179.9cm，色经排列为 3A-2B-0-2B-3A，合计 5201 根。纬纱为 80 英支浅蓝。

经纱有 A 纱和 B 纱两种，A 纱为地经纱，B 纱为绞经纱，由于织缩不同，B 纱的织缩率要远大于 A 纱（本织物中泡比为 1∶1.32），需要双轴织造，两种纱线各自成轴。

1. 穿综工艺 基 1、基 2 绞组，使用右穿法，后综 7 上的 2 根经纱要穿在地经纱的右侧，穿综顺序为 8，9，10，7，7。5 根经纱要穿在一个筘齿中，然后空一筘。

基 3、基 4 绞组，使用左穿法，后综 7 上的 2 根经纱要穿在地经纱的左侧，穿综顺序为 7，7，10，9，8。5 根经纱要穿在一个筘齿中，然后空一筘。

2. 织造工艺 纱罗织物织制时有普通梭口、开放梭口、绞转梭口，在形成绞转梭口时，绞经要从地经下方通过，到另一侧形成梭口，梭口很不容易清晰，而且绞转梭口比较小，极易造成开口不清，本织物生产时选用 GA747 剑杆织机生产，织机转速为 186r/min。双轴织造，地经轴安装在织机下方的送经机构上，绞经轴安装在织机止方的辅助送经机构上。

纱罗织物平综时，要特别注意，要使地经高于半综顶部 2~3mm。如果这个距离大了，会影响梭口的清晰程度，使绞经和地经形成的梭口有效高度变小；如果这个距离小了，当需要形成绞转梭口时，地经可能会卡在基综和半综之间，造成漏绞。织造时需要使用张力调节机构，调节绞经张力，当形成绞转梭口时，绞经张力增大，张力棒移动，减小绞经的张力，当形成普通梭口和开放梭口时，张力棒反方向移动，增大绞经张力，保障梭口清晰。织物实物图如图 11-13 所示。

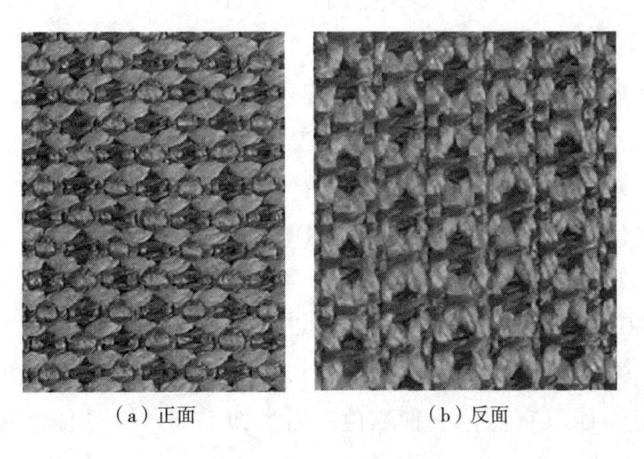

（a）正面　　（b）反面

图 11-13 织物实物图

二、联合纱罗组织产品设计实例

某联合纱罗组织，实物图如图 11-14 所示。

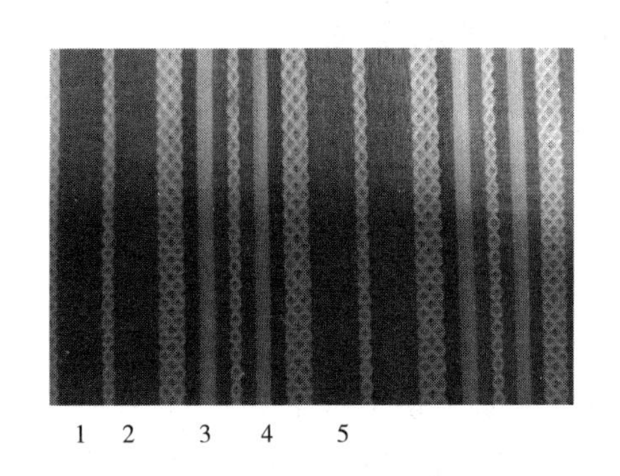

图 11-14 织物实物图

经过织物分析，纱罗组织间有 30 根平纹组织的经纱，平纹组织的经纱和绞组中的地经纱均为 7.3tex×2（80 英支/2）双股线，绞经纱为 14.6tex×2（40 英支/2）双股线，每绞组为二绞三，罗组织为四纬罗组织。成品幅宽为 57/58 英寸，成品经密为 110 根/英寸，成品纬密为 80 根/英寸，一米坯布需要经纱长度为 1.1m，上机筘幅为 64.95 英寸，坯布幅宽为 61.5 英寸，坯布经密为 102 根/英寸，坯布纬密为 78 根/英寸，纬纱为 14.6tex（40 英支）。

（一）产品设计

1. 确定色纱的排列 图 11-15 的织物中，用 A 表示浅蓝色 7.3tex×2（80 英支/2）经纱，B 表示加白 7.3tex×2（80 英支/2）地经纱，C 表示浅咖色 7.3tex×2（80 英支/2）经纱，D 表示加白色 14.6tex×2（40 英支/2）绞经纱。

图 11-15 表明，各绞组中均为对称绞，若左绞为左穿法，右绞为右穿法；又绞组中的经纱均为白色，则绞组中的纱线为 B 纱和 D 纱，且绞组为二绞三，得到对称绞处经纱的排列为：2D，3B（左穿法，绞经在地经左边），3B，2D（右穿法，绞经在地经的右边），一组对称绞的色经排列为 2D，6B，2D。

条带 1 蓝色：30 根 A 纱；条带 2 蓝色：30 根 A 纱；

条带 1 和 2 之间：1 组对称绞，色经排列为 2D，6B，2D；

条带 2 和条带 3 之间：2 组对称绞，色经排列为 2D，6B，2D；2D，6B，2D，合并后的排列为 2D，6B，4D，6B，2D；

条带 3：3 个细条带，每个细条带各有 10 根经纱。色经排列为 10C，10B，10A。

条带 3 和条带 4 之间：1 组对称绞，色经排列为 2D，6B，2D；

条带 4：3 个细条带，每个细条带各有 10 根经纱，色经排列为 10A，10B，10C；

条带 4 和条带 5 之间：2 组对称绞，色经排列为 2D，6B，2D；2D，6B，2D，合并后的排列为 2D，6B，4D，6B，2D；

条带 5 与条带 1 开始重合，是新的循环开始。

因此，其色经总排列为：30A，2D，6B，2D，30A，2D，6B，4D，6B，2D，10C，10B，10A，2D，6B，2D，10A，10B，10C，2D，6B，4D，6B，2D。合计 180 根。

一花中 A 纱为 80 根；B 纱为 56 根；C 纱为 20 根；D 纱为 24 根。

2. 确定色纬 织物分析得知纬纱为 14.6tex×2（40 英支）纱，对比图中白色条带和白色绞组中颜色，可确定纬纱只有白色一种颜色，因为如果纬纱有其他色彩，不能形成纯白色条带。

3. 设计穿综图　织物为联合纱罗组织，绞综的数量相比于单一纱罗织物少很多，因此本织物可以使用一组绞综。基综穿在1~2页综上，3~6页综穿平纹组织，第7页综作后综，8~9页综穿地综。每个绞组中，第一个绞组使用左穿法，第二个绞组使用右穿法，形成对称绞（在产品设计过程中，对称绞是先左穿还是先右穿，对产品的最终结果是没有影响的，设计者可以随意选择）。

4. 四纬纱罗组织的上机设计　因为该组织为四纬罗组织。

织制第1纬时，梭口为普通梭口，地综提升，基综和半综不运动；

织制第2纬时，基综1上升，半综随着基综1向上运动，左穿法绞经随着半综运动到地经右侧，而右穿法的绞经，则随着半综运动到地经的左侧，形成绞转梭口；

织制第3纬时，基综不运动，地经运动形成普通梭口；

织制第4纬时，基综1提升，再次形成绞转梭口；

织制第5纬时，基综不运动，地经形成普通梭口；

织制第6纬时，基综2运动，左穿法时，绞经在地经左侧；右穿法时绞经在地经右侧，形成开放梭口；

织制第7纬时，基综不动，地经形成普通梭口；

织制第8纬时，基综2上升，再次形成开放梭口。

在进行穿综设计时，在第一组对称绞织物部分，地经采用8，9，8的穿综顺序；而在第二组对称绞的织物部分，地经采用了9，8，9的穿综顺序，这样使第8、第9页综上的综丝数量差异小一些。纱罗组织的上机图如图11-15所示。

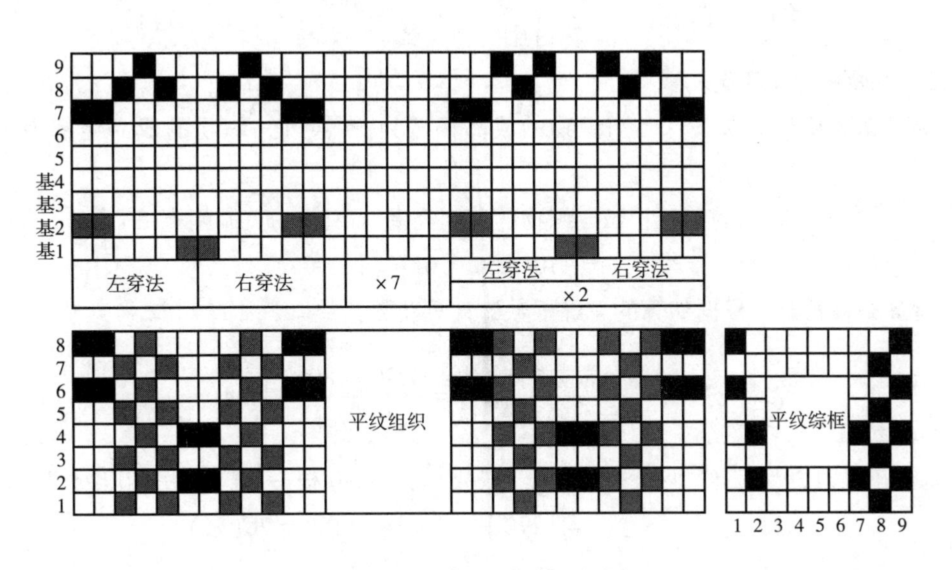

图11-15　纱罗组织的上机图

5. 联合纱罗组织的上机设计　在四纬纱罗组织上机的基础上，将平纹组织加入上机图中，即可得到联合纱罗组织的上机图如图11-16所示。

6. 穿筘工艺　穿筘工艺为：[10×（3），平纹组织]；[2 ×（5），绞组织]；[10×（3），

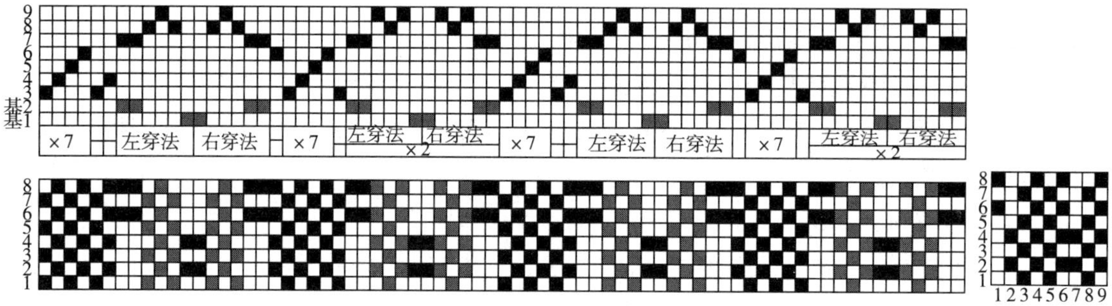

图 11-16　联合纱罗组织的上机图

平纹组织]；[2 × (5)，绞组织]；[1× (0)，空 1 筘]；[2 × (5)，绞组织]；[10× (3)，平纹组织]；[2 × (5)，绞组织]；[10× (3)，平纹组织]；[2 × (5)，绞组织]；[1× (0)，空 1 筘]；[2 × (5)，绞组织]。

10× (3) 平纹组织：连续穿 10 个筘齿，每个筘齿穿 3 入；

2 × (5) 表示一个对称绞组：穿 2 个筘齿，每个筘齿穿 5 入；

1× (0) 表示为空 1 筘，是为了增大纱罗织物的孔隙效果。

一个循环中共有 180 根经纱，其中平纹组织共计 120 根经纱，每筘 3 入，占用 40 个筘齿，绞经纱 60 根，每筘 5 入，占用 12 个筘齿，空筘占用 2 个筘齿，合计一花循环占用 54 个筘齿。

$$\text{平均每筘穿入数} = \frac{\text{一花经纱根数}}{\text{一花占用的筘齿数}} = \frac{180}{54} = 3.33(\text{入/筘})$$

(二) 织物的上机工艺

1. 初算织物的总经根数　已知织物的成品幅宽为 57 英寸，织物的成品经密为 110 根/英寸。

$$\text{织物的总经根数} = \text{织物的英制经密} \times \text{织物的英制幅宽} = 110 \times 57 = 6270(\text{根})$$

2. 计算全幅花数　根据初算的总经根数，计算花数：

$$\text{全幅花数} = \frac{\text{总经根数} - \text{边纱}}{\text{一花经纱数}} = \frac{6270 - 80}{180} = 34.4(\text{花})$$

$$\text{完整花数为 34 花，经纱加头数} = \text{总经根数} - \text{边纱 80 根} - 34\text{ 花} \times \text{一花经纱根数} = 6270 - 80 - 34 \times 180 = 70(\text{根})$$

3. 织物的劈花　织物的边纱每边 40 根，合计 80 根。

一花的经纱循环数为 180 根，色经的排列为：30A，2D，6B，2D，30A，2D，6B，4D，6B，2D，10C，10B，10A，2D，6B，2D，10A，10B，10C，2D，6B，4D，6B，2D。纱罗组织含有孔隙，不能靠近边组织，因此需要对织物进行劈花。

按照以上的色纱排列方式，加头 70 根，正好为左边起始的 30 根 A 纱+对称绞 10 根纱+

30 根 A 纱，共 70 根纱。

4. 各色加头纱的根数　根据色经的排列顺序，从左侧开始进行加头。

A 纱加头数 = 30+30 = 60 根；B 纱加头数 = 6 根；

C 纱加头数 = 0；D 纱加头数 = 2+2 = 4 根。

5. 计算各种颜色的经纱根数　一花中 A 纱根数为 80 根；一花中 B 纱根数为 56 根；一花中 C 纱根数为 20 根；一花中 D 纱根数为 24 根。

A 纱总根数 = 34 花×一花循环中 A 纱根数+加头数 = 34×80+60 = 2780（根）

B 纱总根数 = 34 花×一花循环中 B 纱根数+加头数 = 34×56+6 = 1910（根）

C 纱总根数 = 34 花×一花循环中 C 纱根数+加头数 = 34×20+0 = 680（根）

D 纱总根数 = 34 花×一花循环中 D 纱根数+加头数 = 34×24+4 = 820（根）

边纱 = 80（根）

6. 确定实际织缩率　全棉联合纱罗织物的绝大部分组织，都是平纹组织，纱罗组织只占很小一部分，因此染整幅缩率和染整长缩率，经纱织缩率、纬纱织缩率，与同样规格的平纹织物相差不大，确定织缩率的方法，可参考同样规格的平纹棉织物。

$$经纱织缩率(\%) = \frac{经纱长度 - 坯布长度}{经纱长度} \times 100 = \frac{1.1 - 1}{1.1} \times 100 = 9.1\%$$

$$纬纱织缩率(\%) = \frac{上机筘幅 - 坯布筘幅}{上机筘幅} \times 100 = \frac{64.95 - 61.50}{64.95} \times 100 = 5.3\%$$

$$染整幅缩率(\%) = \frac{坯布幅宽 - 成品幅宽}{坯布幅宽} \times 100 = \frac{61.5 - 57.0}{61.5} \times 100 = 7.3\%$$

$$染整长缩率(\%) = \frac{成品纬密 - 坯布纬密}{成品纬密} \times 100 = \frac{80 - 78}{80} \times 100 = 2.5\%$$

7. 筘号

$$英制筘号 = \frac{坯布经密 \times (1 - 纬纱织缩率) \times 2}{平均每筘穿入数} = \frac{102 \times (1 - 5.3\%) \times 2}{3.33} = 58.01(齿/2\ 英寸)$$

取 58 齿/2 英寸。

思考题与习题

1. 设计某单一纱罗织物，纱罗组织为四纬二绞四罗组织，呈对称绞，色纱颜色自定，经纱有 80 英支和 40 英支两种，纬纱为 80 英支，成品幅宽为 57/58，成品经密为 110 根/英寸，成品纬密为 80 根/英寸，坯布经密为 102 根/英寸，坯布纬密为 77 根/英寸，纬织缩为 4.7%，试设计该产品的生产工艺。

2. 单一纱罗织物，经检测经纱有 40 英支和 40 英支/2 两种，绞组为一绞二，对称绞。坯布经密为 80 根/英寸，坯布纬密为 60 根/英寸，成品幅宽为 57.5 英寸，纬织缩为 4.3%，设计该产品的生产工艺。

3. 纱罗+平纹联合织物，要求平纹组织呈现宽窄不等的条带状，颜色自定，中间的条带宽，两侧的条带逐渐变细，纱罗组织为一绞二、$\frac{4}{4}$一顺绞，空 3 筘，经纱有 80 英支/2 和 40 英支/2 两种，色经排列为：平纹组织 60 根+一组对称绞+平纹组织 10 根+一组对称绞。坯布经密为 80 根/英寸，坯布纬密为 78 根/英寸，纬织缩为 5.5%，设计该产品的工艺。

4. 设计纱罗+平纹联合织物，绞组一：二绞二、四纬罗组织，空 3 筘，一顺绞；绞组二：二绞四，4/16 和 16/4C 对称绞。色经排列要求为：平纹 60 根+绞组一+平纹 4 根+绞组一+2X 绞组二+平纹组织 4 根+绞组一+平纹组织 4 根+绞组一。若经、纬纱线均为 40 英支，色纱颜色自定，坯布幅宽为 60.2 英寸，坯布经密为 90 根/英寸，坯布纬密为 70 根/英寸，纬织缩为 4.7%，设计该产品的工艺。

5. 设计纱罗+平纹联合织物，经纱有 80 英支/2 和 40 英支/2，绞组纱颜色为白色，色经排列为：30 根平纹+1 组对称绞+30 根平纹+2 组对称绞+30 根平纹+3 组对称绞+30 根平纹+2 组对称绞，纱罗组织自定，设计该产品的工艺（包括设计工艺和上机工艺）。

6. 设计纱罗+平纹联合织物，绞组一为：三纬一绞二罗组织。绞组二为：二绞六、$\frac{4}{8}$和$\frac{8}{4}$对称绞。经纱有 40 英支和 40 英支/2 两种。组织排列为：80 根平纹+绞组 1+6 根平纹+绞组二+6 根平纹+绞组一，纱线颜色自定。若坯布幅宽为 62.5 英寸，坯布经密为 86 根/英寸，坯布纬密为 72 根/英寸，纬织缩为 5.3%，设计该产品的工艺。

第十二章　毛巾机织产品设计

本章目标

1. 了解毛巾机织产品的特点及分类。
2. 掌握毛巾机织产品特殊外观形成的方法和原理。
3. 掌握毛巾机织产品的常见品种、风格特征、结构特点及主要规格参数。
4. 制订毛巾机织产品规格设计与上机工艺参数设计方案。

毛巾织物是由两组经纱和一组纬纱交织而成，其中毛经和纬纱交织形成毛圈组织，地经和纬纱交织形成固定毛圈的地组织，两个组织相互配合，再通过毛巾织机特殊的长短打纬装置织造出完整的毛巾。毛巾织物具有手感柔软，吸湿性好，表面毛圈丰满蓬松性好等特点，毛巾通常有方巾、面巾、浴巾、毛巾被等产品，毛巾布还可裁剪加工制成各种浴袍、围裙、干发巾、敷脸巾等家用纺织品，用途较为广泛。

第一节　毛巾机织产品概述

一、毛巾机织产品的常用纤维

（一）棉纤维

棉纤维是毛巾常用的纤维原料，棉纤维作为天然纤维，具有穿着舒适、吸湿性好、柔软保暖、易染色、耐洗涤、良好的透气性，并具备天然纤维的安全卫生及可生物降解性等诸多优点，一直受到广大消费者的青睐。棉纤维干、湿强力差异较小，耐碱能力强，因此毛巾产品耐用性好。棉纤维还可以进行改性处理，如碱缩、丝光，从而改善棉纤维毛巾外观的光洁度，进一步提高毛巾的外观效果。

（二）再生纤维

再生纤维是以纤维素和蛋白质等天然高分子化合物为原料，经化学加工制成高分子浓溶液，再经纺丝和后处理而制得的纺织纤维。黏胶纤维是再生纤维素纤维的典型代表。

黏胶短纤维其性能近似于棉，黏胶短纤维手感柔软、吸湿性好、易染色，丰富了毛巾织物的色系，可以纯纺或者与棉纤维混纺作为毛巾用纱；黏胶长丝中的有光丝色泽明亮，可染出各种鲜艳的颜色，可用于毛巾产品的缎档部分来加强装饰作用。

莫代尔纤维和天丝纤维，均采用天然原材料木浆制成，是一种高湿模量黏胶纤维，与棉纤维混纺后的混纺纱织成的毛巾在花型图案、色彩对比、手感、吸湿性、悬垂性等方面都具有纯棉毛巾所没有的特点。

竹浆纤维是以竹子为原料经纺丝制造的再生纤维素纤维，又称竹浆黏胶纤维，其具有纤维强度高，耐磨性及悬垂性好，吸湿透气性好等优良特点，竹浆纤维具有一定的抑菌性能，竹浆纤维用于毛巾产品，可提高毛巾的外观光泽以及吸湿透气性能。

（三）合成纤维

合成纤维是由合成的高分子化合物制成的，常用的合成纤维有涤纶、锦纶、腈纶、氯纶、维纶、氨纶、聚烯烃弹力丝等。

涤纶强度高、弹性好、耐磨性好，保形性优良，不霉不蛀，但由于其吸湿性略差，较少应用于毛巾的毛圈部分，多与纤维混纺后用于毛巾地经，提高毛巾产品的强力。近几年超细或微细涤纶已广泛应用于制作快干毛巾。

维纶洁白色亮，柔软如棉，其改性后的聚乙烯醇纤维（俗称水溶性维纶），被广泛用作无捻毛巾的毛经纱纺纱原料。随着国家对企业排放污水的要求越来越高，水溶性维纶因其水污染大、高耗能、废水处理难等问题，逐渐被其他水溶纤维、碱溶纤维所代替。

腈纶外观蓬松卷曲、手感柔软，强力高、耐磨损，酷似羊毛，多用来和羊毛混纺或作为羊毛的代用品，腈纶单独用于毛巾的情况较少，可与其他纤维混纺后作为毛巾用纱，腈纶膨体纱用于毛巾还可以起到装饰作用。

（四）超细纤维

超细纤维是指复合纤维经开纤后形成的单丝线密度小于 0.33dtex 的化学纤维，手感柔软细腻，耐磨性、柔韧性好，光泽柔和，具有良好的吸水吸油和清洁能力，广泛用于制造干发巾、运动巾、清洁巾等毛巾产品。

（五）麻纤维

麻纤维具有良好的吸湿散湿与透气性，传热导热快、凉爽挺括、出汗不贴身、质地轻、强力大、防虫防霉、静电少、织物不易污染等特点。目前，应用于毛巾织物的麻纤维主要有亚麻、汉麻纤维。亚麻纤维吸湿性好；汉麻纤维结构独特，纤维中心有较大的空腔，纵向有许多与之相连的裂隙和孔洞，使纤维具有较多的毛细管道，提升毛细效应，使汉麻纤维具有卓越的吸湿透气性，此外汉麻具有天然抑菌防霉成分，以其制备的毛巾等家纺产品不易滋生细菌和霉菌，在军用和民用纺织品领域都被广泛使用。

二、毛巾机织产品的风格特征

毛巾织物的风格是毛巾产品的外观和感官舒适度等综合感官效果，是消费者在毛巾购买和使用过程中最直观的感受之一，因此成为毛巾设计必须要考虑的重要因素。毛巾产品的风格受产品的原料、密度、纱支、毛圈高度等技术参数及印染等水处理流程、设备等因素的影响，呈现出丰富的织物风格，有毛短而平顺的常规毛巾产品，也有毛长而纷乱的高毛倍产品，有蓬松柔软的面巾产品，也有厚实耐用的地巾等不同风格的毛巾产品。

（一）线密度

线密度（纱支）是影响产品风格的一个重要因素，以毛经纱为例，不同捻度、结构的毛经纱，其形成的毛圈螺旋程度不同，因此产品蓬松程度不同，触摸产品时的手感也不相同，产品表面风格也大相径庭。例如欧美市场的产品相对粗犷、豪放、厚实，在纱支的选择上偏重于 10 英支、12 英支、16 英支、21 英支/2 等较粗的纱支，而亚洲和国内产品相对细腻、柔顺，在纱支的选择上偏重于 21 英支、30 英支 /2、32 英支/2 等较细的纱支。在产品设计中，毛巾织物所用的纱支，可以根据目标产品的用途、性能等综合因素，并根据织物的平方米克重、产品风格作适当调整。

（二）密度

密度对产品的风格也有一定的影响。其中经纱密度可分为毛经密度和地经密度。在其他参数一致的情况下，密度大的织物地组织偏硬挺，如果同时采用较粗的纱线，产品则会显得紧密厚实；密度小的织物地组织柔软，若辅以较细纱线和较低毛高，则产品稀松轻薄，若辅以较粗纱线和较高毛高则呈现蓬松饱满的外观和手感。毛巾产品除地巾外，通常要求手感柔软蓬松，因此经密或者纬密都不高。

（三）毛圈高度

毛圈高度又称毛高，毛高不同，毛巾产品风格也随之发生变化。例如螺旋毛巾产品采用较大的毛高、较大的密度和中等纱支，因而毛巾表面毛圈丰满，但是若毛圈太高，在后处理的过程容易出现毛向不一、倒伏、毛圈扭结等现象，使毛圈表面整体感官不平顺；对于毛巾提花产品，它需要展现整齐的花型轮廓，因此在单位面积质量一致的前提下，通过工艺设计有意识地降低毛圈高度，提高毛圈的抗倒伏能力，保证毛圈经过染色或下水处理后不易变形，从而达到花型边缘清晰的目的；对于割绒产品，尤其是印花割绒产品，考虑到割绒后绒头夹持的需求或印花效果的需要，可适当降低毛圈高度，适当增大经纬纱密度，从而获得表面丰满的绒面效果。

三、经典毛巾机织产品

（一）按规格及用途分类

1. 方巾（图 12-1）　用于擦手等的正方形或近似正方形的小尺寸毛巾。常规的产品尺寸不超过 35cm。常见规格有 20cm×20cm、23cm×33cm、33cm×33cm 等，作为家庭或酒店、餐厅用产品。

2. 迷你巾（图 12-2）　方巾中还有迷你尺寸的小尺寸毛巾，称为迷你巾。常见规格有 15cm×15cm，便于携带。

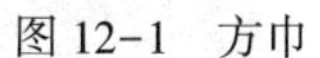

图 12-1　方巾

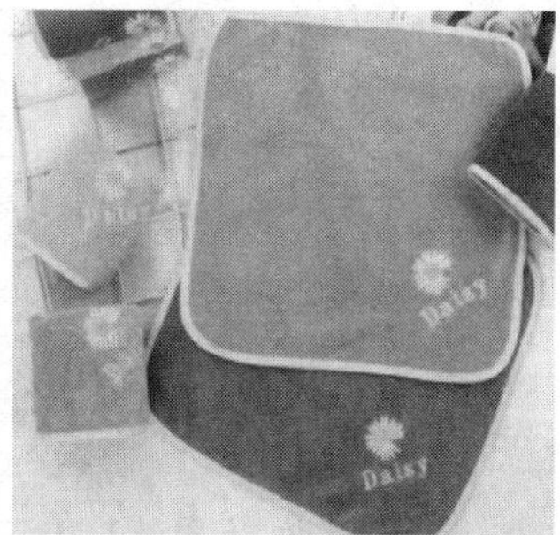

图 12-2　迷你巾

3. 面巾（图12-3） 用于擦拭面部等的长方形的小尺寸毛巾，俗称毛巾。常见规格有34cm×75cm、34cm×80cm等。

4. 浴巾（图12-4） 用于沐浴后擦身、遮体或盖身防凉的长方形的大尺寸毛巾。产品尺寸宽度不小于55cm，常用规格有60cm×120cm、76cm×137cm等，又分为大、中、小浴巾。

图12-3 面巾

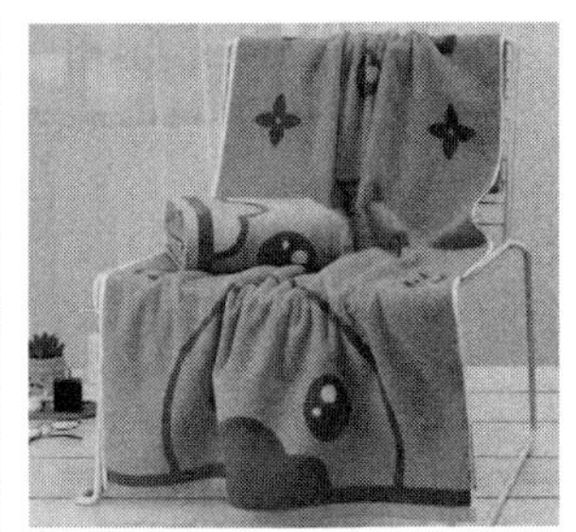

图12-4 浴巾

5. 沙滩巾（图12-5） 用于在沙滩或海滩上使用的毛巾。规格与中浴巾、大浴巾基本相同，有60cm×120cm、70cm×140cm等。沙滩巾产品多色彩丰富，具有一定的装饰性。

6. 毛巾被（图12-6） 用于沙发或床上，夏秋季做薄被盖用，或做床单铺垫用的大尺寸毛巾。分为儿童用毛巾被和成人用毛巾被，儿童用毛巾被的常见规格有100cm×150cm、100cm×180cm等，成人用毛巾被常见规格有140cm×190cm、150cm×200cm等。

图12-5 沙滩巾

图12-6 毛巾被

7. 运动巾（图12-7） 运动时使用，具有吸汗、凉爽、快干、保暖或防护作用的毛巾。常见规格有34cm×100cm、20cm×100cm、30cm×86cm等。

8. 毛巾浴衣 又称浴袍（图12-8），以毛巾布为主要原料，经裁剪、缝制而成的，用于洗浴后穿着的长袍或套装。

9. 毛巾围裙（图12-9） 用毛巾布为主要面料制成的浴后擦拭、保暖等用途的裙类织物。

图 12-7　运动巾

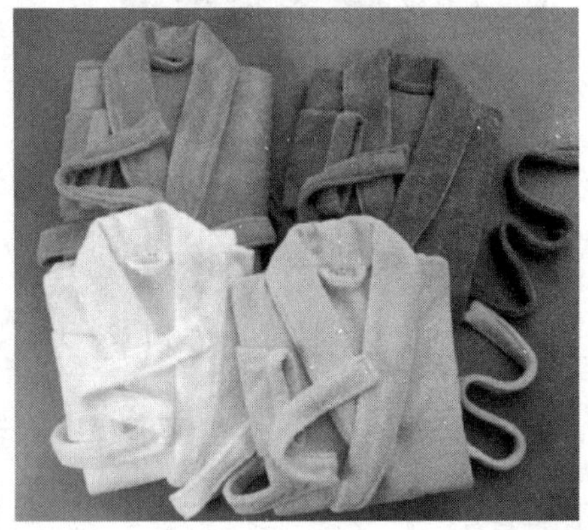

图 12-8　浴袍

10. 斗篷披风（图 12-10）　是指用机织毛巾布制成的披风或斗篷等，多作为儿童产品使用。

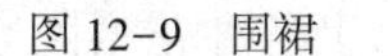

图 12-9　围裙

图 12-10　披风

（二）按印染工艺分类

按印染工艺分为素色、色织、印花（包括活性、涂料、金粉、烂花）以及绣花等。

1. 素色毛巾［图12-11（a）］ 单一颜色的染色毛巾称为素色毛巾，可以通过毛圈的高低起伏等特殊组织结构或割绒、绣花等实现不同的外观效果。

2. 染色多色毛巾［图12-11（b）］ 通过采用上染性能不同的纤维织成的纱线，不同纱线按一定规律织造成特殊的结构或图案，一次染色可获得深浅颜色不同的多色毛巾。

（a）素色

（b）多色

图12-11 染色毛巾

3. 提花毛巾（图12-12） 提花毛巾是毛经通过组织变化织造成表面带有花型图案的毛巾。根据工艺不同可分为素色提花毛巾、色织提花毛巾等。

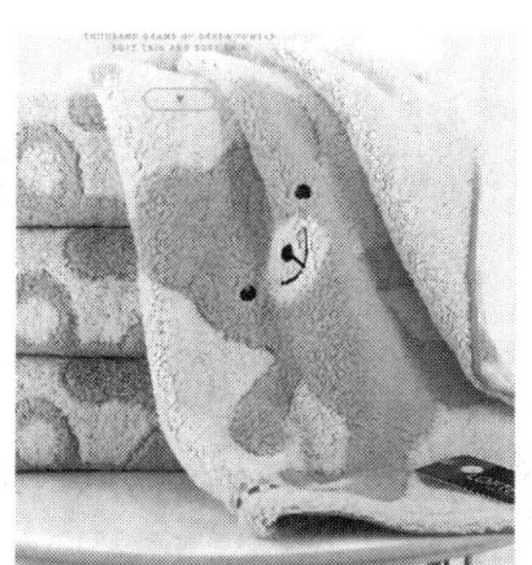

图12-12 提花毛巾

4. 印花毛巾（图12-13） 印花毛巾按照采用的染料不同可以分为活性印花、涂料印花等。活性印花具有色谱齐全、拼色容易、色泽鲜艳、色牢度好、色浆相对稳定等优点，是毛巾产品常用的印花方式之一。涂料印花与活性印花相比，涂料印花轮廓更加清晰，且工序简单、节省能源、无废水排放、色谱齐全、拼色仿样方便、正品率高、重现性强、耐日晒色牢度好。

5. 绣花毛巾（图12-14） 绣花毛巾是指在毛巾产品上绣上各种花型图案，更加华丽、美观，富有装饰性、艺术性。多采用电脑绣机对设计的图案花纹或者客户品牌LOGO进行刺

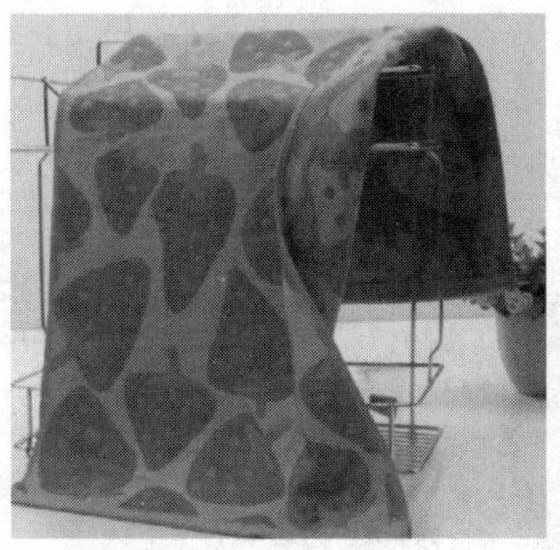

图 12-13　印花毛巾

绣。绣花类型有常规缝线绣、贴布绣、毛巾绣等。

图 12-14　绣花毛巾

（三）按表面结构分类

1. 毛圈毛巾　毛圈毛巾指双面均带有毛圈的毛巾织物或产品，是常见的种类。

2. 割绒毛巾（图 12-15）　表面毛圈经剪割处理，局部或整体形成绒面的毛巾。有单面割绒毛巾、双面割绒毛巾和局部割绒毛巾等。割绒毛巾的特点是柔软，使用舒适，比普通毛巾有更强的吸水性和柔软度。割绒后再印花，更能增加毛巾的装饰美，从而提高产品档次。

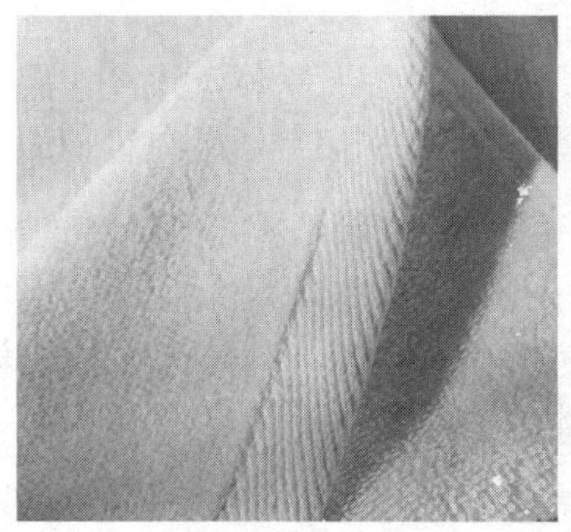

图 12-15　割绒毛巾

其中，汽蒸割绒毛巾（图 12-16）是指使用蒸汽直接对毛巾进行喷射，使无捻毛圈在一定温湿度条件下迅速收缩倒伏制，产品柔软，丰满，吸水性好。

图 12-16　汽蒸割绒毛巾

3. 纱布巾（图 12-17）　纱布巾是毛经在组织内以固结点为连接方式一次性织造而成的、中间层有或没有毛圈的多层纱布结构，其表面为单面或双面无毛圈的毛巾。通常是由多层毛巾布织造而成的毛巾。纱布巾手感柔软、表满光洁、掉毛少。

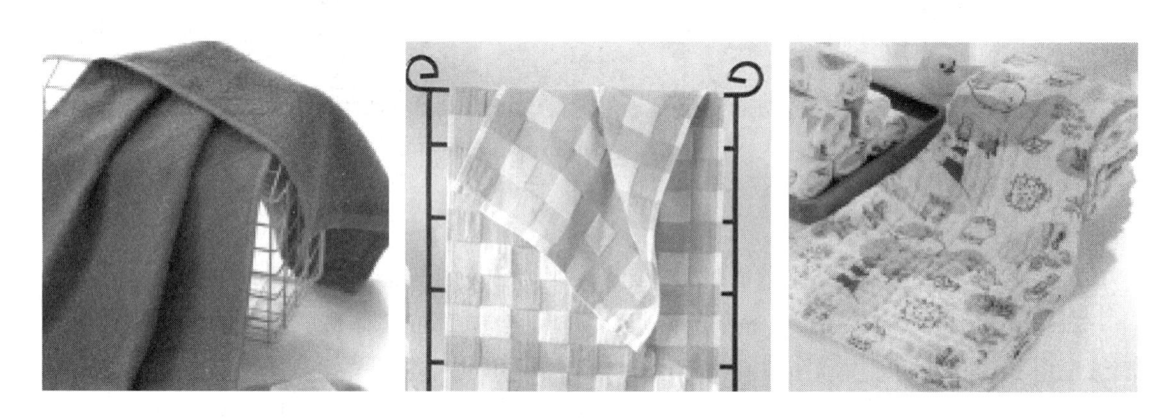

图 12-17　纱布巾

（四）按组织结构分类

1. 常规毛巾［图 12-18（a）］　常规毛巾织物是指采用普通毛巾组织织成的毛巾织物，如三纬毛巾、四纬毛巾等。

2. 高毛倍毛巾［图 12-18（b）］　高毛倍毛巾是指具有超长毛圈的毛巾织物，该毛巾产品具有普通毛巾产品所不具有的特殊外观和手感，由于超长毛圈的存在，使该毛巾特别的厚重，毛圈所占比例较大，具有较强的吸水和储水性能。

3. 高低毛毛巾（图 12-19）　高低毛毛巾织物是近几年随着织机性能的改进和原材料的开发而出现的，它的出现改变了毛巾产品相对单调的款式，为毛巾产品增加了新的亮点，受到了许多消费者的青睐。其主要品种有无捻纱高低毛毛巾、立体起毛毛巾等，无捻纱高低毛

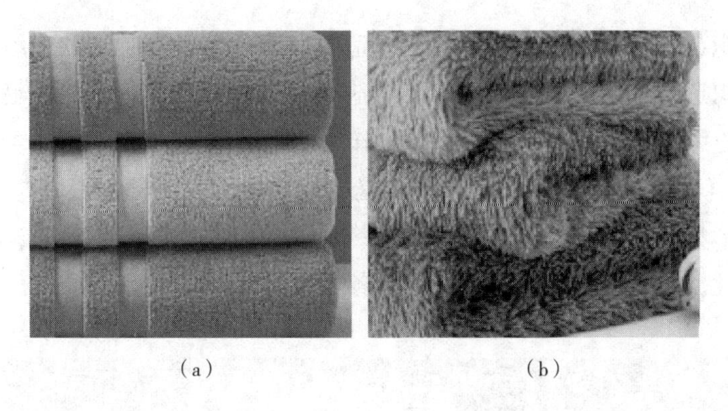

（a）　　　　（b）

图 12-18　常规毛巾和高毛倍毛巾

毛巾是利用无捻纱的特性形成的高低毛效果，其低毛是没有毛圈的；而立体起毛毛巾是利用组织的变化在毛巾起圈的过程中形成不同高度的毛圈，使同一种经纱在纬向上同时产生高毛和低毛，从而达到凹凸的立体效果。

图 12-19　高低毛毛巾织物

4. 多层毛巾布（图 12-20）　多层毛巾布是毛经在组织内一次性织造而成的，中间层有或没有毛圈的多层纱布结构，其表面呈现单面或双面无毛圈的毛巾布。应用最广泛的是双层毛巾。双层毛巾手感厚实柔软，花型丰富，层次分明、透气性好、吸水性和储水性优良。双层毛巾织物工艺独特，在车台调整和技术控制方面要求较严，需要较高的工艺设计和织造水

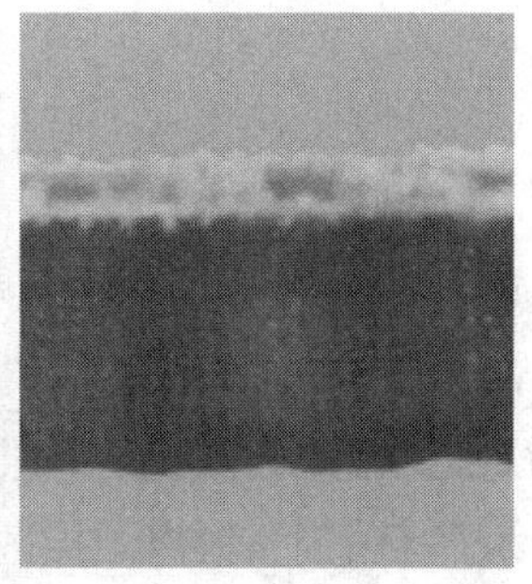

图 12-20　双层毛巾

平。双层毛巾组织与普通双层组织类似，在织造时，有两个各自独立的经纱和纬纱系统，在同一机台上分别织造织物的上下两层。为了织造顺利进行，我们一般将与毛经配合的地经和纬纱作为里经和里纬，而将其余的地经和纬纱作为表经和表纬。

5. 蜂巢毛巾（图12-21） 蜂巢毛巾织物是指毛巾织物表面具有四周高、中间低的方块、菱形或其他几何形如同蜂巢状外观的织物。用蜂巢组织所织成的织物松软，具有较强的吸水性，较好的快干性，具有极强的立体感，形成各种花型效果。

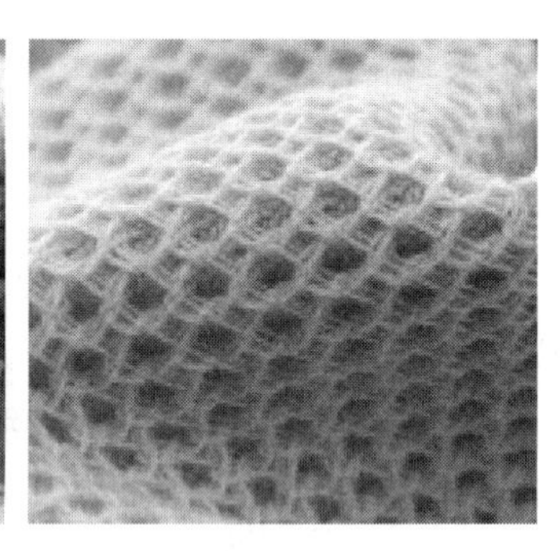

图12-21　蜂巢毛巾

6. 缎毛毛巾（图12-22） 缎毛毛巾是缎档组织与毛圈组织的组合。织物就是在同一纬向上缎档与毛圈共存的特殊情况，缎毛组织正反面不同，既保留了缎档的平滑效果，又有毛巾特征。根据花型效果的需要，在毛圈部分一般可以选择三纬或四纬毛圈组织，而缎档则可以运用多种方式。缎毛毛巾很大程度上丰富了毛巾图案的色彩与构成。

图12-22　缎毛毛巾

（五）按功能分类

1. 抗菌毛巾 抗菌毛巾是指具有抑制细菌在其上面生长、繁殖和使细菌失活的功能的毛巾。目前常用的有两种实现方式，一是采用具有抗菌或抑菌功能的纤维，如汉麻纤维、竹纤维或其他添加抗菌成分的化学纤维；二是采用抗菌助剂整理的方式制备抗菌毛巾，常用的抗菌剂有银离子抗菌剂、铜离子抗菌剂、季铵盐类抗菌剂等应用较为广泛。优良的抗菌剂可耐受50~100次的家庭水洗测试仍能保持90%以上的抑菌率。

2. 快干毛巾（图12-23） 快干毛巾是指吸收水分润湿后能够快速恢复干燥状态的毛巾，

目前主要通过三种方式来实现，一是采用吸湿较低的化学纤维，如涤纶、腈纶，二是改变毛巾织物的结构，主要是提高水分与空气的接触面积，增加织物比表面积，如蜂巢组织，高低毛结构等；三是通过易湿快干整理剂，但洗涤耐久性还有待改善提高。也可以通过以上方式的组合来实现最佳的快干效果。

图 12-23　快干毛巾

3. 吸湿发热毛巾　吸湿发热毛巾多是采用吸湿发热纤维与棉纤维混纺的纱线作为毛经制成毛巾，获得吸湿发热的功能。吸湿发热纤维通过吸湿来放热，但是在纤维吸收了足够的湿气之后，其放热反应就会减缓，吸湿的纤维同时还会将湿气排出，这个过程又会吸收热量。如若不能及时排湿，吸湿的纤维会给穿着者带来不适感。所以，为了改善这种不适感，很多面料采用吸湿发热纤维和其他种类的纤维混纺，来达到吸湿放热和排湿干爽的均衡，如腈纶和聚酯纤维等。

四、毛巾机织产品的上机计算

（一）缩率

根据纱支、筘号、穿筘方法及后序处理的不同，毛巾纬向总缩率一般为 10%～18%，经向总缩率一般在 2%～5%。产品总缩率通常包含织造缩率和染整缩率。

织造过程中经向被拉力拉伸，与所用纱线长度的变化小，因此经向织缩率略小，为 1%～2%；相反的，纬向织造受力略小，受组织结构、纱线卷曲等影响，比所用纱线长度要收缩的略大，所以纬向织缩率略大，为 3%～5%。

染整缩率，包括坯巾或筒纱的退煮漂、染色或功能整理等一系列工艺流程产生的加工缩率。因毛巾产品多为绳状加工，经向受力较大，纬向松弛加工，因此经向染整缩率要小于纬向染整缩率。通常，经向染整缩率为 2%～3%，纬向染整缩率为 9%～13%。

（二）坯长

$$\text{下机毛心长度} = \frac{\text{成品长度(cm)} - \text{平布长度(cm)}}{1 - \text{染整长缩率(\%)}}$$

$$\text{下机总长度} = \text{下机毛心长度(cm)} + \text{平布长度(cm)}$$

（三）幅宽

$$上机毛经幅宽(cm)=\frac{成品幅宽(cm)-成品边宽(cm)\times 2}{1-纬向织缩率(\%)}$$

$$上机地经幅宽(cm)=上机毛经幅宽(cm)+上机边宽(cm)\times 2$$

（四）筘号

$$筘号(齿/2英寸)=\frac{成品经纱密度(根/cm)\times[1-纬向总缩率(\%)]}{每筘穿入纱线根数}\times 5.08(齿/2英寸)$$

筘号为2英寸内的筘齿数。经纱密度为地经毛经总密度（根/cm）。

毛巾生产中，一般用英制作为筘号的单位，2英寸=5.08cm，毛巾产品中，筘号之间一般以2齿/2英寸变化，如54、56、58、60等。筘号的最终确定除了考虑计算准确外，还应根据企业现有钢筘型号作适当调整，并尽可能减少筘号的种类。

（五）总经根数

$$上机毛经根数=\frac{上机毛经筘幅(cm)\times 筘号}{2.54\times 2}$$

$$上机地经根数=上机毛经根数\times 倍数+边纱总根数$$

注意：特殊组织应根据地经与毛经的倍数，通常为2~4倍。

（六）用纱量

1. 地经用纱量

$$每条地经用纱量(g)=\frac{地经根数\times 地经长度(cm)\times 地经线密度(tex)\times 修正系数}{100000}$$

根据生产实际，地经长度受组织结构影响而产生一定的卷曲，实际长度与计算长度存在偏差；地经线密度受上浆工艺的影响，其质量和长度都有轻微变化，因此线密度需结合实际进行修正。

2. 纬纱用纱量

$$每条纬纱用纱量(g)=\frac{纬纱根数\times 上机筘幅(cm)\times 纬纱线密度(tex)}{100000}$$

3. 毛经用纱量

$$每条毛经用纱量=每条下机重量-每条地经用纱量-每条纬纱用纱量$$

4. 毛高与毛倍 毛圈高度是毛巾产品中单个毛圈从底部到毛圈顶部的长度，即毛圈长度的一半；毛倍是毛巾产品起毛圈部分单位长度内毛经纱线伸直长度与地经纱线伸直长度的比值；两者是表示毛圈高矮的一个指标。毛经纱参与缎档、平布等的交织，这些却不会产生毛圈，因此，严格意义上说，毛倍是指毛巾产品中起圈部分的毛环倍数。

$$毛高(cm/10个毛圈)=\frac{\dfrac{毛经用纱量(g)\times 10^5}{毛经线密度(tex)\times 毛经根数}-不起毛部分的长度(cm)}{起毛部分纬纱根数}\times n\times 10$$

$$毛倍=\frac{毛高(cm/10个毛圈)\times 纬纱密度(根/cm)}{n\times 10}$$

注意：n 为 n 纬起毛组织。

根据生产实际，经纱长度受组织结构影响而产生一定的卷曲，实际长度与计算长度存在偏差；经纱线密度受上浆工艺的影响质量和长度都有轻微变化，因此线密度需结合实际进行修正。

第二节　毛巾机织产品设计实例

毛巾产品设计一般是根据客户的实物或样品进行的，也可根据客户对目标产品的描述进行创新设计。在设计前，工艺人员必须对样品（或目标产品）进行认真研究，仔细分析样品（或目标产品）的外观、手感、风格、原料组成等，并对样品的使用对象和用途作认真的了解，对可能的后处理工艺进行必要的掌握，只有在此基础上，才能设计出符合客户要求的产品。

一、来样分析

客户提供一面毛圈一面割绒的实物样品，毛巾规格为 34cm×85cm，105g，参照样品进行仿样设计。

（一）织物规格

分析样品为三纬毛巾织物。

组织结构分三部分：缎边、毛圈、平布边。

将产品轻轻平铺，测量各部分规格，结果如图 12-24 所示。

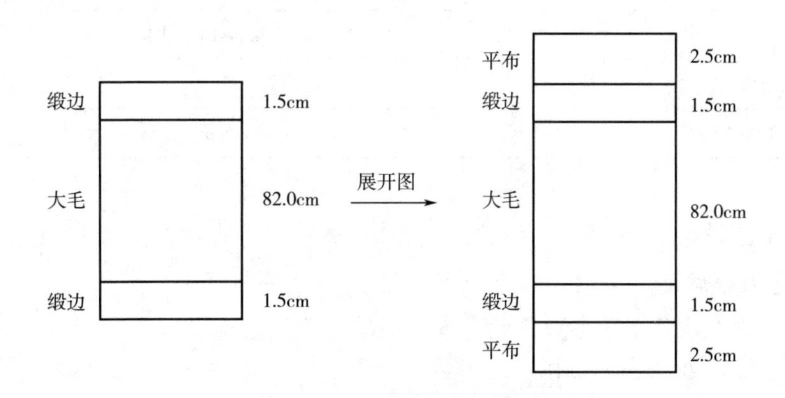

图 12-24　来样毛巾结构简图

毛巾长度：缎边为 1. 5cm，毛圈部分为 82. 0cm，样品整体长度为 85. 0cm。

毛巾宽度：毛心宽度为 32. 6cm，卷边宽度 0. 7cm，卷边展开宽度为 2. 1cm，样品整体宽度为 32. 6+2. 1×2＝36. 8（cm）。

毛巾质量：105g。

当样品规格或质量与客户要求存在差距时，需向客户确认设计的重点是保持毛圈风格还是产品规格或质量，从而确定产品设计依据的参数。若重点关注风格，则要根据产品的组织结构参数进行设计，若重点关注规格和质量，则须对产品的组织结构进行微调。

（二）组织结构参数

对产品的组织结构参数，如经纱密度、纬纱密度、纱支线密度、毛圈高度、表面毛圈风格等进行观察和测试分析。在不同位置测量多个数据，并取其平均值，得到样品的相关组织结构参数见表 12-1。

表 12-1 来样分析参数

分析参数			数值
纤维成分			棉 100%
密度	经纱密度		26. 6 根/cm（毛经与地经 1∶1，单系统经纱密度为 13. 3 根/cm）
	纬向	毛心纬密	19. 5 根/cm
		缎档纬密	44 根/cm
		平布纬密	18 根/cm
纱线线密度	地经		36. 4tex（16 英支）
	纬纱		27. 8tex（21 英支）
	毛经		36. 4tex（16 英支）
纱线捻度	毛经		60 捻/10cm（捻度对产品风格影响较大，来样定制时应重点关注）
	地经纬纱		保证织造效率和产品强力达标即可
毛圈高度	毛倍		5. 5
	毛高		8. 4cm/10 个毛圈
毛圈风格			毛圈面平顺，割绒面平整
产品规格/质量			34×85cm，105g

二、上机工艺设计

（一）工艺流程确定

根据产品外观风格和工艺参数，确定本产品的一般工艺流程为：

纺纱→整经→上浆→织造→染整→缝纫

1. 纺纱 根据分析所得的纱支、捻度和纤维成分，确定纺纱的配棉以及各工序设备参数，设定各关键环节的测试指标进行验证，尤其要关注的是断裂强力和不匀率、捻度和条干不匀等指标。

2. 整经 整经时纱线的张力包括单纱和片纱张力两个方面，张力的均匀与否，直接影响布面的平整、条影的深浅、颗粒是否清晰、布面是否丰满和布边的齐整等外观效应，因此必须对纱线张力有足够的重视。

3. 上浆 对于毛巾产品，毛经在织造中经受的拉力较小，因此毛经可轻微上浆。

4. 织造　织造过程中要定期监控毛高的变化，避免因毛高的变化影响产品质量。

5. 染整　染整工序对产品规格、质量有一定的影响。经过染整过程，宽度缩短10%~13%，长度缩短2%~3%，质量损耗2%~12%。

6. 割绒　割绒不会对规格产生影响，但毛圈被割断会使产品质量降低，全割绒产品一般降低7%~15%；半割产品一般降低5%~9%。

7. 缝纫整理　缝纫整理对产品规格没有影响，但是整理车间的回潮直接影响产品的质量，因此要适当控制车间环境的温湿度，确保最终产品的出厂质量不要有大的波动。

8. 其他　如果染整后的产品需要经过印花处理，则根据印花工艺的不同对产品规格、质量的影响也不一致。活性染料印花，长度比印花前增加1.5%~2%，宽度降低1.5%~2.0%，质量基本不变；涂料印花，规格基本不变，质量根据印花花型大小、颜色深浅的不同，比印花前增加1.5%~2%。

（二）缩率确定

根据生产经验，参考同类织物，选择经向织缩率2%，纬向织缩率5%；染整幅缩率10%，染整长缩率2%，经向总缩率4%，毛心纬向总缩率15%，平布纬向总缩率10%；割绒率9%，织造失重率2%。

（三）筘号确定

本产品为素色产品，纬向总缩率取15%，每筘穿入毛经1根，地经1根。

$$筘号=\frac{成品经纱密度\times(1-纬向总缩率)}{每筘穿入纱线根数}\times 5.08$$

$$=\frac{26.6\times(1-15\%)}{2}\times 5.08=57.4(筘号取整数58^{\#})$$

（四）筘幅确定

1. 毛经上机筘幅

$$毛经上机筘幅=\frac{成品毛心宽度}{1-毛心纬向总缩率}=\frac{32.6}{1-15\%}=38.4(cm)$$

2. 边经上机筘幅

$$边经上机筘幅=\frac{成品平边展开宽度}{1-平布纬向总缩率}=\frac{2.1}{1-10\%}=2.3(cm)$$

通常平布纬向总缩率略小于毛心部分。

3. 地经上机筘幅

$$地经上机筘幅=毛经上机筘幅+边经上机筘幅\times 2$$

$$=38.4+2.3\times 2=43(cm)$$

（五）边经纱参数确定

1. 边纱齿数　边纱上机幅宽度为2.3cm，则边齿数为：

$$边筘齿数=\frac{边经上机宽度\times筘号}{5.08}=\frac{2.3\times 58}{5.08}=26.3\approx 26(齿)$$

2. 边纱根数　在生产中，采取什么样的边纱穿综方式是与地经纱纱支和筘号（经纱密度）有关，如果边纱穿综方式不合适，太紧或太松，会造成织造时产生经纬纱断头和布边松懈等疵点。经样品分析，样品的边纱穿法设计为每综 2 根，每筘 2 入 ，共计 26 齿。

$$边纱总根数 = 2 \times 边筘齿数 \times 2 = 2 \times 26 \times 2 = 104(根)$$

（六）上机纬密确定

1. 上机毛心纬密

$$\begin{aligned}上机毛心纬密 &= 成品纬密 \times (1 - 经向总缩率) \\ &= 19.5 \times (1 - 4\%) = 18.7(根/cm) = 187(根/10cm)\end{aligned}$$

2. 上机缎档部分密度 缎档密度的确定主要受到缎档组织、缎档纬纱纱支、缎档上颜色个数、车型等因素的影响。不同的缎档组织，其缎档密度各异，例如竹节组织（纬重平组织），如图 12-25（a）所示，毛巾缎档表面呈现竹节状的外观，一般纬密密度为 400 根/10cm；而双面缎纹组织，如图 12-25（b）所示，组织图如图 12-26（a）所示，其纬密可以达到 550 根/10cm 左右；而皱条组织，缎档表面呈现凹凸不平的凸出的横条状外观，如图 12-25（c）所示，组织图如图 12-26（b）所示，其纬密可以达到 700 根/10cm。

（a）竹节组织

（b）双面缎纹组织

（c）皱条组织

图 12-25　毛巾缎档实物图

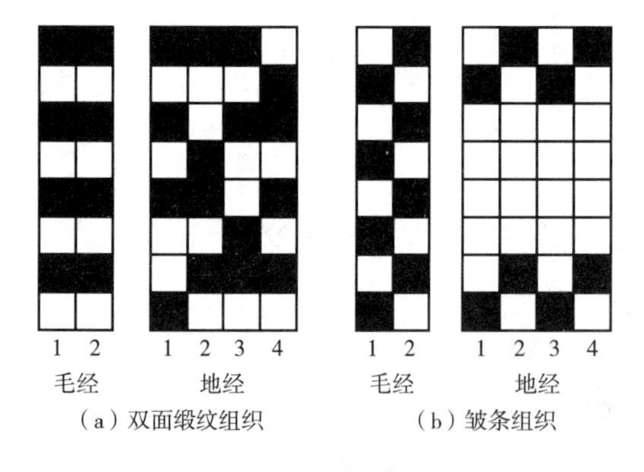

（a）双面缎纹组织　（b）皱条组织

图 12-26　缎档组织图

缎档纬纱纱支不同，密度则不同，颜色数量也会影响纬纱密度，例如采用 32 英支/2 做缎档纬纱（假定组织为五枚缎纹），如果缎档为单色，其纬纱密度可选用 600 根/10cm，如果缎档为双色，其纬纱密度应选用 700 根/10cm，如果缎档为四色，其纬纱密度应选用 900 根/10cm 左右。

（七）下机规格计算

1. 下机毛心幅宽 下机毛心幅宽是指下机后坯巾去除边部后的宽度。

$$下机毛心幅宽=\frac{成品毛心幅宽}{1-染整幅缩率}=\frac{成品幅宽-成品平布宽度}{1-染整幅缩率}$$

$$=\frac{34-0.7\times 2}{1-10\%}=\frac{32.6}{1-10\%}=36.2(cm)$$

2. 下机毛心长度　下机毛心长度是指下机后坯巾两个缎边（或平布）之间的长度。成品布边长度指成品经向方向缎边、缎档和平布的长度总和，根据产品的组织结构不同而不同，产品正面带缎边的，按平布，计入布边宽度。如果缎边（档）、平布长度比较小，经向染整造成的长度变化可以忽略不计。

$$下机毛心长度=\frac{成品毛心长度}{1-染整长缩率}=\frac{成品长度-成品布边长度}{1-染整长缩率}=\frac{85-1.5\times 2}{1-2\%}=83.6(cm)$$

$$下机缎边长度=\frac{成品缎边长度}{1-染整长缩率}=\frac{1.5}{1-2\%}=1.53(cm)$$

$$下机平布长度=\frac{成品平布长度}{1-染整长缩率}=\frac{2.5}{1-2\%}=2.55(cm)$$

3. 下机坯巾总长　下机坯巾总长是指下机后坯巾整个长度。本例中，下机坯巾总长是下机毛心长、两端缎边长度、两端平布长度总和。

$$下机坯巾总长=下机毛心长度+下机缎边长度\times 2+下机平布长度\times 2$$

$$=83.6+1.53\times 2+2.55\times 2=91.8(cm)$$

4. 不起毛部分总长　不起毛部分总长为除去起毛圈部分的总长度，若产品中有缎档或平布时，需要计入不起毛部分长度。

$$不起毛部分总长=缎档长度\times 缎档个数+缎边长度\times 缎边个数+平布长度\times 平布个数$$

$$=0+1.53\times 2+2.55\times 2=8.16(cm)$$

个数指缎档、缎边或平布在产品两端的数量。

（八）纱纱根数的确定

1. 纬纱根数

$$毛心纬纱根数=下机毛心长度\times 下机纬密$$

$$=下机毛心长度\times 成品纬密\times (1-染整长缩率)$$

$$=83.6\times 19.5\times 0.98=1597\approx 1596(根)$$

注意：此处要考虑本品种为三纬毛巾，因此其纬纱根数应为 3 的倍数（有梭织机应为 6 的倍数），纬纱根数需修正为 3 或 6（有梭织机）的倍数。

$$缎边纬纱总根数=缎边长度\times 缎边纬密\times 2=1.5\times 44\times 2=132(根)$$

$$平布纬纱总根数=平布长度\times 平布纬密\times 2=2.5\times 18\times 2=90(根)$$

$$纬纱总根数=毛心纬纱根数+缎边纬纱总根数+平布纬纱总根数=1818(根)$$

2. 毛经根数　每筘穿入为一根毛经一根地经，在毛心区域毛经地经各占一半。

$$毛经根数=\frac{成品经密\times 成品毛经幅宽}{2}=\frac{26.6\times 32.6}{2}=433.58\approx 434(根)$$

3. 地经根数

$$地经根数 = 毛经根数 + 边纱总根数 = 434 + 104 = 538(根)$$

（九）坯巾质量

$$坯巾质量 = \frac{成品质量}{(1 - 失重率) \times (1 - 割绒率)}$$

$$= \frac{105.0}{(1 - 2\%) \times (1 - 9\%)} = 117.7(g)$$

影响失重率的主要因素如下：

（1）配棉的稳定性、染色处理的稳定性、半成品和成品回潮率等因素，一般随生产厂家工艺流程而发生变化。

（2）如果产品需要进行涂料印花，考虑涂料所增加的质量，则下机质量应在此基础上降低2%左右，达到节约成本的目的。

（3）割绒率根据纱支、花型不同而变化。

（十）单条产品用纱量的计算

1. 地经纱用纱量

$$地经纱长度 = \frac{成品长度(cm)}{1 - 经纱总缩率(\%)} = \frac{90}{1 - 4\%} = 93.75(cm)$$

$$地经纱用纱量 = \frac{地经根数 \times 地经纱长度(cm) \times 地经线密度(tex) \times 修正系数}{100000}$$

$$= \frac{538 \times 93.75 \times 36.4 \times 1.11}{100000} = 20.4(g)$$

产品因上浆和染整等质量有所变动，因此素色修正时通常采用1+上浆率，色织产品采用1-纱线染整质量损失率。本实例为素色产品，修正系数采用1.11调整。

2. 纬纱用纱量 纬纱用纱量是毛圈部分的纬纱质量、缎档（缎边）部分和平布部分的纬纱质量之和，尽管这三个部分纬纱纱支可能不一致，但是其计算方式是相同的。

$$纬纱用纱量 = \frac{纬纱根数 \times 上机筘幅(cm) \times 纬纱线密度(tex)}{100000}$$

$$= \frac{1818 \times 43 \times 27.8}{100000} = 21.7(g)$$

3. 毛经纱用纱量

$$毛经纱用纱量 = 下机坯巾质量 - 地经纱用纱量 - 纬纱用纱量$$

$$= 117.7 - 20.4 - 21.7 = 75.6(g)$$

$$不起毛部分毛经纱用纱量 = \frac{毛经根数 \times 不起毛部分总长度(cm) \times 毛经线密度(tex)}{100000}$$

$$= \frac{438 \times \frac{8}{1 - 4\%} \times 27.8}{100000} = 1.0(g)$$

$$起毛部分毛经纱用纱量 = 毛经纱用纱量 - 不起毛部分毛经纱用纱量$$

$$= 75.6 - 1.0 = 74.6(\text{g})$$

（十一）毛倍与毛高的计算

可根据毛倍、毛高之间的换算关系，先计算其中一个参数，再计算另一个。因此有如下两种计算方法。

1. 先计算毛倍，再计算毛高

$$毛倍 = \frac{起毛部分的毛经用纱量(\text{g}) \times 100000 \times 修正系数}{毛经根数 \times 毛经线密度(\text{tex}) \times 毛圈部分经纱总长度(\text{cm})}$$

$$= \frac{74.6 \times 100000 \times 0.98}{438 \times 36.4 \times 83.6} = 5.48$$

注意：修正系数受纱线质量误差、上浆率、车间回潮等因素的影响。

$$毛高 = \frac{毛倍 \times n \times 10}{上机毛心纬密(根/\text{cm})} = \frac{5.48 \times 3 \times 10}{18.7} = 8.79 \approx 8.8(\text{cm}/10个毛圈)$$

注意：n 为 n 纬起毛组织，本例为 $n=3$。

2. 先计算毛高，再计算毛倍

$$毛高 = \frac{\dfrac{毛经纱用纱量(\text{g}) \times 10^5}{毛经线密度(\text{tex}) \times 毛经根数} - 不起毛部分的长度(\text{cm})}{起毛部分的纬纱根数} \times n \times 10$$

$$= \frac{\dfrac{75.6 \times 10^5}{36.4 \times 434} - \dfrac{8}{1 - 2\%}}{1596} \times 3 \times 10 = 8.84 \approx 8.8(\text{cm}/10个毛圈)$$

$$毛倍 = \frac{毛高(\text{cm}/10个毛圈) \times 上机毛心纬密(根/\text{cm})}{n \times 10} = \frac{8.8 \times 18.7}{3 \times 10} = 5.48$$

上述两种方法均可用于计算毛高和毛倍，其计算结果略有偏差，但相差不大。

（十二）织造上机条数的确定

织造上机条数的确定主要是由织机有效幅宽决定的，以某型号织机为例，其幅宽为2.7m，则：

$$织造上机条数 = \frac{有效幅宽(\text{cm})}{地经筘幅(\text{cm}) + 条间距(\text{cm})} = \frac{270}{43 + 0.8} = 6.2 \approx 6(条)$$

（十三）盘宽的调整

盘宽是织轴上两个盘片间的距离，其大小应根据地经筘幅、毛经筘幅、条数、上机缩率等因素共同确定，但是，由于不同机台引纬方式的不同，在实际生产中，其盘宽的调整也有一定的差别。我们按照织轴上两个盘片到织轴中心的距离是否相同，将织轴分为正轴和偏轴两种形式。

1. 正轴　正轴是生产中常见的一种形式，它两个盘片的端面到织轴中心线之间的距离相等（即 $A=B$），如图 12-27 所示。

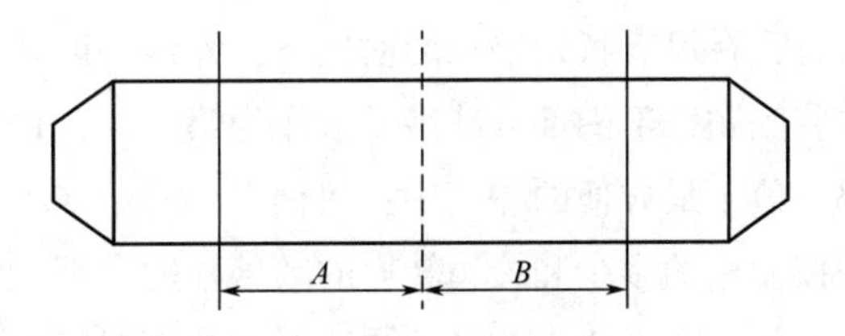

图 12-27　正轴示意图

其毛经盘宽、地经盘宽计算方法如下：

毛经盘宽 = 毛经筘幅 × 条数 + 边纱宽度 ×（条数 × 2 − 2）+ 条间隙 ×（条数 − 1）+ 修正值

$= 38.4 \times 6 + 2.3 \times (6 \times 2 - 2) + 0.8 \times 5 + 2.0 = 259.4(\text{cm})$

地经盘宽 = 地经筘幅 × 条数 + 条间隙 ×（条数 − 1）+ 修正值

$= 43 \times 6 + 0.8 \times 5 + 2.0 = 264.0(\text{cm})$

（1）毛经盘宽计算中，边纱宽度总和不能包括织机上最外的两个边的宽度。

（2）在织造时，从织口到卷布的过程中，由于纬纱收缩，会使织机两边的纱线产生一定的倾角，造成边纱与机件之间的摩擦增大，为了减少这种摩擦，必须使盘宽比织口宽度稍大，增大的这一部分即为修正值，它的大小与纱支、经纬密等有一定的关系。

（3）对于部分无梭织机而言，为了控制纬纱的需要，在准备操作时，需卷绕一定的废纱，因此，地经盘宽的修正值需包含废边宽度。

2. 偏轴 偏轴主要应用在毛巾喷气织机上，它两个盘片的端面到织轴中心线之间的距离不相等（即 $A \neq B$），如图 12-28 所示。

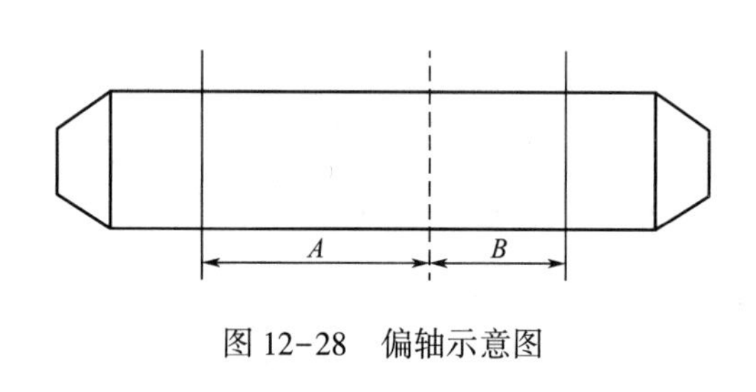

图 12-28 偏轴示意图

偏轴的盘宽计算方法与正轴盘宽的计算方法基本一致，它们的区别主要是在操作上，在整经时，偏盘送纬一侧的盘片始终保持在固定的位置，而另一个盘片则根据工艺盘宽的大小向另一侧织轴运动，直至两个盘片的距离等于工艺宽度为止。

（十四）颜色的搭配

1. 地经与毛经的搭配 在色织产品中，毛经颜色的排列是由花型决定，当花型确定后，毛经的排列顺序是不能变动的。而地经则不同，地经的颜色不会显露在毛巾的正面，但是如果选择不当，也会对毛巾正面的花型效果产生影响。例如，一个 5cm 宽的中蓝色彩条，其地经如果是深蓝色，则就会显得毛巾地布紧密，厚实；反之，如果采用浅蓝色或白色做地经，则会产生露底现象，使毛巾显得单薄和杂乱无章。

因此，毛经色与地经色的搭配一定要注意色光的把握。一般而言，在工艺设计中，地经的颜色与毛经的颜色是统一的，色光是相互对应的，即在生产中，毛经和地经的色号是一致的。但有时，为了方便生产，对这种统一性和对应性不做绝对要求，即在不影响花型效果的前提下，允许毛经和与之对应的地经存在不同，但颜色对比不能过于强烈。

2. 纬纱的配合 在毛巾产品中，纬纱的颜色对毛巾表面效果的影响不如地经明显，一般而言，在没有特别要求的前提下，纬纱的颜色与产品边部的颜色是一致的。但是，也应注意这些问题，毛圈部分纬纱一般作为第一纬，即无论对于无梭织机，还是有梭织机，毛圈纬纱都是位于最方便的梭箱中；缎档（缎边）纬纱的颜色顺序因按照花型的织造顺序依次排列，并按使用的多少和梭箱转换的频繁程度合理配置纬纱位置。

每一个上机工艺参数在选择和制订时，并不是一锤定音的，而是根据实际情况，进行必要的往返修正。对于工艺制定过程中所采用的一些参数，如纬向缩率、经向缩率、失重率等经验参数，应根据生产条件的变化而作相应的改变，并灵活把握。只有这样才能使生产出来的产品符合客户要求。因此，工艺设计既要忠实于样品，设计出合理的工艺流程，又要考虑生产需要，规范并统一各种参数，能保证产品质量指标的需要。

思考题与习题

1. 从用途分类，毛巾主要要哪些品种？
2. 毛巾常用的纤维原料有哪些？这些原料适合于开发设计毛巾的特点有哪些？
3. 设计中，应考虑哪些对毛巾规格/质量产生变化的影响因素？
4. 以运动巾为例阐述毛巾产品设计的步骤。
5. 简述毛巾创新设计中应考虑的各种元素。
6. 尝试设计一款两面毛圈且不带缎档的素色毛巾，要求规格/质量为 34cm×76cm/95g，要求柔软蓬松。请给出产品展开的长度、宽度参数、经纬密、纱支捻度、毛高等组织参数。

参考文献

[1] 姚穆．纺织材料学[M]．4 版．北京：中国纺织出版社，2015.

[2] 郁崇文．纺纱学[M]．3 版．北京：中国纺织出版社，2019.

[3] 李栋高．纺织品设计-原理与方法[M]．上海：东华大学出版社，2005.

[4] 中国毛纺织行业协会．毛纺织染整手册[M]．3 版．北京：中国纺织出版社，2018.

[5] 于伟东．纺织材料学[M]．2 版．北京：中国纺织出版社，2018.

[6] 范雪荣，王强，张瑞萍．纺织品染整工艺学[M]．3 版．北京：中国纺织出版社，2017.

[7] 蔡再生．染整概论[M]．3 版．北京：中国纺织出版社，2020.

[8] 潘云芳，黄旭，张瑞萍，等．染整技术（印花分册）[M]．北京：中国纺织出版社，2017.

[9] 周良官．印染手册[M]．2 版．中国纺织出版社，2003.

[10] 纺织品大全编辑委员会．纺织品大全[M]．2 版．北京：中国纺织出版社，2005.

[11] 上海市纺织工业局．纺织品大全（丝织物分册）[M]．北京：中国纺织出版社，1990.

[12] 陈琦，徐燕，侯经初，等．毛纺织品手册[M]．北京：中国纺织出版社，2001.

[13] 荆妙蕾．织物结构与设计[M]．5 版．北京：中国纺织出版社，2015.

[14] 顾平．织物组织与结构学[M]．2 版．上海：东华大学出版社，2010.

[15] 蔡永东．现代机织技术[M]．2 版．上海：东华大学出版社，2018.

[16] 田树信，邱培生．灯芯绒、平绒织物生产技术（上）[M]．北京：纺织工业出版社，1987.

[17] 萧巍．从出土文物看我国古代纺织技术[J]．丝绸之路，2012（6）：44-45.

[18] 乐德忠．纺织品开发——模式创新与案例分析[J]．纺织导报，2014（10）：54-57.

[19] 赵伟伟．林琳．2021 年中国优秀印染面料研究报告[J]．染整技术，2022（3）：9-17.

[20] 周明华．客供机织面料的来样分析方法[J]．上海纺织科技，2015（12）：28-30.

[21] 董伟．浅谈如何进行小试样的织物分析[J]．中国纤检，2014（11）：83-85.

[22] 全国纺织品标准化技术委员会基础标准分技术委员会．GB/T 29256.1—2012　纺织品　机织物结构分析方法　第 1 部分：织物组织图与穿综、穿筘及提综图的表示方法[S]．北京：中国标准出版社，2013.

[23] 全国纺织品标准化技术委员会基础标准分技术委员会．GB/T 29256.3—2012　纺织品　机织物结构分析方法　第 3 部分：织物中纱线织缩的测定[S]．北京：中国标准出版社，2013.

[24] 全国纺织品标准化技术委员会基础标准分技术委员会．GB/T 29256.4—2012　纺织品　机织物结构分析方法　第 4 部分：织物中拆下纱线捻度的测定[S]．北京：中国标准出

版社，2013.
[25] 全国纺织品标准化技术委员会基础标准分技术委员会．GB/T 29256. 5—2012　纺织品　机织物结构分析方法　第5部分：织物中拆下纱线线密度的测定[S]．北京：中国标准出版社，2013.
[26] 全国纺织品标准化技术委员会基础标准分技术委员会．GB/T 29256. 6—2012　纺织品　机织物结构分析方法　第6部分：织物单位面积经纬纱线质量的测定[S]．北京：中国标准出版社，2013.
[27] PATEL K，PATEL M，SOLANKI A，王燕斌．纤维混纺比对纱线强度的影响[J]．国际纺织导报，2022，50（6）：7-10.
[28] 汪晓鹏，杨金部．功能纤维材料及研发进展[J]．西部皮革，2022，44（1）：34-37.
[29] 姚文丽，高姝一．改性腈纶吸湿发热机织物结构设计与性能研究[J]．棉纺织技术，2021，49（12）：22-27.
[30] 缪定蜀．破解新型纤维可纺性差的途径[J]．纺织器材，2020，47（2）：56-61.
[31] 闵雯，吴杏梅．织物用新型纤维的研究现状及发展趋势[J]．轻纺工业与技术，2019，48（8）：57-58，64.
[32] 刘可帅，江伟．多重集聚纺纱结构成形机制及其针织物性能[J]．纺织学报，2018，39（2）：26-31.
[33] 夏治刚，徐卫林．短纤维纺纱技术的发展概述及关键特征解析[J]．纺织学报，2016，34（6）：147-154.
[34] 王元峰，冯艳飞．复合纱体中长丝分布形态对纱线性能的影响[J]．纺织学报，2017，38（9）：32-39.
[35] 吴金汉，郑佩芳．织物设计方法的研讨[J]．纺织学报，1985（8）：35-38.
[36] 褚结. 织物紧度指标探讨[J]．棉纺织技术，1998（12）：29-32.
[37] 吴汉金，郑佩芳．机织物几何结构相的讨论及其初步应用[J]．上海纺织工学院学报，1980（4）：37-42.
[38] 马芹，刘学锋. 利用紧密率判断织物可织性[J]．郑州纺织工学院学报，2000（12）：43-46.
[39] 陈文湘．关于经纬异密毛织物的密度设计（一）[J]．毛纺科技，1980（2）：1-10.
[40] 陈文湘．关于经纬异密毛织物的密度设计（二）[J]．毛纺科技，1980（3）：1-13.
[41] 陈文湘．关于经纬异密毛织物的密度设计（三）[J]．毛纺科技，1980（4）：6-24.
[42] 朱风梅．应用上机密度经验公式简算法的体会[J]．毛纺科技，1981（6）：31-35.
[43] 吴汉金，郑佩芳．机织物边部设计原理[J]．棉纺织技术，1983（1）：32-34.
[44] 许应春，冯岑．梭织物的布边组织结构与设计[J]．四川丝绸，2006（4）：13-15.
[45] 刘学锋，马芹．无梭织机布边要求与结构设计[J]．棉纺织技术，2005（5）：60-62.
[46] 孔庆伟，顾平．无梭织机布边的研究与设计[J]．上海纺织科技，2006（9）：38-39.
[47] 郑佩芳，吴汉金．粗纺毛织物纱支、密度设计方法的探讨[J]．毛纺科技，1992（3）：

7-11.

[48] 吕静，章辉，章睿．绿色纺织产品评价标准概述[J]．纺织标准与质量，2018（6）：36-40，45.

[49] 徐爱玲，徐康景，王春梅．棉纤维阻燃整理技术的研究进展[J]．棉纺织技术，2021，49（2）：80-84.

[50] 裴刘军，施文华，张红娟，等．非水介质活性染料染色关键技术体系及其产业化研究进展[J]．纺织学报，2022，43（1）：122-130.

[51] 石桂刚，杨文芳．棉织物前处理方法的研究现状与展望[J]．染整技术，2020，42（7）：6-11.

[52] 向中林，韩雪梅，刘增祥，等．棉织物低温酶氧一浴前处理工艺[J]．纺织学报，2017，38（5）：80-85.

[53] 丝绸文化与产品编写组．代表性丝绸面料（1）：十四大类丝绸面料简介[J]．现代丝绸科学与技术，2018，33（5）：28-30.

[54] 丝绸文化与产品编写组．代表性丝绸面料（3）：绸类面料[J]．现代丝绸科学与技术 2018，33（6）：28-29.

[55] 丝绸文化与产品编写组．代表性丝绸面料（4）：缎类面料[J]．现代丝绸科学与技术 2018，33（6）：30-31.

[56] 丝绸文化与产品编写组．代表性丝绸面料（5）：绉类面料[J]．现代丝绸科学与技术 2019，34（1）：30-31.

[57] 丝绸文化与产品编写组．代表性丝绸面料（6）：锦类面料[J]．现代丝绸科学与技术 2019，34（1）：32-34.

[58] 钱小萍．中国宋锦[M]．苏州：苏州大学出版社，2011.

[59] 郝鸿江，于伟东．杭罗织物及组织的出现与演变[J]．丝绸，2015（5）：59-65.

[60] 李文清．灯芯绒织物设计与探讨[J]．北京纺织，1994，20（5）：42-44.